"十四五"职业教育国家规划教材

机械基础

（多学时）

第3版

主编 栾学钢 赵玉奇 陈少斌

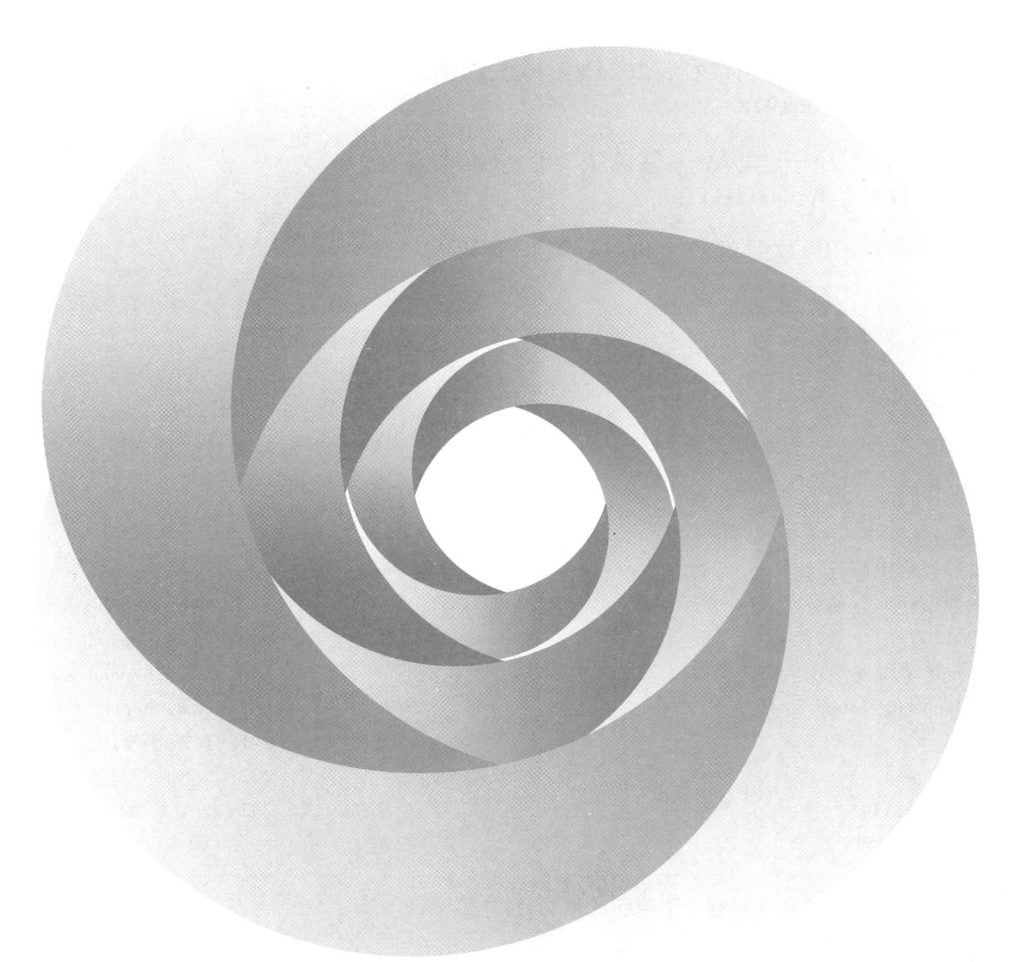

中国教育出版传媒集团
高等教育出版社·北京

内容简介

本书为"十四五"职业教育国家规划教材，依据教育部中等职业学校机械基础教学大纲，并参照国家职业技能标准及行业职业技能鉴定规范中的有关要求，在保持第2版风格和特色的基础上修订而成。

本书主要内容包括机器的组成与结构规律及功能与类型(结论)，构件的受力与变形规律及强度与刚度(力系与平衡、强度与刚度、材料与选用)，机构的运动与转换规律及调整与控制(机构与运动、传动与维护、液压与气动)，零件的精度与装配规律及安装与维修(误差与公差、连接与紧固、轴与轴承、润滑与密封)等，着意加强课程内容的系统性、整体性和关联性。

本书提供了内容丰富、形式多样的数字化助教辅学资源。请登录高等教育出版社新形态教材网(https://abooks.hep.com.cn)获取相关资源。详细使用方法见本书最后一页"郑重声明"下方的"学习卡账号使用说明"。

本书可作为中等职业学校机械类各专业对机械基础课程有多学时要求的课程教材，也可作为企业机械类岗位技术员工的培训用书。

图书在版编目（CIP）数据

机械基础：多学时／栾学钢，赵玉奇，陈少斌主编．--3版．--北京：高等教育出版社，2024.8（2025.1重印）
ISBN 978-7-04-061978-2

Ⅰ.①机… Ⅱ.①栾… ②赵… ③陈… Ⅲ.①机械学-中等专业学校-教材 Ⅳ.①TH11

中国国家版本馆CIP数据核字（2024）第052538号

机械基础(多学时)第3版
Jixie Jichu(Duoxueshi)

策划编辑 项 杨　责任编辑 项 杨　封面设计 张申申 贺雅馨　版式设计 杜微言
责任绘图 邓 超　责任校对 吕红颖　责任印制 存 怡

出版发行	高等教育出版社	网　址	http://www.hep.edu.cn
社　址	北京市西城区德外大街4号		http://www.hep.com.cn
邮政编码	100120	网上订购	http://www.hepmall.com.cn
印　刷	保定市中画美凯印刷有限公司		http://www.hepmall.com
开　本	889mm×1194mm 1/16		http://www.hepmall.cn
印　张	18.5	版　次	2010年7月第1版
字　数	360千字		2024年8月第3版
购书热线	010-58581118	印　次	2025年1月第5次印刷
咨询电话	400-810-0598	定　价	39.80元

物 料 号 61978-00

第3版前言

承蒙中职教师和学生的厚爱，本书第1版2010年入选中等职业教育课程改革国家规划新教材；第2版2020年入选“十三五”职业教育国家规划教材，2021年荣获首届全国教材建设奖全国优秀教材二等奖，2023年入选“十四五”职业教育国家规划教材。

本书在编写过程中着力体现正确的价值引领和职业能力培养。

一是坚持立德树人，注重教材育人。挖掘和梳理机械基础课程蕴含的思想政治教育元素，充分发挥机械基础课程和教材的德育功能。二是坚持全面发展，注重能力培养。关注学生德智体美劳全面发展，以能力培养和工作过程导向不断改进教材的呈现形式。三是坚持课程定位，注重工学结合。突出机械基础课程的实践性，以“基本与基础”为原则精选课程内容，采用现行标准规范，合理安排与相关课程之间的衔接与递进。

本书根据教育部发布的职业教育装备制造大类专业简介（2022年修订）中关于本课程的要求和中等职业学校机械基础教学大纲编写而成，着力把握课程主要规律，明确认知对象功用，指向学习目标达成，合理设计教材模块，构成知识脉络矩阵。

一是学习机器的组成与结构规律，认知机械的功能及适用性，熟悉功能与类型（集中在绪论）；二是学习构件的受力与变形规律，认知构件的材料及安全性，理解强度与刚度（集中在力系与平衡、强度与刚度、材料与选用模块）；三是学习机构的运动与转换规律，认知机构的性能及高效性，学会调整与控制（集中在机构与运动、传动与维护、液压与气动模块）；四是学习零件的精度与装配规律，认知机械的运行及经济性，熟练维修与维护（集中在误差与公差、连接与紧固、轴与轴承、润滑与密封模块）。

本书配有二维码资源，包括与知识点对应的动画与视频等，扫描二维码即可随时随地查看资源，享受立体化阅读体验。

本书配套电子教案、教学课件、启发学生创新思维和爱国情怀的“机械史话”阅读材料等助教辅学资源，请登录高等教育出版社新形态教材网（https://abooks.hep.com.cn）获取相关资源。详细使用方法见本书最后一页“郑重声明”下方的“学习卡账号使用说明”。

本书除绪论外共十个模块，按照教学大纲的建议，至少应安排100学时进行教学。书中加“*”部分与教学大纲要求相对应，各校可以在保证总学时的前提下，根据专业的实际需要，对教学内容进行适当的选择和组合，对建议学时略加调整。

学时分配建议见下表。

中等职业学校机械基础教学大纲

模　块	名　称	建议学时
绪论		4
模块一	力系与平衡	8
模块二	强度与刚度	12
模块三	材料与选用	8
模块四	误差与公差	10
模块五	连接与紧固	8
模块六	机构与运动	10
模块七	传动与维护	18
模块八	轴与轴承	8
模块九	润滑与密封	6
模块十	液压与气动	8
合　计		100

对机械基础课程为少学时（64 学时）要求的机械运用类专业，建议选用栾学钢、王诚、吴建蓉主编，高等教育出版社出版的《机械基础》（少学时）（第 2 版）。

为指导学生了解机械基础课程的学习方法，加深对基本概念的理解、对基本规律的认识、对基本技能的掌握，自我检测学习效果，与本书配套出版《机械基础练习册》（第 3 版）。

本书由长春光华学院栾学钢、长垣烹饪职业技术学院赵玉奇、武汉光谷职业学院陈少斌主编。本次修订工作仍由长春光华学院栾学钢完成。修订过程中，约请吉林市凯捷机电设备有限公司陈希武先生、格致汽车科技股份有限公司兰海泉高级工程师审阅了书稿，采纳了来自中职教学第一线教师的意见，继续采用教育书画协会李承孝先生题写的书名，在此表示衷心感谢。

对于书中存在的不足之处，欢迎读者批评指正。读者意见反馈邮箱：zz_dzyj@pub.hep.cn。

编　者

2023 年 12 月

第1版前言

本书是中等职业教育课程改革国家规划新教材，经中等职业教育教材审定委员会审定通过。本书是依据教育部2009年颁布的“中等职业学校机械基础教学大纲”，并参照相关的最新国家职业技能标准和行业职业技能鉴定规范中的有关要求编写而成的。本书是中等职业学校机械基础课程（多学时）教材，编写过程中贯彻“以服务为宗旨、以就业为导向”的职教理念，吸收企业技术人员参与教材编写，紧密结合工作岗位；选取的案例贴近生活、贴近生产实际；将创新理念贯彻到内容选取、教材体例等方面。

本书可供中等职业学校加工制造类等7个专业大类46个专业（170余个工种）的机械基础课程教学使用。

本书坚持新大纲对“课程教学目标”的定位，在编写时努力贯彻教学改革的有关精神，严格依据新教学大纲的要求，努力体现以下特色：

1. 综合化与模块化兼顾，突出应用性和实践性

本书在编写时按教学大纲要求，加大基础内容综合力度，对于选学内容采取模块结构。教材内容的取舍，体现以生产实际为依据，突出应用性；以技能培养为主线，突出实践性，渗透“产业、行业、企业、职业、实践”5个要素，突出职业教育特点。

2. 工作过程与认识过程兼顾，突出科学性和适用性

为了达到“做中学、做中教”，教材力争反映工作过程的规律；为了起到循序渐进、举一反三的效果，同时遵循认识过程的规律。在机械传动章节中，从运行应用的角度分析传动及传动零件的技术参数，按照工作过程形成“安装、运行、润滑、维护”主线。这样既有利于理论联系实际，又有助于学生对某些抽象而枯燥的技术参数的理解和认识。本书充分体现新技术、新材料、新标准、新规范、新产品。

3. 主教材与配套资源兼顾，突出连续性和灵活性

主教材与配套教学资源统筹规划，在主教材出版后，以编写团队为主创，配套提供丰富的教学资源，包括《机械基础练习册》（多学时，附题库光盘）和《机械

基础教学指导》（附光盘），并提供了包括网络课程、电子教案、多媒体课件、多媒体素材库、习题库等网上教学资源。从而达到延伸课程教学时间、拓展课堂教学空间、自我检测和评价学习效果的作用，使机械基础课程的教学更加生动、活泼，更为连续、灵活。

4. 专业能力、方法能力、社会能力兼顾，突出职业道德教育和职业技能培养

本书在专业能力目标方面，培养学生掌握常用机构和机械传动的工作原理、结构和特点及选用的方法；了解机械零件精度的国家标准；能够分析和处理一般机械运转中存在的问题，具有维护一般机械的能力。在方法能力目标方面，注重学生获取、处理、表达技术信息，执行国家标准，使用技术资料的能力训练。本书特辟机械的节能环保与安全防护一章，以利于在教学中贯彻执行国家的经济政策，培养公民的社会公德和职业道德意识。

本书除绪论外共10章，按照教学大纲的要求建议安排100学时进行教学。书中加“*”部分与教学大纲要求相对应，各学校可根据实际情况选择教学。各部分学时分配建议见下表：

模　块	教学单元	建议学时数
基础模块	绪论	4学时
	第二章　杆件的静力分析	8学时
	第三章　直杆的基本变形	12学时
	第四章　工程材料	8学时
	第五章　连接	8学时
	第六章　常用机构	10学时
	第七章　机械传动	18学时
	第八章　支承零部件	8学时
	第九章　机械的节能环保与安全防护	4学时
选学模块	第一章　机械零件的精度	10学时
	第十章　气压传动与液压传动	10学时
合　计		100学时

本书由栾学钢，赵玉奇，陈少斌担任主编，参加编写工作的有车世明，段全续，顾淑群，胡学兰，李同军，苏薇，吴联兴，武燕，张雪梅，张志林等。

教育部聘请华南理工大学宋小春和武汉职业技术学院黄诚驹审阅了本书；高等教育出版社聘请徐州建筑职业技术学院张天熙审阅了本书。他们对本书提出了宝贵的意见和建议，在此表示衷心感谢！

由于编写时间及编者水平有限，书中难免错误和不妥之处，恳请广大读者批评指正。读者意见反馈邮箱：zz_dzyj@pub.hep.cn。

编　者

2010 年 6 月

与本书配套的数字化资源使用说明

本书配套在线开放课程“机械基础”，由资深特级教师团队主讲，课程设计精细、全面，讲授精彩、专业，被认定为2022年职业教育国家在线精品课程。可通过计算机或手机APP端进行视频学习、测验考试、互动讨论。同时，还提供“机械制图”“计算机绘图能手——玩转AutoCAD”“极限配合与技术测量”“数控车削加工技术与技能”“走进数控”“走进模具”等相关课程供参考学习。

• 计算机端学习方法：访问地址 http://www.icourses.cn/vemooc，或搜索“爱课程”，进入“爱课程”网“中国职教MOOC”频道，在搜索栏内搜索课程“机械基础”。

• 手机端学习方法：扫描右侧二维码，或在手机应用商店中搜索“中国大学MOOC”，安装APP后，搜索学校为“职教MOOC建设委员会”下的课程“机械基础”。

中国大学MOOC APP

本书开发了视频、动画等资源，以二维码形式添加在相关内容处，扫描二维码即可随时随地查看学习资源，享受立体化阅读体验。

本书配套电子教案、教学课件、“机械史话”阅读材料等助教辅学资源，请登录高等教育出版社新形态教材网（https://abooks.hep.com.cn）获取相关资源，详细使用方法见本书最后一页“郑重声明”下方的“学习卡账号使用说明”。

Abook APP

目 录

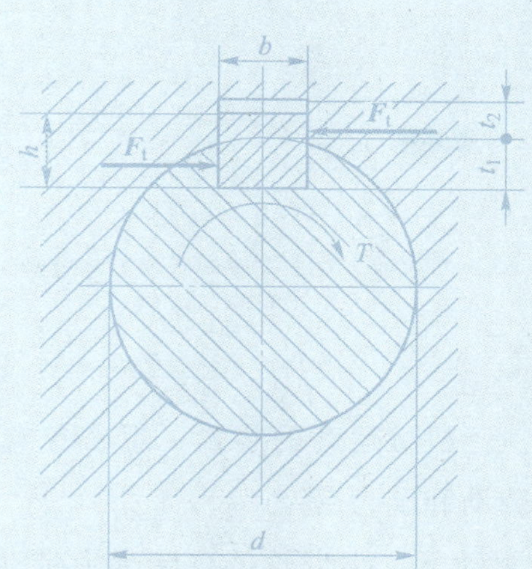

绪 论

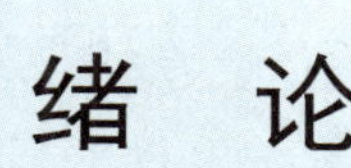

导 语

人类从远古时代打磨石刀、石斧等简单的狩猎工具开始，到如今制造机器人、超级计算机、高速列车、大型飞机、深海潜水器、航天器，每次进步都离不开机械的作用。机械不仅在国民经济的各个领域扮演着重要角色，也使每个家庭的生活更加丰富多彩。

要走进机械世界，就必须认识机器的一般构造，熟悉机构的基本运动，掌握传动的工作原理，为专业学习奠定机械基础，以适应将来制造机械、运用机械的实际需要。

在绪论中将学习机器的组成，分析机器的结构，知晓机械的类型，清楚本课程各部分内容之间的内在联系。

思 维 导 图

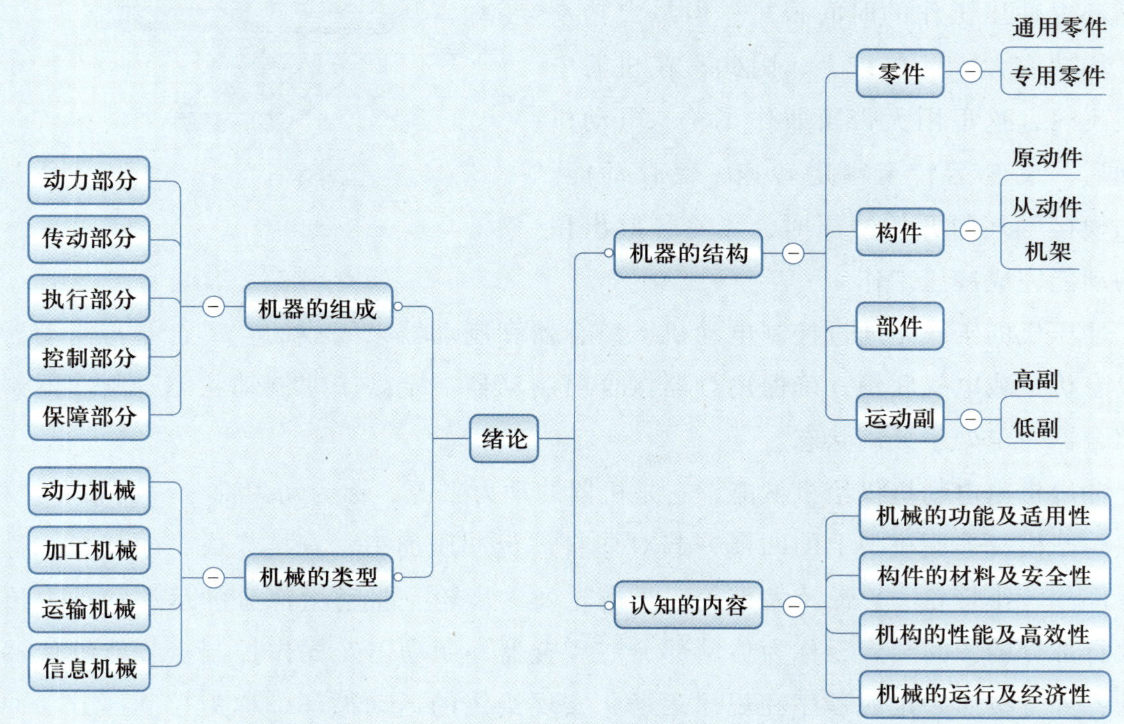

0.1 机器的组成

机器是人们根据使用要求设计的一种执行机械运动的装置，用来变换或传递能量、物料与信息，以代替或者减轻人们的体力劳动和脑力劳动。

如图 0-1 所示的冲压机，在电动机的驱动下，小带轮依靠摩擦力带动 V 带，使大带轮和小齿轮转动。当离合器处于接合状态、制动器处于非制动状态时，小齿轮与大齿轮相啮合，大齿轮带动曲轴旋转。曲轴的转动通过连杆使滑块和凸模向下运动，与机架上的凹模共同对坯料进行冲压加工。完成冲压后，滑块上行到最高点位置，离合器处于分离状态，大齿轮与曲轴脱离连接，制动器处于制动状态，使滑块停止在最高点位置，完成一次工作循环，等待执行下一次冲压工作。

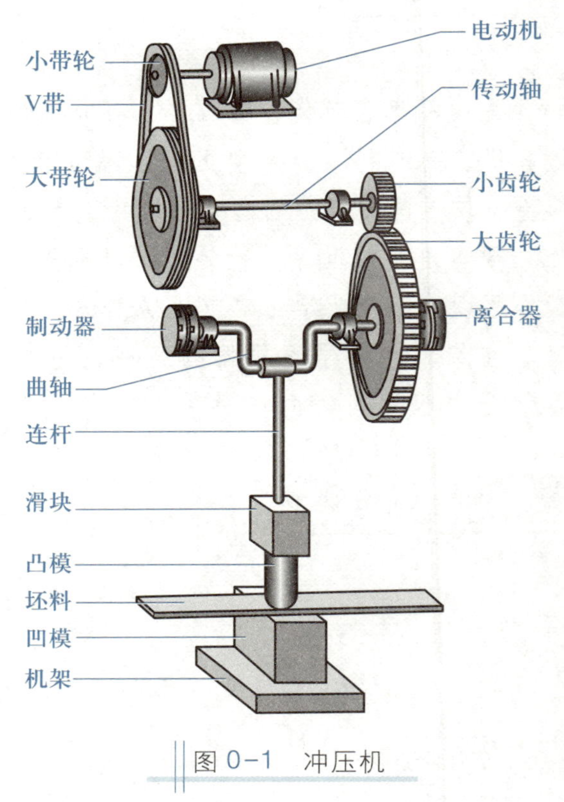

图 0-1　冲压机

冲压机的载荷是间断性的，即在一个工作循环内冲压工作的时间很短，但最大功率比平均功率大十几倍以上，因此常在机器中安装飞轮，这里用大带轮兼作飞轮。电动机起动后，飞轮运转至额定转速，储存动能。当凸模接触坯料开始冲压时，飞轮释放出积蓄的动能完成冲压工作。

笔记

冲压机的工作是通过控制电动机、离合器和制动器来完成的。离合器与制动器之间设有机械或电气联锁，确保离合器接合前制动器一定处于非制动状态，制动器制动前离合器一定处于分离状态。

冲压机由电动机供给机械能，它是机器的动力来源，称为动力部分。曲轴、连杆、滑块与凸模，连同机架上的凹模一起对坯料进行冲压加工，直接完成工作任务，称为执行部分。小带轮、V 带及大带轮，小齿轮及大齿轮是将动力部分的运动和动力传递给执行部分的中间装置，称为传动部分。离合器、制动器及操作控制盘等能够使冲压机的各部分按照一定的顺序和规律运动，实现给定的运动循环，称为控制部分。冲压机还设有润滑、照明、过载保护、人身保护等装置，用以辅助正常工作，称为保障部分。

对其他机器进行类似的分析，也可以得到相同的结论，即机器主要由动力部分、传动部分、执行部分、控制部分和保障部分组成，如图 0-2 所示。本课程主要以机器的传动部分和执行部分作为研究对象。

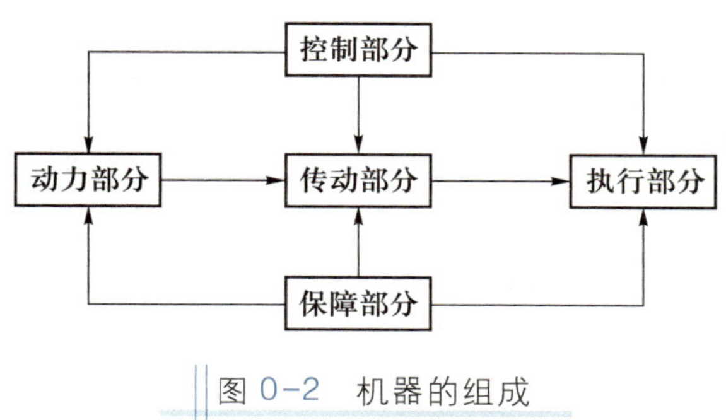

图 0-2　机器的组成

0.2 机器的结构

从宏观上分析机器组成之后，再从微观的角度来分析机器的结构。

一、零件、部件与构件

构成机器的不可拆的制造单元称为零件。在各种机器中普遍使用的零件称为通用零件，如螺栓、轴、齿轮、弹簧等；只在某些机器中使用的零件称为专用零件，如冲压机中的曲轴、连杆、滑块等。

在机器中，由若干零件装配在一起构成的具有独立功能的部分称为部件，如轴承、联轴器、离合器、减速器等。

构成机器的各相对运动单元称为构件。构件一般由若干个零件刚性连接而成，也可能是单一的零件。

为把机器动力部分所输出的运动（多数为转动）变换成机器执行部分所需要的运动，有必要单独讨论机器传动部分和执行部分的结构和特性，于是引入了机构的概念。机构是用来传递运动和力的构件系统。

自行车的零件、构件与机构

复杂的机器由多种机构组成，简单的机器可能只含有一种机构。冲压机的传动部分由 V 带及带轮组成的带传动机构、小齿轮和大齿轮组成的齿轮传动机构组成，执行部分由曲轴和连杆及滑块组成的曲柄滑块机构等组成，将电动机的等速转动变换成凸模的直线冲压运动。

由机器的结构可见，机构的性能和零件的质量决定着机器的完善程度。无论是制造还是使用机器，都必须将机构和零件作为基础来学习。

二、运动副的类型与构件的结构

（一）运动副的类型

机构是用来传递运动和力的构件系统，机构中的各构件以一定方式彼此连接。这种连接与焊接、铆接等固定连接不同，既要对构件的运动加以限制，又允许连接的两构件之间具有一定的相对运动。这种直接接触的两个构件间的可动连接称为运动副。两构件间的相对运动为平面运动时构成平面运动副。

平面运动副有低副和高副两种类型。

1. 低副

两构件通过面与面接触组成的运动副称为低副，如图 0-3 所示。由于低副是面接触，在承受载荷时压强较低，利于润滑，因此不易磨损。

笔记

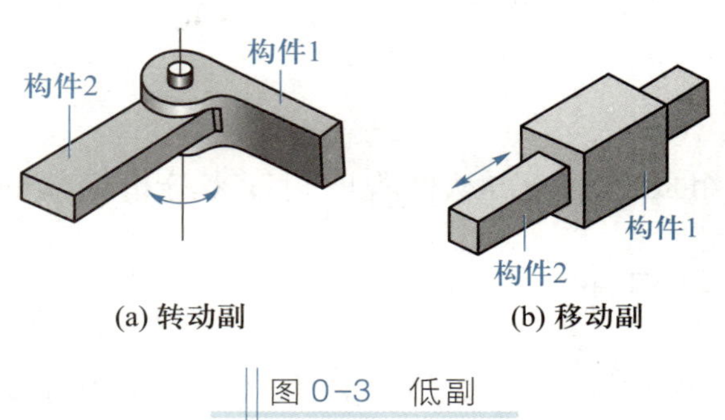

图 0-3　低副

低副按照两构件间允许相对运动的形式不同分为两类：

① 转动副　如图 0-3a 所示，构件 1 和构件 2 用铰链连接，两构件只能绕铰链回转中心相对转动。例如，轴与轴承之间的可动连接就属于转动副。

② 移动副　如图 0-3b 所示，构件 1 和构件 2 之间只能沿某一轴线相对移动。例如，滑块与导路之间的可动连接就属于移动副。

2. 高副

两构件以点或线的形式相接触组成的运动副称为高副。图 0-4 所示的齿轮副和凸轮副都是高副，构件 2 可以相对于构件 1 绕接触点 A 转动，又可以沿接触点的切线 $t—t$ 方向移动，只有沿公法线 $n—n$ 方向的运动受到限制。

由于高副以点或线相接触，其接触部分的压强较高，因此易磨损。

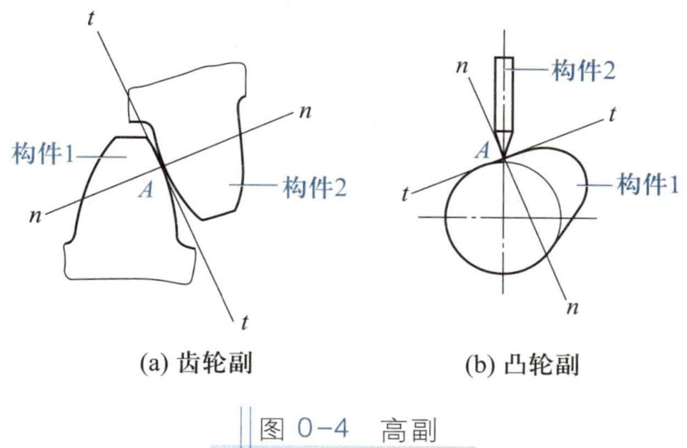

(a) 齿轮副　　(b) 凸轮副

图 0-4　高副

（二）构件的结构

机构中的构件分为三类：固定构件称为机架，按给定的运动规律独立运动的活动构件称为原动件，其余活动构件称为从动件。从动件的运动规律取决于原动件的运动规律、机构中运动副和构件的结构及尺寸。

构件的结构与受力状况、运动特点及相对尺寸等因素有关。下面介绍常见的几种构件结构。

笔记

1. 具有转动副的构件

构件中转动副间距较大时，一般制成杆状，如图 0-5 所示。杆状构件应尽量制成直杆（图 0-5a），但有时要求构件与机构的其他部分在运动时不发生干涉（碰撞），也可制成特殊形式（图 0-5b）。

杆状构件因受力状况和功能有所差别而有不同的横截面，如图 0-6 所示。构件横截面尺寸相对强度而言通常是偏大的，主要是使构件具有足够的刚度和抗振能力。

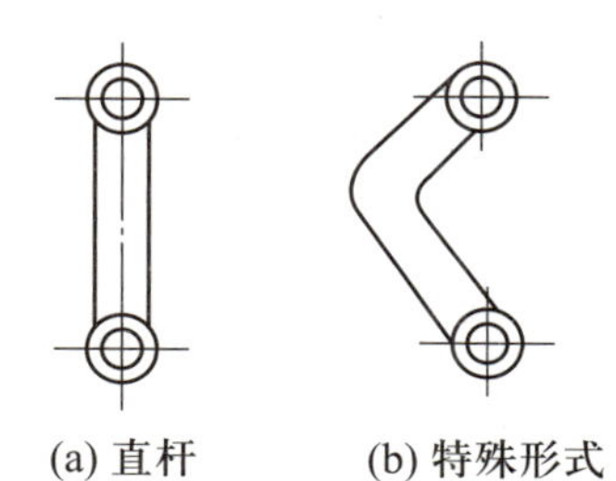
(a) 直杆　　(b) 特殊形式

图 0-5　具有转动副的构件——杆状构件

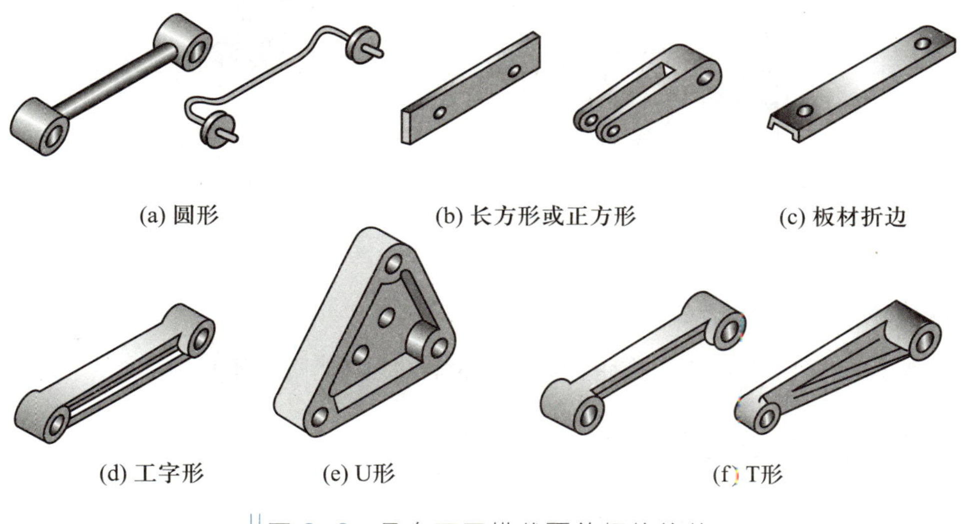
(a) 圆形　　(b) 长方形或正方形　　(c) 板材折边

(d) 工字形　　(e) U形　　(f) T形

图 0-6　具有不同横截面的杆状构件

绕定轴转动的构件常制成盘状。有时在盘状构件上装有轴销，如图 0-7 所示，以便与其他构件组成另一个转动副。当两个转动副间距很小，难以设置相距很近的轴销或轴孔时，可以将另一个转动副尺寸扩大而制成偏心轮，如图 0-8 所示。偏心轮的几何中心与其回转中心之间的距离 e 称为偏心距。当构件承受较大载荷时，采用偏心轮结构庞大，可以采用图 0-9 所示的曲轴，连接两个转动副的部分称为曲柄。偏心轮和曲轴常用于回转运动与往复直线运动相互转换的机构中。

2. 具有移动副和转动副的构件

图 0-10 所示为单缸内燃机构造简图。在燃烧气体膨胀压力的作用下，活塞被推动下移，并通过连杆使曲轴旋转而做功。这里的活塞既与缸体组成移动副，又与连杆组成转动副。这类构件多呈块状，故常称为滑块。

笔记

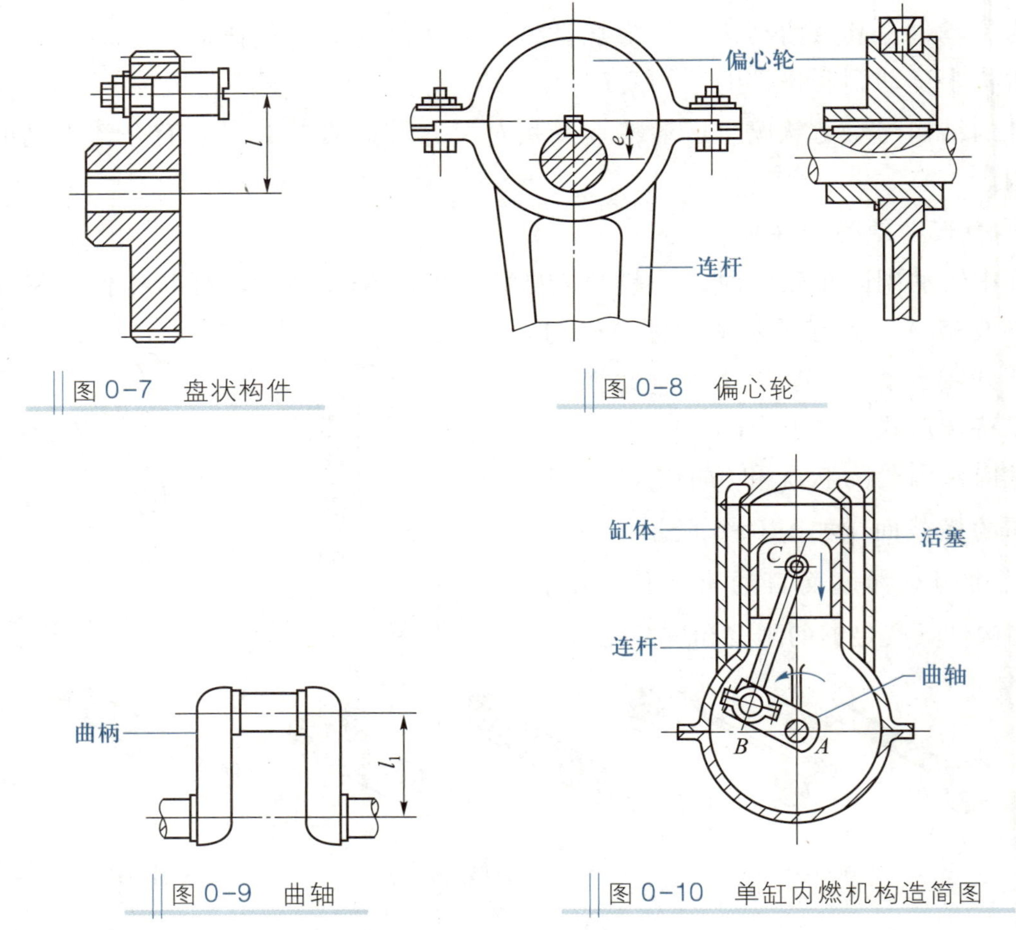

图 0-7　盘状构件

图 0-8　偏心轮

图 0-9　曲轴

图 0-10　单缸内燃机构造简图

3. 具有两个移动副的构件

这种构件不多见，模块五介绍的滑块联轴器的中间滑块即是。

三、平面机构运动简图

实际的机器或机构比较复杂，构件的外形和构造也多种多样，但机构的相对运动只与运动副的数目、类型、相对位置及某些尺寸有关，而与构件的横截面尺寸、组成构件的零件数目及运动副的具体结构等无关。因此，在研究机器或机构运动时，可以不考虑与相对运动无关的因素。用线条表示构件，用简单符号表示运动副的类型，按一定比例确定运动副的相对位置及与运动有关的尺寸，这种简明表示机构各构件间运动关系的图形称为机构运动简图。

只表示机构的结构及运动情况，而不严格按照比例绘制的简图通常称为机构示意图。

机构运动简图用部分图形符号见表 0-1。

表 0-1　机构运动简图用部分图形符号

名称	符号	名称		符号
活动构件	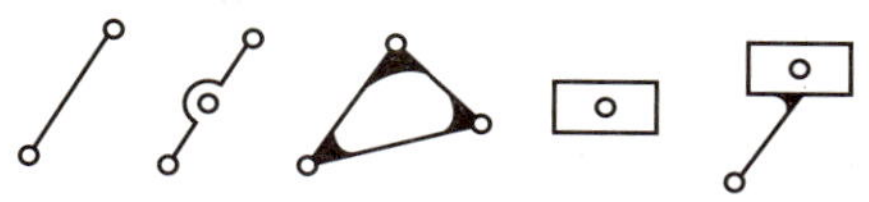	棘轮机构		
固定构件	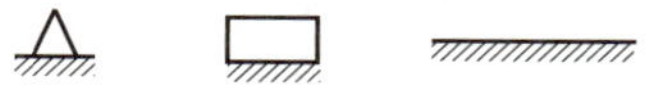	带传动		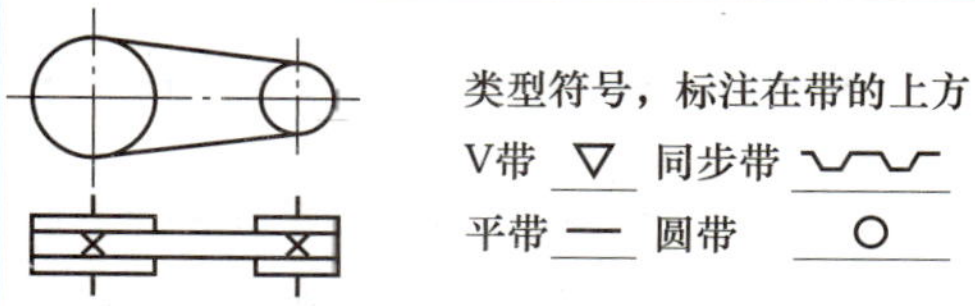 类型符号，标注在带的上方 V带　同步带 平带　圆带
转动副	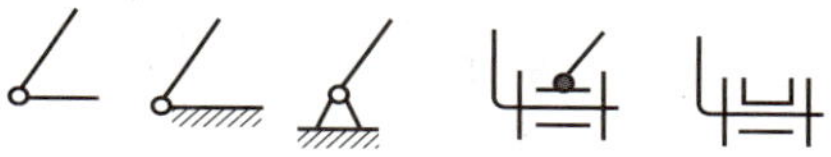	链传动		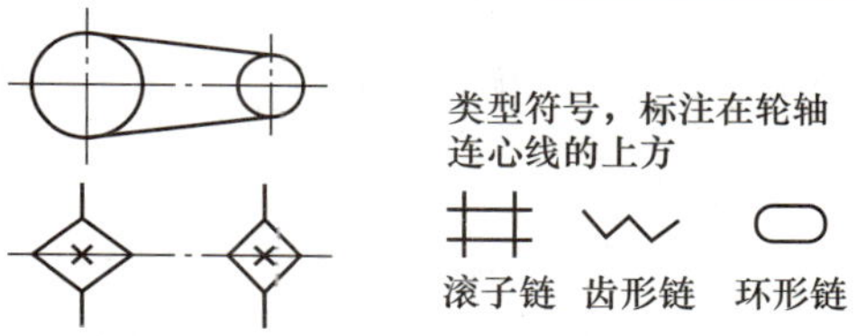 类型符号，标注在轮轴连心线的上方 滚子链　齿形链　环形链
移动副	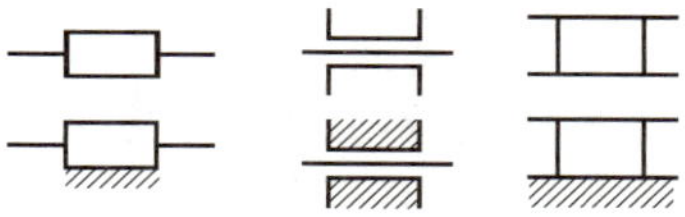	齿轮传动	圆柱齿轮	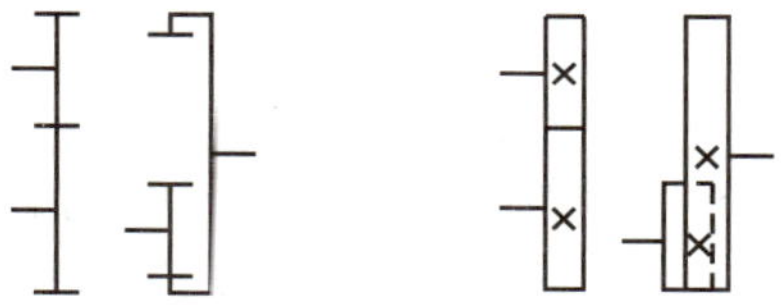
螺旋副			锥齿轮	
零件与轴连接	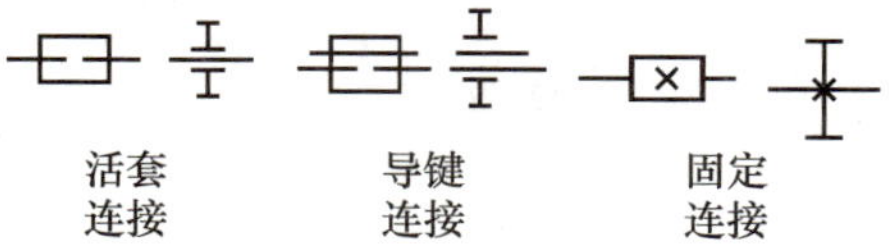 活套连接　导键连接　固定连接		齿轮齿条	
凸轮与从动件			蜗轮与圆柱蜗杆	
槽轮机构				

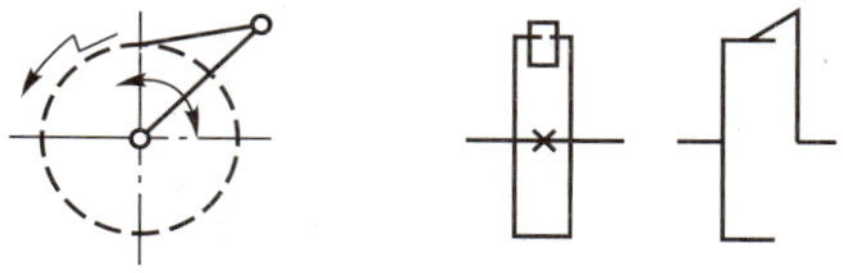

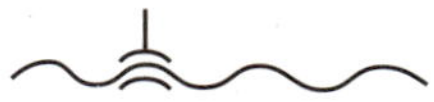

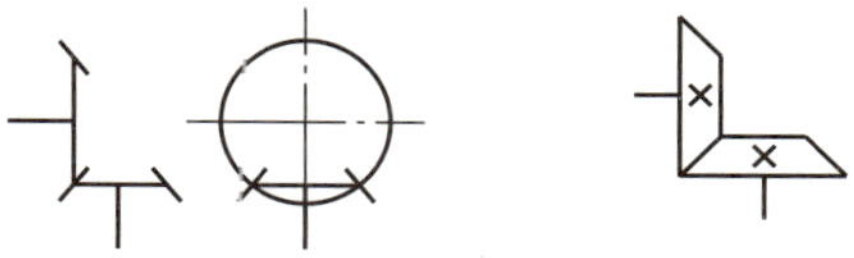

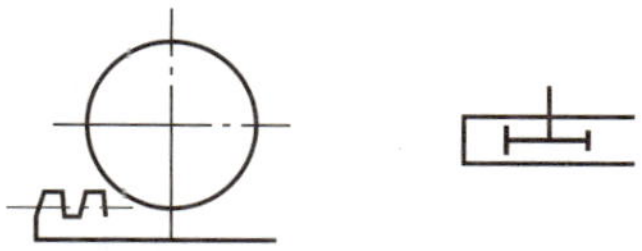

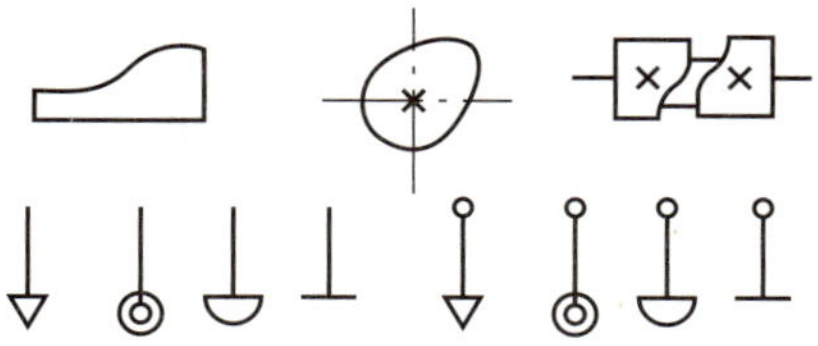

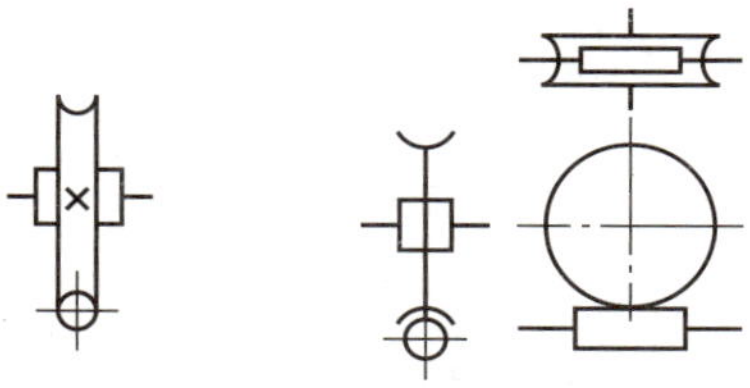

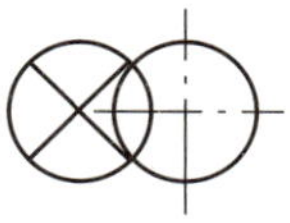

笔记

续表

类别		符号名称
轴承	向心轴承	普通轴承　滚动轴承
	推力轴承	单向推力　双向推力　推力滚动轴承
	向心推力轴承	单向向心推力轴承　双向向心推力轴承　向心推力滚动轴承

类别	符号名称
弹簧	压簧　拉簧
联轴器	一般符号　固定式　可移式　弹性联轴器
离合器	可控离合器　单向啮合式　单向摩擦式　自动离合器
制动器	
原动机	通用符号　电动机

笔记

根据机器实物或装配图绘制平面机构运动简图的步骤如下：

① 观察机构的运动情况，找出原动件（即运动规律已知的构件，通常也是驱动机构的外力所作用的构件）、工作构件（即直接执行生产任务或最后输出运动的构件）和机架（或称固定构件）。

② 根据相连两构件间的相对运动性质和接触情况确定各运动副的类型。

③ 根据机构实际尺寸和图纸大小确定适当的长度比例尺 μ_L

$$\mu_L = 实际长度(m)/图示长度(mm)$$

按照各运动副间的距离和相对位置，以规定的符号将各运动副表示出来。

④ 用直线或曲线将同一构件上的运动副连接起来，即为所要绘制的机构运动简图。

例 0-1 试绘制图 0-10 所示单缸内燃机的机构运动简图。已知 $l_{AB}=75$ mm，$l_{BC}=260$ mm。

解 ① 在单缸内燃机中，活塞为原动件，曲轴为工作构件。活塞的往复运动经连杆变换为曲轴的旋转运动。

② 活塞与缸体（机架）组成移动副，与连杆在 C 点组成转动副；曲轴与缸体在 A 点组成转动副，与连杆在 B 点组成转动副。

③ 确定长度比例尺 $\mu_L=0.01$ m/mm，以规定符号绘制机构运动简图，如图 0-11 所示。

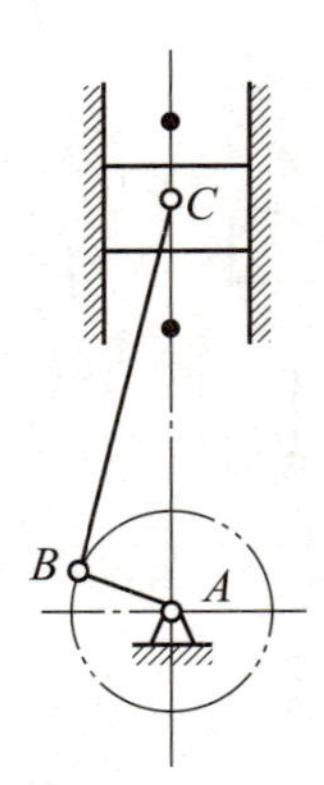

图 0-11　单缸内燃机机构运动简图

活塞的大小与运动无关，可酌定。

笔记

例 0-2 试绘制图 0-1 所示冲压机的机构示意图。

解 ① 冲压机的工作原理如前所述。

② 用规定的符号绘制机构示意图，如图 0-12 所示。电动机 1 固定在机架 13 上，小带轮 2 装在电动机外伸轴上，传动轴 5 左端装有大带轮 4，右端装有小齿轮 6，并与机架组成转动副（轴承）。曲轴 9 左端装有制动器 10，中间以转动副与连杆 11 相连，次右端装有与小齿轮 6 组成高副的大齿轮 7，最右端装有离合器 8。连杆 11 下端与滑块 12 构成转动副（在图 0-1 中被遮挡）。滑块 12 连同凸模与机架构成移动副。凹模与机架 13 固定连接。

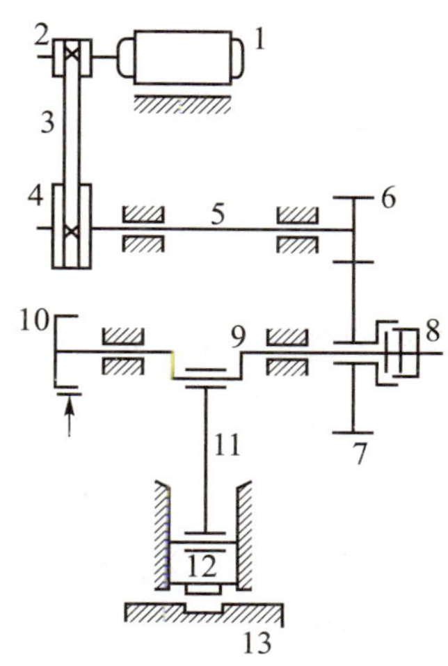

图 0-12 冲压机的机构示意图

0.3 机械的类型

从结构和运动角度分析，机构与机器之间并无区别，因此将机构和机器总称为机械。随着生产的发展、生活的改善、科技的进步，现有机械的功能不断完善，自动驾驶汽车等新的智能机械不断涌现。

机械的种类繁多，应用广泛。按照主要用途不同，机械可分为动力机械、加工机械、运输机械和信息机械等。

① 动力机械用来实现机械能与其他形式能量之间的转换。电动机、内燃机、发电机、液压泵、压缩机等都属于动力机械。

② 加工机械用来改变物料的状态、性质、结构和形状。金属切削机床、粉碎机、冲压机、织布机、轧钢机、包装机等都是加工机械。

③ 运输机械用来改变人或物料的空间位置。汽车、机车、缆车、船舶、飞机、电梯、起重机、输送机等均为运输机械。

④ 信息机械用来获取或处理各种信息。复印机、打印机、绘图机、传真机、相机、摄像机等皆为信息机械。

对机械的基本要求包括使用功能要求、经济性要求、劳动保护和环境保护要求等。此外还有特殊要求，如金属切削机床应长期保持精度，食品和药品加工机械应不污染产品，运输机械应减轻自重，信息机械应快速准确等。

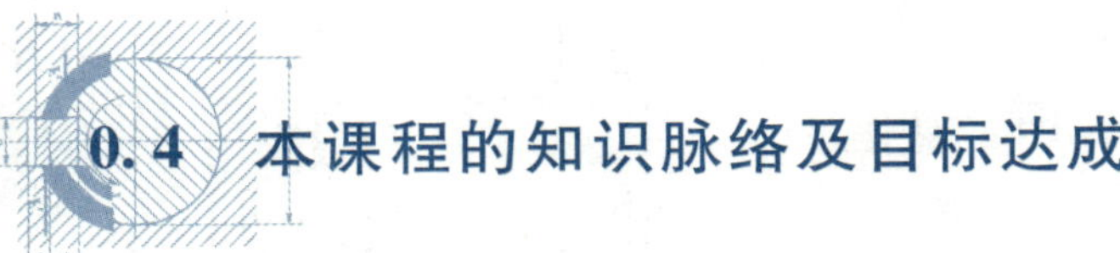

0.4 本课程的知识脉络及目标达成

本课程是加工制造大类专业和其他工程技术类专业的专业基础课程之一，具有鲜明的综合性、实践性和创新性，学好本课程的知识与技能将增强工程意识、提高实际能力，为学习与工作、深造与发展奠定机械基础。

学习本课程的内容，应着力把握课程主要规律，明确认知对象功用，指向学习目标达成。本书各模块构成的知识脉络矩阵见表 0-2。

表 0-2 本书各模块构成的知识脉络矩阵

知识脉络	主要规律	认知对象	目标达成	教材模块
1	机器的组成与结构规律	机械的功能及适用性	熟悉功能与类型	绪论
2	构件的受力与变形规律	构件的材料及安全性	理解强度与刚度	力系与平衡 强度与刚度 材料与选用
3	机构的运动与转换规律	机构的性能及高效性	学会调整与控制	机构与运动 传动与维护 液压与气动
4	零件的精度与装配规律	机械的运行及经济性	熟练维修与维护	误差与公差 连接与紧固 轴与轴承 润滑与密封

笔记

本课程的知识脉络矩阵贯穿本书，以期使读者在学习过程中能够随时明晰各知识点和技能点所在的方位、所起的作用、所反映的规律，增强课程内容的系统性、整体性和关联性，避免“只见树木不见森林”。

小 结

机器是人们根据使用要求而设计的一种执行机械运动的装置，用来变换或传递能量、物料与信息，以代替或者减轻人们的体力劳动和脑力劳动。机器主要由动力部分、传动部分、执行部分、控制部分和保障部分组成。

零件是机器制造的单元，构件是机器运动的单元，机构是用来传递运动和力的构件系统，机械是机构与机器的总称。

直接接触的两个构件间的可动连接称为运动副。转动副和移动副是平面低副，齿轮副、凸轮副是平面高副。

机构中的固定构件称为机架，按给定的运动规律独立运动的活动构件称为原动件，其余活动构件称为从动件。构件有杆状、盘状、块状等，其结构与受力状况等因素有关。为了表示机构中各构件间的运动关系，可以绘制机构运动简图。

机械的种类繁多，按照主要用途可以分为动力机械、加工机械、运输机械和信息机械。

思考与实践

1. 机器主要由哪些部分组成？各部分的作用是什么？
2. 以汽车为例，大致说明机器主要的组成部分。
3. 你能够找出没有传动部分的机器吗？
4. 机器人的类型很多，如何判定各种机器人所属机械的类型？
5. 下列家用机械，哪些属于机器？哪些属于机构？

(1) 家用豆浆机 (2) 手动晾衣架 (3) 门窗启闭装置 (4) 电吹风

6. 下列零件，哪些属于通用零件？哪些属于专用零件？

(1) 齿轮 (2) 滚动轴承 (3) 曲轴 (4) 链轮 (5) 弹簧 (6) 滑块

7. 平面高副与平面低副相比，哪一种运动副的受力状况更好？
8. 偏心轮和曲轴分别用于什么场合？
9. 机构运动简图与机构示意图有什么区别？
10. 选取校园内外的几种机械，绘制其机构运动简图或机构示意图。
11. 举例说明将电能转换成机械能的动力机械和将机械能转换成其他能的动力机械。
12. 指出下列机械的类型：

(1) 自动化立体仓库 (2) 数控车床 (3) 货物提升机 (4) 变频电动机
(5) 水泵 (6) 空气压缩机 (7) 钻床 (8) 饮料灌装机 (9) 绘图机
(10) 自动驾驶汽车

13. 选取几种机械，说明其使用要求。

笔记

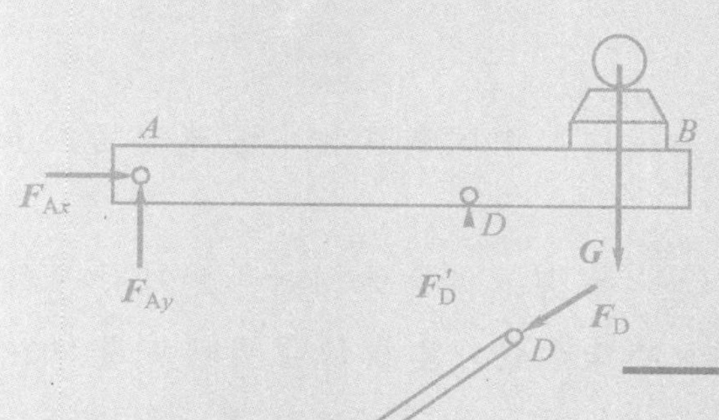

模块一　力系与平衡

导　语

在工程建设中，各种复杂的结构层出不穷。从机场候机大厅等大型公共场所的屋架（图 1-1），到大跨度的公路铁路两用桥梁（图 1-2），从高层建筑工地（图 1-3），到智能制造车间（图 1-4），无不应用到力系与平衡的知识。

图 1-1　机场候机大厅的屋架

图 1-2　公路铁路两用桥梁

图 1-3　高层建筑工地

图 1-4　智能制造车间

值得自豪的是，进入新时代，我国高速公路网和高速铁路网的延伸、和谐号和复兴号高速列车的奔驰、刷新纪录的一座座特大型桥梁的架设、C919 大型客机实现商飞、北斗卫星导航系统的组网、超大型货轮和邮轮的下水、载人潜水器的极限深潜、北京大兴国际机场的建造……这些中国制造和中国建造的杰出成就都是运用力系与平衡原理的经典范例。

力系是指作用在物体上的一组力。平衡是指物体相对于地球处于静止或做匀速直线运动的状态，是机械运动的一种特殊形式。本模块主要研究物体在力系作用下的平衡规律，首先介绍力的概念与基本性质，然后对物体进行受力分析，并讨论力系的简化与力系的平衡条件。

思维导图

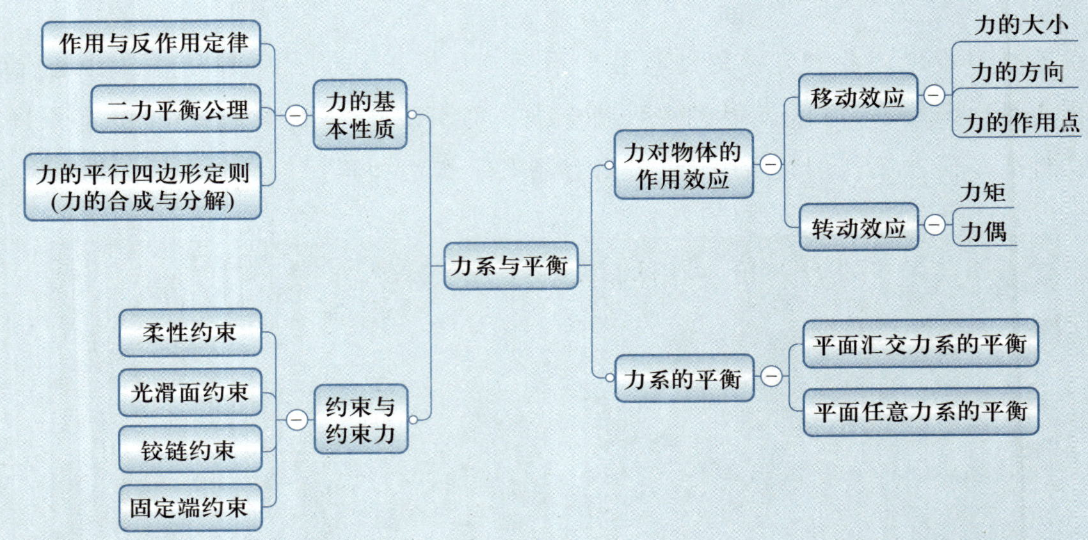

1.1 力的概念与基本性质

当物体受到外力作用时会发生什么情况呢？有三种可能：① 保持平衡，即保持静止状态或做匀速直线运动；② 改变运动状态，即由静变动，由动变静，或由慢到快，由快到慢，或改变运动方向；③ 产生变形，甚至发生破坏。了解力学知识，有助于正确使用机械，避免生产事故发生。

一、力的概念

力是使物体的运动状态发生变化或使物体产生变形的物体之间的相互机械作用。

力对物体的作用效应取决于力的大小、方向和作用点，它们称为力的三要素。当这三个要素中的任何一个改变时，力对物体的作用效应就会改变。

笔记

如图 1-5 所示，用力 **F** 推一物体，如果力的大小不同、作用点不同、方向不同，就会产生不同的作用效应。

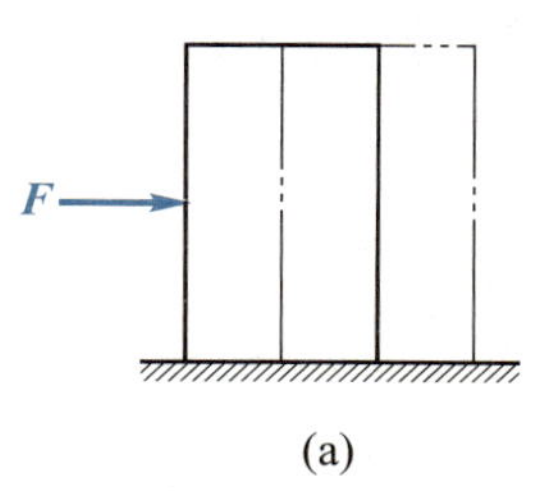

(a)

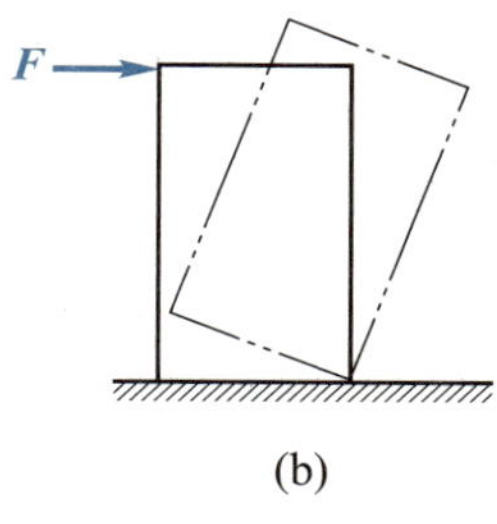

(b)

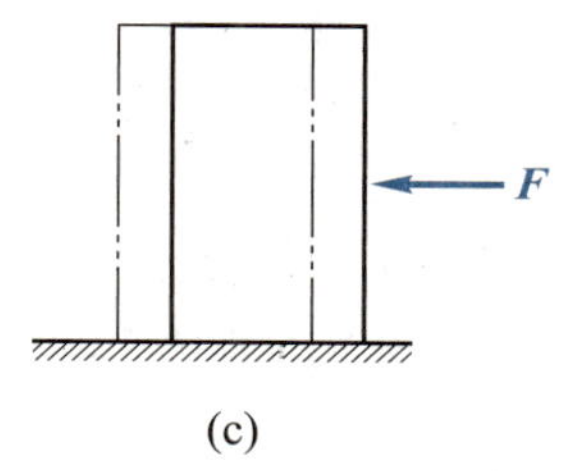

(c)

图 1-5　力的三要素

力是一个既有大小又有方向的矢量。力矢量用带箭头的有向线段 AB 表示，如图 1-6 所示。有向线段的起点（或终点）表示力的作用点，箭头指向表示力的方向，线段的长度按一定比例表示力的大小。力矢量用黑体字 **F** 表示，而用非黑体字 F 表示力的大小。在国际单位制中，力的单位为 N 或 kN。

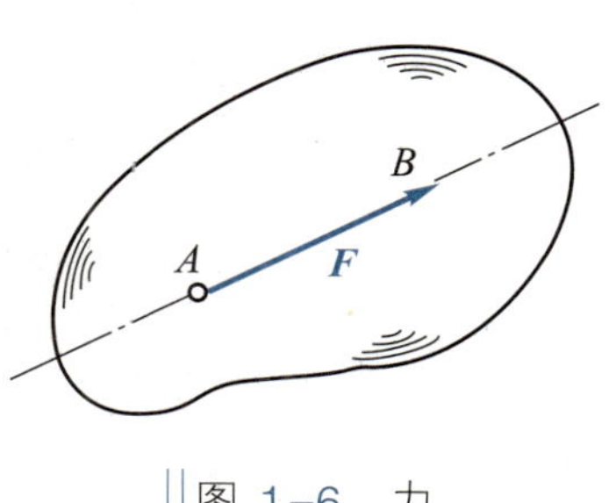

图 1-6　力

二、力的基本性质

1. 作用与反作用定律

一个物体对另一个物体有一作用力时，另一物体对该物体必有一个反作用力，这两个力大小相等、方向相反、作用在同一直线上，且分别作用在两个物体上。

2. 二力平衡公理

作用于某刚体上的两个力，使刚体保持平衡的必要和充分条件是这两个力大小相等、方向相反，且作用在同一直线上。

3. 力的可传性

作用于刚体上的力，可以沿其作用线移动到该刚体上的任一点，而不改变它对刚体的作用效应。因此，作用于刚体上的力的三要素可以表述为大小、方向和作用线。

4. 力的平行四边形定则

作用在物体上同一点的两个力，其合力也作用在该点，合力的大小和方向由以这两个力为邻边所作平行四边形的对角线确定。

如图 1-7a 所示，利用力的平行四边形定则，可以把作用于物体上的一个力 $\boldsymbol{F}$ 分解为相交的两个分力 $\boldsymbol{F}_1$、$\boldsymbol{F}_2$，各分力与合力 $\boldsymbol{F}$ 作用于同一点。

已知合力求分力的过程称为力的分解。通常将力分解为相互垂直的两个分力，这种分解称为正交分解，如图 1-7b 所示。

笔记

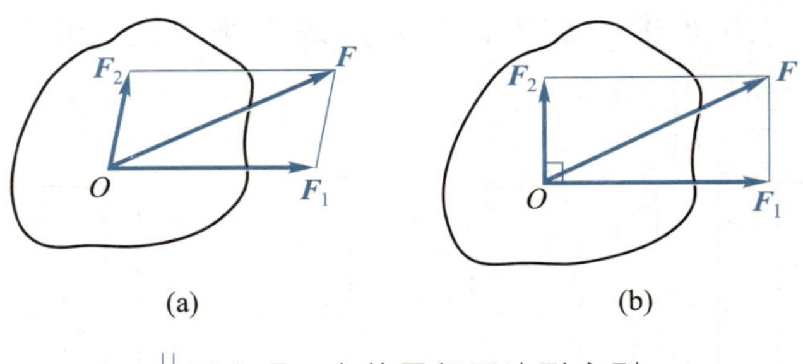

图 1-7　力的平行四边形定则

工程中常将作用力分解为沿物体运动方向的分力和垂直于物体运动方向的分力。

如图 1-8 所示，若将力 $\boldsymbol{F}$ 沿 x、y 轴方向分解，则得两分力 $\boldsymbol{F}_x$、$\boldsymbol{F}_y$。α 是力 $\boldsymbol{F}$ 与 x 轴正向间的夹角。

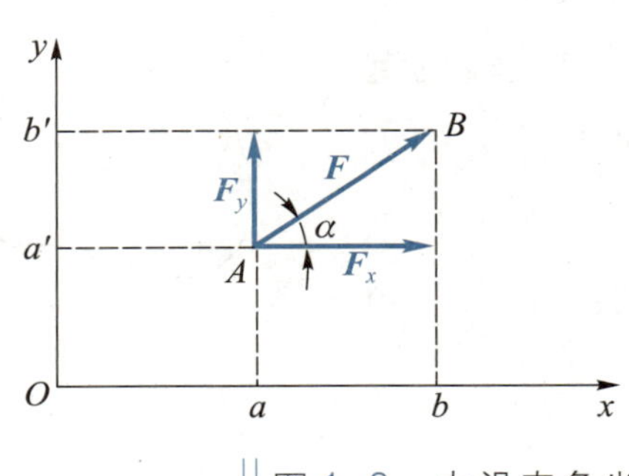

力F在x轴上的分力大小：$F_x=F\cos\alpha$

力F在y轴上的分力大小：$F_y=F\sin\alpha$

图 1-8　力沿直角坐标轴的分解与合成

力的分力是矢量，它的符号规定如下：若沿坐标轴的分力的指向与坐标轴正向一致，则此分力为正值，反之则为负值。

若已知力在坐标轴上的投影 $\boldsymbol{F}_x$、$\boldsymbol{F}_y$，则合力 $\boldsymbol{F}$ 的大小可按下式求出，力 $\boldsymbol{F}$ 的指向由分力 $\boldsymbol{F}_x$、$\boldsymbol{F}_y$ 的正负号判定，此为力的合成。

笔记

$$\left.\begin{aligned} F&=\sqrt{F_x^2+F_y^2}\\ \tan\alpha&=\frac{F_y}{F_x}\end{aligned}\right\} \qquad (1-1)$$

例 1-1 如图 1-9 所示，物体重 $\boldsymbol{G}$，放在与水平面夹角为 α 的斜面上，试将 $\boldsymbol{G}$ 分解为沿斜面方向及垂直于斜面方向的两个分力。

解 根据力的分解方法，以 $\boldsymbol{G}$ 为对角线，以平行于斜面及垂直于斜面为两邻边作出力的平行四边形，如图 1-9 所示，该力的平行四边形为矩形。

$\boldsymbol{G}$ 沿平行于斜面方向的分力具有使物体下滑的作用，其大小为

$$F_1=G\sin\alpha$$

$\boldsymbol{G}$ 沿垂直于斜面方向的分力具有正压力作用，其大小为

$$F_2=G\cos\alpha$$

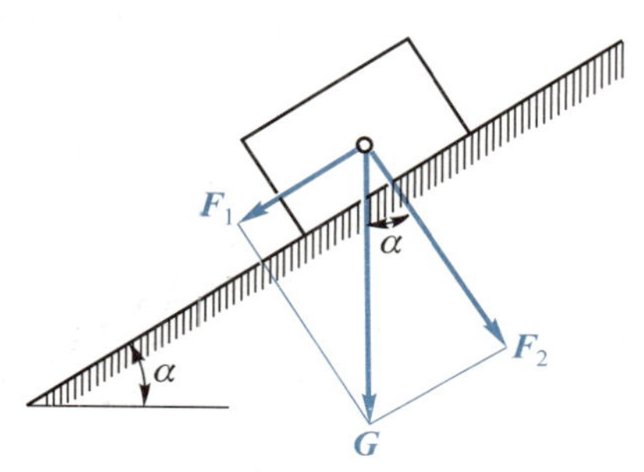

图 1-9 力的分解

分力的指向如图所示。

显然，$\boldsymbol{F}_1$是驱动力，在物体质量一定时，斜面倾角 α 越大，驱动力 $\boldsymbol{F}_1$就越大。

1.2 力矩、力偶与力的平移

一、力矩

力对物体的作用效应，除移动效应外，还有转动效应。如图 1-10 所示，用扳手拧螺母时，作用于扳手一端的力 $\boldsymbol{F}$ 能使螺母绕 O 点转动。在力学上，用 F 与 d 的乘积及其转向来度量力 $\boldsymbol{F}$ 使物体绕 O 点的转动效应，称为力 $\boldsymbol{F}$ 对 O 点之矩，简称力矩，以符号 $M_O(\boldsymbol{F})$ 表示，即

$$M_O(\boldsymbol{F})=\pm Fd \qquad (1-2)$$

在式（1-2）中，O 点称为力矩中心，简称矩心；O 点到力 $\boldsymbol{F}$ 作用线的垂直距离 d 称

为力臂；正负号表示两种不同的转向，规定使物体产生逆时针旋转的力矩为正值，反之为负值。力矩的单位是 N · m 或 kN · m。

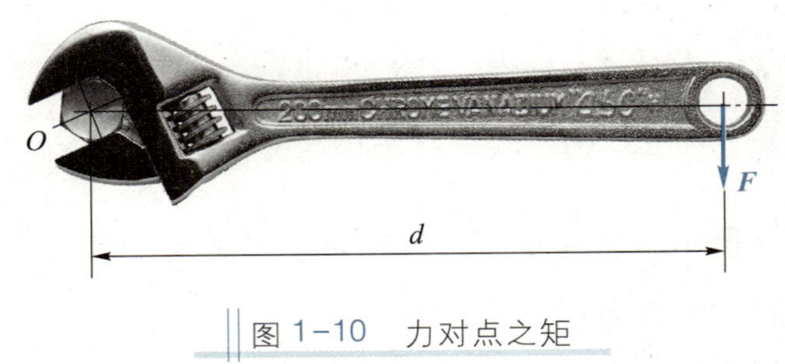

图 1-10　力对点之矩

为提高转动效应，一方面可以增加力的大小，更有效的办法是增加力臂的长度。如图 1-11 所示，工程实际中使用的撬杠、汽车制动踏板、切割机等都应用了力矩原理。

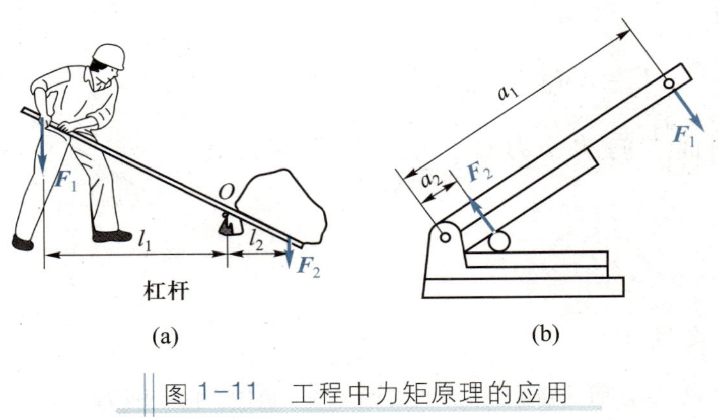

图 1-11　工程中力矩原理的应用

笔记

二、力偶

力学中，把作用在同一物体上大小相等、方向相反、作用线平行但不共线的两个力称为力偶，记作($\boldsymbol{F}_1$,$\boldsymbol{F}_2$)，力偶中两个力作用线间的距离 d 称为力偶臂，两个力所在的平面称为力偶的作用面。

物体受力偶作用而转动的例子十分常见，如司机双手转动方向盘（图 1-12a）、用丝锥攻螺纹（图 1-12b）、锁紧钻头（图 1-12c）、麻花钻两主切削刃切削工件（图 1-12d）、用两个手指拧动水龙头及开门锁等，所施加的都是力偶。

由实践经验可知，力偶中的两个力不满足二力平衡条件，不能平衡，也不能对物体产生移动效应，只能对物体产生转动效应。力偶对物体的转动效应随力 $\boldsymbol{F}$ 的大小或力偶臂 d 的增大而增强。因此，可用二者的乘积 Fd 并加以适当的正负号所得的物理量来度量力偶对物体的转动效应，称之为力偶矩，记作 $M(\boldsymbol{F}_1,\boldsymbol{F}_2)$ 或 M，即

$$M(\boldsymbol{F}_1,\boldsymbol{F}_2)=\pm Fd \tag{1-3}$$

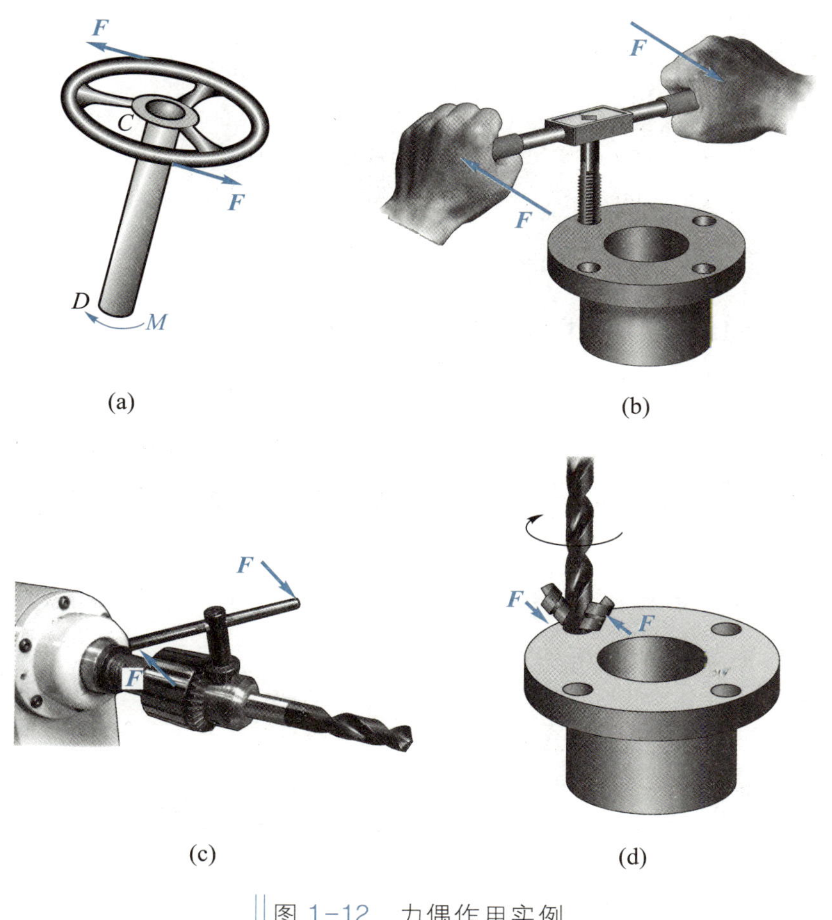

图 1-12　力偶作用实例

使物体逆时针转动的力偶矩为正，反之为负，如图 1-13 所示。力偶矩的单位与力矩相同，为 N·m 或 kN·m。

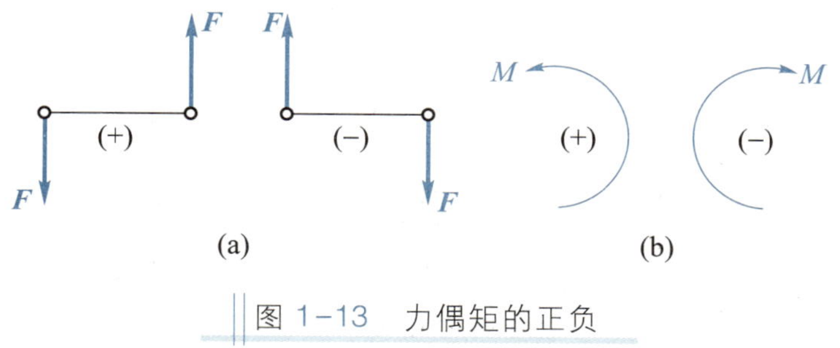

图 1-13　力偶矩的正负

三、力的平移定理

作用于刚体上的力可以平移到刚体上任意一点，但必须附加一个力偶才能与原来的力等效，附加力偶的力偶矩等于原来的力对新作用点的力矩，如图 1-14 所示。

笔记

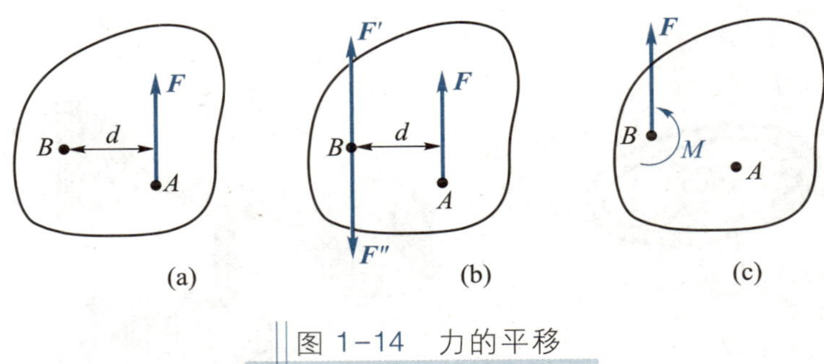

图 1-14 力的平移

例 1-2 图 1-15 所示为用钉锤拔钉，力 $\boldsymbol{F}$ 与锤柄 AC 垂直，$F=200$ N，$AB=410$ mm，$BC=90$ mm，$AC\perp BC$。试求力 $\boldsymbol{F}$ 对钉 B 作用的力矩。

解 以钉锤与平面的接触点 B 为矩心，由点 B 向力 $\boldsymbol{F}$ 的作用线引垂线 BD，力臂 $BD=\sqrt{AB^2-BC^2}=\sqrt{410^2-90^2}$ mm $=400$ mm。拔钉的力矩 $M_B=F\cdot BD=200\ \text{N}\times400\ \text{mm}=80\ 000\ \text{N}\cdot\text{mm}=80\ \text{N}\cdot\text{m}$。

例 1-3 锥齿轮宽度中点分度圆半径 $r=50$ mm，受轴向力 $F_x=300$ N，径向力 $F_r=200$ N，如图 1-16 所示。试分析力对轴的作用。

笔记

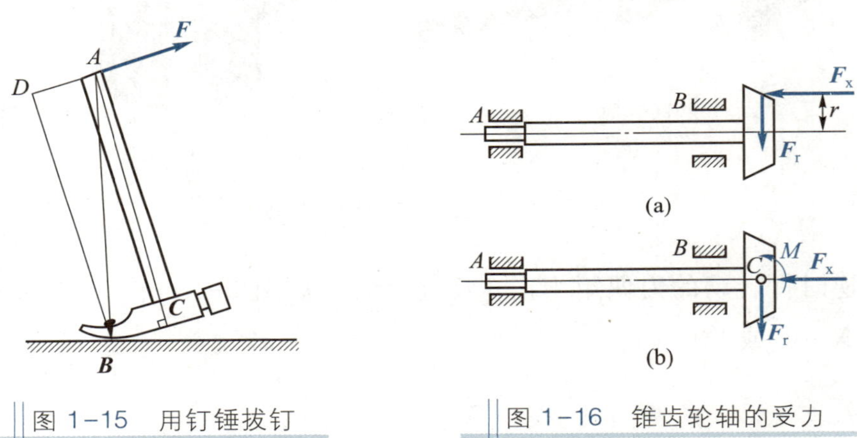

图 1-15 用钉锤拔钉

图 1-16 锥齿轮轴的受力

解 由力的平移定理，可将径向力 $\boldsymbol{F}_r$ 沿其作用线移到轴线上点 C，将轴向力 $\boldsymbol{F}_x$ 平移到轴线上，同时附加一个力偶，其力偶矩 M 为

$$M=F_x r=300\ \text{N}\times0.05\ \text{m}=15\ \text{N}\cdot\text{m}$$

显然，力 $\boldsymbol{F}_x$ 使轴发生压缩，力偶矩 M 和力 $\boldsymbol{F}_r$ 将使轴发生弯曲。

观察与思考

1. 为了将车床的三爪自定心卡盘拧紧，常采取什么措施？

2. 力偶是大小________、方向________、作用线________的一对相互作用力。

3. 在直齿圆柱齿轮传动中，轮齿啮合面间的作用力为 $\boldsymbol{F}_n$，如图 1-17 所示。已知 $F_n=500$ N，$\alpha=20°$，节圆半径 $r=d/2=150$ mm，试计算齿轮的传动力矩。

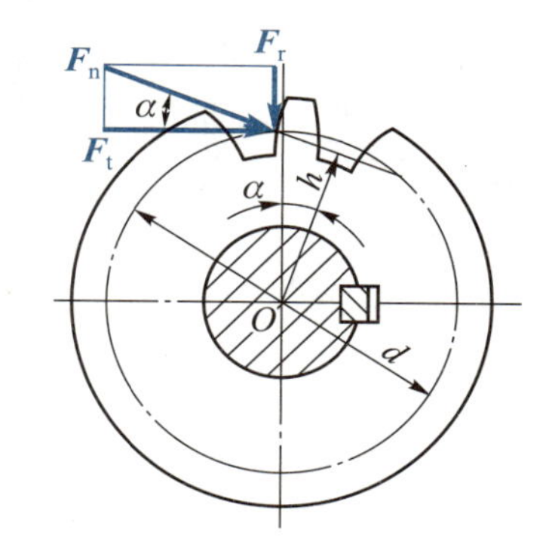

图 1-17 齿轮的传动力矩

1.3 约束、约束力、力系和受力图的应用

一、约束与约束力

机械和工程结构中的每个构件，总与周围其他构件相互联系又相互制约，使它的运动受到限制。对某一物体的运动起限制作用的周围其他物体称为约束。约束作用于被约束物体上的力称为约束力。约束力的方向总是与该约束所限制的运动方向相反。如图 1-18 所示，小球受到桌面的约束，不能向下运动，桌面给小球的约束力 $\boldsymbol{F}_{\mathrm{N}}$ 向上。

笔记

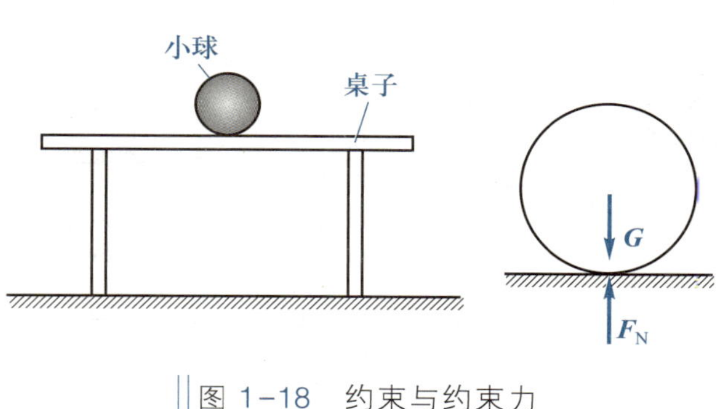

图 1-18 约束与约束力

常见的约束类型及其约束力有以下几种。

1. 柔性约束

绳索、链条、胶带等柔性物体形成的约束称为柔性约束。柔性约束对物体的约束力是沿着柔性物体的中心线背离被约束物体的拉力，如图 1-19 中传动带对带轮的约束力 $\boldsymbol{F}_{\mathrm{T1}}$、$\boldsymbol{F}_{\mathrm{T2}}$ 等。柔性约束不能承受压力。

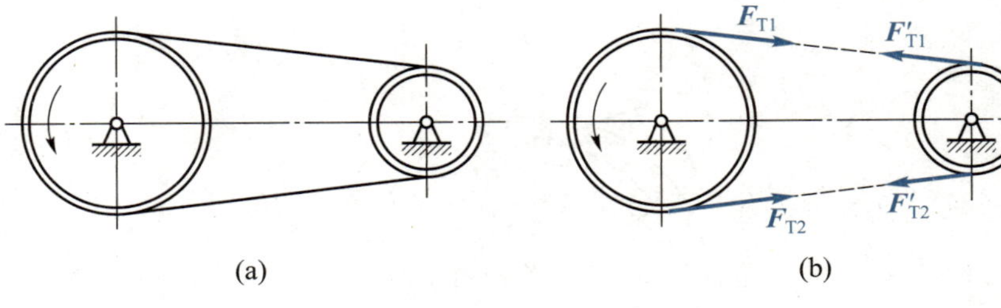

图 1-19 柔性约束

2. 光滑面约束

两物体相互接触，若接触表面为非常光滑的刚性面，摩擦力很小可忽略不计，即为光滑面约束。光滑面约束只能阻止物体沿接触点公法线方向的运动，而不限制离开支承面和沿其切线方向的运动。因此，光滑面约束力的方向是通过接触点并沿着公法线指向被约束物体，如图 1-20 所示。导轨（相对于轮子）、气缸壁（相对于活塞）等均可视为光滑面约束。

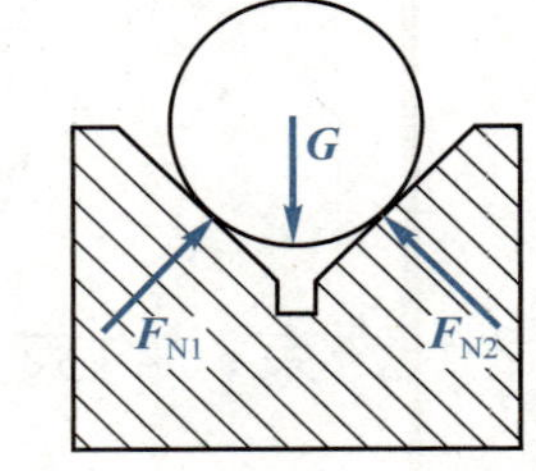

图 1-20 光滑面约束力

笔记

3. 铰链约束

两个以上构件通过圆柱面接触，构件只能绕销轴回转中心相对转动，不能发生相对移动而构成的约束称为铰链约束。两个构件之一与地面或支架固定，称为固定铰链约束，其结构与受力如图 1-21 所示。用合页安装的门、窗，安装在轴承中的旋转轴都是固定铰链约束。两个构件与地面或支架的连接是活动的，称为活动铰链约束，其结构与受力如图 1-22 所示。

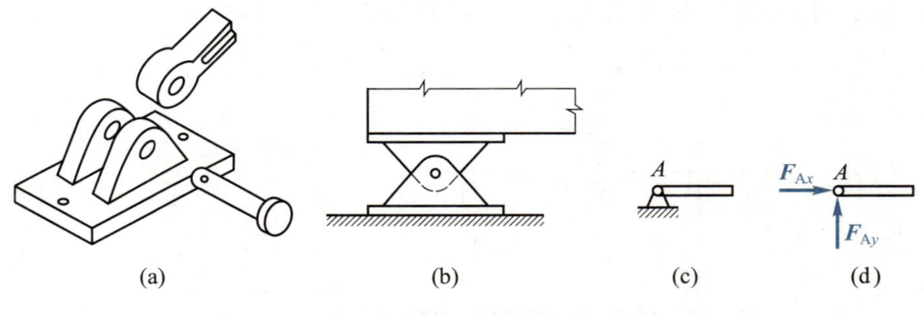

图 1-21 固定铰链约束的结构与受力

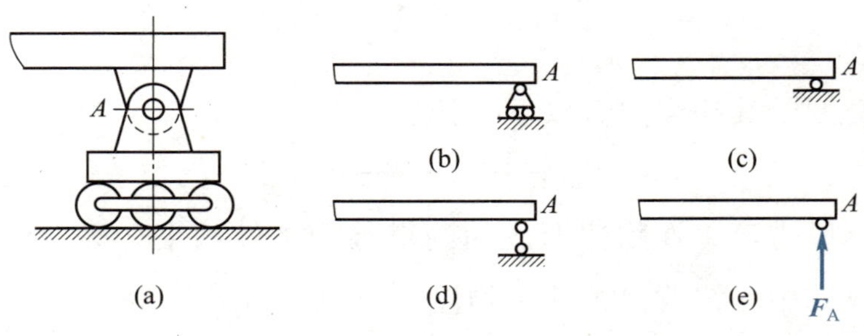

图 1-22 活动铰链约束的结构与受力

4. 固定端约束

物体的一部分固嵌于另一物体所构成的约束称为固定端约束，其结构与受力如图 1-23 所示。这种约束限制物体沿任何方向的移动和转动，即物体既不能移动也不能转动。其约束力包括限制移动的两个正交的约束力 $\boldsymbol{F}_x$、$\boldsymbol{F}_y$ 和限制转动的约束力偶 M_A。车床刀架上的刀具、卡盘上的工件等都属于这种约束，如图 1-24 所示。固定端约束的构件可以用一端插入刚体内的悬臂梁来表示。

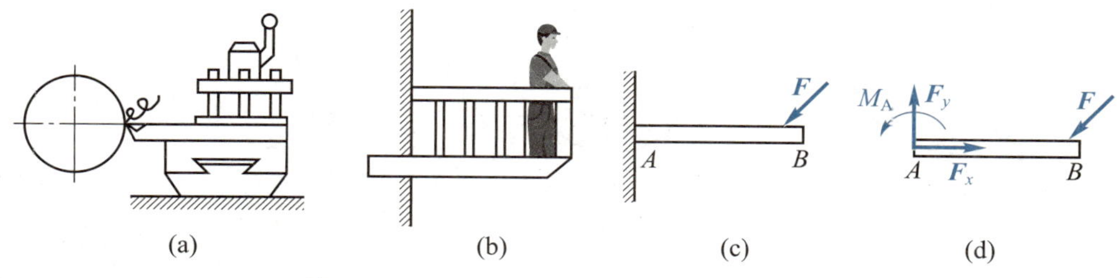

图 1-23 固定端约束的结构与受力

(a) 车床刀架上的刀具

(b) 卡盘上的工件

图 1-24 固定端约束

二、力系

一个物体或构件上有多个力（一般指两个以上的力）作用，则这些力组成一个力系。若这些力作用在同一平面内，则称为平面力系。

1. 平面汇交力系和平面平行力系

若平面力系中各力的作用线全部汇交于一点，则称为平面汇交力系，如图 1-25 所示。如图 1-26a 所示，水平梁 *AB* 受已知力 $\boldsymbol{F}$ 作用，可以简化为平面汇交力系，如图 1-26b 所示。若平面力系中各力的作用线相互平行，则称为平面平行力系。

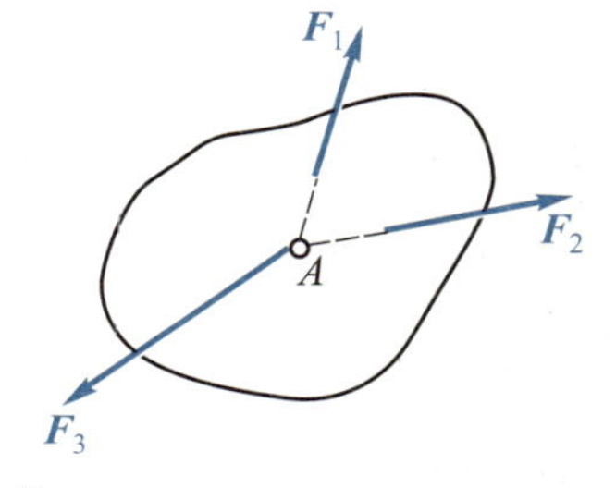

图 1-25 平面汇交力系

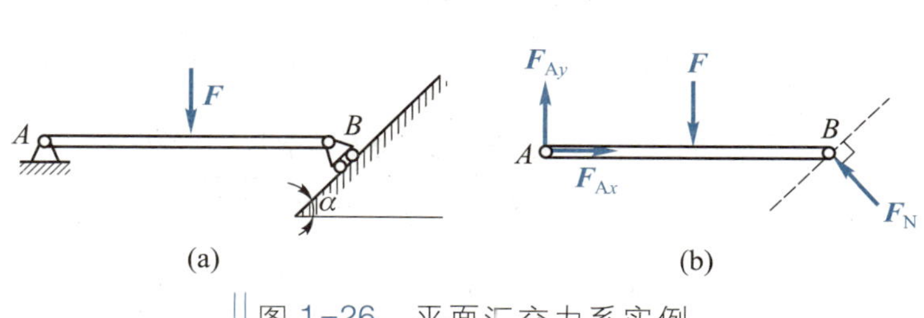

图 1-26 平面汇交力系实例

笔记

2. 平面任意力系

若平面力系中各力的作用线是任意分布的，则称为平面任意力系，如图 1-27 所示，平面任意力系可简化为一个力 $\boldsymbol{F}'_{\mathrm{R}}$和一个力偶 M_O。某杆件所受的平面任意力系如图 1-28 所示。显然，平面汇交力系和平面平行力系是平面任意力系的特殊情况。

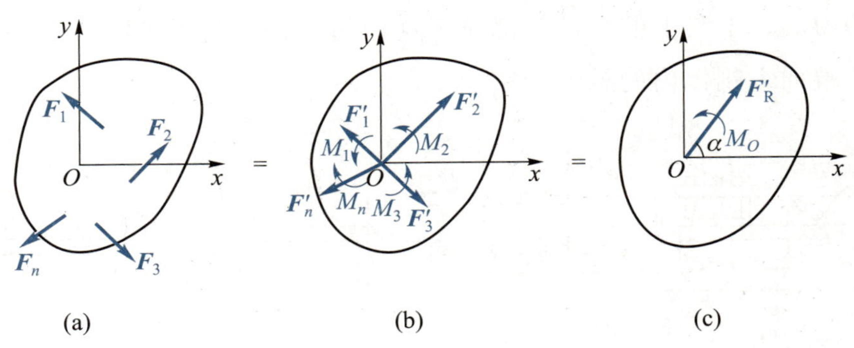

图 1-27　平面任意力系及其简化

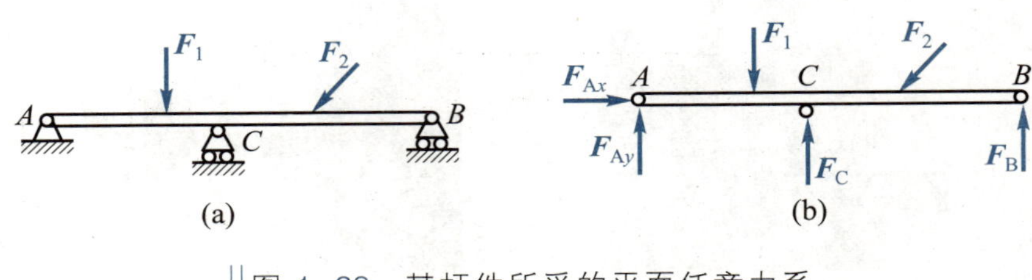

图 1-28　某杆件所受的平面任意力系

笔记

三、受力图

在工程中，要研究物体所受力的大小、方向及作用位置。为了清晰地表示物体的受力情况，需要把研究的物体从周围物体中分离出来，将周围物体对它的作用以相应的主动力和约束力代替，这种表示物体受力情况的简明图形称为受力图。

例 1-4 如图 1-29a 所示，水平梁 *AB* 用斜杆 *CD* 支承，*A*、*D*、*C* 三处均为铰链约束。在 *B* 处放置一个重 $\boldsymbol{G}$ 的电动机。如斜杆 *CD* 的质量不计，试画出斜杆 *CD* 和水平梁 *AB* 的受力图。

解　（1）斜杆 *CD* 的受力图

将斜杆 *CD* 解除约束作为分离体。该杆两端均为铰链约束，如果不计质量，则它只在两端受压力并处于平衡状态，属于"二力杆"。"二力杆"的特点是所受两个力大小相等、方向相反，且作用在一条直线上。由此可以判定斜杆 *CD* 为受压状态。根据上述分析，可以画出斜杆 *CD* 两端的约束力 $\boldsymbol{F}_{\mathrm{C}}$、$\boldsymbol{F}_{\mathrm{D}}$，如图 1-29b 所示。

（2）水平梁 *AB* 的受力图

如图 1-29c 所示，将水平梁 AB 解除约束作为分离体。作用在水平梁 AB 上的主动力有电动机的重力 $\boldsymbol{G}$。水平梁在 A、D 两点处受到约束，存在约束力。点 D 的约束力为斜杆 CD 对水平梁 AB 的反作用力 $\boldsymbol{F}'_D$，作用线方向与 $\boldsymbol{F}_{\mathrm{D}}$ 一致但指向相反。A 处为固定铰链约束，其约束力一定通过铰链中心点 A，但方向不能预先确定，可用两个正交分力 $\boldsymbol{F}_{\mathrm{A}x}$、$\boldsymbol{F}_{\mathrm{A}y}$ 来表示，受力图如图 1-29c 所示。

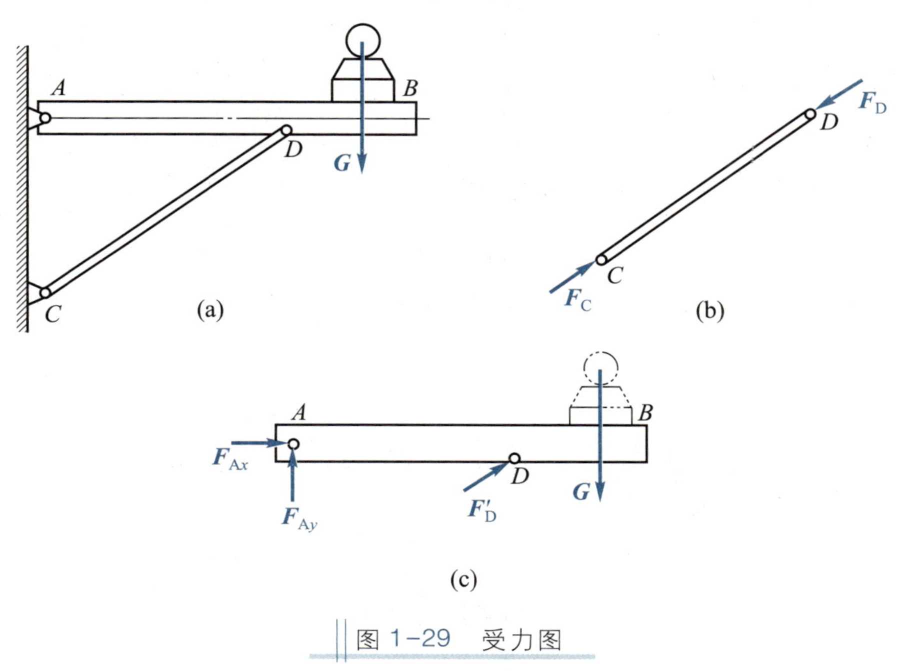

图 1-29　受力图

观察与思考

如图 1-30 所示，滑块所受垂直载荷为 $\boldsymbol{F}_{\mathrm{Q}}$，滑块与导轨的摩擦系数相同，槽面的夹角为 φ，欲使滑块在平导轨上移动，试分别计算推动滑块的移动力。

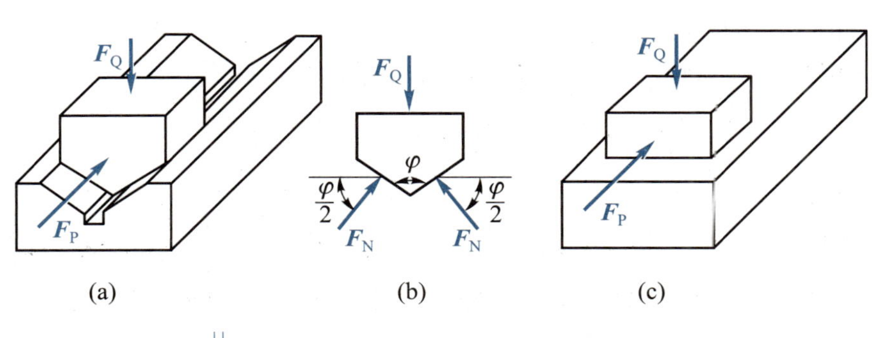

图 1-30　平面与槽面摩擦力的比较

笔记

*1.4 平面力系的平衡方程及其应用

一、平面力系的平衡方程

1. 平面汇交力系的平衡方程

平面汇交力系合成的结果是一合力，若平面汇交力系的合力为零，则该力系将不引起物体运动状态的改变，即该力系是平衡力系。

平面汇交力系平衡的条件：当平面汇交力系平衡时，力系中所有的力在 x、y 轴上投影的代数和分别为零，即

$$\left.\begin{aligned}\sum F_x=0\\ \sum F_y=0\end{aligned}\right\} \tag{1-4}$$

笔记

2. 平面任意力系的平衡方程

平面任意力系平衡的条件是

$$\left.\begin{aligned}\sum F_x=0\\ \sum F_y=0\\ M_O=0\end{aligned}\right\} \tag{1-5}$$

平面任意力系的平衡方程可以表述为：力系中各力在坐标轴上投影的代数和等于零，且各力对平面内任意一点的力矩的代数和等于零。

平面汇交力系是平面任意力系的一种特殊情况，力矩平衡方程自然满足，因此其独立的平衡方程只有两个。

例 1-5 如图 1-31a 所示，储罐架在砖座上，储罐半径 $r=0.5$ m，$G=24$ kN，砖座间距离 $L=0.8$ m。不计摩擦，试求砖座对储罐的约束力。

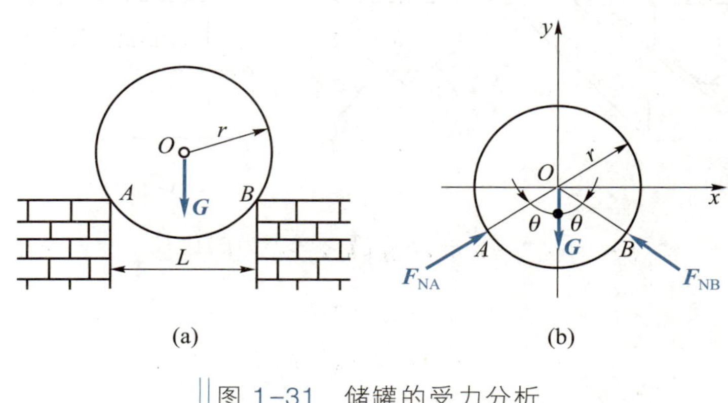

图 1-31 储罐的受力分析

解　（1）取储罐为研究对象，画受力图，如图 1-31b 所示。

砖座对储罐的约束为光滑面约束，故约束力 $\boldsymbol{F}_{NA}$、$\boldsymbol{F}_{NB}$ 的方向应沿接触点的公法线指向储罐的几何中心点 O，与 y 轴夹角设为 θ。$\boldsymbol{G}$、$\boldsymbol{F}_{NA}$、$\boldsymbol{F}_{NB}$ 三个力组成平面汇交力系。

（2）根据平面汇交力系平衡方程式（1-4）得

$$\sum F_x=0 \quad F_{NA}\sin\theta-F_{NB}\sin\theta=0 \tag{a}$$

$$\sum F_y=0 \quad F_{NA}\cos\theta+F_{NB}\cos\theta-G=0 \tag{b}$$

解式（a）得
$$F_{NA}=F_{NB}$$

由图 1-31b 中几何关系可知
$$\sin\theta=\frac{L/2}{r}=\frac{0.8/2}{0.5}=0.8$$

故
$$\theta=53.13^\circ$$

代入式（b）得

$$F_{NA}=F_{NB}=\frac{G}{2\cos\theta}=\frac{24}{2\times\cos 53.13^\circ}\text{ kN}\approx 20\text{ kN}$$

例 1-6　减速器中的齿轮轴受力如图 1-32a 所示，已知 $\boldsymbol{F}$、a，求：（1）绘制齿轮轴的受力图；（2）求支座 A、B 的约束力。

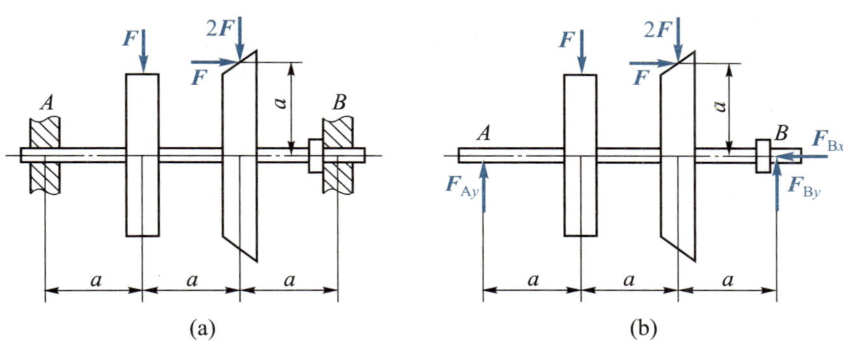

图 1-32　减速器中的齿轮轴受力

解　（1）圆柱齿轮受竖直向下的作用力，锥齿轮受竖直向下及水平向右的作用力，将支座 B 简化为固定铰链，支座 B 对轴的作用力有径向力 $\boldsymbol{F}_{By}$ 和轴向力 $\boldsymbol{F}_{Bx}$。支座 A 简化为活动铰链，支座 A 对轴的作用力只有径向力 $\boldsymbol{F}_{Ay}$。齿轮轴的受力图如图 1-32b 所示。

（2）由式（1-5）分别列出平衡方程

$$\sum F_x=0,\ F-F_{Bx}=0$$

$$F_{Bx}=F$$

$$\sum M_B(\boldsymbol{F})=0,\ -F_{Ay}\cdot 3a+F\cdot 2a+2F\cdot a-F\cdot a=0$$

$$F_{Ay}=F$$

$$\sum F_y=0,\ F_{Ay}+F_{By}-F-2F=0$$

$$F_{By}=2F$$

二、功率与效率

1. 功率

单位时间所做的功称为功率，用 P 表示，即

$$P=\frac{W}{t} \tag{1-6}$$

功率的单位为 W，工程中以 kW 为常用单位。

功率是机械的主要技术指标之一，它代表机械的工作能力，是正确选择和使用机械的重要依据。机器的铭牌中都明确标示机器的额定功率。

对于直线运动：

$$P=Fv \tag{1-7}$$

式中：F——外载荷，或称为有效作用力，N；

v——速度，m/s。

当机械的功率一定时，力和速度成反比：速度越大，力越小；速度越小，力越大。例如，在进行金属切削粗加工时，若材料硬、背吃刀量（切削深度）大，则常选择较低的转速，以获得较大的切削力，否则会使电动机过载甚至烧毁；汽车爬坡时需要较大的驱动力矩或较大的牵引力，驾驶员采用低挡位的速度，以便在一定功率的情况下获得较大的牵引力。

笔记

对于回转运动：

$$M=9\ 550\frac{P}{n} \tag{1-8}$$

式中：P——圆轴传递的功率，kW；

n——圆轴的转速，r/min；

M——作用在圆轴上的外力偶矩，N·m。

当机械的功率一定时，转矩和转速成反比，转速大时转矩小，转速小时转矩大。在同一台机器中，低速轴常比高速轴受力大，直径也大。

在一个由带传动、齿轮传动、链传动组成的传动系统中，高速部分比低速部分的作用力小，根据各种传动的特点，常将带传动布置在高速级。

2. 机械效率

机械在运转时，必须输入一定的功率，输入功率常由电动机或发动机提供。输入功率的一部分用于克服有用阻力以完成指定的工作，称为有用功率。例如，机床加工时克服切削力的功率，汽车行驶时克服地面及空气阻力的功率，起重机克服重力的功率等，都是有用功率。同时，输入功率中的另一部分要克服机械传动中的无用阻力，称为无用功率。

机械工作时，输出的有用功率与输入功率之比称为效率，用 η 表示：

$$P=P_1+P_2 \tag{1-9}$$

$$\eta=P_1/P$$

式中：P——输入功率，kW；

P_1——有用功率，kW；

P_2——无用功率，kW。

效率总是小于 1。

例 1-7 用车刀切削零件上一直径 $d=200$ mm 的外圆，如图 1-33 所示，车床齿轮传动效率 $\eta=0.8$，切削时车床主轴转速 $n=180$ r/min，主轴转矩 $M=250$ N·m。求：(1) 切削力、切削速度；(2) 切削消耗的功率；(3) 电动机的功率。

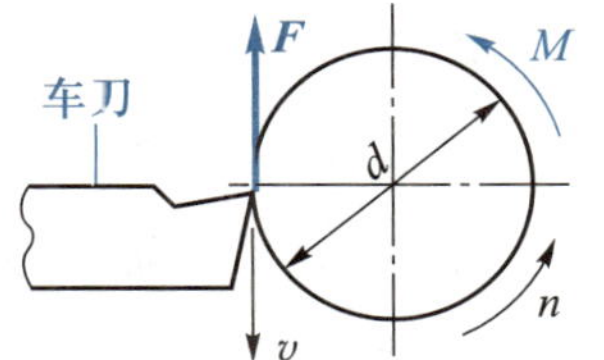

图 1-33 车削加工

解 (1) 切削力

$$F=\frac{M}{\frac{d}{2}}=\frac{250}{\frac{0.2}{2}}\ \text{N}=2\ 500\ \text{N}$$

切削速度

$$v=\frac{d}{2}\times\frac{\pi n}{30}=0.1\times\frac{\pi\times 180}{30}\ \text{m/s}\approx 1.885\ \text{m/s}$$

(2) 切削消耗的功率

$$M=9\ 550\frac{P_1}{n}$$

$$P_1=\frac{Mn}{9\ 550}=\frac{250\times 180}{9\ 550}\ \text{kW}\approx 4.712\ \text{kW}$$

(3) 电动机的功率

$$P=P_1/\eta=\frac{4.712}{0.8}\ \text{kW}\approx 5.890\ \text{kW}$$

观察与思考

1. 观察机械（如台钻、车床、减速器等）的铭牌，了解机器的性能。

机械的名称		机械的型号	
机械的最高转速		机械的最低转速	
电动机的功率		机械的额定功率	
机械的有用功率		机械的无用功率	
机械的机械效率			

2. 修理自行车时，怎样检查车轮的平衡？汽车车轮为什么要配重？

笔记

小　结

力是使物体的运动状态发生变化或使物体产生变形的物体之间的相互机械作用。力对物体的作用效应取决于力的大小、方向和作用点三个要素。

根据力的平行四边形定则，可以进行力的合成与分解。

力矩是物体绕某点转动效应的度量。大小相等、方向相反、作用线平行但不共线的两个力称为力偶。作用于刚体上的力可以平移到刚体上任意一点，但必须附加一个力偶才能与原来的力等效，附加力偶的力偶矩等于原来的力对新作用点的力矩。

[机械史话]
简单机械
的发明

对某一物体的运动起限制作用的周围其他物体称为约束。约束作用于被约束物体上的力称为约束力。约束力的方向总是与该约束所限制的运动方向相反。受力图是表示物体受到的主动力和约束力情况的简明图形。

平面任意力系的平衡方程可以表述为：力系中各力在坐标轴上投影的代数和等于零，且各力对平面内任意一点的力矩的代数和等于零。平面汇交力系是平面任意力系的一种特殊情况。

笔记

思考与实践

1. 力的三要素是什么？力的单位是什么？力的基本性质有哪几条？
2. 什么是力矩、力偶？力偶与力偶矩有何区别？力的平移对物体有什么影响？
3. 什么是约束、约束力？约束有几种？绘制受力图的目的是什么？

*4. 力系平衡方程有几个？怎样应用平衡方程求约束力？

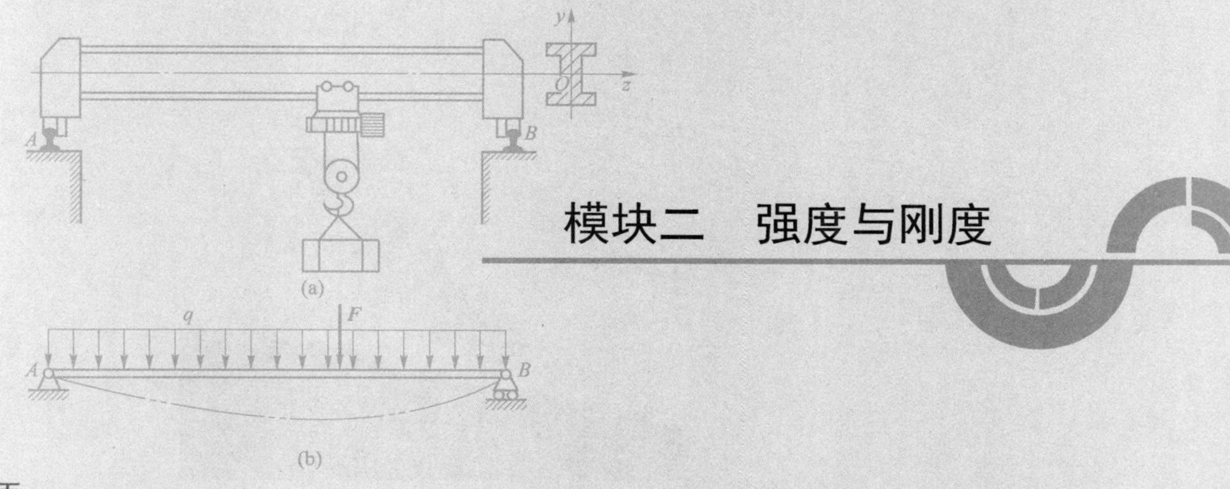

模块二　强度与刚度

导　语

机械和工程结构中的构件在载荷作用下，其形状和尺寸发生变化，为了保证安全工作，机械构件必须具有足够的强度、刚度与稳定性。

构件抵抗破坏的能力称为强度。机械构件一般都应具有足够的强度。如果构件的尺寸、材料的性能与载荷不相适应，就会因强度不够而发生断裂，使机械无法正常工作，甚至造成灾难性的事故。图 2-1 所示为断裂的齿轮轴。有些工地发生的起重吊装物坠落伤人事故，很多就是由于钢丝绳质量不佳、钢丝绳因腐蚀断股、钢丝绳变形等导致钢丝绳强度下降，又未及时发现而造成的。

构件抵抗变形的能力称为刚度。如图 2-2 所示，机床在工作过程中如果主轴变形过大，将影响机床所加工零件的精度，影响齿轮的正常啮合，引起轴承的不均匀磨损。

图 2-1　断裂的齿轮轴

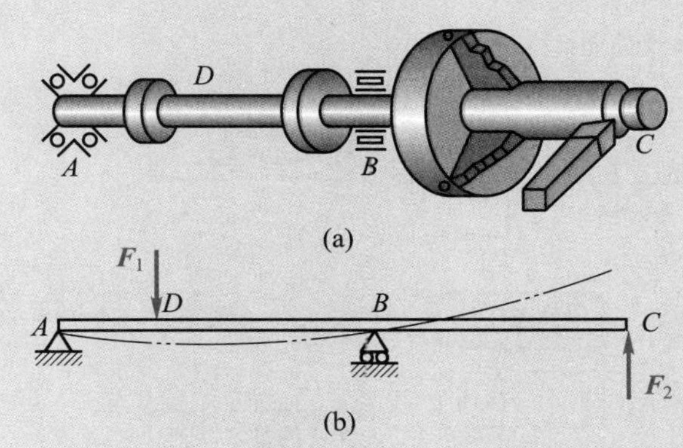

图 2-2　机床主轴变形

受压的细长杆和薄壁杆件，当所受载荷增加时，可能失去平衡状态，这种现象称为丧失稳定。如图 2-3 所示，2008 年我国南方部分地区因雨雪冰冻灾害造成某些高压线塔突然变弯，甚至弯曲折断，酿成严重事故。

国家安全是民族复兴的根基，生产安全是经济发展的保障。强度、刚度和稳定性必须引起高度重视。

图 2-3 失稳的高压线塔

当外力以不同方式作用于杆件时，可以使杆件产生不同的变形，基本变形有轴向拉伸（或压缩）、剪切与挤压、扭转和弯曲。由两种或两种以上基本变形叠加而成的变形称为组合变形。

大多数构件可以视为直杆，本模块将学习直杆基本变形的特点和材料的力学性能，熟悉构件承载后的变化，了解提高构件强度、刚度及稳定性的措施。

思维导图

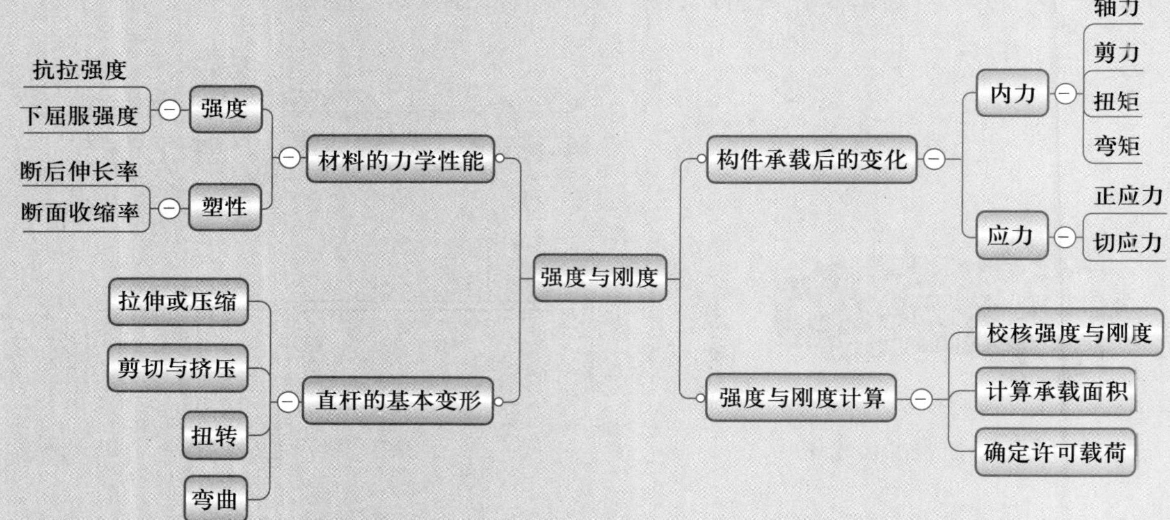

2.1 直杆轴向拉伸与压缩时的变形与应力分析

一、拉伸与压缩的变形特点

工程中有很多承受拉伸或压缩作用的构件。例如，图 2-4 所示的起重装置，在载荷 $\boldsymbol{G}$ 作用下，杆 AB 和钢丝绳 BD 受到拉伸，而杆 CB 受到压缩；图 2-5 所示的螺栓连接，当拧紧螺母时，螺栓受到拉伸；图 2-6 所示的压力机，在水平力 $\boldsymbol{F}$ 作用下，杆 1 和杆 2 都受到压缩。

笔记

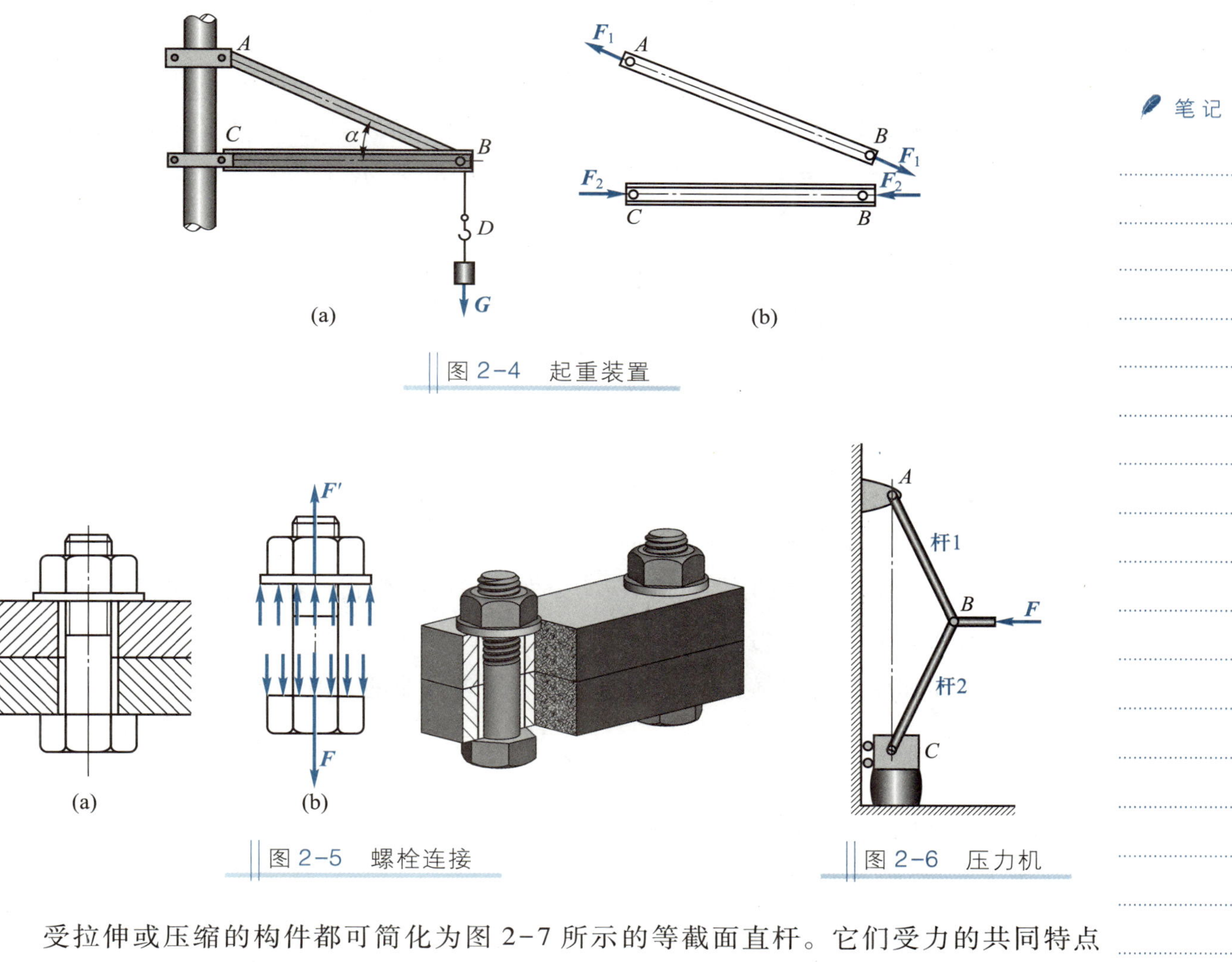

图 2-4 起重装置

图 2-5 螺栓连接

图 2-6 压力机

受拉伸或压缩的构件都可简化为图 2-7 所示的等截面直杆。它们受力的共同特点是外力（或外力合力）沿杆件轴向作用，变形特点是杆件沿轴向伸长或缩短。图中实线表示受力前的外形，双点画线表示受力后的外形。

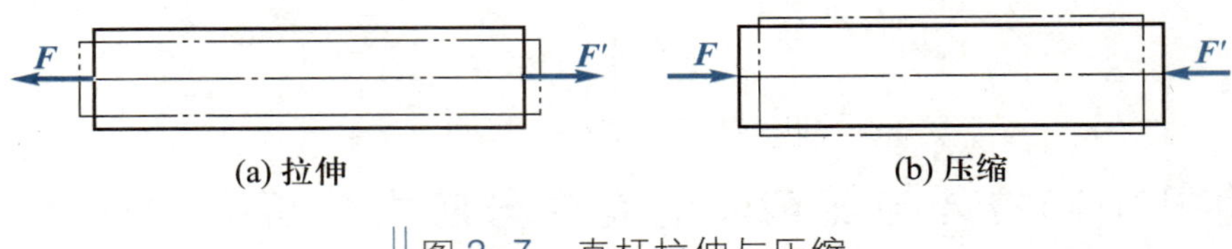

图 2-7　直杆拉伸与压缩

二、内力与应力

1. 内力

杆件所受其他物体的作用力都称为外力，包括主动力和约束力。在外力作用下，杆件产生变形，杆件材料内部产生阻止变形的抗力，这种抗力称为内力。外力越大，杆件的变形越大，所产生的内力也越大。外力去除后，杆件恢复原状，内力也随之消失。可见，内力是由于外力的作用而引起的，内力随外力增大而增大。

2. 截面法

将受外力作用的杆件假想地切开，用以显示内力的大小，并以平衡条件确定其合力的方法称为截面法。如图 2-8a 所示，假想将杆件切开，选取杆件的左端为研究对象，列平衡方程 $F_N-F=0$，则内力 $F_N=F$，如图 2-8b 所示。

笔记

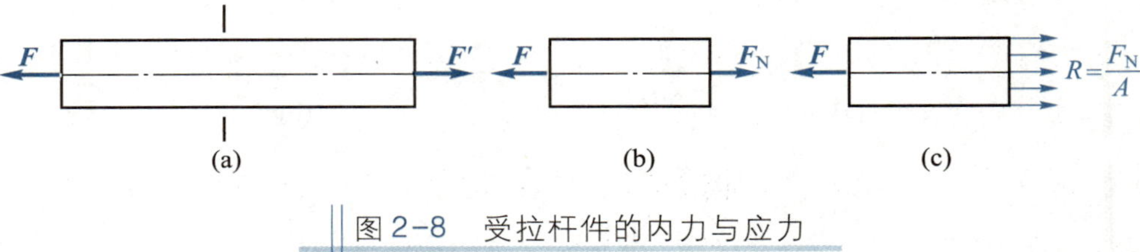

图 2-8　受拉杆件的内力与应力

3. 应力

同样的内力作用在材料相同、横截面不同的杆件上，会产生不同的效果。杆件在外力作用下，单位面积上的内力称为应力，如图 2-8c 所示。轴向拉伸和压缩时，应力垂直于横截面，称为正应力，记作 R。

轴向拉伸和压缩时，横截面上的正应力是均匀分布的，其计算公式为

$$R=\frac{F_N}{A} \tag{2-1}$$

式中：R——横截面上的正应力，MPa；

F_N——横截面上的内力，N；

A——横截面积，mm^2。

应力的单位为 Pa，$1\ Pa=1\ N/m^2$，在工程实际中，通常用 MPa，$1\ MPa=10^6\ Pa=1\ N/mm^2$。正应力的正负号规定为：拉伸应力为正，压缩应力为负。

观察与思考

如图 2-9 所示，一个两端形状一样的阶梯形杆件受拉力作用，其横截面 1—1、2—2、3—3 上的内力分别为 $\boldsymbol{F}_{N1}$、$\boldsymbol{F}_{N2}$、$\boldsymbol{F}_{N3}$，三个横截面上的应力分别为 R_1、R_2、R_3，试比较三者的关系。

（1）三个横截面上内力的关系为（　　）。

A. $F_{N1} \neq F_{N2}$，$F_{N2} \neq F_{N3}$

B. $F_{N1} = F_{N2}$，$F_{N2} = F_{N3}$

C. $F_{N1} = F_{N2}$，$F_{N2} > F_{N3}$

D. $F_{N1} = F_{N2}$，$F_{N2} < F_{N3}$

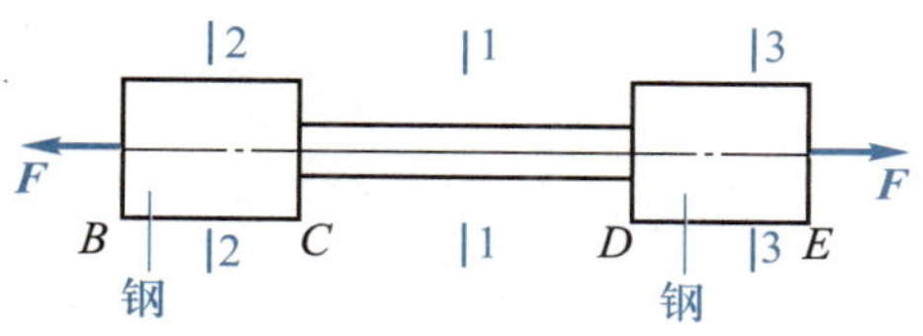

图 2-9　阶梯形杆件受力图

（2）三个横截面上应力的关系为（　　）。

A. $R_1 > R_2 > R_3$　　B. $R_1 > R_2$，$R_2 = R_3$

C. $R_1 < R_2$，$R_2 = R_3$　　D. $R_1 > R_3 > R_2$

2.2 拉伸与压缩时材料的力学性能

金属材料在外力作用下所表现出来的性能称为力学性能。力学性能一般是通过试验来测定的。如图 2-10 所示，把拉伸试样装夹在拉伸试验机上，试样的原始直径为 d_o，原始标距为 L_o。在给试样逐渐施加拉伸载荷的同时连续测量拉力 F 和相应的伸长量 ΔL，直到试样被拉断为止，根据测得的数据绘制拉力-伸长量曲线，求出相关的力学性能指标。

笔记

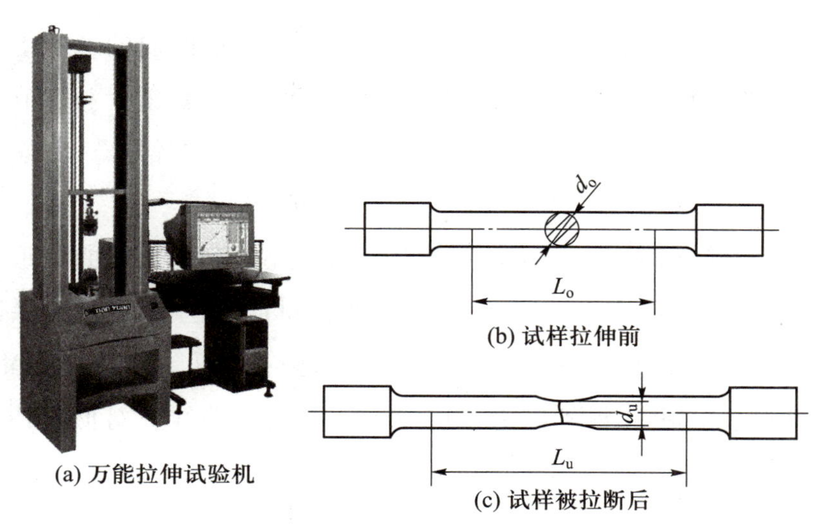

(a) 万能拉伸试验机　(b) 试样拉伸前　(c) 试样被拉断后

图 2-10　拉伸试验

一、低碳钢拉伸与压缩时的力学性能

1. 低碳钢拉伸时的力学性能

低碳钢的拉力-伸长量曲线如图 2-11 所示。当拉力逐渐增加时，低碳钢试样经历了弹性变形、塑性变形和断裂三个阶段。

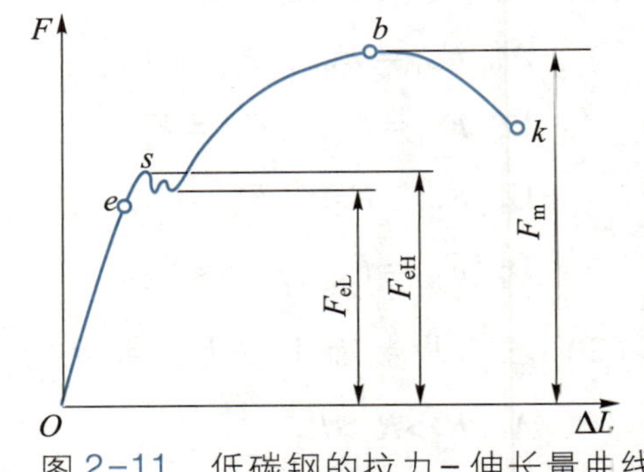

图 2-11　低碳钢的拉力-伸长量曲线

Oe 段为试样的弹性变形阶段。在此阶段，试样的伸长量与拉力成正比，若去掉载荷，试样能够恢复到原来的形状。*e* 点以后，即使去掉载荷，试样也不能恢复到原来的形状，进入塑性变形阶段。这时，曲线上出现了水平或锯齿形线段，这种现象称为“屈服”。此时，拉力不变，而试样继续发生伸长变形。图中，F_{eH} 为屈服前的第 1 个峰值对应的最大力，F_{eL} 为舍去屈服后第 1 个谷值，也是其余谷值对应的最小力，$F_{eH}>F_{eL}$。*b* 点对应的拉力 F_m 为试样能够承受的最大拉力。此时，试样开始出现局部横截面缩小的“缩颈”现象，如图 2-12 所示，而后变形主要集中在“缩颈”处，到 *k* 点时，试样被拉断。

笔记

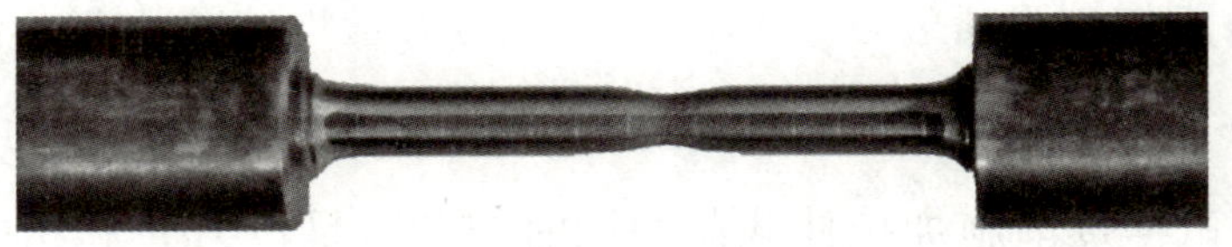

图 2-12　“缩颈”现象

不同材料的力学性能是有区别的，表现在拉力-伸长量曲线的形状上。低碳钢等材料在断裂前有明显的塑性变形，其断裂称为“韧性断裂”；铸铁等材料在断裂前无明显的塑性变形，拉力-伸长量曲线上无“屈服”现象，也无“缩颈”现象，其断裂称为“脆性断裂”。

为了消除试样的横截面尺寸和标距长度等因素对拉力-伸长量曲线形状的影响，反映材料本身的力学性能，将图 2-11 所示拉力-伸长量曲线的纵坐标 *F* 除以试样横截面的原面积 *S* 得到单位面积的内力——应力 *R*，将横坐标 Δ*L* 除以原始标距 L_0 得到单位长度的变形——应变 *e*，由此得到应力、应变之间的关系曲线。对低碳钢而言，在弹性变形阶段，应力 *R* 与应变 *e* 成正比：

$$R=Ee \tag{2-2}$$

式（2-2）反映了应力与应变之间的关系，称为“胡克定律”，*E* 为比例常数，称为材料的弹性模量，单位为 MPa。对于钢材，工程上常取 $E=200\ \text{GPa}=2\times10^5\ \text{MPa}$。

相应地，与图 2-11 中 F_m 对应的应力称为抗拉强度 R_m，它是材料被拉断前所能承受的最大拉应力：

$$R_m=\frac{F_m}{S} \tag{2-3}$$

与图 2-11 中 F_{eH} 对应的为上屈服强度 R_{eH}，与 F_{eL} 对应的为下屈服强度 R_{eL}：

$$R_{eH}=\frac{F_{eH}}{S},\quad R_{eL}=\frac{F_{eL}}{S} \tag{2-4}$$

下屈服强度 R_{eL} 一定小于上屈服强度 R_{eH}。

在机械设计中，经常要查阅材料的抗拉强度 R_m、下屈服强度 R_{eL} 等力学性能指标，以通过强度校核判断所选定的材料是否足以承受所需要的载荷。R_m、R_{eL} 等力学性能指标的参考数值一般在与材料对应的国家标准中给出。

2. 低碳钢压缩时的力学性能

笔记

低碳钢压缩时的力学性能有如下特点：上屈服强度 R_{eH}、下屈服强度 R_{eL} 与低碳钢拉伸时相同，在出现“屈服”现象后，试样将被压扁，不会断裂。

二、铸铁拉伸与压缩时的力学性能

如图 2-13 所示，虚线是灰铸铁拉伸时的应力-应变曲线，从拉伸开始至试样被拉断，应力和应变都很小，没有“屈服”和“缩颈”现象。拉断时对应的最大应力 R_m 为材料的抗拉强度。HT150 的抗拉强度 $R_m=150\ \text{MPa}$。因为脆性材料的抗拉强度 R_m 很低，所以不宜作为受拉杆件的材料。图 2-13 中的实线是灰铸铁压缩时的应力-应变曲线，可以看出，灰铸铁的抗压强度远大于其抗拉强度。灰铸铁试样被压断时，其断口与轴线约成 45°。HT150 的抗压强度 $R_{db}=600\ \text{MPa}$。由于脆性材料的抗压强度较高，因此常作为受压杆件的材料。

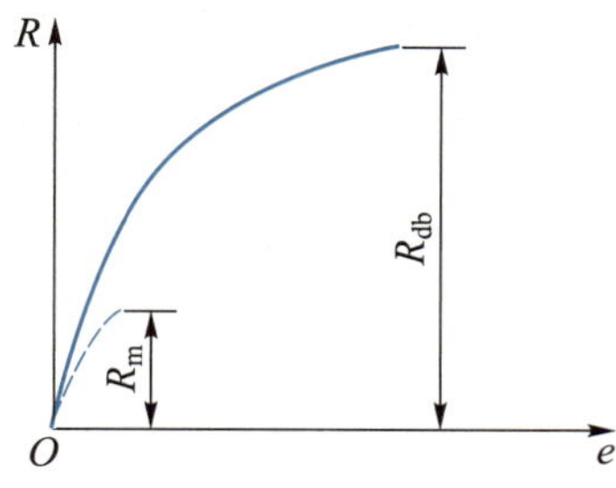

图 2-13 灰铸铁拉伸（虚线）与压缩（实线）时的应力-应变曲线

三、塑性与冷作硬化

1. 塑性

在材料的拉伸与压缩试验中，还可以测得材料的力学性能指标——塑性。

塑性是材料断裂前发生不可逆永久变形的能力。常用的塑性指标是断后伸长率和断面收缩率。

（1）断后伸长率

断后伸长率是指断后标距的残余伸长与原始标距之比的百分率，在国家标准中采用符号 A 表示：

$$A=\frac{L_u-L_o}{L_o}\times 100\% \tag{2-5}$$

式中：L_u——拉断试样对接后测出的标距，mm；

L_o——试样的原始标距，mm。

笔记

（2）断面收缩率

断面收缩率是指断裂后试样横截面积的最大缩减量与原始横截面积之比的百分率，在国家标准中采用符号 Z 表示：

$$Z=\frac{S_o-S_u}{S_o}\times 100\% \tag{2-6}$$

式中：S_o——试样原始横截面积，mm^2；

S_u——试样断口处的最小横截面积，mm^2。

断后伸长率 A 和断面收缩率 Z 的数值越大，表明材料的塑性越好。通常把 $A>5\%$ 的材料称为塑性材料，如低碳钢；把 $A<5\%$ 的材料称为脆性材料，如灰铸铁。

2. 冷作硬化

在制造零件的过程中，对零件施加载荷使其产生塑性变形，则材料的下屈服强度 R_{eL} 有所提高、塑性下降的现象称为“冷作硬化”。在工程实际中，常用“冷作硬化”来提高某些结构件，如钢筋、链条、冷轧钢板及钢缆绳等的承载能力。

观察与思考

1. 查阅有关国家标准或手册，填写表中材料的力学性能指标，并比较其应用。
2. 观察塑性材料和脆性材料的破坏特征。
3. 观察机器底座，它广泛应用什么材料制造？为什么？

材料牌号	力学性能指标			
	下屈服强度 R_{eL}/MPa	抗拉强度 R_m/MPa	断后伸长率 A/%	断面收缩率 Z/%
15				
45				
Q235				
40Cr				
HT200				

*2.3 直杆轴向拉伸与压缩时的强度计算

一、载荷与失效

1. 载荷

笔记

机械工作时，零件所承受的载荷是力（拉力、压力、切向力）或力矩（弯矩、转矩），或者是由力和力矩组成的联合载荷。大小或方向不随时间变化或变化缓慢的载荷称为静载荷，大小或方向随时间变化的载荷称为动载荷。

根据动力机的额定功率 P（kW）和额定转速 n（r/min）计算出的载荷称为名义载荷。机械工作时，零件实际上还要承受动载荷、偏载荷、冲击载荷等附加载荷，一般用载荷系数 K 来考虑这些因素的影响，$K \geqslant 1$。载荷系数与名义载荷的乘积称为计算载荷。

2. 失效

零件丧失工作能力或达不到要求的性能时称为失效。机械零件的失效形式主要有因强度不足而断裂，过大的弹性变形或塑性变形，摩擦表面的过度磨损、打滑或过热，连接松动，压力容器和管道等的泄漏，以及运动精度达不到要求等。

二、应力的类型

零件受载后产生应力。大小或方向不随时间变化或变化缓慢的应力称为静应力，如图 2-14a 所示；大小或方向随时间变化的应力称为变应力。由工程力学可知，具有周期性的变应力称为循环应力，它又可分为非对称循环变应力（图 2-14b）、对称循环变应力（图 2-14c）和脉动循环变应力（图 2-14d）。

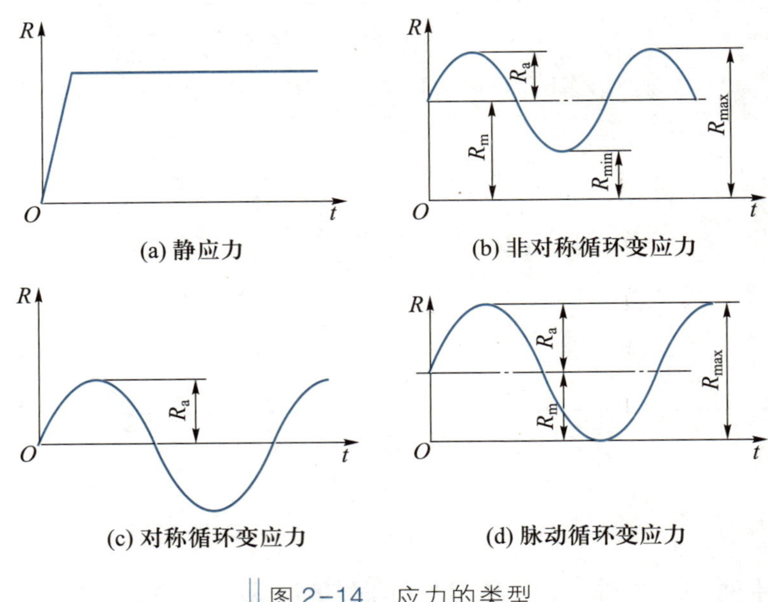

图 2-14　应力的类型

静应力只能在静载荷作用下产生；变应力可能由变载荷产生，也可能由静载荷产生。变应力的大小和变化性质由最大应力 R_{max}、最小应力 R_{min}、平均应力 $R_m=\frac{R_{max}+R_{min}}{2}$、应力幅 $R_a=\frac{R_{max}-R_{min}}{2}$和循环特性 $r=R_{min}/R_{max}$五个参数中的任意两个来确定。

三、许用应力与安全系数

材料丧失正常工作能力时的应力称为极限应力。塑性材料的极限应力是其下屈服强度 R_{eL}，脆性材料的极限应力是其抗拉强度 R_m。

当构件中的应力接近极限应力时，构件就处于危险状态。考虑到构件承受的载荷难以估计精确、计算方法的近似性和实际材料的不均匀性等因素，为了确保构件安全可靠地工作，必须给构件留有足够的强度储备。即将极限应力除以一个大于 1 的系数所得的数值作为构件工作时允许的最大应力，这个应力称为许用应力，常用符号［R］表示：

塑性材料 $$[R]=\frac{R_{eL}}{S} \tag{2-7}$$

脆性材料 $$[R]=\frac{R_m}{S} \tag{2-8}$$

式中 S 为安全系数，它反映了强度储备的情况，是合理解决安全性与经济性矛盾的关键。若取值过大，许用应力过低，则造成材料浪费；若取值过小，虽用料减少，但安全得不到保证。静载荷作用时，塑性材料的安全系数一般取 $S=1.2\sim2.5$，脆性材料的安全系数一般取 $S=2\sim3.5$。

笔记

四、拉伸与压缩时的强度条件

根据工作条件的不同，机械零件的强度可分为静强度和疲劳强度；根据破坏部位和破坏形式的不同，机械零件的强度可分为体积强度和表面强度。

在静应力作用下的零件，其主要失效形式是塑性变形或断裂；在变应力作用下的零件，其主要失效形式是疲劳断裂。

为了确保轴向拉、压杆具有足够的强度，要求杆件中最大工作应力 R_{max} 小于材料在拉伸（压缩）时的许用应力［R］，即

$$R_{max}=\frac{F_N}{A}\leqslant[R] \tag{2-9}$$

式中，F_N 和 A 分别为危险横截面上的内力和横截面积。

式（2-9）为拉（压）时的强度条件，是拉（压）强度计算的依据。产生最大应力 R_{max} 的横截面称为危险截面，等截面直杆的危险截面位于内力最大处，而变截面杆的危险截面必须综合内力 F_N 和横截面积 A 两方面来确定。

笔记

运用强度条件可以解决强度校核、横截面选择、确定许用载荷三种类型的问题。

五、应力集中与温差应力

1. 应力集中

等截面直杆轴向拉伸和压缩时，横截面上的应力是均匀分布的，如图 2-8 所示。但是，工程实际中杆件的横截面大多是变化的，如阶梯轴，在杆件上钻孔、开槽、切口等使横截面发生变化，在这些孔、槽、轴肩的边缘，应力显著增大，如图 2-15 所示。这种局部应力显著增大的现象称为应力集中。

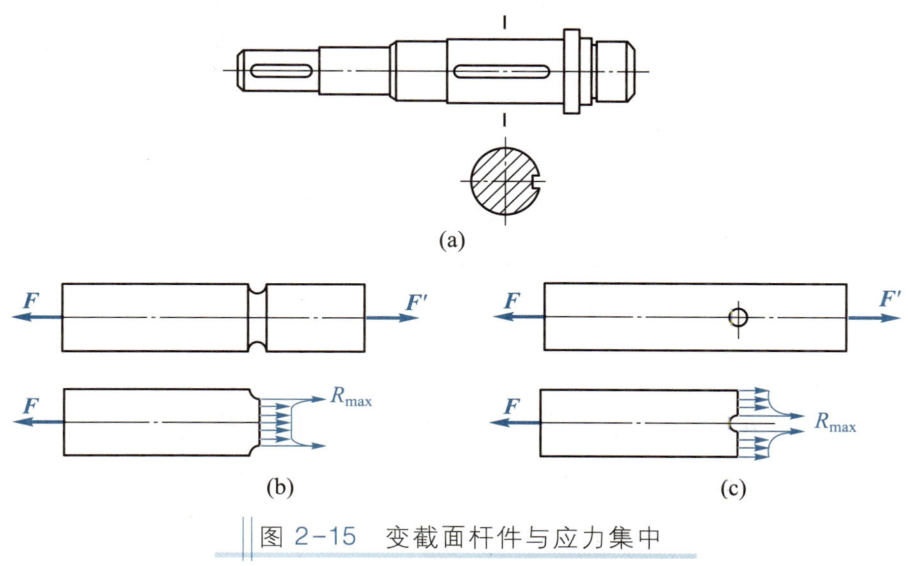

图 2-15　变截面杆件与应力集中

应力集中使零件破坏的危险性增加。大量工程实践表明，塑性材料具有缓和应力集中的性能，对于中、低强度钢结构件，一般不考虑应力集中对零件强度的影响；脆性材料对应力集中比较敏感。当零件受到动载荷或交变载荷作用时，不论是塑性材料还是脆性材料，应力集中对零件的强度都有影响。

2. 温差应力

当温度改变时，物体就要膨胀或收缩。对于可以自由伸缩的杆件，温度的改变只会引起杆件的变形，杆件内不会产生应力。在机器、设备和建筑物中，有些杆件由于受到限制而不能自由伸缩，因此当温度改变时，杆件内部就会产生应力。这种由于温度改变而引起的应力称为温差应力或热应力。

工业生产中输送高压蒸汽的管道要设置膨胀节，以避免温度影响，如图 2-16 所示。在铸造、锻造及焊接生产中，由于加热、冷却不均匀，也会产生温差应力，一般通过热处理消除。

笔记

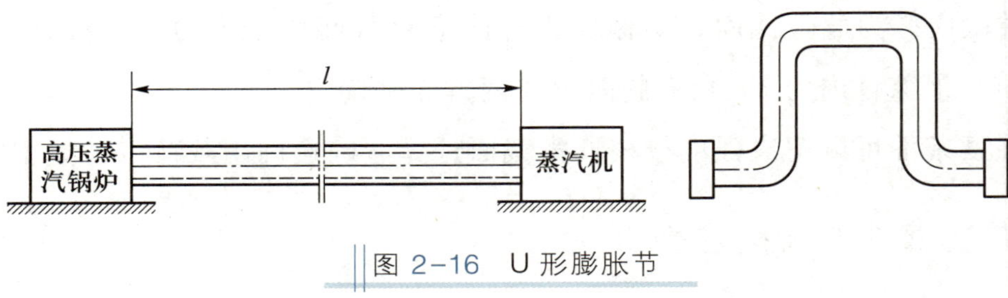

图 2-16　U 形膨胀节

例 2-1　图 2-17 所示直杆受力 $F_1=30\ \text{kN}$，$F_2=12\ \text{kN}$，其横截面积分别为 $A_1=150\ \text{mm}^2$，$A_2=80\ \text{mm}^2$。试求横截面上的最大正应力。

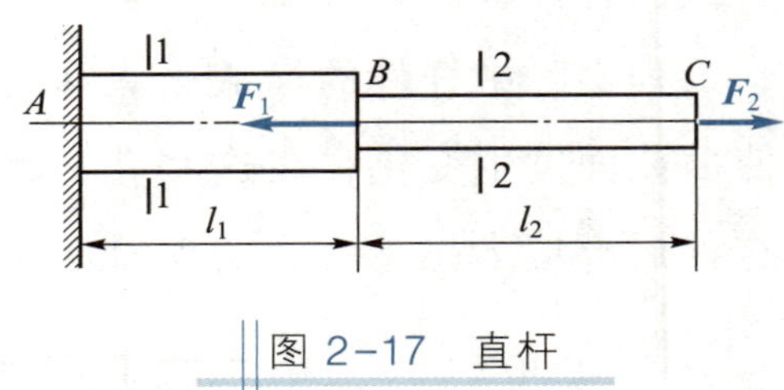

图 2-17　直杆

解　（1）计算内力

$$F_{N1}=F_2-F_1=12\ \text{kN}-30\ \text{kN}=-18\ \text{kN}$$

$$F_{N2}=F_2=12\ \text{kN}$$

（2）计算正应力

$$R_1=\frac{F_{N1}}{A_1}=-\frac{18\times10^3}{150}\text{MPa}=-120\ \text{MPa}$$

$$R_2=\frac{F_{N2}}{A_2}=\frac{12\times10^3}{80}\text{MPa}=150\ \text{MPa}$$

最大正应力　$R_{max}=150\ \text{MPa}$

例 2-2　有一起重吊环，如图 2-18 所示，采用松螺栓连接，最大工作载荷 $F=50\ \text{kN}$，螺栓选用低碳钢制造，其 $R_{eL}=360\ \text{MPa}$，安全系数取 $S=1.7$，求连接螺栓的直径。

解 由式（2-7）知起重吊环的许用应力

$$[R]=\frac{R_{eL}}{S}=\frac{360}{1.7}\text{MPa}\approx 212\ \text{MPa}$$

由式（2-9）得 $A\geqslant\frac{F_N}{[R]}$，$A=\frac{\pi}{4}d_1^2$，则

$$d_1\geqslant\sqrt{\frac{4F}{\pi[R]}}=\sqrt{\frac{4\times 50\ 000}{3.14\times 212}}\text{mm}\approx 17.32\ \text{mm}$$

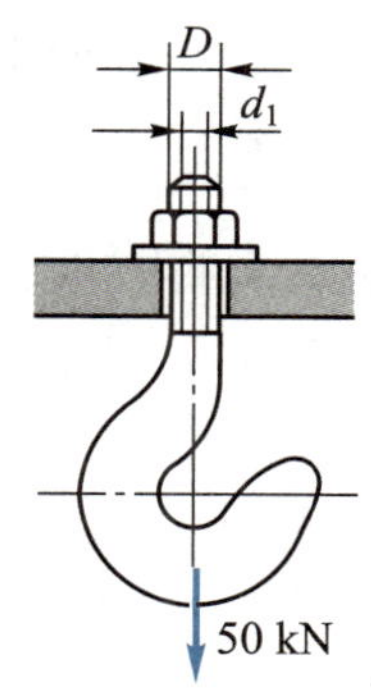

图 2-18 起重吊环

由手册查普通螺纹公称尺寸，考虑安全性选择 M24 普通螺栓。

观察与思考

1. 如果杆件的抗拉、抗压强度不足，应采取哪些措施提高？
2. 塑性材料和脆性材料力学性能的主要区别是什么？

拓展

压杆稳定

对细长杆施加轴向压力，当其压应力远远小于材料的抗拉强度时，细长杆就可能变弯或因变弯而折断。这种不能保持压杆原有直线平衡状态而突然变弯的现象称为压杆失稳。如图 2-19 所示，杆的长度 L 越大，抵抗弯曲变形的能力越小；抗弯刚度（与材料、横截面形状及尺寸有关）值越大，抵抗弯曲变形的能力越大；杆端的支承越牢固，越不容易发生弯曲变形。

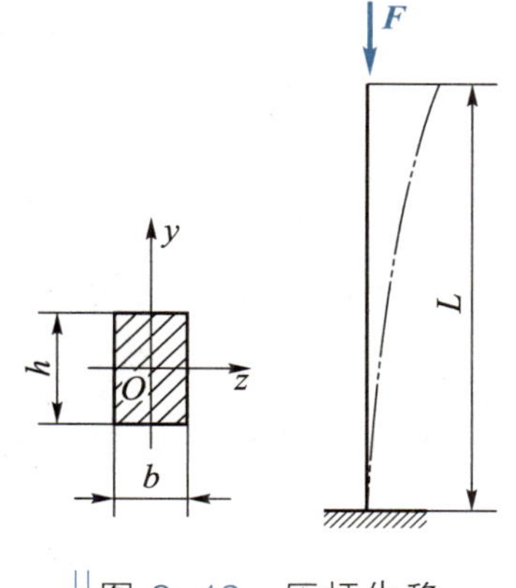

图 2-19 压杆失稳

笔记

六、变应力与疲劳强度

机器中有很多零件所承受的工作应力作周期性变化。例如，主轴在载荷的作用下产生弯曲变形，如图 2-2 所示，当轴转动时，任意一点的弯曲应力就随时间发生周期性变化。以轴上位置 D 的横截面为例，如图 2-20a 所示，当横截面上某点顺次通过 1、2、3、4 各位置时，该点的应力值按 $0\to R_{max}\to 0\to R_{min}\to 0$ 的规律不断变化，如图 2-20b 所示。

1. 疲劳破坏的特点

在交变应力作用下，零件内部的最大应力虽远低于静载荷下的抗拉强度，甚至低

于下屈服强度，但经过几十万次甚至上百万次应力循环后，可能突然发生脆性断裂，这种现象称为材料的疲劳破坏。

疲劳破坏的特点：工作应力小；断裂前经过多次应力循环作用；在破坏的断口没有明显的塑性变形，表现为脆性断裂；断口分为光滑区和粗糙区。断口特征如图 2-21 所示。

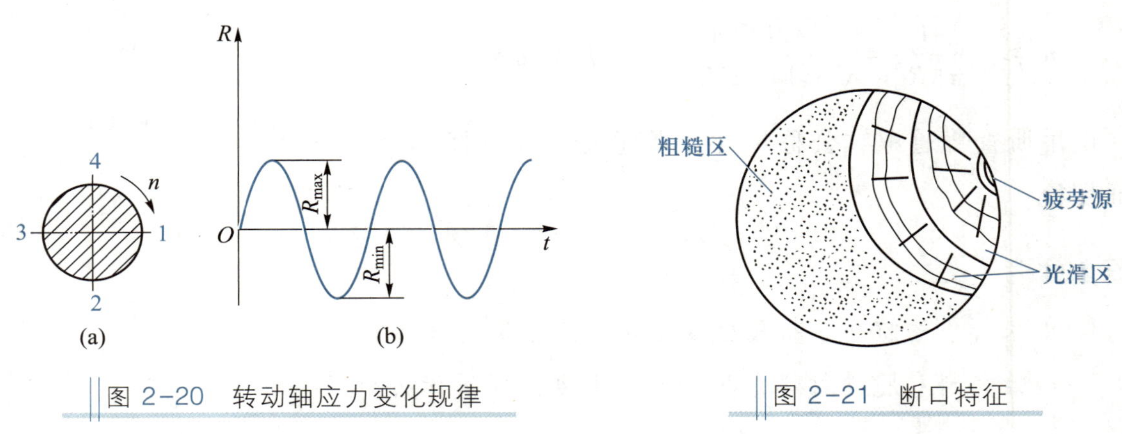

图 2-20　转动轴应力变化规律

图 2-21　断口特征

笔记

2. 影响疲劳强度的因素

金属材料在无限次交变应力作用下不发生断裂的最大应力值称为疲劳强度。影响疲劳强度的因素主要有：材料的屈服强度越高，其疲劳强度也越高；应力集中使疲劳强度降低；表面加工质量越高，表面粗糙度值越小，应力集中越小，疲劳强度也越高；表面热处理（如渗碳、淬火、渗氮、高频淬火等）得当，也可以大幅度提高材料的疲劳强度；零件尺寸越大，材料内部缺陷越多，应力集中源越多，则其疲劳强度越低。

观察与思考

1. 下列零件中哪些为压杆？

起重设备液压装置中的活塞杆、钳工用的锯条、空气压缩机中的连杆、齿轮轴、键、销、千斤顶螺杆。

2. 分析确定零件工作时产生的应力类型，在相应位置打“√”。

零　件	工作条件	应力类型		
		静　应　力	脉动循环应力	对称循环应力
滑轮轴	轴不转动			
支承齿轮的转轴	轴转动			
齿轮	单方向转动			
齿轮	双方向转动			

拓展

笔记

机械零件的体积强度

在载荷作用下，如果应力在零件较大的体积内产生，则这种应力状态下的零件强度称为体积强度，通常简称为强度。

① 静应力下零件的强度　在静应力作用下的零件，其主要失效形式是塑性变形或断裂，因此零件的强度条件为

$$R \leqslant [R] \quad 或 \quad \tau \leqslant [\tau]$$

$$[R]=\frac{R_{eL}}{S} \quad 或 \quad [\tau]=\frac{\tau_s}{S} \quad （塑性材料） \tag{2-10}$$

$$[R]=\frac{R_m}{S} \quad 或 \quad [\tau]=\frac{\tau_b}{S} \quad （脆性材料） \tag{2-11}$$

式中：R 或 τ——零件的最大工作应力，MPa；

$[R]$ 或 $[\tau]$——许用应力，MPa；

R_{eL} 或 τ_s——材料的下屈服强度，MPa；

R_m 或 τ_b——材料的抗拉强度，MPa；

S——安全系数。

② 变应力下零件的强度　在变应力作用下的零件，其失效形式是疲劳断裂，因此零件的强度条件为

$$R \leqslant [R_r] \quad 或 \quad \tau \leqslant [\tau_r] \tag{2-12}$$

式中：R 或 τ——零件的最大工作应力，MPa；

$[R_r]$ 或 $[\tau_r]$——零件在循环特性 r 下的许用应力，MPa。

2.4 连接件的剪切与挤压

一、剪切

1. 剪切的概念

如图 2-22a 所示，用剪板机剪钢板时，在上、下刀刃剪切力 $\boldsymbol{F}$ 的作用下，钢板在两个剪切力间的横截面 $m—n$ 处发生相对错动，产生剪切变形，直至沿横截面 $m—n$ 被剪断。剪切的受力特点是外力大小相等、方向相反、作用线平行且相距很近，变形特点是横截面沿外力方向产生相对错动。

2. 剪力和切应力

如图 2-22b 所示，钢板在外力作用下发生剪切变形，在零件内部产生一个抵抗变形的力，称为剪力。根据截面法可求出该横截面的内力——剪力，剪力大小与外力相等且与该受力横截面相切。剪力的单位是 N 或 kN。剪力常用 F_Q 表示。

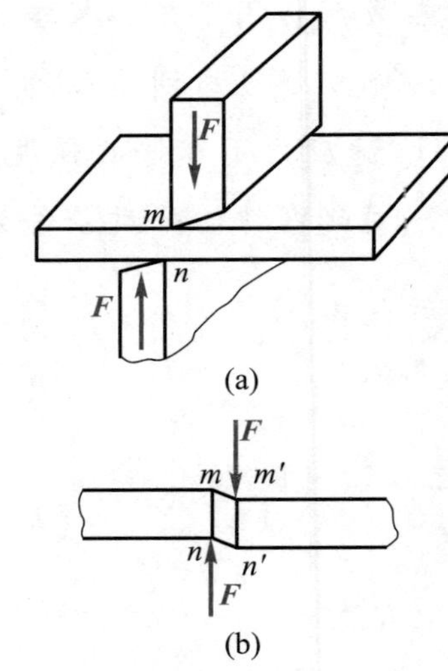

图 2-22　钢板剪切变形

切应力 τ 表示沿剪切面上应力分布的程度，即单位面积上受到的剪力。由于剪切面附近变形复杂，切应力在剪切面上的分布规律难以确定，因此工程中一般近似认为剪切面上的切应力是均匀分布的，其方向与剪力相同，即

$$\tau=\frac{F_Q}{A}$$

切应力的单位是 Pa 或 MPa。

为了保证构件安全可靠地工作，要求剪切时的强度条件为

笔记

$$\tau_{\max}=\frac{F_Q}{A}\leqslant[\tau] \tag{2-13}$$

工程中发生剪切变形的典型零件有很多，如图 2-23 所示的连接轴与齿轮的键、图 2-24 所示的连接两块钢板的加强杆螺栓等。

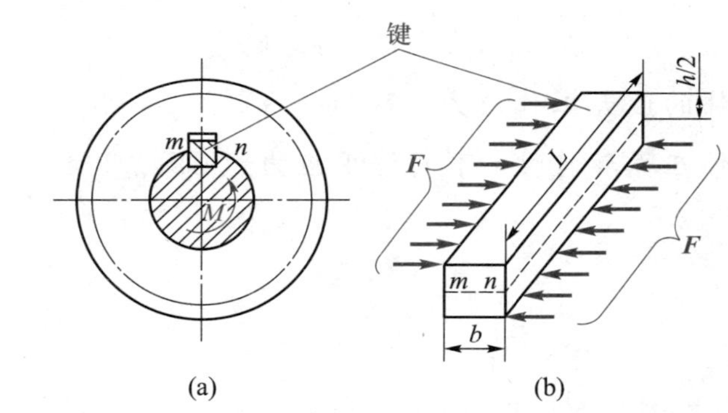

图 2-23　连接轴与齿轮的键

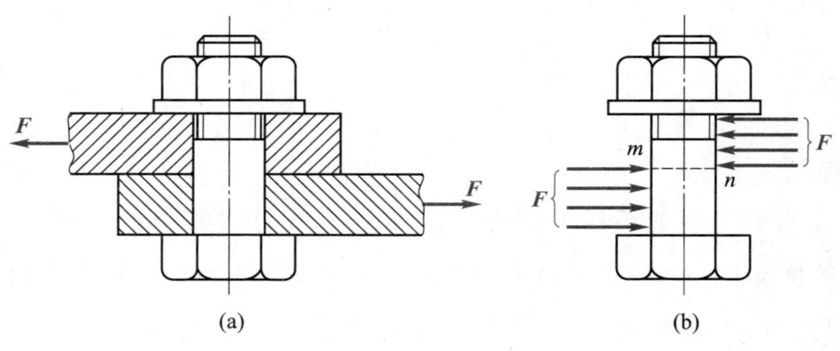

图 2-24　连接两块钢板的加强杆螺栓

二、挤压

1. 挤压的概念

零件在发生剪切变形的同时往往伴随着挤压变形。挤压是两构件在传力的接触面上局部承受较大的挤压力，出现塑性变形或压溃的现象。

在图 2-23 所示的键连接中，键的左侧上半部分与轮毂键槽接触并相互挤压，键的右侧下半部分与轴上键槽接触压紧。

如果互相挤压的材料不同，则强度低的材料更容易被破坏。由于剪切与挤压相伴而生，因此工程结构中既要考虑剪切强度，又要注意挤压强度。

2. 挤压应力

工程中常假定挤压力在挤压面上是均匀分布的。挤压面上单位面积所受到的挤压力称为挤压应力，即

$$R_p=\frac{F_p}{A_p} \tag{2-14}$$

笔记

在圆柱表面上，挤压应力并非均匀分布（图 2-25）。因此，在工程实际中采用近似计算，即认为作用于圆柱表面上的应力在其直径的矩形投影面上是均匀分布的，即用直径横截面代替挤压面，则

$$A_p=Hd \tag{2-15}$$

式中：H——受力高度。

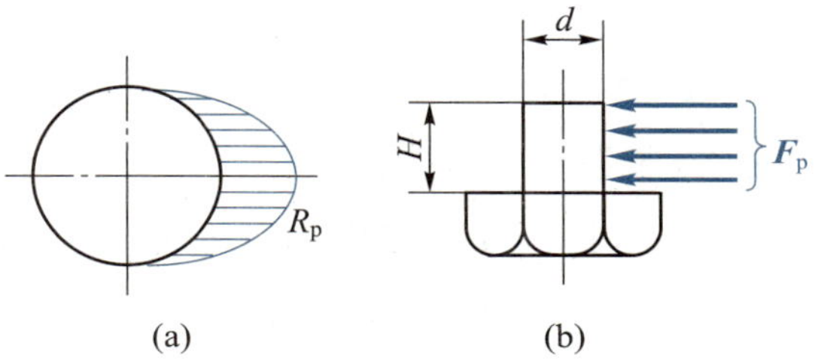

图 2-25　圆柱表面挤压应力的分布

拓展

表面挤压强度

以面接触而无相对运动的零件（如加强杆螺栓），在载荷作用下，接触表面将产生挤压应力。如果挤压应力 R_p 超过许用值，则塑性材料将产生表面塑性变形，脆性材料将产生表面压溃。因此，零件的挤压强度条件为

$$R_p\leqslant [R_p] \tag{2-16}$$

式中：R_p——零件的最大挤压应力，MPa；

$[R_p]$——许用挤压应力，MPa。

三、剪切与挤压在生产实践中的应用

工程中常用作连接的螺栓、键、销、铆钉等标准件，它们受到的剪力和挤压力较复杂，变形也复杂。因此，在设计时常采用实用计算法，即假定剪力、挤压力是均匀

分布的，利用抗剪强度、挤压强度计算公式进行强度校核、设计横截面尺寸及确定许用载荷。有时，为了使机器中的关键零件在超载时不致损坏，把机器中某个次要零件设计成机器中最薄弱的环节，机器超载时这个次要零件先被破坏，从而保护机器中的重要零件。

观察与思考

1. 试列举工程或生活中的剪切、挤压实例。
2. 为什么螺栓连接中的螺母下面要放置垫片？

2.5 圆轴的扭转

笔记

一、圆轴扭转的变形与应力分布

1. 扭转的概念

机械装置中的轴类零件大都承受扭转作用。如图 2-26 所示的汽车上的传动轴，左端受发动机主动力偶的作用，右端受后桥齿轮的阻力偶作用，传动轴在这两个力偶的作用下产生扭转变形。扭转的受力特点是构件受到大小相等、方向相反、作用面垂直于轴线的力偶作用，变形特点是横截面之间绕轴线发生相对转动。

在工程实际中，汽车方向盘下的转向轴（图 2-27）、丝锥、钻头、车床卡盘的拧紧扳手、车床的光杠、机器的传动轴（图 2-28）等都是受扭构件。

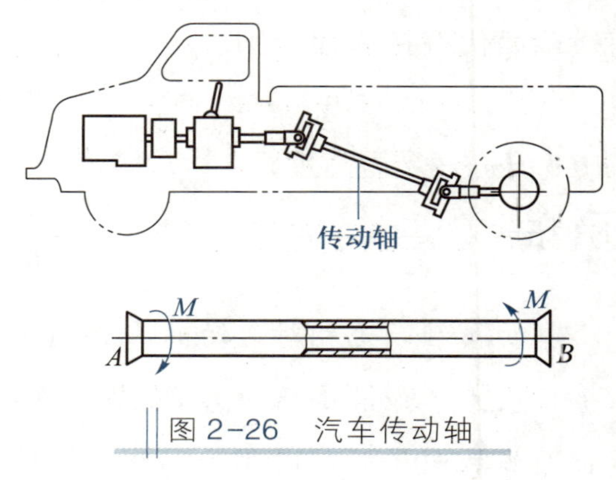

图 2-26　汽车传动轴

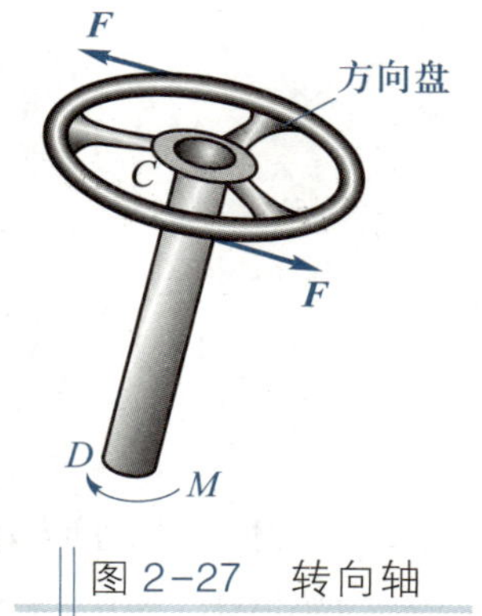

图 2-27　转向轴

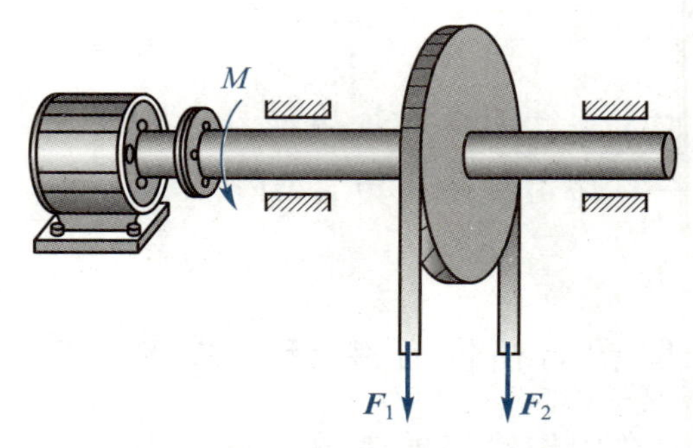

图 2-28　机器的传动轴

2. 圆轴扭转外力偶矩

$$M=9\ 550\ \frac{P}{n} \tag{2-17}$$

式中：P——圆轴传递的功率，kW；

n——圆轴的转速，r/min；

M——作用在圆轴上的外力偶矩，N · m。

3. 圆轴扭转变形

为观察变形规律，取一等直径圆轴模型，在其表面画出一组等距的圆周线和平行于轴线的纵向线，形成大小相等的矩形方格，如图 2-29a 所示。对其施加扭转作用，产生下列变形现象（图 2-29b）：

① 圆周线的形状、大小及相互距离均无变化，只是绕轴线旋转了不同的角度。

② 纵向线均倾斜了一个小角度，矩形变成平行四边形。

根据变形现象可以得出圆轴扭转变形的平面假设：圆轴在扭转变形时，各横截面仍为垂直于轴线的平面，只是绕轴线做相对转动，圆轴横截面上的半径仍为直线，且其长度不变。因此，在横截面上没有正应力，只有垂直于半径的切应力。

笔记

***4. 切应力分布规律**

圆轴扭转时，横截面上切应力的分布规律如图 2-30 所示，横截面上某点的切应力与该点至圆心的距离成正比，圆心处的切应力为零，圆周上的切应力最大，切应力的方向与该点的半径垂直，切应力沿横截面半径呈线性分布。

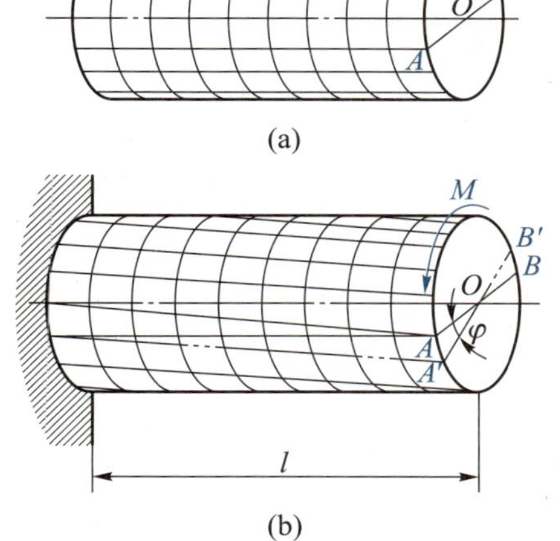

图 2-29　圆轴扭转时的变形规律

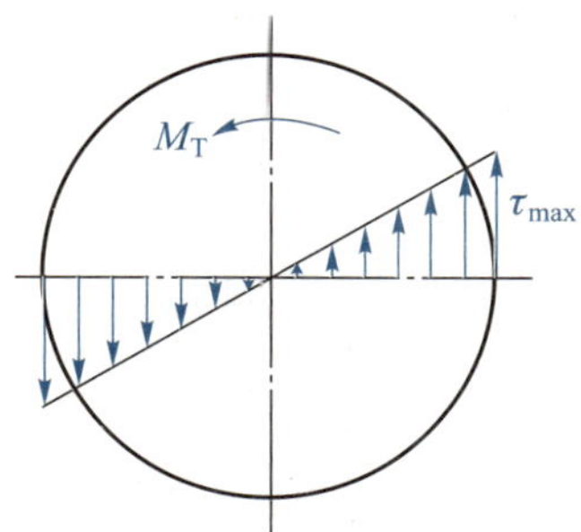

图 2-30　横截面上切应力的分布规律

二、圆轴扭转时的强度条件

圆轴扭转时横截面上产生一个内力，该内力为一个力偶矩，称为扭矩，用 M_T 表示，如图 2-30 所示，当圆轴的横截面尺寸及扭矩 M_T 确定后，就可以得出切应力的计算公式。等截面圆轴扭转时，扭矩最大值所在的横截面是危险横截面。由于圆轴扭转时横截面上的切应力沿半径呈线性分布，因此危险横截面最外边缘处各点均为危险点，从而可以得出圆轴扭转时的强度条件为

$$\tau_{max}=\frac{M_{Tmax}}{W_t}\leqslant[\tau] \tag{2-18}$$

式中：τ_{max}——危险横截面最外边缘处的最大切应力，MPa；

M_{Tmax}——危险横截面上的扭矩，N · m；

W_t——抗扭截面系数，mm^3；如图 2-31a 所示，对于直径为 D 的实心圆轴，$W_t\approx 0.2D^3$；如图 2-31b 所示，对于外径为 D、内径为 d 的空心圆轴，$\alpha=d/D$，$W_t\approx 0.2D^3(1-\alpha^4)$；

$[\tau]$——圆轴材料的许用切应力，MPa；对于塑性材料，$[\tau]=(0.5\sim0.6)[R]$；对于脆性材料，$[\tau]=(0.8\sim1.0)[R]$。

笔记

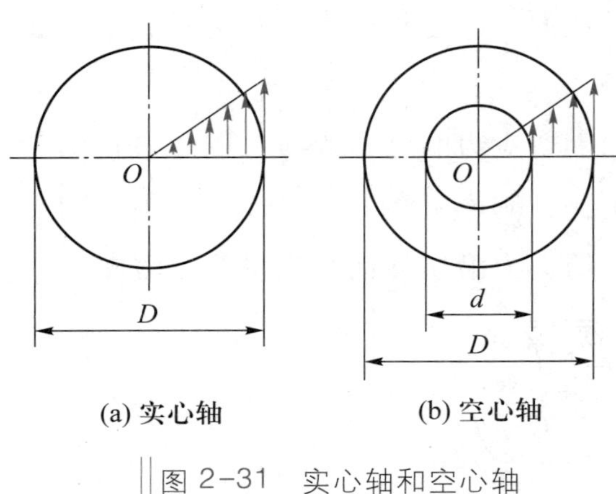

图 2-31　实心轴和空心轴

三、工程中提高抗扭能力的措施

1. 选用合理的横截面

由圆轴扭转的强度条件可以看出，切应力 τ 与直径 D 的三次方成反比，因此增大轴的直径可以有效提高轴的抗扭能力。在载荷相同的情况下，采用空心轴可以有效发挥材料的性能，节省材料，减轻自重，提高承载能力。因此，机床的主轴及汽车、船舶、飞机中的轴类零件大多采用空心轴。

2. 合理改善受力情况，减小最大扭矩 M_{Tmax}

将图 2-32a 所示的传动方案改变为图 2-32b 所示的传动方案，可以减小轴的最大扭矩。

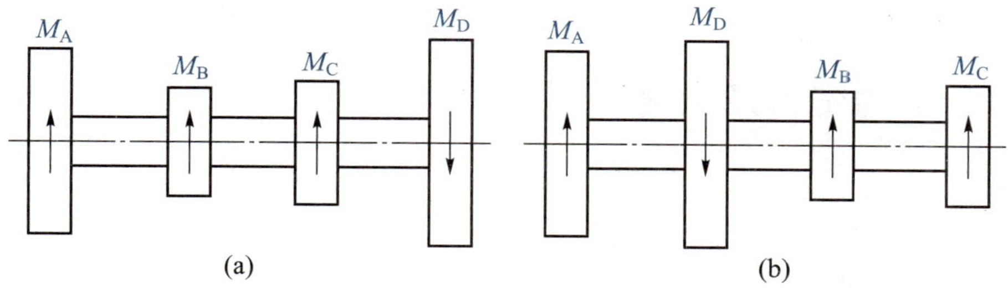

图 2-32　合理布置传动方案

观察与思考

1. 图 2-33 中圆轴扭转切应力分布表示正确的是________。

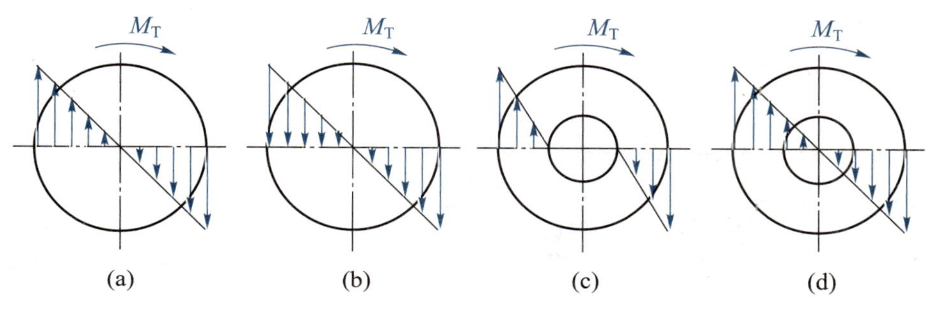

图 2-33　选择正确的圆轴扭转切应力分布图

2. 在图 2-34 所示的一级齿轮减速器中，如果齿轮 2 的齿数 $z_2=3z_1$，则：

(1) *AB* 轴的转速为 *CD* 轴转速的________倍。

(2) 作用在 *CD* 轴上的外力偶矩为 *AB* 轴的________倍。

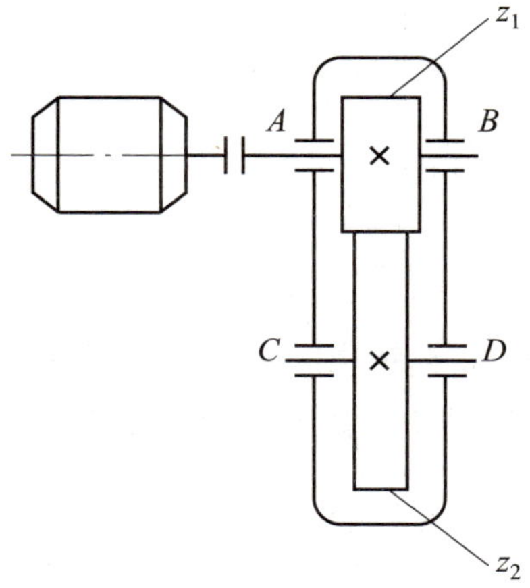

图 2-34　一级齿轮减速器

笔记

*2.6 直梁的弯曲及组合变形

一、直梁的弯曲

1. 弯曲的概念

在工程结构和机械零件中存在大量的弯曲现象。例如，图 2-35 所示的桥式起重机的横梁，在自重和起吊重物载荷的作用下产生弯曲变形；图 2-36 所示的车刀在切削力的作用下产生弯曲变形。弯曲的受力特点是外力垂直于杆的轴线，变形特点是轴线由直线变成曲线。通常将只发生弯曲变形或以弯曲变形为主的杆件称为梁。

笔记

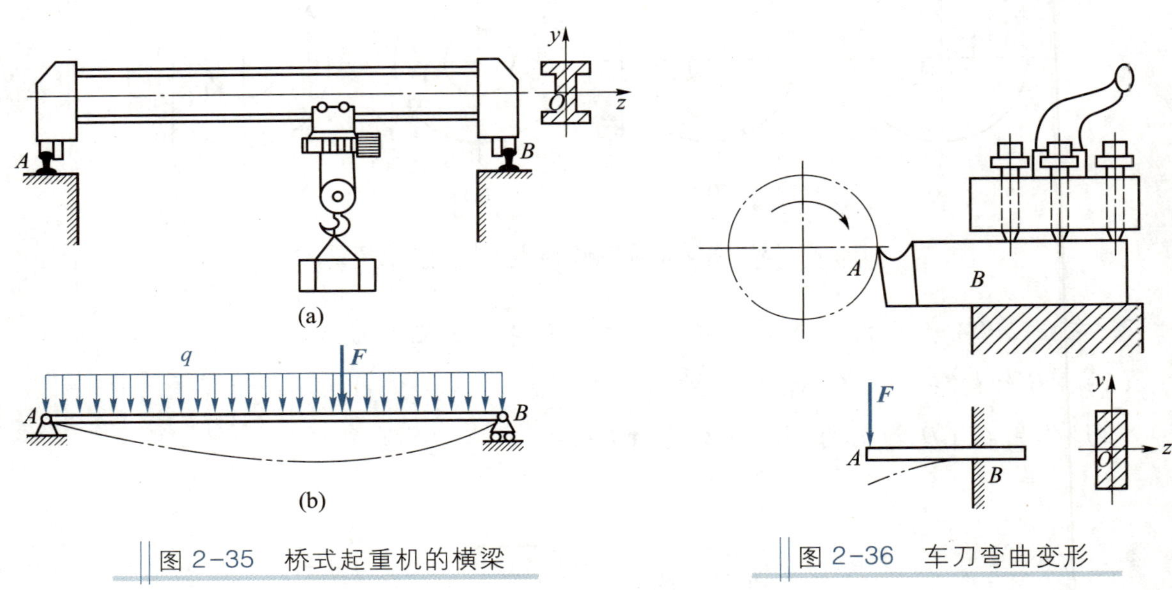

图 2-35 桥式起重机的横梁

图 2-36 车刀弯曲变形

2. 梁的基本形式

在工程实际中，通过对支座的简化，将梁分为三种基本形式：

① 简支梁 梁的一端是固定铰支座，另一端是活动铰支座，如图 2-37a 所示。

② 悬臂梁 梁的一端固定，另一端自由，如图 2-37b 所示。

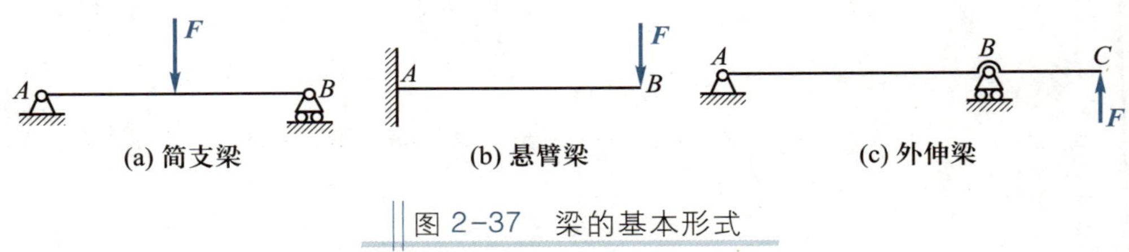

图 2-37 梁的基本形式

③ 外伸梁　简支梁的一端或两端伸出支座以外，并在外伸端有载荷作用，如图 2-37c 所示。

*3. 梁的应力分布

如图 2-38 所示，梁在外力（载荷和支座反力）作用下发生弯曲变形，横截面上将产生相互作用的内力。横截面上的内力一般为两个分量：

① 剪力　作用线平行于外力并通过横截面形心（沿横截面作用）的力，用 $\boldsymbol{F}_Q$（或 $\boldsymbol{F}'_Q$）表示。

② 弯矩　为一力偶矩，作用在垂直于横截面的平面内，用 $\boldsymbol{M}$（或 $\boldsymbol{M}'$）表示。

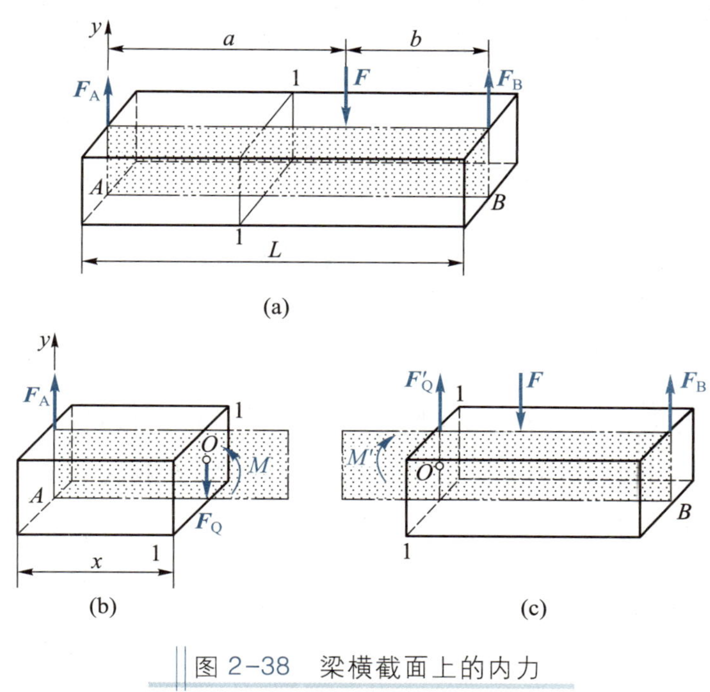

图 2-38　梁横截面上的内力

笔记

（1）纯弯曲

梁各横截面的剪力为零、弯矩为常数时的弯曲变形称为纯弯曲。

（2）纯弯曲的变形与应力

取一矩形横截面直梁，如图 2-39a 所示，在其表面画上横向线 1—1、2—2 和纵向线 *ab*、*cd*，然后在梁的纵向对称面内施加一对大小相等、方向相反的外力偶 $M_{外}$，如图 2-39b 所示，观察梁的弯曲变形可知：

横向线 1—1、2—2 仍为直线，并且仍与梁的轴线垂直，但两线转动了一定角度。纵向线变为弧线，靠近顶面的纵向线 *ab* 缩短，靠近底面的纵向线 *cd* 伸长。

将梁看成由无数纵向纤维组成，梁下部的纤维受拉而伸长，上部的纤维受压而缩短，在受拉区和受压区之间存在一层既不伸长也不缩短的纵向纤维层，称为中性层。中性层与横截面的交线称为中性轴。弯曲变形时，横截面绕中性轴转动。

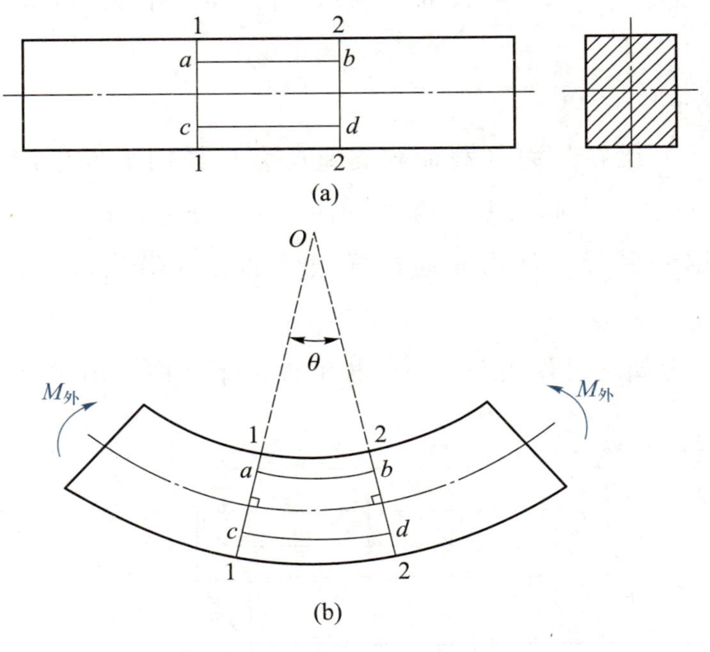

图 2-39　梁的纯弯曲变形

笔记

纯弯曲变形的应力

纯弯曲梁横截面上只有正应力，横截面上正应力的分布规律如图 2-40 所示，沿横截面宽度方向（离中性轴距离 y 相同的各点）正应力相同；沿横截面高度方向按直线规律变化，中性轴上各点（$y=0$）正应力为零，离中性轴最远的点的正应力最大，即正应力与该点到中性轴的距离 y 成正比。拉伸区受拉应力作用，压缩区受压应力作用。

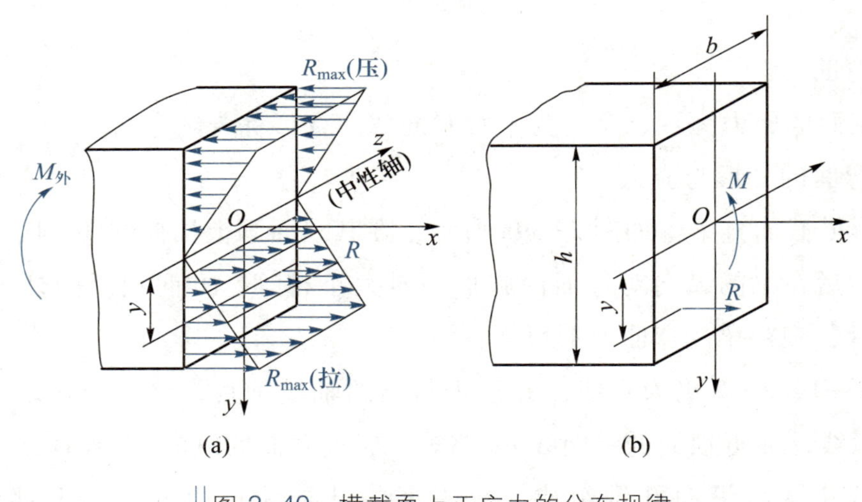

图 2-40　横截面上正应力的分布规律

二、弯曲强度条件

1. 梁的弯曲应力

梁发生纯弯曲时，上、下边缘（到中性轴距离最大）处正应力最大，表达式为

$$R_{max}=\frac{M}{W_Z} \tag{2-19}$$

式中：R_{max}——横截面上距离中性轴最远处的最大正应力，MPa；

M——横截面上的弯矩，N · m；

W_Z——抗弯截面系数，mm^3。

对于矩形横截面，$W_Z=\frac{bh^2}{6}$，b、h 为矩形横截面的宽与高，单位为 mm。对于圆形横截面，$W_Z=0.1D^3$，D 为轴的外径，单位为 mm。对于空心圆形横截面，$W_Z=0.1D^3(1-\alpha^4)$，$\alpha=\frac{d}{D}$，d、D 分别为空心轴的内、外径，单位为 mm。对于各种型钢横截面，W_Z 值可由型钢参数表查得。

笔记

2. 梁的正应力强度条件

梁的最大正应力所在的横截面为危险横截面，最大正应力所在的点为危险点。对于工程中所用的细长梁，弯曲应力是致使梁失效的主要原因。最大正应力发生在距中性轴最远的上、下边缘处。对于等截面梁，其危险横截面为最大弯矩所在的横截面。梁的正应力强度条件为

$$R_{max}=\frac{M_{max}}{W_Z}\leqslant[R] \tag{2-20}$$

3. 组合变形

构件发生单一的拉伸（或压缩）、剪切、扭转、弯曲等变形，称为基本变形。构件同时发生两种或两种以上的基本变形，称为组合变形。如图 2-41 所示，厂房建筑的边柱受到不沿边柱轴线的作用力 $\boldsymbol{F}$ 的作用，根据力的平移原理把 $\boldsymbol{F}$ 作用线平移到边柱的轴线，边柱受到轴向压力和力偶的组合作用。作用在边柱轴线的力 $\boldsymbol{F}'$ 使边柱产生压缩变形，力偶 M 使边柱产生弯曲变形。

传动轴产生弯扭组合变形如图 2-42 所示。

三、提高梁抗弯能力的措施

1. 降低最大弯矩值

最大弯矩值不仅取决于外力的大小，还取决于外力在梁上的分布。如图 2-43 所示，均布载荷 q（单位长度上的载荷，单位是 N/m）作用下的简支梁，最大弯矩值为 $0.125ql^2$，如将各支座向里移动 $0.2l$，则最大弯矩值为 $0.025ql^2$，仅为前者的 1/5。工程中，门式起重机的横梁、锅炉及储罐等均可简化为均布载荷作用下的梁，都可将支

座从两端各向里移动一段距离，如图 2-44 所示。集中力作用的简支梁，将载荷作用点靠近支座或将载荷分散作用，都将显著降低最大弯矩值。

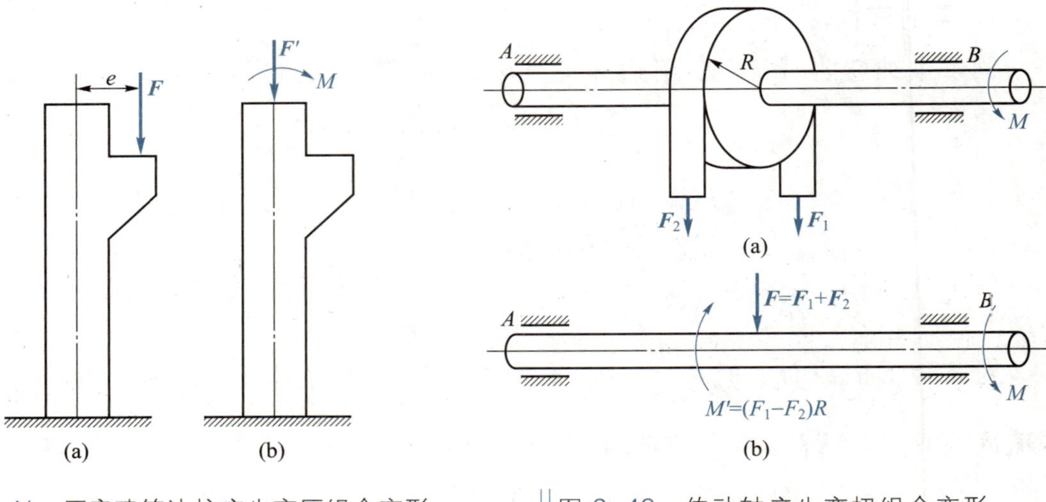

图 2-41　厂房建筑边柱产生弯压组合变形

图 2-42　传动轴产生弯扭组合变形

笔记

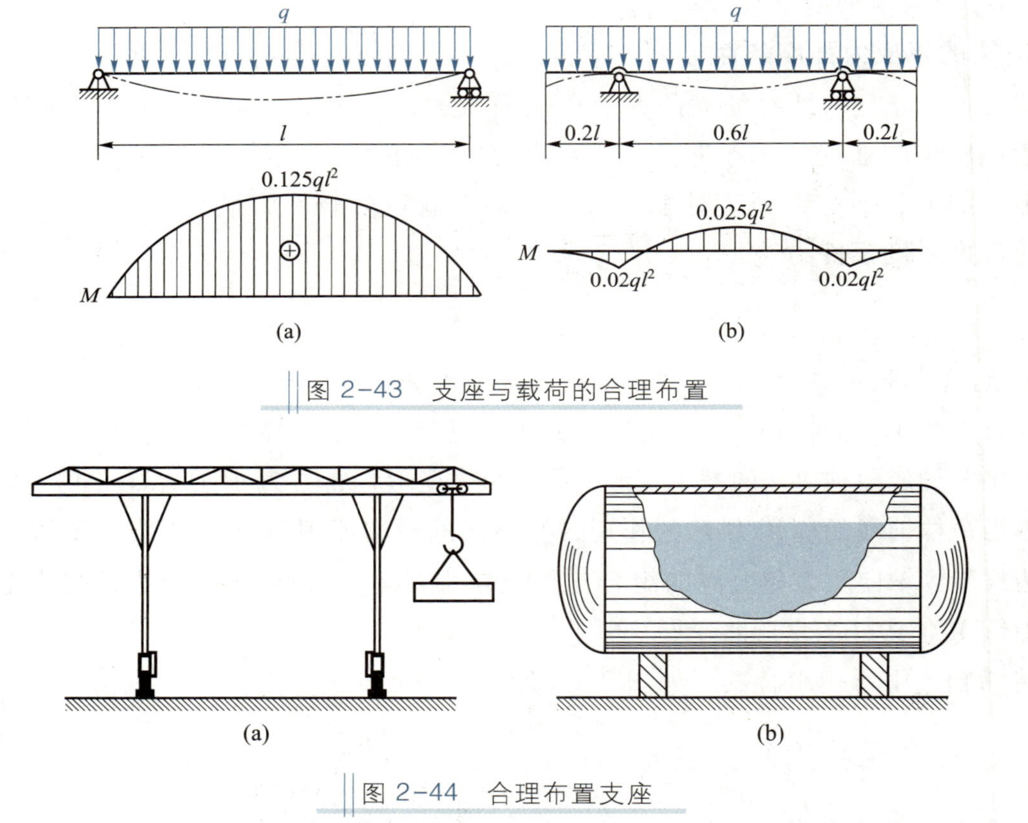

图 2-43　支座与载荷的合理布置

图 2-44　合理布置支座

2. 选用合理的横截面形状

为提高抗弯能力，工程上常将梁的横截面设计成材料远离中性层的形状。如图 2-45 所示，在横截面积相等的情况下，自左至右，各横截面的抗弯能力逐渐下降。工字形横截面和空心横截面的承载能力强。

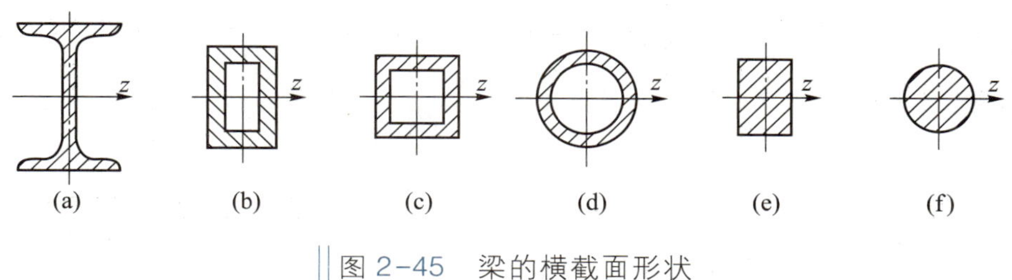

图 2-45　梁的横截面形状

3. 制成变截面梁

工程中为了减轻自重和节省材料，常根据弯矩沿梁轴线的变化情况将梁制成变截面梁，使所有横截面上的最大正应力都接近许用应力，即“等强度梁”。例如，图 2-46 所示的摇臂钻床的横臂、阶梯轴和建筑中广泛采用的“鱼腹梁”及飞机的机翼、汽车的弹簧钢板等。

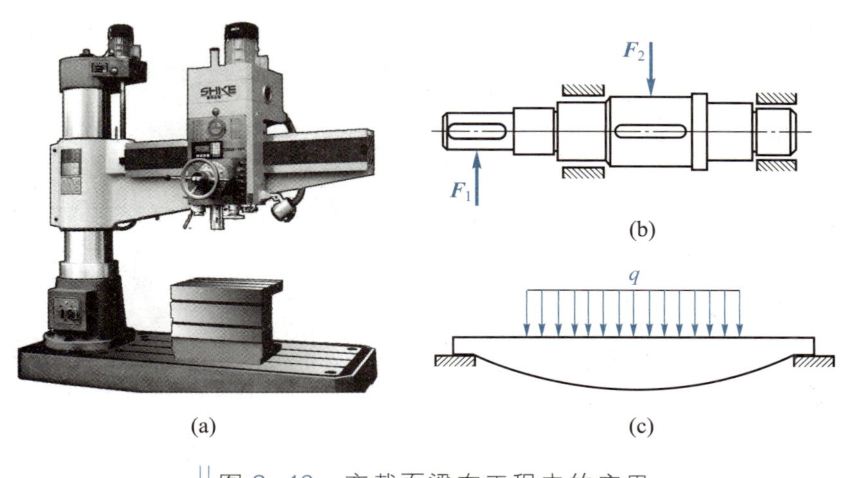

图 2-46　变截面梁在工程中的应用

4. 提高梁的抗弯刚度

可以采取减小梁的跨度或外伸长度的办法提高梁的抗弯刚度；在不能减小梁的跨度的情况下，常采用增加支座的办法来有效减小变形。如图 2-47 所示，在传动轴上增加一个支座以减小变形。

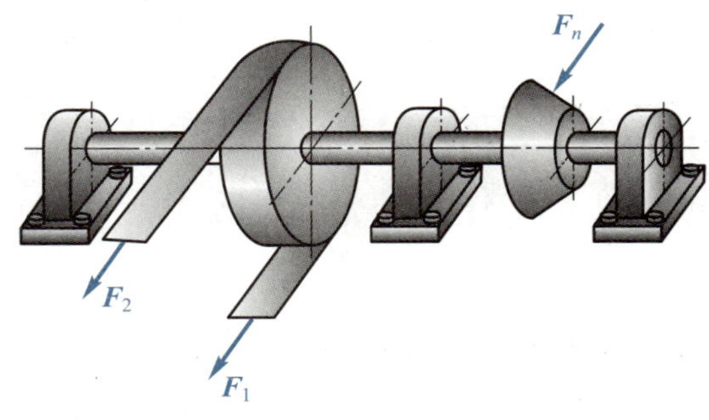

图 2-47　增加支座提高抗弯刚度

笔记

观察与思考

1. 矩形横截面梁可以采用两种放置方式，从提高梁的抗弯能力来分析，竖直放置的承载能力是扁平放置的承载能力的几倍？列举工程中的应用实例。

2. 如图 2-48 所示，作用于圆形横截面梁上的力，其方向随时间变化。试画出图示三种状态的中性轴。

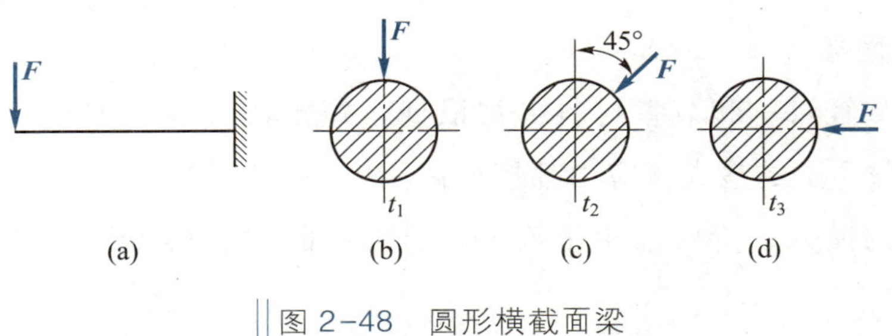

图 2-48　圆形横截面梁

3. 判断图 2-49 所示构件在 1—1 到 2—2 段内的变形情况。

笔记

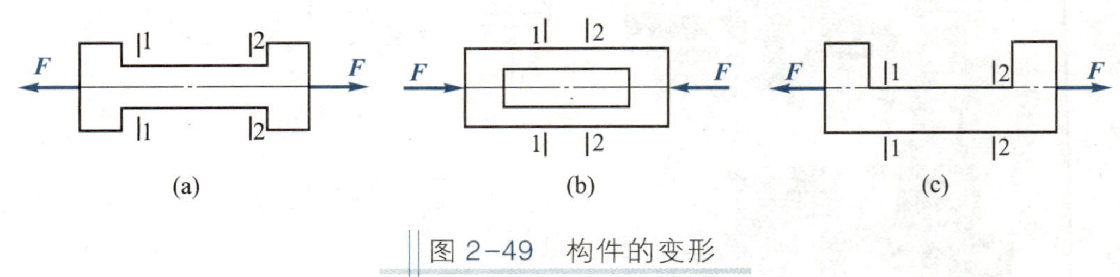

图 2-49　构件的变形

4. 若将圆形横截面梁的直径增大到原来的 2 倍，则其承载能力是原来的（　　）倍。

A. 2　　　　B. 4　　　　C. 6　　　　D. 8

5. 拧紧的螺栓连接产生何种变形？工程实际中为什么要求螺纹孔中心线与连接件各承压面垂直？

小　结

强度是构件抵抗破坏的能力，刚度是构件抵抗变形的能力，稳定性是构件保持原有平衡状态的能力。

当外力以不同方式作用于杆件时，可以使杆件产生相应的变形，单一的拉伸（或压缩）、剪切、扭转、弯曲变形称为基本变形，由两种或两种以上基本变形叠加而成的变形称为组合变形。

在外力作用下，杆件产生变形，同时杆件材料内部产生阻止变形的抗力，这种抗力称为内力。内力是由于外力的作用而引起的，内力随外力增大而增大。在外力作用下，杆件单位面积上的内力称为应力。

正应力 R 垂直于杆件横截面，切应力 τ 作用于杆件横截面。材料丧失其正常工作能力时的应力称为极限应力。塑性材料的极限应力是其下屈服强度 R_{eL}，脆性材料的极限应力是其抗拉强度 R_m。许用应力 $[R]$ 和 $[\tau]$ 是为了确保构件安全可靠地工作，给构件留有足够强度储备的应力。

为了确保构件具有足够的强度，要求构件工作时危险横截面产生的最大正应力 R_{max} 不超过材料的许用正应力 $[R]$，最大切应力 τ_{max} 不超过材料的许用切应力 $[\tau]$。运用这个强度条件可以解决构件强度校核、构件横截面选择、确定构件许用载荷这三类问题。

思考与实践

1. 什么是内力、应力？应力的单位是什么？怎样求出横截面上的应力？
2. 衡量材料抗拉强度的是哪一个应力值？什么是材料的塑性？
3. 什么是材料的极限应力、许用应力？什么是应力集中？
4. 剪切横截面积和挤压面积的计算有何不同？
5. 圆轴扭转变形有何特点？如何提高圆轴的抗扭能力？
6. 圆轴的抗扭截面系数与抗弯截面系数有何不同？怎样提高梁的抗弯能力？

*7. 何为交变应力？影响材料疲劳强度的因素有哪些？

笔记

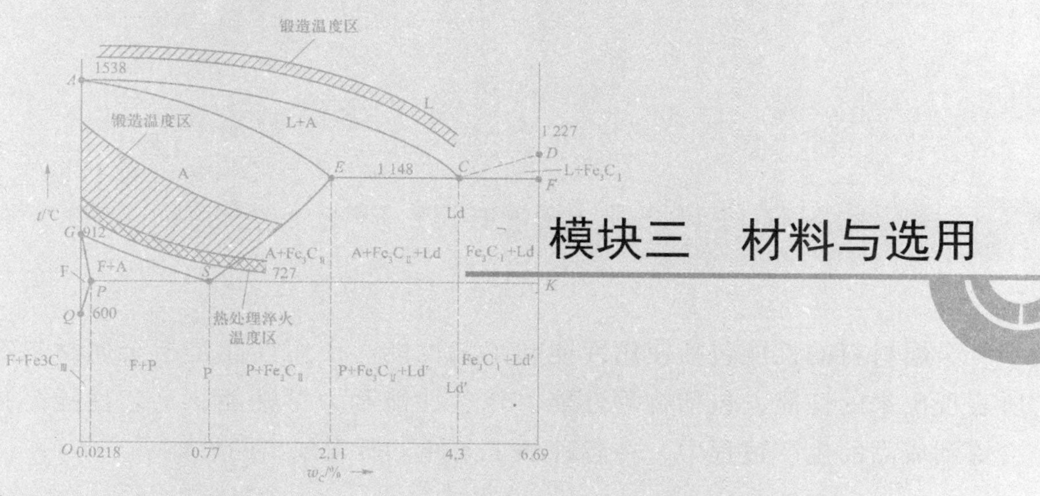

模块三　材料与选用

导　语

零件是机械制造的单元，材料是制造零件的物质，机械的性能和零件的寿命都与材料密切相关。因此，材料与信息、能源是国际公认的构成现代文明的三大支柱。

在人类社会发展过程中，材料往往扮演着划分时代的角色，如石器时代、青铜器时代、铁器时代等。以钢铁材料和非铁金属（有色金属）为代表的金属材料，以水泥、玻璃和陶瓷为代表的无机非金属材料，以橡胶、纤维和塑料为代表的高分子材料，以及在此基础上发展出的能够满足工程结构更好的力学性能、更好的轻量化特质、更高的耐热性、更高的环境适应性和环境亲和性需求的结构材料，能够满足电、磁、声、光、热等物理学、化学及生物医学等各方面性能需求的功能材料，可以说，材料无所不在，材料日新月异。新材料更是跻身于推动战略性新兴产业融合集群发展的新的增长引擎行列。

汽车的零部件选用轻质金属材料和工程塑料制造，可以在保证汽车的强度和安全性能的前提下，有效提高汽车的动力性能，减少能源消耗。

本模块概要介绍通用机械零件常用金属材料的分类、牌号、成分、性能及材料选用原则。

思维导图

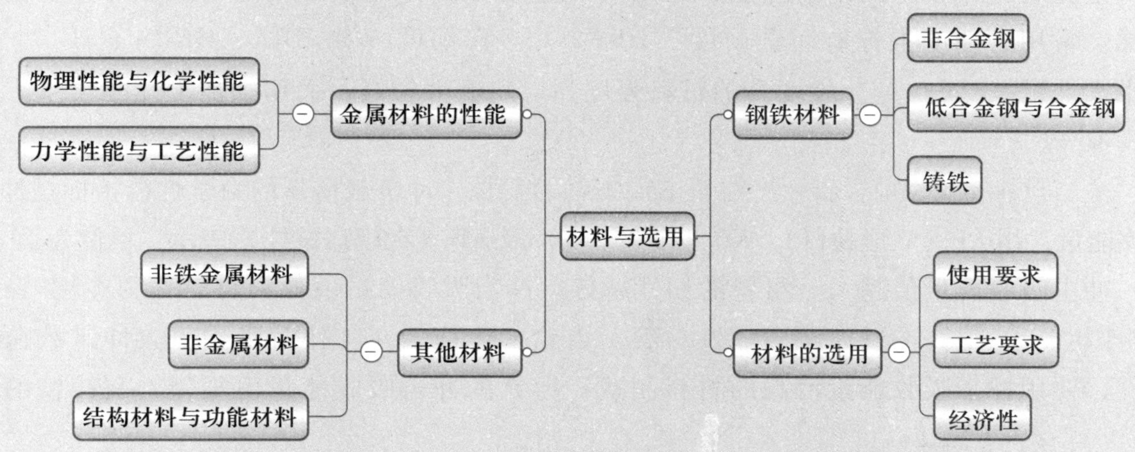

3.1 金属材料的性能

金属材料的性能包括使用性能和工艺性能。使用性能是指金属材料在使用过程中所表现出来的性能，包括物理性能、化学性能和力学性能；工艺性能是指金属材料从冶炼到成品的生产过程中，在各种加工条件下所表现出的性能。

一、金属材料的物理性能和化学性能

金属材料的物理性能是指金属材料固有的属性，包括密度、熔点、导热性、导电性、热膨胀性和磁性等。

金属材料的化学性能是指金属材料在化学作用下所表现出来的性能，包括耐蚀性、抗氧化性和化学稳定性等。

笔记

二、金属材料的力学性能和工艺性能

金属材料的力学性能是指金属材料在外力作用下所表现出来的性能，主要包括强度、塑性、硬度、韧性和疲劳强度。

1. 强度

在外力作用下，材料抵抗塑性变形和断裂的能力称为强度。当承受拉力时，强度特性指标主要是屈服强度和抗拉强度。

2. 塑性

在外力作用下，材料不能恢复的变形称为塑性变形，产生永久变形而不断裂的能力称为塑性。

3. 硬度

硬度是指固体材料对外界物体机械作用（如压陷、刻划等）的局部抵抗能力。硬度不是金属材料独立的基本性能，而是反映金属材料弹性、强度与塑性等的综合性能指标。常用的硬度指标有布氏硬度（HBW）、洛氏硬度（如 HRA、HRBW、HRC 等）和维氏硬度（HV）等。硬度高的材料强度高，耐磨性较好，而切削加工性能较差。

4. 韧性

金属材料在断裂前吸收变形能量的能力称为韧性。冲击载荷下的力学性能指标是冲击吸收能量，用 *KV*（V 形缺口）、*KU*（U 形缺口）及 *KW*（无缺口试样）表示，单位为 J。

冲击吸收能量值越大，材料的韧性越好。冲击吸收能量值低的材料称为脆性材料，冲击吸收能量值高的材料称为韧性材料。齿轮、连杆等在工作时受到很大冲击载荷的零件，要用冲击吸收能量值高的材料制造。铸铁的冲击吸收能量值很低，灰铸铁的冲

击吸收能量值近于零，因此不能用来制造承受冲击载荷的零件。

5. 疲劳强度

疲劳强度是指金属材料在无限多次交变载荷作用下而不被破坏的最大应力，或称为疲劳极限。实际上，金属材料并不可能做无限多次交变载荷试验。一般试验时规定，钢铁材料经受 10^7 次、非铁金属材料经受 10^8 次交变载荷作用而不产生断裂的最大应力即称为疲劳强度。当施加的交变应力是对称循环应力时，所得的疲劳强度用 R_{-1} 表示。

金属材料的工艺性能是指在各种加工条件下所表现出来的适应性能，包括铸造性能、锻造性能、焊接性和切削加工性能等。

3.2 钢铁材料

钢铁是铁（Fe）与碳（C）、硅（Si）、锰（Mn）、硫（S）、磷（P）及少量的其他元素所组成的合金。其中除铁外，碳的质量分数对钢铁材料的力学性能起着主要决定作用，故统称为铁碳合金。

笔记

碳的平均质量分数 $w_C \leq 2.11\%$ 的铁碳合金称为钢，$w_C > 2.11\%$ 的铁碳合金称为铸铁。按照化学成分，钢分为非合金钢、低合金钢及合金钢三类。非合金钢、低合金钢及合金钢中合金元素含量的界限值可以查阅相关国家标准。

一、非合金钢

碳的质量分数 $w_C \leq 2.11\%$ 而不含有特意加入合金元素的钢称为非合金钢。随着钢中碳的平均质量分数 w_C 的增加，钢的强度和硬度不断升高，塑性、韧性不断降低。当 $w_C > 0.9\%$ 时，虽然硬度升高，但强度下降，塑性、韧性继续降低。工业上应用的非合金钢，其 w_C 不大于 1.4%。

非合金钢由于具有良好的力学性能，且冶炼方便、价格低，能够满足一般工程结构和机械零件的使用性能要求，所以在机械制造、建筑、交通运输等行业得到广泛应用。

实际生产中使用的非合金钢除含有碳元素外，还有少量的硅、锰、硫、磷等元素。硅能提高钢的强度，锰能提高钢的硬度和耐磨性，都是有益元素，是在炼钢时加入的；硫使钢在热加工时产生“热脆”，磷使钢在低温时产生“冷脆”，都是有害元素，是炼钢时由原材料带入的，需要加以控制，但适当的硫和磷可以改善钢的切削加工性能。

按照主要质量等级，非合金钢分为普通质量非合金钢（对生产过程中控制质量无特殊规定的一般用途的非合金钢）、特殊质量非合金钢（在生产过程中需要特别严格控制质量和性能的非合金钢）、优质非合金钢（除普通质量非合金钢和特殊质量非合金钢以外的，在生产过程中需要特别控制质量的非合金钢）。

此外，按照钢中碳的平均质量分数 w_C 的不同，非合金钢还可以分为低碳钢（w_C< 0.25%）、中碳钢（0.25%≤w_C≤0.6%）和高碳钢（w_C>0.6%）。

这里介绍最常用的几种非合金钢。

应用实例

1. 碳素结构钢

认牌号 知强度

碳素结构钢牌号由四部分构成："屈"字汉语拼音首字母"Q"、最小上屈服强度（MPa）、质量等级符号（A、B、C、D，质量依次提高）、脱氧方法符号（沸腾钢 F、镇静钢 Z、特殊镇静钢 TZ，Z 与 TZ 可以省略）。

例如：Q235AF 表示最小上屈服强度为 235 MPa、质量等级为 A 级、脱氧方法为沸腾钢的碳素结构钢。

笔记

碳素结构钢冶炼容易，价格低，冷成形性和焊接性好，而且力学性能也能满足一般工程结构及普通机械零件的要求，通常热轧成各种型材，应用广泛。其中，Q195、Q215A、Q215B 通常轧制成薄板、钢筋供应，也可以用于制造铆钉、螺钉、焊接结构件；Q235A～D 的强度稍高，可用于制造螺栓、螺母等连接零件，焊接结构件以及桥梁等金属构件和建筑构架；Q275A～D 的强度较高，可用于制造杆、销、轮等受力中等的机械零件。用碳素结构钢制造的部分零件如图 3-1 所示。

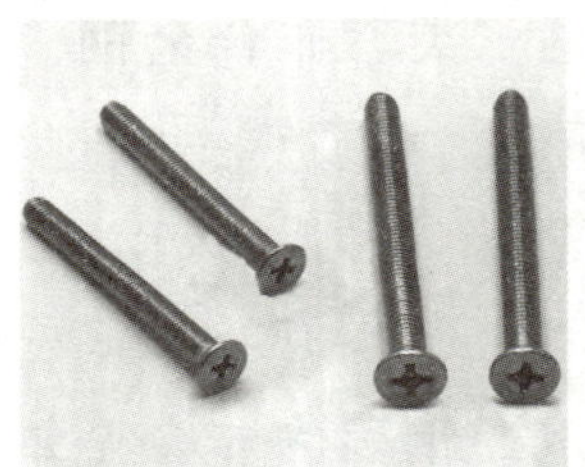

(a) 螺钉

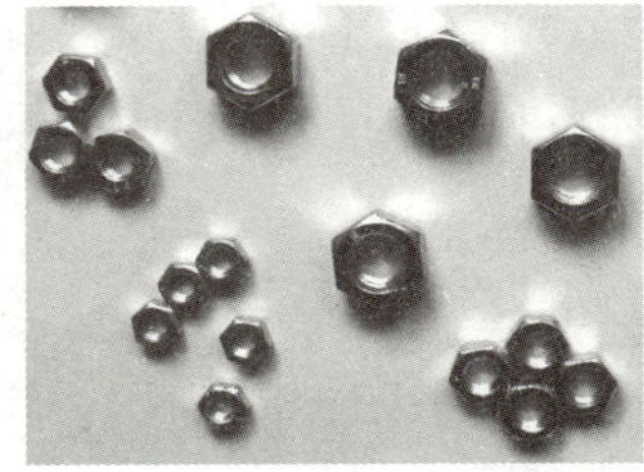

(b) 螺母

(c) 链轮

图 3-1 用碳素结构钢制造的部分零件

搜索 碳素结构钢共有 4 个强度等级、11 个牌号，其化学成分与力学性能见国家标准 GB/T 700—2006《碳素结构钢》。

2. 优质碳素结构钢

认牌号 知成分

优质碳素结构钢的牌号用两位数字表示。这两位数字表示钢中碳的平均质量分数的万分数。当钢中锰的质量分数 w_{Mn}=0.7%～1.2%时，在两位数字后加"Mn"，表示含有较多锰的优质碳素结构钢。

例如，45 表示碳的平均质量分数 w_C=0.42%～0.50%的优质碳素结构钢。65Mn 表示碳的平均质量分数 w_C=0.62%～0.70%并含有较多锰的优质碳素结构钢。

优质碳素结构钢中有害元素硫、磷的质量分数较低，非金属夹杂物较少，既保证力学性能又保证化学成分，广泛用于制造较重要的零件，一般都要经过热处理之后使用。用优质碳素结构钢制造的部分零件如图 3-2 所示。优质碳素结构钢按照冶炼等级分为优质钢、高级优质钢（A）和特级优质钢（E）。10～25 钢的冷塑性变形能力和焊接性好，可用于制造强度要求不高的零件及渗碳零件。30 钢、45 钢、55 钢经过调质后可获得良好的综合力学性能，主要用于制造齿轮、连杆、主轴等受力较大的零件。65Mn 钢具有较高的强度和硬度，弹性好，可用于制造弹簧、丝杠、车轮等零件。

搜索 优质碳素结构钢牌号包括 08～85（17 个）、15Mn～70Mn（11 个），其化学成分和力学性能见国家标准 GB/T 699—2015《优质碳素结构钢》。

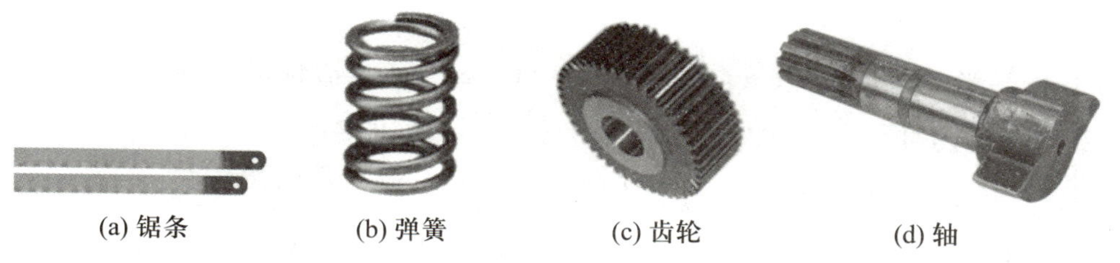
(a) 锯条　(b) 弹簧　(c) 齿轮　(d) 轴

图 3-2　用优质碳素结构钢制造的部分零件

笔记

3. 刃具模具用非合金钢

认牌号　知成分

刃具模具用非合金钢（碳素工具钢）的牌号用“碳”字汉语拼音首字母“T”加数字表示，数字为钢中碳的平均质量分数的千分数。牌号末尾加“A”表示钢中的硫、磷含量较少的高级优质刃具模具用非合金钢，加“Mn”则表示锰的质量分数较高。

例如，T8A 表示 $w_C=0.8\%$ 的高级优质刃具模具用非合金钢。

刃具模具用非合金钢具有较高的硬度和耐磨性，但塑性和韧性较差，适于制造低速切削工具、小型简单工具。用刃具模具用非合金钢制造的部分零件如图 3-3 所示。T7 钢、T8 钢、T8Mn 钢可用于制造承受冲击的工具，T9 钢、T10 钢可用于制造承受振动和冲击较小的工具，T11 钢、T12 钢、T13 钢韧性差，可用于制造不受冲击的工具。

(a) 锉刀　(b) 手锤

图 3-3　用刃具模具用非合金钢制造的部分零件

搜索 刃具模具用非合金钢8个牌号的化学成分和力学性能可见国家标准 GB/T 1299—2014《工模具钢》。

4. 铸造碳钢

认牌号 知强度

铸造碳钢（铸钢）的牌号用代号“ZG”（“铸钢”两字汉语拼音首字母）加两组数字表示，第一组数字表示最小上屈服强度（MPa），第二组数字表示最小抗拉强度（MPa）。

例如，ZG200-400 表示最小上屈服强度为 200 MPa、最小抗拉强度为 400 MPa 的铸钢。

铸钢中碳的平均质量分数 $w_C = 0.20\% \sim 0.60\%$，其铸造性能次于铸铁，但力学性能优于铸铁，用于制造形状复杂、力学性能要求高又难以锻造的重要机械零件。ZG200-400、ZG230-450 为低碳铸钢，塑性、韧性、焊接性好，铸造性能差，用于制造机座、阀体、箱体等载荷不大的零件；ZG270-500、ZG310-570 为中碳铸钢，有一定的塑性和韧性，强度和硬度较高，用于制造齿轮、联轴器、缸体等重载荷零件；ZG340-640 为高碳铸钢，具有高强度、高硬度、高耐磨性，但塑性、韧性、焊接性差，用于制造起重运输机齿轮、联轴器、车轮等零件。

笔记

搜索 铸钢5个牌号的化学成分及力学性能可见国家标准 GB/T 11352—2009《一般工程用铸造碳钢件》。

二、低合金钢与合金钢

为了改善钢的性能，在冶炼非合金钢的基础上，特意加入一些合金元素而炼成的钢称为低合金钢或合金钢。常用的合金元素有硅（Si）、锰（Mn）、铬（Cr）、镍（Ni）、钼（Mo）、钨（W）、钒（V）、钴（Co）、钛（Ti）、铌（Nb）、铜（Cu）、铝（Al）、硼（B）、氮（N）和稀土元素（RE）等。合金元素是通过与钢中的铁和碳发生作用及合金元素之间发生作用，影响钢的组织，提高钢的力学性能，改善钢的热处理性能等，以满足各种使用性能的要求。

合金元素的种类和质量分数低于国家标准规定范围的钢称为低合金钢。

按照质量等级，低合金钢分为普通质量低合金钢，如一般用途低合金高强度结构钢、低合金钢筋钢等；优质低合金钢，如通用低合金高强度结构钢、锅炉和压力容器用低合金钢及造船用低合金钢等；特殊质量低合金钢，如核能用低合金钢、低温压力容器用低合金钢等。

合金元素的种类和质量分数高于国家标准规定范围的钢称为合金钢。

按照质量等级，合金钢分为优质合金钢，如一般工程结构用合金钢、耐磨钢和硅锰弹簧钢等；特殊质量合金钢，如合金结构钢、轴承钢、合金工具钢、高速工具钢、不锈钢和耐热钢等。

按照合金元素的种类，合金钢分为铬钢、锰钢、硅锰钢和铬镍钢等。

按照用途，合金钢分为结构钢、工具钢、不锈钢和耐热钢等。

这里介绍最常用的几种低合金钢与合金钢。

1. 低合金高强度结构钢

认牌号　知强度

低合金高强度结构钢的牌号由四部分构成："屈"字汉语拼音首字母"Q"、最小上屈服强度（MPa）、交货状态代号、质量等级符号（B、C、D、E、F，质量依次提高）。

例如：Q390B 表示最小上屈服强度为 390 MPa、质量等级为 B 级的低合金高强度结构钢。

笔记

答疑　低合金高强度结构钢与碳素结构钢的牌号都由字母"Q"与屈服强度数值组成，如何区分呢？只需记住，碳素结构钢"Q"后的数值不超过 300（MPa），而低合金高强度结构钢"Q"后的数值不低于 300（MPa）。

低合金高强度结构钢虽然是一种低碳、低合金的钢材，但具有高强度、高韧性、良好的焊接性和一定的耐蚀性，广泛用于制造船舶、桥梁和车辆等，如图 3-4 所示。如用 Q355 来代替 Q235A，强度和耐大气腐蚀性均可明显提高，而质量可以明显减轻。

(a) 船舶

(b) 桥梁

图 3-4　用低合金高强度结构钢制造的船舶与桥梁

搜索　低合金高强度结构钢有 B、C、D 等级的 Q355 及 Q390，B、C 等级的 Q420，C 等级的 Q460 等，共 4 个强度级别、9 个牌号，其化学成分与力学性能可见国家标准 GB/T 1591—2018《低合金高强度结构钢》。

2. 合金结构钢

认牌号 知成分

合金结构钢的牌号由三部分组成：钢中碳的平均质量分数的万分数；合金元素符号及合金元素的平均质量分数的百分数，当 $w_{Me}<1.5\%$ 时，一般只标明合金元素符号；如果是高级优质钢，则在牌号末尾加“A”。

例如，40Cr 表示碳的平均质量分数 $w_C=0.37\%\sim0.44\%$、铬的平均质量分数 $w_{Cr}<1.5\%$ 的合金结构钢。

合金结构钢的用途很多，这里介绍常用的合金渗碳钢、合金调质钢，高碳铬轴承钢将结合模块八轴与轴承介绍。

（1）合金渗碳钢

合金渗碳钢的 $w_C=0.10\%\sim0.25\%$，属于低碳合金结构钢。加入的合金元素主要是铬，还有镍、锰、硼、钨、钼、钒、钛等，一般经过渗碳处理，使零件表面具有足够高的硬度和耐磨性，而由于碳含量低，所以零件心部仍有足够的韧性。例如，20Cr 钢、20Mn2 钢用于制造表面承受磨损、心部要求较高强度的齿轮、凸轮、蜗杆、活塞销等，20CrMnTi 钢、20MnTiB 钢用于制造承受高速及冲击、中载或重载的齿轮、轴、齿轮轴、蜗杆等，20Cr2Ni4 钢适合制造在较高载荷、交变载荷下工作的大型齿轮、轴等。

（2）合金调质钢

合金调质钢的 $w_C=0.25\%\sim0.50\%$，属于中碳合金结构钢。加入的合金元素有铬、镍、锰、硅、硼、钨、钼、钒、钛等，一般经过调质处理，使零件具有良好的综合力学性能，而由于碳含量中等，所以零件有足够的强度、硬度、塑性、韧性，主要用于制造在多种载荷下工作、受力比较复杂、要求具有良好综合力学性能的重要零件。例如，40Cr 钢、40MnB 钢用于制造机床上的齿轮、轴、花键轴等承受中速、中载的零件，35CrMo 钢、40CrNi 钢适于制造主轴、曲轴等承受冲击、振动、弯曲、扭转等载荷或重要的零件，38CrMoAl 钢适于制造精密机床主轴、丝杠等要求尺寸精确、表面耐磨的零件，40CrNiMoA 钢用于制造重型机械中高载荷的叶片、曲轴等要求强度高、韧性好的大尺寸零件。

搜索 各种合金结构钢的化学成分与力学性能可见国家标准 GB/T 3077—2015《合金结构钢》。

3. 合金工具钢

认牌号 知成分

合金工具钢的牌号由两部分组成：当 $w_C<1\%$ 时，首位数字代表钢中碳的平均质量分数的千分数，当 $w_C\geq1\%$ 时则不必标出；合金元素符号及合金元素的平均质量分数的百分数，当 $w_{Me}<1.5\%$ 时，一般只标明合金元素符号。

笔记

例如，9SiCr 钢中碳的平均质量分数 $w_C = 0.85\% \sim 0.95\%$，Si 和 Cr 的平均质量分数都小于 1.5%。再如，Cr12MoV 钢中碳的平均质量分数 $w_C > 1\%$，首位数字不标出，Cr 的平均质量分数为 12%，Mo 和 V 的平均质量分数都小于 1.5%。

合金工具钢用于制造各种工具，如量具、刃具、模具等。9SiCr、Cr06、Cr2 均为量具刃具用钢，用于制造板牙、丝锥等要求变形小的薄刃低速切削刃具，如图 3-5 所示。Cr12MoV、Cr12、CrWMn 均为冷作模具用钢，用于制造冷冲模、冷压模等。5CrMnMo、5CrNiMo、3Cr2W8V 均为热作模具用钢，用于制造热锻模、压铸模等。

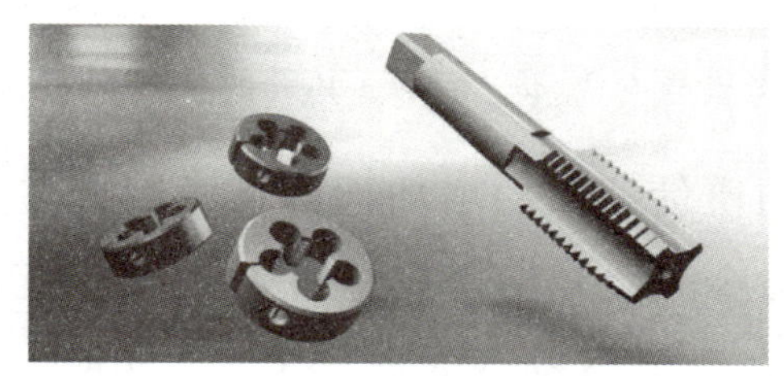

图 3-5 用合金工具钢制造的板牙与丝锥

笔记

答疑 合金工具钢和非合金工具钢都用于制造工具，两者有何区别？合金工具钢具有更高的硬度和耐磨性及更好的热处理性能，适合制造横截面较大、形状复杂、性能要求较高的工具。

搜索 各种合金工具钢的化学成分与力学性能可见国家标准 GB/T 1299—2014《工模具钢》。

4. 高速工具钢

认牌号 知成分

高速工具钢的牌号中不标出碳的平均质量分数，只标出合金元素符号及其平均质量分数的百分数，当 $w_{Me} < 1.5\%$ 时，一般只标明合金元素符号。

例如，W18Cr4V 钢中，W 的平均质量分数为 18%，Cr 的平均质量分数为 4%，V 的平均质量分数小于 1.5%。

高速工具钢是碳、钨、钼、铬、钒含量较高的工具钢，具有高温硬度和红硬性，主要用于制造高速切削的车刀、铣刀、铰刀、拉刀、钻头及插齿刀等刀具，如图 3-6 所示。

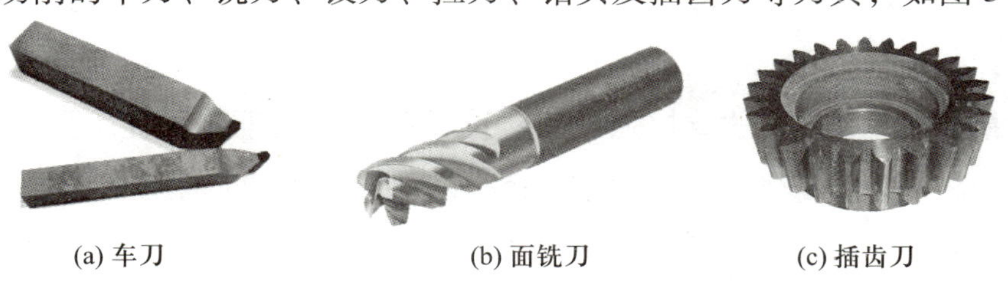

(a) 车刀　(b) 面铣刀　(c) 插齿刀

图 3-6 用高速工具钢制造的刀具

5. 不锈钢与耐热钢

认牌号 知成分

不锈钢与耐热钢的牌号由两部分组成：钢中碳的平均质量分数的万分数（$w_C \geqslant 0.04\%$时）；合金元素符号及合金元素的平均质量分数的百分数，当 $w_{Me}<1.5\%$时，一般只标明合金元素符号。

例如，40Cr13 表示碳的平均质量分数 $w_C=0.36\%\sim0.45\%$、Cr 的平均质量分数 $w_{Cr}=12\%\sim14\%$的铬不锈钢。12Cr18Ni9 表示碳的平均质量分数 $w_C=0.15\%$、Cr 的平均质量分数 $w_{Cr}=17\%\sim19\%$、Ni 的平均质量分数 $w_{Ni}=8\%\sim10\%$的铬镍不锈钢，也可以作为耐热钢使用。

不锈钢的耐蚀性随碳的质量分数的增加而降低，因此多数不锈钢的碳的平均质量分数较低。不锈钢的主要合金元素是铬，只有当 w_{Cr}达到一定数值时才有耐蚀性，因此一般铬不锈钢的 $w_{Cr}>12\%$，铬镍不锈钢的 $w_{Cr}>17\%$。40Cr13 钢可用于制造医疗器械、阀门、轴承等；12Cr18Ni9 钢有较高强度，可用于制造建筑装饰部件。

笔记

耐热钢包括 13Cr13Mo 等抗氧化钢和 15CrMo 等热强钢，适于制造在高温下运行的动力机械中的叶片等零件。

搜索 各种牌号不锈钢、耐热钢的化学成分和力学性能可分别见国家标准 GB/T 1220—2007《不锈钢棒》和国家标准 GB/T 1221—2007《耐热钢棒》。

三、铸铁

碳的平均质量分数 $w_C>2.11\%$的铁碳合金称为铸铁。这里介绍灰铸铁、球墨铸铁和可锻铸铁。

1. 灰铸铁

认牌号 知强度

灰铸铁的牌号用代号“HT”（“灰铁”两字汉语拼音首字母）和最小抗拉强度（MPa）表示。

例如，HT150 表示最小抗拉强度为 150 MPa 的灰铸铁。

灰铸铁中的碳以片状石墨形式析出，对基体有割裂作用，断口呈浅灰色。灰铸铁具有如下性能：

① 力学性能低。灰铸铁的抗拉强度、塑性、韧性远低于钢，抗压强度与钢相当。

② 工艺性能好。灰铸铁铸造时的流动性好、切削加工时的切屑脆断性好。

③ 减振减摩性好。灰铸铁中的石墨能够起到缓冲吸振、储油润滑的作用。

④ 缺口敏感性低。灰铸铁内部组织缺陷和表面加工质量对疲劳强度的影响小。

⑤ 价格低，占铸铁总产量的80%以上，广泛用于制造受力不大、以承受压力为主及有减振性要求的零件，如机床床身与导轨（图3-7a）、结构复杂的箱体及承受摩擦的缸体等。

搜索 灰铸铁有HT100～HT350共8个牌号，其力学性能可见国家标准GB/T 9439—2023《灰铸铁件》。

2. 球墨铸铁

认牌号 知强度

球墨铸铁的牌号用代号“QT”（“球铁”两字汉语拼音首字母）、最小抗拉强度（MPa）和最小断后伸长率（%）表示。尾部加“L”表示该牌号有低温（-20 ℃或-40 ℃）下的冲击性能要求，加“R”表示该牌号有室温（23 ℃）下的冲击性能要求。

例如，QT400-15表示最小抗拉强度为400 MPa、最小断后伸长率为15%的球墨铸铁。

笔记

球墨铸铁是以铁、碳和硅为基本元素，碳主要以球状石墨形式存在的铸铁。由于石墨呈球状，使球墨铸铁的抗拉强度、塑性与韧性都优于灰铸铁，接近于钢；具有良好的铸造性能、耐磨性、减振性和切削加工性能。球墨铸铁常用来代替钢制造某些形状复杂的重要零件，如动力机械曲轴（图3-7b）、连杆、凸轮轴等，代替灰铸铁制造强度要求高的箱体类零件。

搜索 球墨铸铁分为铁素体珠光体球墨铸铁（有QT350-22L～QT900-2共14个牌号）和固溶强化铁素体球墨铸铁（有QT400-18～QT600-10共3个牌号）两类，其力学性能等可见国家标准GB/T 1348—2019《球墨铸铁件》。

3. 可锻铸铁

认牌号 知强度

可锻铸铁的牌号用代号“KT”（“可铁”两字汉语拼音首字母，“KTH”表示黑心可锻铸铁，“KTZ”表示珠光体可锻铸铁，“KTB”表示白心可锻铸铁）、最小抗拉强度（MPa）和最小断后伸长率（%）表示。

例如，KTH330-08表示最小抗拉强度为330 MPa、最小断后伸长率为8%的黑心可锻铸铁。

可锻铸铁是由白口铸铁经石墨化退火而获得团絮状石墨的铸铁。团絮状石墨对铸铁基体的割裂作用介于灰铸铁和球墨铸铁之间，因此可锻铸铁的力学性能也介于灰铸铁和球墨铸铁之间，可用于制造汽车、拖拉机前后轮壳（图3-7c）及减速器箱体等零件。

答疑 可锻铸铁可以锻造吗？可锻铸铁虽然有一定的断后伸长率，但是并不能锻造。

搜索 可锻铸铁有 KTH275-05～KTH370-12 共 5 个牌号、KTZ450-06～KTZ800-01 共 7 个牌号，KTB350-04～KTB550-04 共 5 个牌号，其力学性能可见国家标准 GB/T 9440—2010《可锻铸铁件》。

(a) 机床床身与导轨

(b) 动力机械曲轴

(c) 汽车轮壳

图 3-7 铸铁的应用

3.3 其他材料

在制造业中，除大量采用钢铁材料外，还用到非铁金属（有色金属）材料、非金属材料及结构材料与功能材料等其他材料。

一、非铁金属材料

笔记

除钢铁材料以外的其他金属及其合金统称为非铁金属。非铁金属材料的产量和用量虽不及钢铁材料多，但由于其具备独特的性能，所以也是制造业不可缺少的材料。例如，镁合金密度小、无磁性、散热性和减振性好，在制造汽车零部件和笔记本电脑壳体中有优势；钛合金强度高、密度小、耐腐蚀、抗氧化，但价格高昂，适用于赛车、航天和航空工业。这里仅介绍最常用的铝及铝合金、铜及铜合金。

（一）铝及铝合金

1. 纯铝

纯铝是一种银白色的金属。它具有下列特性：

① 质量小、密度较小，是轻金属之一，常用于制造各种轻质结构材料的基本组元。

② 导电性、导热性良好，导电性仅次于银和铜。

③ 耐大气腐蚀性能好。

④ 塑性好，可承受各种压力加工而制成多种型材与制品。但强度、硬度较低，故

工业上常通过合金化来提高其强度，作为结构材料。

纯铝分为工业高纯铝和工业纯铝。

工业高纯铝又称化学纯铝，其纯度可达 99.99%，主要用于科学研究和某些特殊用途。

工业纯铝的纯度不及工业高纯铝，其常见杂质为铁和硅，主要用于制造管材、棒材、线材等型材及作为配制铝合金的原料。

2. 铝合金

由于纯铝的强度很低，所以不宜用来制造结构零件。在铝中加入适量的硅、铜、镁、锰等合金元素，可以得到强度较高的铝合金，且仍具有密度小、耐蚀性好、导热性好的特点。铝合金按其成分和工艺特点可分为变形铝合金和铸造铝合金。

（1）变形铝合金

变形铝合金按其主要性能和用途分为防锈铝、硬铝、超硬铝和锻铝。

1）防锈铝

防锈铝是铝–锰或铝–镁系合金。这类铝合金的强度高于纯铝，并有良好的塑性，耐蚀性较好，主要用于制造要求耐蚀性好的容器、防锈及受力小的构件，如油箱、导管及日用器具等。

笔记

2）硬铝

硬铝是铝–铜–镁系合金。这类铝合金经过适当热处理后，强度、硬度显著提高，但耐蚀性不如纯铝，常用于制造飞机零部件及仪表零件。

3）超硬铝

超硬铝是铝–铜–镁–锌系合金。这类铝合金通过适当热处理后，强度、硬度较高，是铝合金中强度最高的，主要用于制造飞机上受力较大的结构件，如飞机大梁。

4）锻铝

锻铝是铝–铜–镁–硅系合金。其力学性能与硬铝相近，具有较好的锻造性能，故称锻铝，主要用于制造航空仪表中形状复杂、要求强度高的锻件。

（2）铸造铝合金

铸造铝合金是指具有较好的铸造性能，宜于用铸造工艺生产铸件的铝合金。根据化学成分，铸造铝合金可分为铝–硅系、铝–铜系、铝–镁系、铝–锌系，其中铝–硅系铸造铝合金应用最为广泛。

铸造铝合金具有优良的铸造性能，耐蚀性好，用于制造轻质、耐腐蚀、形状复杂的零件，如活塞、仪表外壳及发动机缸体等。

搜索 变形铝合金和铸造铝合金的牌号、化学成分、力学性能可分别见国家标准 GB/T 3190—2020《变形铝及铝合金化学成分》和国家标准 GB/T 1173—2013《铸造铝合金》。

（二）铜及铜合金

1. 纯铜

纯铜是玫瑰红色的，表面形成氧化铜膜后为紫红色，故俗称紫铜。由于纯铜是用电解法制造的，故又名电解铜。它具有良好的导电性、导热性、耐蚀性，但强度不高、硬度很低、塑性较好，易于冷、热压力加工。纯铜为贵重金属，价格较贵，一般不用于制造结构零件，主要作为导电材料及配制铜合金的原料。

工业上使用的纯铜，其铜的质量分数为 99.7%~99.95%。其牌号有 T1、T1.5、T2、T3 四种。T 为“铜”字汉语拼音首字母，数字为顺序号，顺序号越大，杂质含量越高。

2. 铜合金

铜合金根据主加元素不同可分为黄铜、青铜、白铜。工业上最常用的是黄铜和青铜。

（1）黄铜

黄铜是指以锌为主加元素的铜合金。黄铜敲起来声音很好听，因此又称响铜，锣、铃、号等都是用黄铜制作的。黄铜又分为普通黄铜和复杂黄铜。

笔记

1）普通黄铜

仅由铜和锌组成的铜合金称为普通黄铜。其牌号用 H 加数字表示，H 代表黄铜，数字为铜的平均质量分数，如 H70 表示铜的平均质量分数为 70%的铜锌合金。

普通黄铜常用的牌号有：H80，呈金黄色，又称金黄铜，可用于制作装饰品；H70，又称三七黄铜，具有较好的塑性和冷成形性，用于制造弹壳、散热器等，有弹壳黄铜之称；H62，又称四六黄铜，是普通黄铜中强度最高的一种，同时又具有好的热塑性、切削加工性能、焊接性和耐蚀性，价格低，工业上应用较多，用于制造弹簧、垫圈、金属网等。

2）复杂黄铜

在普通黄铜中加入锡、硅、铅、锰、铝等合金元素所形成的铜合金称为复杂黄铜，相应称为锡黄铜、硅黄铜、铅黄铜、锰黄铜、铝黄铜等。加入合金元素是为了改善黄铜的使用性能或工艺性能（如耐蚀性、切削加工性能、强度、耐磨性等）。铅黄铜主要用于制造大型轴套、垫圈等，锰黄铜主要用于制造在腐蚀条件下工作的零件，如气阀、滑阀等。

（2）青铜

青铜是指铜与锌或镍以外的元素组成的合金。按化学成分不同，青铜分为普通青铜（锡青铜）、复杂青铜（无锡青铜）两类。

普通青铜具有耐磨、耐蚀和良好的铸造性能，用于制造蜗轮、轴承、弹簧及工艺品等。

复杂青铜的力学性能、耐磨性、耐蚀性一般都优于普通青铜，而铸造性能不及普通青铜，主要用于制造高强度耐磨零件，如轴承保持架、蜗轮等。

(3) 白铜

白铜是指以镍为主加元素的铜合金。它的表面很光亮，不易锈蚀，主要用于制造精密仪器、仪表中的耐蚀零件及电阻器、热电偶等。

搜索 铜及铜合金的牌号、化学成分可见国家标准 GB/T 5231—2022《加工铜及铜合金牌号和化学成分》。

二、非金属材料

非金属材料的种类非常多，包括工程陶瓷等无机非金属材料、工程塑料等高分子材料，以及复合材料等，在制造业中得到了越来越多的应用。这里仅简介工程塑料及复合材料。

1. 工程塑料

工程塑料是相对通用塑料而言的。通用塑料是产量大、用途广、成形性好、价格低的热塑性材料，如聚乙烯（PE）、聚丙烯（PP）、聚苯乙烯（PS）、聚氯乙烯（PVC）等。通用塑料的强度比较低，多用于日常生活制品。

笔记

工程塑料具有优良的性能和强度，在某些场合可以代替金属材料。聚碳酸酯（PC）、ABS、聚酰胺（PA6）等是典型的工程塑料，其性能特点及应用见表 3-1。

表 3-1 典型工程塑料的性能特点及应用

工程塑料	性能特点	应用
聚碳酸酯（PC）	刚度好，有韧性，抗冲击性好，尺寸稳定性好，使用温度范围很宽，具有良好的绝缘性、耐热性，无毒性	用于制造透明板材、光学镜片、光盘、医疗保健产品、水桶及水杯、移动电话及电工电子产品
ABS	优异的加工性能、力学性能和耐热性，良好的低温抗冲击性	用于制造汽车内饰件及仪表盘、办公商务设备、手机及消费电子产品、家用电器及电气产品
聚酰胺（PA6）	产品为半透明或不透明，具有优良的耐磨性、耐热性、耐化学药品性、耐油性，强度较高，低温性能好	用于制造齿轮、滑轮、风扇叶片、阀门座、高压密封圈、电气元件及汽车部件

2. 复合材料

由两种或多种物理和化学性质不同的物质人工制成的材料称为复合材料。

复合材料常见的分类方法有以下三种：

① 按基体类型分类　分为非金属基体复合材料和金属基体复合材料。

② 按增强材料性质和形态分类　分为纤维增强复合材料、颗粒复合材料和层叠复合材料。

③ 按材料的用途分类　分为结构复合材料和功能复合材料。

复合材料由多种材料复合而成，综合发挥各种组成材料的优点，使一种材料具有天然材料所没有的多种性能。例如，玻璃纤维增强环氧基复合材料既具有类似钢材的强度，又具有塑料的介电性能和耐蚀性。

与传统材料（如金属、木材、水泥等）相比，复合材料具有许多优良的性能，比强度和比刚度高，可设计性好，电性能好，耐蚀性好，热性能良好，工艺性能优良，成本在逐渐下降，成形时的机械化、自动化程度也在不断提高。

碳纤维复合材料已经在航空航天、交通运输等领域得到应用。试制的碳纤维复合材料地铁车体（图 3-8）较同类金属车体减重约 35%，可提高运载能力，降低能源消耗，降低全寿命周期成本，减少线路损害。

笔记

图 3-8　碳纤维复合材料地铁车体

三、结构材料与功能材料

1. 结构材料

结构材料具有更好的力学性能、轻量化特质、耐热性、环境适应性和环境亲和性。

从研制方向看，钢铁材料由发展新钢种向依靠新工艺转变，向纯净化、均匀化、细晶化发展，出现了“超级钢”的概念。机械用钢追求耐疲劳性和耐磨性的提高，节能、环保的超细晶非调质钢有望成为亮点。汽车用钢向轻量化发展，主要途径是高强化，同时具备高塑性和可焊接性。船舶、集装箱、铁路用钢将提高强度和耐蚀性。

从制备途径看，材料不再局限于传统的三维块体制备模式，而开始向零维（粉末）、一维（纤维、晶须）、二维（薄膜、薄层、多层膜）形态发展，赋予材料新的结构特征和新的特异性能。

从性能设计看，材料不再局限于传统的单质材料，通过复合产生了金属基、陶瓷基、聚合物基的先进复合材料，赋予材料优异的综合性能。

笔记

从尺度量级看，材料的基本结构单元至少有一维处于纳米尺度范围，并由此获得某些新的优异性能。纳米材料不是某种材料的类型，而是任何类别材料的结构性质符合纳米尺度。

阅读 碳纤维是由有机纤维经碳化和石墨化处理而得到的微晶石墨材料，碳的质量分数在95%以上。碳纤维具有质量小、强度高、耐高温、耐疲劳、耐腐蚀、导热和导电等特性，是一种力学性能优异的新材料。直径7 μm的碳纤维材料，密度仅为1.76 g/cm^3，抗拉强度却可以达到3 600 MPa。碳纤维复合材料在汽车及轨道交通车辆轻量化、风电叶片、航空航天领域的应用前景广阔。

2. 功能材料

功能材料能够满足电、磁、声、光、热等物理学、化学及生物医学等各方面性能的需求，主要包括具有检测、处理、储存、传输、显示功能的信息材料（如光敏材料、压电材料、磁性材料、液晶材料等），集感知、判断、执行于一体的智能材料（如形状记忆合金、巨磁致伸缩材料等），能源转换材料（如光伏材料、储氢合金等），以及高温超导材料等。

阅读 再制造是对废旧产品实施高技术修复和改造的技术。有些用钢铁材料制造的零件质量很大，有些合金价格昂贵，都可能因为局部磨损、出现伤痕等导致报废，十分可惜。采用再制造技术，利用堆焊、刷镀、喷涂、电火花等手段进行局部修复，符合对环境的影响最小、资源利用率最高的制造业绿色化发展理念，与制造新品相比，通常可以降低成本50%、节能60%、节材60%。

3.4 钢的热处理

钢的热处理是指采用适当方式将钢或钢制零件进行加热、保温和冷却，以获得预期的组织结构与性能的工艺。

通过适当的热处理，不仅能充分发挥钢材的潜力，提高零件的使用性能和使用寿命，而且还可以改善材料的切削加工性能。因此，热处理工艺在机械制造业中占有十分重要的地位。

热处理工艺的种类很多。根据加热和冷却方法不同，工业生产中常用的热处理工艺可大致分为整体热处理（退火、正火、淬火和回火）、表面热处理（表面淬火）和化学热处理。

一、整体热处理

1. 退火

退火是将钢加热到适当温度，并保持一定时间，然后随炉缓慢冷却的热处理工艺。退火的目的是降低硬度，以利于切削加工；提高塑性和韧性，以利于冷变形加工；改善钢的性能或为以后热处理做好组织准备；消除钢中的残余内应力，防止变形和开裂。

2. 正火

正火是将钢加热到适当温度，保持一定时间后出炉空冷的热处理工艺。它比退火的冷却速度快。正火只适用于非合金钢及合金元素含量不高的合金钢。正火的目的是细化组织，用于低碳钢，可提高硬度，改善切削加工性能；用于中碳钢和性能要求不高的零件，可代替调质处理；用于高碳钢，可消除网状碳化物，为球化退火做好组织准备。

笔记

正火与退火相比，钢在正火后的强度、硬度高于退火，而且操作简便、生产周期短、成本低，在可能的条件下宜用正火代替退火。

3. 淬火

淬火是将钢加热到适当温度，并保持一定时间，然后快速冷却的热处理工艺。常见的有水（盐水）冷淬火、油冷淬火等。淬火的目的是提高钢的硬度、强度和耐磨性。钢在淬火后必须配以适当的回火，才能获得理想的力学性能。钢的强度、硬度、耐磨性、弹性、韧性等都可以利用淬火与回火大大提高，因此淬火是强化钢材的重要热处理工艺。

答疑　淬火工艺中的淬硬性和淬透性有什么区别？淬硬性是指钢经淬火后能达到的最高硬度，主要取决于钢中碳的平均质量分数，碳的平均质量分数越高，获得的硬度越高。淬透性是指钢经淬火后获得淬硬层深度的能力，淬透性越好，淬硬层越厚。淬透性主要取决于钢的化学成分和淬火冷却方式。一般来说，碳的平均质量分数相同的非合金钢与合金钢的淬硬性没有差别，而合金钢的淬透性高于非合金钢。因此，有些合金钢（如高速钢）可以采用空气冷却淬火。

4. 回火

将淬火钢重新加热到低于 727 ℃ 的某一温度，并保温一定时间，然后空冷到室温的热处理工艺称为回火。淬火钢必须及时回火。回火的目的是减小或消除淬火时产生的内应力，稳定组织，以满足工件需要的性能。回火是热处理工艺的最后一道工序。

淬火后的钢件根据其力学性能的要求，需要确定合理的回火温度。按回火温度不同，可将回火分为低温回火、中温回火及高温回火。

（1）低温回火（150～250 ℃）

低温回火的目的是降低淬火内应力，提高韧性，并保持高硬度和耐磨性，主要用于高碳工具钢和合金钢刃具、量具，以及滚动轴承、冷作模具和要求硬而耐磨的零件。

（2）中温回火（350~500 ℃）

中温回火的目的是使淬火钢件具有高的弹性极限、屈服强度和适当的韧性，主要用于弹性零件（如弹簧、发条等）和热作模具等。

（3）高温回火（500~650 ℃）

高温回火的目的是获得合理的硬度、强度、韧性、塑性及较好的综合力学性能。生产中把淬火和高温回火相结合的热处理称为调质处理，简称调质。调质处理广泛用于螺栓、连杆、齿轮、曲轴等重要的结构零件。

二、表面热处理

在冲击载荷和摩擦条件下工作的齿轮等零件，要求其表面具有高的硬度和耐磨性，而心部具有足够的塑性和韧性。零件表面和心部不同的性能要求，难以通过选材和普通热处理解决，而表面热处理能满足这类零件的要求。

常用的表面热处理方法是表面淬火。

表面淬火

表面淬火仅对零件表面进行淬火，而零件心部仍保持未淬火状态。其目的是使零件表面具有高的硬度、耐磨性，而心部具有足够的塑性、韧性。常用的表面淬火方法有火焰加热表面淬火、感应加热表面淬火。

1. 火焰加热表面淬火

笔记

火焰加热表面淬火是将乙炔-氧或煤气-氧的混合气体燃烧的火焰喷射在零件表面上，快速加热，使零件表面迅速达到淬火温度，而后立即喷水进行冷却的热处理工艺，适用于非合金钢与合金结构钢。火焰加热表面淬火设备简单、速度快、变形小，适用于局部磨损的零件，如轴、齿轮、轨道等，用于特大件更为经济有利。但火焰加热表面淬火容易过热，淬火效果不稳定，因而在使用上有一定局限性。

2. 感应加热表面淬火

感应加热表面淬火是把零件放在感应器（变磁场）中，依靠零件表面产生感应电流使零件表面温度瞬时升高到淬火温度，并立即喷水冷却，使之获得淬硬表层的热处理工艺。这种处理异常迅速（几秒或几十秒），而且硬度高，氧化和变形小，操作简单，容易实现机械化、自动化，适用于大批量生产，如齿轮轮齿表面淬火。

三、化学热处理

化学热处理是将零件置于适当的活性介质中加热、保温、冷却，使一种或几种元素渗入零件表面，以改变零件表面的化学成分、组织和性能的热处理工艺。

化学热处理工艺较多，一般根据渗入的元素和零件表面性能的不同分为：渗碳、碳氮共渗，可提高钢件表面的硬度和耐磨性；渗氮、渗硼，可使钢件表面特别硬，显著提高耐热性和抗氧化性。渗碳、渗氮、碳氮共渗是比较常用的化学热处理方法。

1. 渗碳

渗碳是把低碳钢零件放在渗碳介质中，加热到一定温度（一般为 930 ℃左右），并保温足够长的时间，使表面的碳浓度升高的热处理工艺。根据渗碳介质的状态不同，渗碳可分为固体渗碳、液体渗碳和气体渗碳，其中以气体渗碳应用最为广泛。渗碳通常适用于低碳钢或低碳合金钢零件，主要用于表面要求高硬度、高耐磨性，心部要求足够强度和韧性，具有高疲劳强度的零件，如齿轮、活塞销、轴类零件等。但渗碳工艺时间长、渗碳层较薄。

2. 渗氮

渗氮是向钢的表面渗氮以提高表面氮浓度的热处理工艺。常用的渗氮方法是把氮气通入一定温度（一般为 500~560 ℃）的密封炉中，氮气分解产生活性氮原子渗入零件表面。渗氮后零件的硬度高（可达 1 000~1 200HV）、耐磨性好、氧化变形小，并耐热、耐腐蚀、耐疲劳等。38CrMoAl 钢是常用的渗氮钢，渗氮后不需要进行淬火处理。渗氮的最大缺点是工艺时间较长。

笔记

目前，化学热处理已从单元素渗发展到多元素复合渗，可使零件具有优良的综合性能。

拓展

热处理的奥秘——铁碳合金相图

碳的平均质量分数不同的钢在进行退火、正火、淬火、回火操作时，其加热温度是不同的，这是什么原因呢？碳的平均质量分数一定的钢，在进行退火、正火、淬火、回火操作时，冷却速度也是不同的，这又是什么原因呢？原来，碳的平均质量分数一定的铁碳合金在不同温度下所具有的状态及组织结构是不同的。铁碳合金相图就揭示了钢铁材料的组织随化学成分和温度变化的规律。

铁碳合金相图又称铁碳合金平衡图。它是表示平衡状态下不同化学成分的铁碳合金在不同温度时所具有的状态或组织的图形。它是长期生产实践和科学试验的结晶，是研究钢和铸铁的基础。由于 $w_C>6.69\%$ 的铁碳合金脆性很大，没有实用价值，因此目前应用的是铁碳合金相图中的 $w_C=0\sim6.69\%$ 部分，即 $Fe-Fe_3C$ 部分。

一、简化的 $Fe-Fe_3C$ 相图的特征

为便于分析，仅介绍简化的 $Fe-Fe_3C$ 相图，如图 3-9 所示。纵坐标为温度 t，横坐标为碳的平均质量分数 w_C。横坐标上左端点 $w_C=0\%$，即纯铁；右端点 $w_C=6.69\%$，即 Fe_3C。横坐标上的任何一点均代表一种化学成分的铁碳合金。

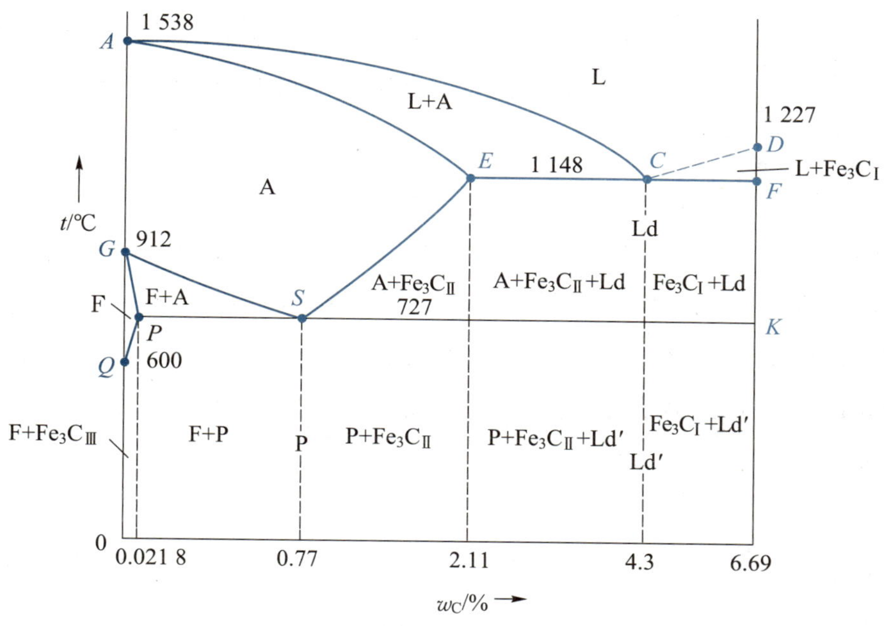

图 3-9 简化的 $Fe-Fe_3C$ 相图

① $Fe-Fe_3C$ 相图的主要特性点见表 3-2。

表 3-2 $Fe-Fe_3C$ 相图的主要特性点

主要特性点	温度 t/℃	w_C/%	含　义
A	1 538	0	纯铁的熔点
G	912	0	$\alpha-Fe \rightleftharpoons \gamma-Fe$ 同素异构转变点
C	1 148	4. 3	共晶点，发生共晶转变
E	1 148	2. 11	钢与生铁的化学成分分界点
S	727	0. 77	共析点，发生共析转变

② $Fe-Fe_3C$ 相图的特性线见表 3-3。

表 3-3 $Fe-Fe_3C$ 相图的特性线

特　性　线	名　　称	含　　义
ACD 线	液相线	铁碳合金在此线以上处于液相（L）
$AECF$ 线	固相线	铁碳合金缓冷至此温度线时全部结晶为固相；加热到此温度线时，固相合金开始熔化
ECF 线	共晶线	w_C>2. 11%的铁碳合金缓冷至该线（1 148 ℃）时，均发生共晶转变
ES 线	A_{cm} 线	碳在奥氏体中的溶解度曲线。在 1 148 ℃ 时 w_C = 2. 11%（E 点），随着温度降低，溶碳量减少，727 ℃ 时 w_C = 0. 77%（S 点）
GS 线	A_3 线	w_C<0. 77%的铁碳合金，缓冷时由奥氏体中析出铁素体的开始线，也是缓慢加热时铁素体转变为奥氏体的终了线

笔记

③ $Fe-Fe_3C$ 相图中的相区见表 3-4。

表 3-4 $Fe-Fe_3C$ 相图中的相区

单相区		两相区	
相区	相组成	相区	相组成
ACD 线以上	液相（L）	*ACEA*	L+A
AESGA	奥氏体（A）	*CDFC*	$L+Fe_3C_I$
GPQG	铁素体 F	*EFKSE*	$A+Fe_3C$
DFK	渗碳体（Fe_3C）	*GSPG*	F+A
		PSK 线以下	$F+Fe_3C$

二、铁碳合金相图的应用

1. 钢铁材料的选用

建筑结构和各种型钢需要塑性、韧性好的材料，应选用碳的平均质量分数较低（w_C<0.25%）的钢材；机械零件需要强度、塑性及韧性都较好的材料，应选用碳的平均质量分数 w_C=0.30%~0.55%的钢材；各种工具要用硬度高和耐磨性好的材料，则选用碳的平均质量分数 w_C=0.70%~1.20%的钢材。

笔记

2. 制订热加工工艺

（1）铸造

确定合金的浇注温度一般在液相线以上 50~100 ℃，如图 3-10 中上方的铸造温度区。

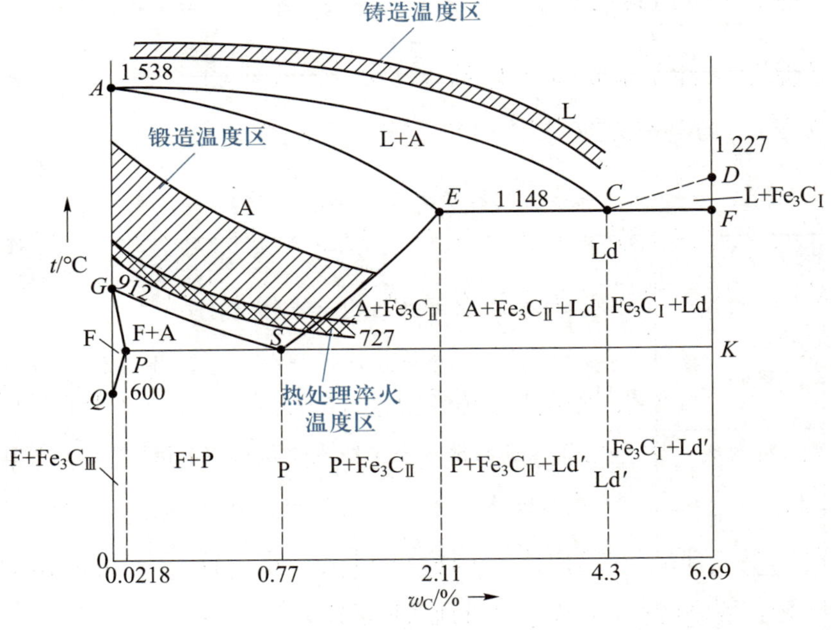

图 3-10 $Fe-Fe_3C$ 热加工温度区域

（2）锻造

常用碳的平均质量分数在1.5%以下的钢，其锻造始温为1 150~1 250 ℃，终锻温度为750~850 ℃，如图3-10中的锻造温度区。

（3）热处理

热处理的方法不同，其温度区也不同。例如，碳的平均质量分数在0.77%以下的钢，其淬火温度在图中*GS*线（A_3线）以上30~50 ℃，如图3-10中的热处理淬火温度区。

3.5 材料的选用

在机械制造中，为生产出质量好、成本低的产品，必须从结构设计、材料选择、毛坯制造及切削加工等方面进行全面考虑。合理选用材料是其中的一个重要因素。

要做到合理选用材料，就必须全面分析零件的工作条件、受力性质和大小及失效形式，然后综合各种因素，提出能满足零件工作条件的性能要求，再选择合适的材料并进行相应的热处理。因此，零件材料的选用是一个复杂而重要的工作，需综合考虑各种因素。

笔记

一、零件的失效形式及原因

零件的失效是指零件不能保证工作精度或达不到预期工效。

一般机械零件与材质相关的失效形式有以下三种。

（1）断裂

断裂失效是指零件完全断裂而无法工作的失效，是机械零件的主要失效形式。断裂失效根据断裂的性质和断裂的原因可分为脆性断裂、疲劳断裂等。

（2）过量变形

过量变形失效是指在外力作用下零件发生整体或局部的过量弹性变形、塑性变形，导致整个机械无法正常工作，或虽能正常工作但不能保证产品质量的现象。

（3）表面损伤

表面损伤失效是指零件在工作中，因机械和化学作用使其表面损伤而造成的失效，主要包括磨损失效、接触疲劳失效及表面腐蚀失效。

零件失效与方案设计、材料选择、加工工艺和安装使用等因素有关。

二、钢材的供应形式

市场上提供的钢材，是在钢厂经过轧制、拉拔、挤压等压力加工形成的，在性能、形状、尺寸、表面等方面满足用户要求。常用的钢材有以下几种供应形式。

1. 钢板

厚度超过 25 mm 的为厚板，厚度为 4~25 mm 的为中板，厚度小于 4 mm 的为薄板。钢带窄而长，成卷供应。钢板出厂前可以进行镀锌、镀锡及塑料复合等表面处理。

2. 钢管

无缝钢管是经过冷拔或热轧成形的，能够承受较高压力，用于石油、化工等行业。有缝钢管是将钢板或钢带卷制成形后焊接而成的，用于城市自来水、天然气等低压管道。

3. 钢丝

钢丝是用热轧线材拉拔而成的。退火低碳钢丝可用于包装时捆扎物品，高碳钢丝可制成弹簧，多根钢丝可以捻成合股的钢丝绳和钢索，用于吊运或固定物体。

笔记

4. 型钢

一类是由棒材轧机生产的简单截面型钢，如圆钢、方钢、扁钢、六角钢和八角钢等；另一类是由型材轧机生产的复杂截面型钢，如角钢、槽钢、工字钢、Z 形钢和 T 形钢等。普通型钢主要用于建筑、桥梁等工程结构，优质型钢主要用于机械零件及工具。常见型钢如图 3-11 所示。

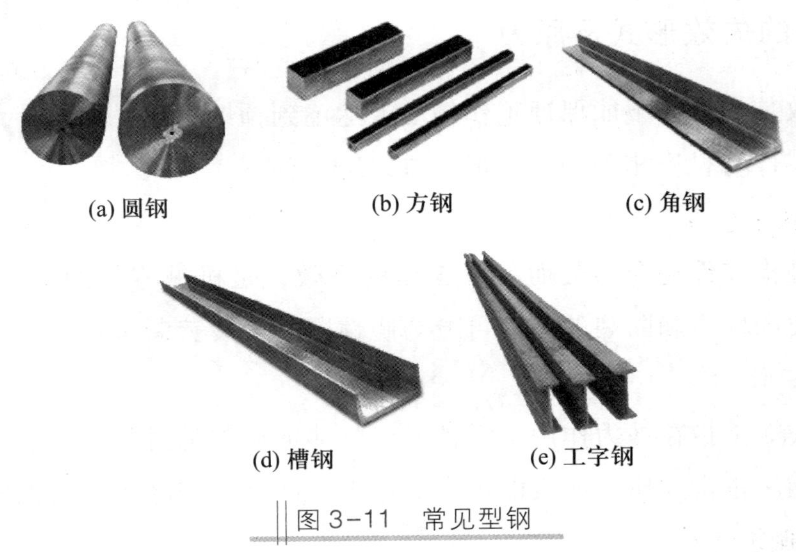

(a) 圆钢　(b) 方钢　(c) 角钢　(d) 槽钢　(e) 工字钢

图 3-11　常见型钢

三、选用材料的基本原则、方法及步骤

合理选用材料涉及综合运用多学科知识和实践经验，要结合实际情况具体分析。

1. 选用材料的基本原则

选用材料时主要考虑使用要求、工艺要求和经济性。

（1）使用要求

使用要求包括零件的工作和承载情况、对零件尺寸和质量的限制及零件的重要程度等。工作情况是指零件所处的环境，如介质、温度及摩擦性质。承载情况是指载荷大小和应力种类。如果零件尺寸取决于强度，且尺寸和质量又有所限制，则应选用强度较高的材料；如果零件尺寸取决于刚度，则应选用弹性模量较大的材料；如果零件的接触应力比较高，如齿轮和滚动轴承，则应选用可进行表面强化处理的材料；如果零件表面相对滑动性能要求较高，则应选用减摩性和耐磨性好的材料；在高温下工作的零件，应选用耐热材料；在腐蚀性介质中工作的零件，应选用耐腐蚀的材料等。

（2）工艺要求

工艺要求包括铸造性能、锻造性能、焊接性、切削加工性能及热处理性能等。结构复杂的箱体类零件，宜采用铸造毛坯；重要的轴类和盘类零件，宜采用锻造毛坯；需要进行热处理的零件，宜选用合金钢；需要进行焊接的零件，宜选用低碳钢等。

笔记

（3）经济性

经济性首先表现为材料的相对价格，还与生产批量、供应条件等有关。单件或小批生产时，尽可能不采用铸造和模锻等工艺，推荐焊接结构，尽量利用库存材料或采用代用材料；对零件的不同部位要求有所区别时，可以用普通材料并对局部进行强化处理，还可采用不同材料的组合式结构，如蜗轮齿圈采用青铜而轮芯采用铸铁，铸造锡基和铅基轴承合金只用作滑动轴承中双金属轴瓦的减摩层等；质量不大的零件要重视加工工艺，因为加工费用可能大于材料费用；尽量减少同一机械中所用材料的品种；尽可能采用型材；尽可能少用价格较高的非铁金属和稀有金属，多用价格低的非合金钢和铸铁等。

2. 选用材料的方法

大多数零件是在多种应力作用下工作的，每个零件的受力情况又不同。因此，应根据零件的工作条件，找出其关键的性能要求作为选用材料的主要依据。

① 以综合力学性能为主要依据。

② 以疲劳强度为主要依据。

③ 以磨损为主要依据。

3. 选用材料的步骤

① 分析零件的工作条件及失效形式，确定零件的性能要求。

② 对同类零件的选材情况进行调查研究，可从其使用性能、原材料供应和加工等方面分析选材是否合理，以此作为参考。

③ 依据零件关键的性能要求，通过力学计算或试验等方法，确定零件应具有的力学性能指标或理化性能指标。

四、典型零件选材举例

1. 机床主轴箱齿轮选材

机床主轴箱齿轮用于传递动力、改变运动的速度和方向，转速中等，载荷不大，工作平稳无强烈冲击，一般可选优质碳素结构钢（45 钢）制造，为了提高淬透性，也可选用合金调质钢（40Cr 钢）制造。

机床主轴箱齿轮加工工艺路线：下料→锻造→正火→粗加工→调质→精加工→轮齿高频感应加热表面淬火及低温回火。

机床主轴箱齿轮材料以钢为主，除选用金属齿轮外，有时还可改用工程塑料齿轮，工作时传动平稳、噪声小，长期使用磨损也较小。

2. 汽车齿轮选材

笔记

汽车齿轮主要用于变速箱和差速器中。汽车齿轮受力较大，受冲击频繁，其耐磨性、疲劳强度、心部强度及冲击韧性等要求比机床齿轮高，一般用合金渗碳钢 20Cr 或 20CrMnTi 制造。

汽车齿轮加工工艺路线：下料→锻造→正火→切削加工→渗碳、淬火及低温回火→磨削加工。

3. 机床主轴选材

图 3-12 所示为 CA6140 车床主轴。选材时，先分析主轴的受力情况。主轴受交变弯曲和扭转复合应力，载荷和转速不高，冲击载荷不大，故材料具有一般综合力学性能即可；大端轴颈、锥孔与卡盘、顶尖间有摩擦，故材料要有较高的硬度和耐磨性。

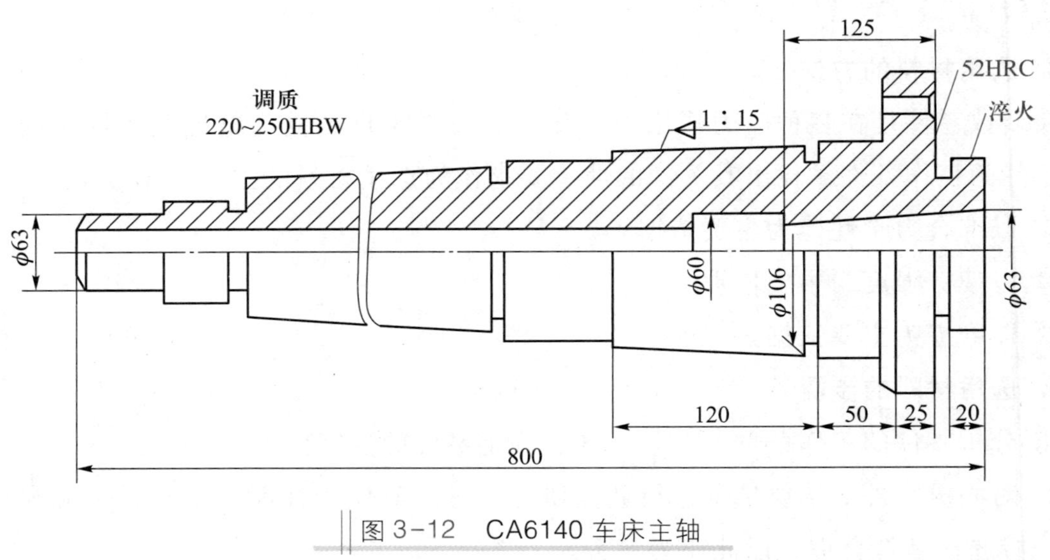

图 3-12　CA6140 车床主轴

CA6140 车床主轴用优质碳素结构钢（45 钢）制造，载荷较大的主轴或精密机械等用合金调质钢（40Cr 钢）制造。

笔记

小　结

金属材料的使用性能是指金属材料在使用过程中所表现出来的性能，包括物理性能、化学性能和力学性能。其中力学性能是指金属材料在外力作用下所表现出来的性能，主要包括强度、塑性、硬度、韧性和疲劳强度。

金属材料的工艺性能是指在各种加工条件下所表现出来的适应性能，包括铸造性能、锻造性能、焊接性和切削加工性能等。

在钢铁材料中，碳的平均质量分数 $w_C \leq 2.11\%$ 的铁碳合金称为钢，按照化学成分，钢可以分为非合金钢、低合金钢及合金钢。碳的平均质量分数 $w_C > 2.11\%$ 的铁碳合金称为铸铁，最常见的是灰铸铁、球墨铸铁、可锻铸铁。

除钢铁材料外，还有铝、铜及其合金等非铁金属材料，工程塑料、复合材料等非金属材料，以及结构材料和功能材料。

钢通过热处理可以发挥潜力，提高使用性能和使用寿命，铁碳合金相图揭示了热处理的奥秘。

零件常见的失效形式是断裂、过量变形和表面损伤，据此应合理选用材料。选材时应该兼顾使用要求、工艺要求及经济性，做到材尽其用。

思考与实践

1. 金属材料的力学性能指标主要有哪些？任选三种金属材料，从《机械设计手册》或国家标准中查出其主要的力学性能指标，列表进行分析比较。

2. 金属材料的工艺性能指标主要有哪些？任选三种金属材料，分析其工艺性能。

3. 铁碳合金中的哪些元素是有益元素？哪些元素是有害元素？

4. 合金元素从何而来？有害元素的危害是什么？

5. 认知下列钢铁材料的类型，识读其牌号：

(1) Q215A　(2) Q550　(3) QT350-22L　(4) HT225

(5) 45　(6) ZG270-500　(7) 20Mn　(8) T8Mn

(9) 20Cr　(10) 35CrMo　(11) CrWMn　(12) W18Cr4V

(13) 15CrMo　(14) 12Cr18Ni9　(15) KTZ450-06

6. 铸造铝合金与变形铝合金的用途有何区别？

7. 哪些铜合金的铸造性能比较好？

8. 汽车上的哪些零件是采用工程塑料制造的？

9. 你了解哪些结构材料与功能材料？

10. 根据加热和冷却方法的不同，生产中有哪些热处理工艺？

11. 退火和正火的区别是什么？

12. 回火分为哪些类型？分别适用于什么场合？

13. 什么是调质处理？适用于哪些类型的材料？

14. 什么是渗碳处理？适用于哪些类型的材料？

*15. 分析铁碳合金相图中的主要特性点、特性线和相区的含义。

*16. 分析碳的平均质量分数 $w_C=0.77\%$ 的铁碳合金冷却时的组织变化过程。

17. 零件的失效形式主要有哪些？

18. 钢材的供应形式有哪些？

19. 你认识的型钢有哪些类型？

20. 选用材料的基本原则是什么？如何兼顾？

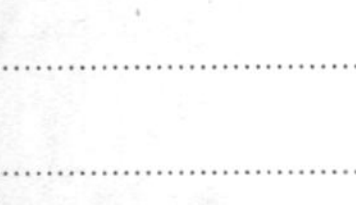

21. 尝试为下列零件选择合适的材料（可以多选）：

（1） 普通桥梁

（2） 海运集装箱

（3） 接触酸性介质的零件

（4） 高温锅炉中的零件

（5） 普通车刀

（6） 一般用途的焊接结构件

（7） 受力中等的滑轮

（8） 车床主轴

（9） 钳工锉刀

（10） 受力较大、直径 500 mm 的飞轮

（11） 在高速和冲击条件下运转的齿轮

（12） 受力较大的压力机曲轴

（13） 冷冲压模具

（14） 热锻模具

（15） 板牙和丝锥

（16） 插齿刀

（17） 机床床身

（18） 强度要求较高的压缩机气缸缸体

22. 尝试为图 0-1 所示冲压机的主要零件选择合适的材料（可以多选）。

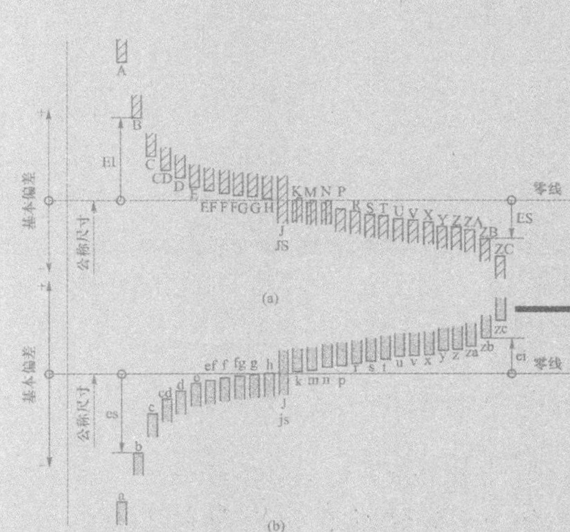

模块四　误差与公差

导　语

螺栓折断了可以更换，螺母丢失了可以重配，滚动轴承失效了可以更换。同一规格的零件，按照规定的技术要求制造，能够彼此相互替换使月而效果相同的性能称为零件的互换性。

零件是机械制造的单元。在加工零件的过程中，由于多种因素的影响，零件各部分的尺寸、形状、方向、位置及表面形貌等难以达到理想状态，总是存在或大或小的误差。对零件的功能而言，这些几何量不必要求加工得绝对准确，而是允许在某一规定范围内变动，只要保证同一规格的零件彼此充分相似就可以。这个允许变动的范围即为公差。

一般在设计时就要规定零件的公差，零件完工后一定会产生误差。为使零件具有互换性，就应把完工零件的误差控制在规定的公差范围内。

机械零件精度的高低关系到加工是否容易、成本是否低、装配是否顺利、检测是否方便、性能是否可靠、质量是否合格等。对机械精度一丝不苟，不仅体现了精益求精的工匠精神，也是制造强国、质量强国的必然要求。

本模块将介绍机械零件最基本的尺寸精度、几何精度和表面粗糙度等概念。

思维导图

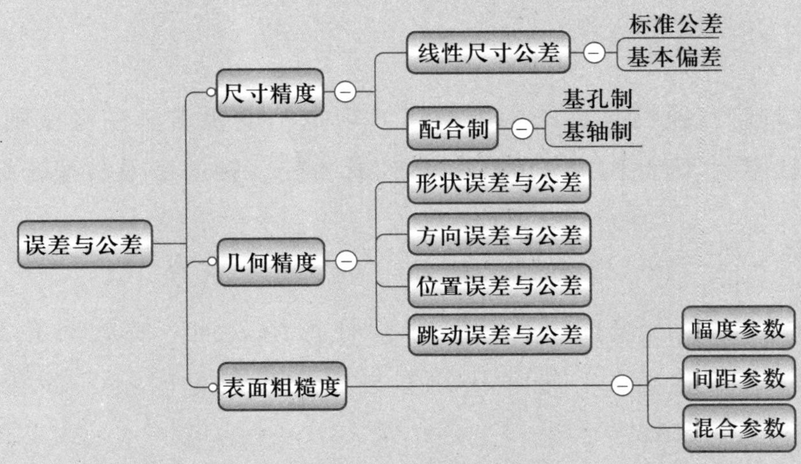

4.1 极限与配合

一、互换性与标准化

1. 完全互换和不完全互换

按互换性的程度不同，可将其分为完全互换和不完全互换。

完全互换是指机械零件在装配或更换时不需要挑选或修配，适用于成批大量生产的标准零件，如螺纹紧固件、滚动轴承等。

笔记

不完全互换是指机械零件在装配时允许有附加的选择或调整，可采用分组装配法、调整法等工艺措施来实现。不完全互换的优点是在保证装配、配合精度要求的前提下，适当放宽制造要求，以便于加工，降低制造成本；缺点是缩小了互换性的范围，不利于零件维修。

互换性有利于简化设计，缩短设计周期；有利于组织优质、高效的专业化生产；有利于迅速更换报废的零件，保证机械的连续运转，延长机械的使用寿命。互换性在提高产品质量和可靠性及经济效益等方面均具有重要的意义。

2. 标准化

标准化是指制订和贯彻技术标准，进而完善标准、对标准的实施进行监督，以促进经济发展的整个过程。标准化是实现互换性生产的前提。

技术标准是指对产品和工程的技术质量、规格及其检验方法等方面所做的技术规定，它以特定的形式发布，作为共同遵守的准则和依据。技术标准按适用范围可分为国际标准化组织标准（ISO）、国家标准（GB）、行业标准（如 JB、HG、YB、TB 等）、地方标准和公司（企业）标准等。

二、尺寸精度

为保证零件具有互换性，首先必须对尺寸规定精度要求。在机械制造中，圆柱形孔、轴应用范围最广，因此国家发布了一系列有关孔、轴的极限与配合标准。

1. 孔和轴

（1）孔

孔是工件的圆柱形内表面，也包括非圆柱形内表面。装配时孔为包容面，加工过程中孔的尺寸由小变大。通常孔的参数用大写字母表示，如图 4-1a 所示的 L_1、L_2、L_3 均是孔的尺寸。

（2）轴

轴是工件的圆柱形外表面，也包括非圆柱形外表面。装配时轴为被包容面，加工过程中轴的尺寸由大变小。通常轴的参数用小写字母表示，如图 4-1b 所示的 l_1、l_2、l_3 均是轴的尺寸。

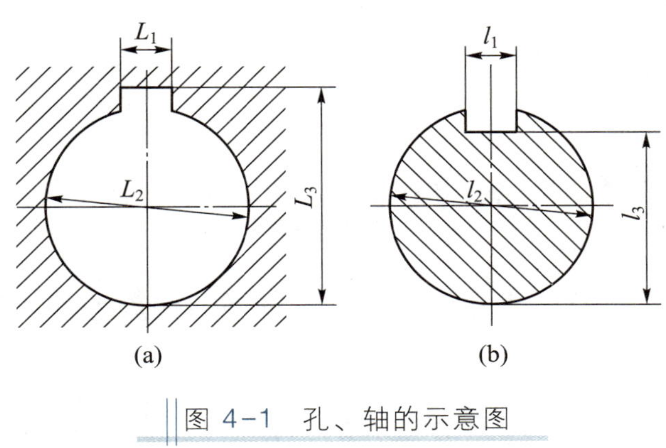

图 4-1 孔、轴的示意图

2. 尺寸

（1）公称尺寸（L、l）

公称尺寸是设计给定的尺寸，是通过强度、刚度计算并考虑结构和工艺方面的要求后确定的理想形状要素的尺寸，如图 4-2 所示。公称尺寸的数值可以是整数或小数。

（2）实际尺寸（L_a、l_a）

实际尺寸是通过测量获得的尺寸。由于零件加工后存在形状误差，测量时又存在测量误差，所以测得的实际尺寸并非尺寸的真值，而是实际零件上某一位置的测量值。

笔记

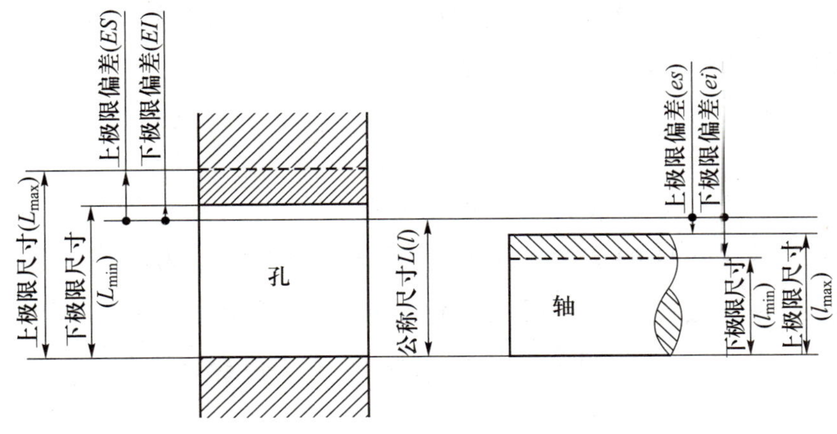

图 4-2 公称尺寸、极限尺寸与极限偏差

笔记

(3) 极限尺寸

极限尺寸是一个孔或轴允许的尺寸的两个极限值。孔或轴允许达到的最大尺寸称为上极限尺寸（L_{max}、l_{max}），孔或轴允许达到的最小尺寸称为下极限尺寸（L_{min}、l_{min}），如图 4-2 所示。为了满足要求，实际尺寸应位于上、下极限尺寸之间，也可达到上、下极限尺寸，即 $L_{min} \leqslant L_a \leqslant L_{max}$，$l_{min} \leqslant l_a \leqslant l_{max}$。

3. 偏差、公差和公差带

(1) 偏差

偏差是某值与其参考值之差。极限偏差是指相对于公称尺寸的上极限偏差和下极限偏差，如图 4-2 所示。

① 上极限偏差：上极限尺寸减其公称尺寸所得的代数差，孔和轴的上极限偏差分别用 ES 和 es 表示，即

$$ES = L_{max} - L \tag{4-1}$$

$$es = l_{max} - l \tag{4-2}$$

② 下极限偏差：下极限尺寸减其公称尺寸所得的代数差，孔和轴的下极限偏差分别用 EI 和 ei 表示，即

$$EI = L_{min} - L \tag{4-3}$$

$$ei = l_{min} - l \tag{4-4}$$

各种偏差均是一个带符号的值，可以是正值、负值或零。偏差值除零外，前面必须冠以正、负号。

(2) 公差

公差是允许尺寸的变动量，是设计时给定的，用以限制误差。工件误差在公差范围内即为合格。公差是上极限尺寸与下极限尺寸之差，或上极限偏差与下极限偏差之差，孔公差和轴公差分别用 T_H 和 T_S 表示，即

$$T_H = L_{max} - L_{min} = ES - EI \tag{4-5}$$

$$T_S = l_{max} - l_{min} = es - ei \tag{4-6}$$

公差与偏差是两个不同的概念，应注意区分。公差不能为负值和零，而偏差却可以为正值、负值或零；公差的大小反映零件精度的高低和加工的难易程度，而偏差仅表示偏离公称尺寸的多少；仅用公差不能判断尺寸是否合格，但可以限制尺寸误差，而两个极限偏差是判断尺寸合格与否的依据。

(3) 公差带、公差带图及基本偏差

公差带是公差极限之间（包括公差极限）的尺寸变动值。为了直观地表达公

称尺寸、极限偏差和公差的关系，常画出公差带图（以孔为例），如图 4-3 所示。通常，孔的公差带用向右倾斜的剖面线表示，轴的公差带用向左倾斜的剖面线表示。

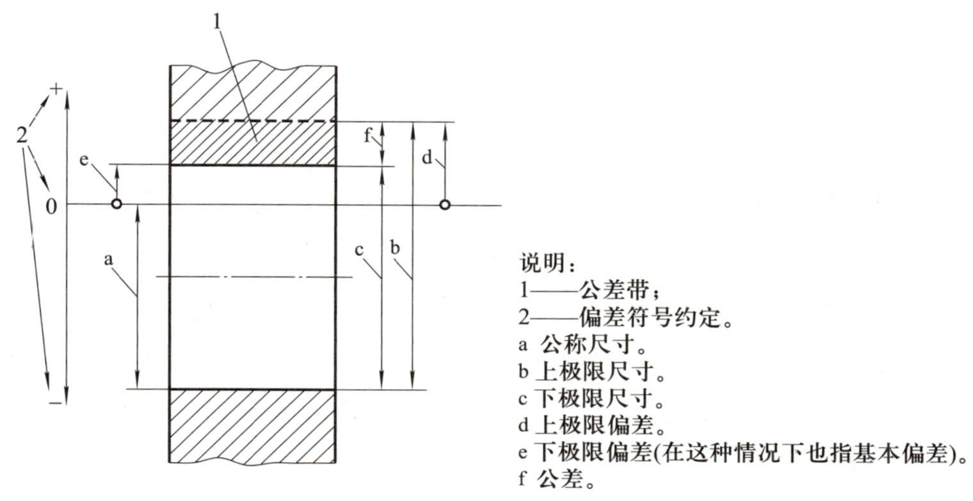

图 4-3 公差带图（以孔为例）

笔记

公差带包括两个要素：一是公差的大小（公差带的宽度），它由标准公差确定；二是公差带的位置，它由基本偏差确定。

基本偏差是确定公差带相对公称尺寸位置的那个极限偏差。它可以是上极限偏差或下极限偏差，一般为靠近公称尺寸的那个偏差。若公差带在公称尺寸上方，则基本偏差为下极限偏差；若公差带在公称尺寸下方，则基本偏差为上极限偏差。图 4-3 中的下极限偏差则为孔的基本偏差。

例 4-1 已知孔、轴的公称尺寸均为 $\phi50$ mm，孔的上、下极限尺寸分别为 $\phi50.062$ mm 和 $\phi50$ mm，轴的上、下极限尺寸分别为 $\phi49.920$ mm 和 $\phi49.858$ mm。试分别计算孔、轴的极限偏差与公差，画出公差带图。

解 孔的上极限偏差 $ES=L_{max}-L=50.062\text{ mm}-50\text{ mm}=+0.062\text{ mm}$

孔的下极限偏差 $EI=L_{min}-L=50\text{ mm}-50\text{ mm}=0$

轴的上极限偏差 $es=l_{max}-l=49.920\text{ mm}-50\text{ mm}=-0.080\text{ mm}$

轴的下极限偏差 $ei=l_{min}-l=49.858\text{ mm}-50\text{ mm}=-0.142\text{ mm}$

孔公差 $T_H=L_{max}-L_{min}=50.062\text{ mm}-50\text{ mm}=0.062\text{ mm}$

轴公差 $T_S=l_{max}-l_{min}=49.920\text{ mm}-49.858\text{ mm}=0.062\text{ mm}$

可标注为孔 $\phi50^{+0.062}_{0}$、轴 $\phi50^{-0.080}_{-0.142}$，公差带图如图 4-4 所示。

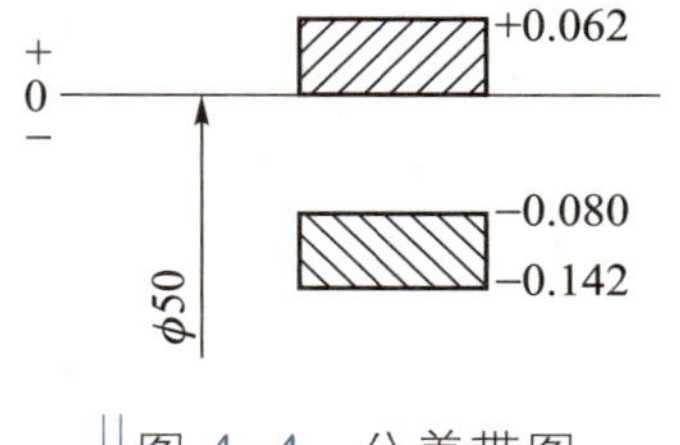

图 4-4 公差带图

4. 标准公差系列和基本偏差系列

国家标准规定了“标准公差系列”和“基本偏差系列”。

（1）标准公差系列

标准公差是指线性尺寸公差 ISO 代号体系中的任一公差，用字符“IT”表示。而标准公差等级是指同一公差等级对所有公称尺寸的一组公差被认为具有同等精确程度。标准公差等级标示符由“IT”和等级数字组成，如 IT7。

国家标准 GB/T 1800.1—2020《产品几何技术规范（GPS） 线性尺寸公差 ISO 代号体系 第 1 部分：公差、偏差和配合的基础》规定了 IT01、IT0、IT1～IT18，共 20 个标准公差等级。IT01 和 IT0 在工业中很少用到。从 IT01 到 IT18 公差值依次增大，而公差等级却依次降低，尺寸精度也依次降低。虽然不同公称尺寸的同一公差等级的标准公差数值不同，但它们却具有同等的精度。例如，标准公差等级为 IT6，公称尺寸为 ϕ30 mm 的孔的标准公差数值为 13 μm，公称尺寸为 ϕ120 mm 的孔的标准公差数值为 22 μm，虽然两孔的标准公差数值不相等，但两孔却具有同等的精度。

笔记

使用标准公差数值时，一般直接从标准公差数值表（表 4-1）中查取。从表中可看出：同一标准公差等级、同一尺寸分段内各公称尺寸的标准公差数值相同，而且同一标准公差等级、同一公称尺寸的孔和轴都具有相同的标准公差数值。例如，公称尺寸为 ϕ90 mm，标准公差等级为 IT5 的孔和轴，其标准公差数值都为 15 μm。

表 4-1 标准公差数值（摘自 GB/T 1800.1—2020）

公称尺寸/mm		标准公差等级																	
		IT1	IT2	IT3	IT4	IT5	IT6	IT7	IT8	IT9	IT10	IT11	IT12	IT13	IT14	IT15	IT16	IT17	IT18
大于	至	标准公差数值																	
		μm											mm						
—	3	0.8	1.2	2	3	4	6	10	14	25	40	60	0.1	0.14	0.25	0.4	0.6	1	1.4
3	6	1	1.5	2.5	4	5	8	12	18	30	48	75	0.12	0.18	0.3	0.48	0.75	1.2	1.8
6	10	1	1.5	2.5	4	6	9	15	22	36	58	90	0.15	0.22	0.36	0.58	0.9	1.5	2.2
10	18	1.2	2	3	5	8	11	18	27	43	70	110	0.18	0.27	0.43	0.7	1.1	1.8	2.7
18	30	1.5	2.5	4	6	9	13	21	33	52	84	130	0.21	0.33	0.52	0.84	1.3	2.1	3.3
30	50	1.5	2.5	4	7	11	16	25	39	62	100	160	0.25	0.39	0.62	1	1.6	2.5	3.9
50	80	2	3	5	8	13	19	30	46	74	120	190	0.3	0.46	0.74	1.2	1.9	3	4.6
80	120	2.5	4	6	10	15	22	35	54	87	140	220	0.35	0.54	0.87	1.4	2.2	3.5	5.4
120	180	3.5	5	8	12	18	25	40	63	100	160	250	0.4	0.63	1	1.6	2.5	4	6.3

（2）基本偏差系列

孔和轴的基本偏差各有 28 种，其标示符为一个或两个拉丁字母，孔的基本偏差用大写字母表示，轴的基本偏差用小写字母表示。在 26 个拉丁字母中，除去 5 个易混淆的字母 I、L、O、Q、W（i、l、o、q、w），加上 7 个双写字母 CD、EF、FG、ZA、ZB、ZC（cd、ef、fg、za、zb、zc）及 JS（js）构成 28 种基本偏差标示符，分别反映 28 种公差带位置，构成基本偏差系列，如图 4-5 所示。

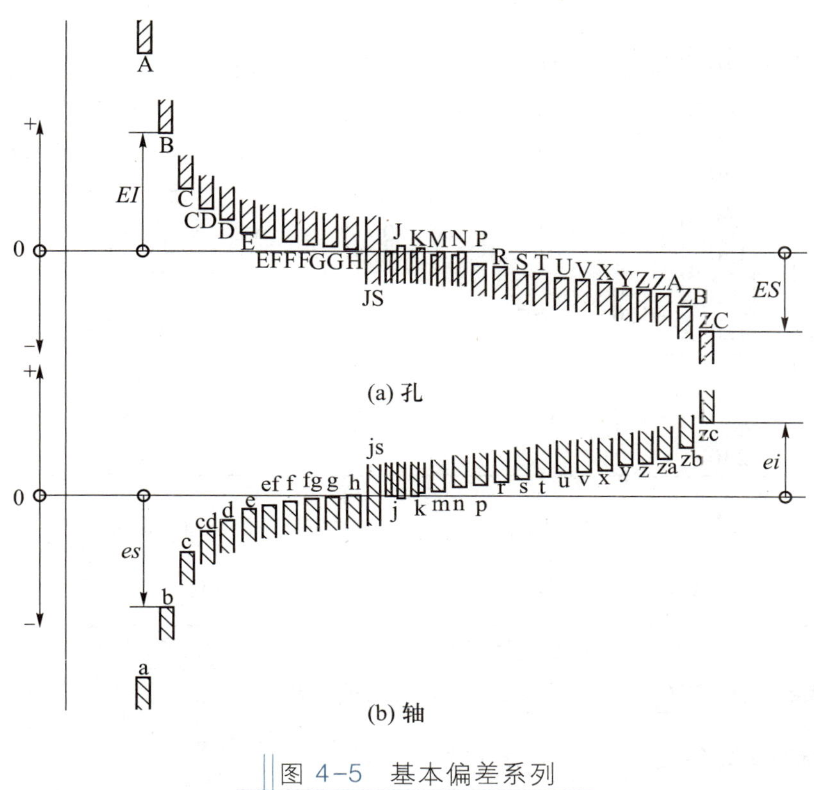

图 4-5　基本偏差系列

由图 4-5 可知：

孔 A～H 的基本偏差为下极限偏差 EI，其绝对值依次减小，其上极限偏差 $ES=EI+\text{IT}$；J～ZC 的基本偏差为上极限偏差 ES，其绝对值逐渐增大，其下极限偏差 $EI=ES-\text{IT}$。

轴 a～h 的基本偏差为上极限偏差 es，其绝对值依次减小，其下极限偏差 $ei=es-\text{IT}$；j～zc 的基本偏差为下极限偏差 ei，其绝对值逐渐增大，其上极限偏差 $es=ei+\text{IT}$。

H 和 h 的基本偏差为零。JS（js）的基本偏差为 +IT/2（或 −IT/2）。基本偏差系列图只表示公差带的位置，并不表示公差的大小，故只画出一端，另一端开口。

轴的基本偏差数值列于表 4-2，孔的基本偏差数值列于表 4-3。

笔记

‖ 表 4-2 轴的基本偏差数值（摘自 GB/T 1800.1—2020，选取优先公差带、公称尺寸为>10～180 mm） ‖

μm

公称尺寸/mm		基本偏差数值									
		上极限偏差，*es*					下极限偏差，*ei*				
		所有标准公差等级					IT4 至 IT7	所有标准公差等级			
大于	至	c	d	f	g	h	k	n	p	s	u
10	14	−95	−50	−16	−6	0	+1	+12	+18	+28	+33
14	18										
18	24	−110	−65	−20	−7	0	+2	+15	+22	+35	+41
24	30										+48
30	40	−120	−80	−25	−9	0	+2	+17	+26	+43	+60
40	50	−130									+70
50	65	−140	−100	−30	−10	0	+2	+20	+32	+53	+87
65	80	−150								+59	+102
80	100	−170	−120	−36	−12	0	+3	+23	+37	+71	+124
100	120	−180								+79	+144
120	140	−200	−145	−43	−14	0	+3	+27	+43	+92	+170
140	160	−210								+100	+190
160	180	−230								+108	+210

笔记

‖ 表 4-3 孔的基本偏差数值（摘自 GB/T 1800.1—2020，选取优先公差带、公称尺寸为>10～180 mm） ‖

μm

公称尺寸/mm		基本偏差数值											Δ 值					
		下极限偏差，*EI*					上极限偏差，*ES*											
		所有标准公差等级					≤IT8	≤IT8	≤IT7	>IT7 的标准公差等级			标准公差等级					
大于	至	C	D	F	G	H	K	N	P 至 ZC	P	S	U	IT3	IT4	IT5	IT6	IT7	IT8
10	14	+95	+50	+16	+6	0	−1+Δ	−12+Δ	在>IT7的标准公差等级的基本偏差数值上增加一个Δ值	−18	−28	−33	1	2	3	3	7	9
14	18																	
18	24	+110	+65	+20	+7	0	−2+Δ	−15+Δ		−22	−35	−41	1.5	2	3	4	8	12
24	30											−48						
30	40	+120	+80	+25	+9	0	−2+Δ	−17+Δ		−26	−43	−60	1.5	3	4	5	9	14
40	50	+130										−70						
50	65	+140	+100	+30	+10	0	−2+Δ	−20+Δ		−32	−53	−87	2	3	5	6	11	16
65	80	+150									−59	−102						
80	100	+170	+120	+36	+12	0	−3+Δ	−23+Δ		−37	−71	−124	2	4	5	7	13	19
100	120	+180									−79	−144						
120	140	+200	+145	+43	+14	0	−3+Δ	−27+Δ		−43	−92	−170	3	4	6	7	15	23
140	160	+210									−100	−190						
160	180	+230									−108	−210						

例 4-2 确定轴 $\phi30f7$ 的极限偏差和极限尺寸。

解 查表 4-1 得：标准公差 IT7 = 21 μm

查表 4-2 得：上极限偏差 $es = -20\ \mu m$

下极限偏差 $ei = es - IT7 = -20\ \mu m - 21\ \mu m = -41\ \mu m$

极限尺寸：上极限尺寸 $l_{max} = es + l = -0.020\ mm + 30\ mm = 29.980\ mm$

下极限尺寸 $l_{min} = ei + l = -0.041\ mm + 30\ mm = 29.959\ mm$

为避免计算，国家标准还规定了轴和孔优先公差带的极限偏差（表 4-4、表 4-5），本例题可直接从表 4-4 中查出上、下极限偏差，即

$$\phi30f7\begin{pmatrix}-0.020\\-0.041\end{pmatrix}$$

表 4-4 轴的优先公差带的极限偏差（摘自 GB/T 1800.2—2020） μm

公称尺寸/mm	公差带												
	c11	d9	f7	g6	h6	h7	h9	h11	k6	n6	p6	s6	u6
>24～30	−110 −240	−65 −117	−20 −41	−7 −20	0 −13	0 −21	0 −52	0 −130	+15 +2	+28 +15	+35 +22	+48 +35	+61 +48
>30～40	−120 −280	−80 −142	−25 −50	−9 −25	0 −16	0 −25	0 −62	0 −160	+18 +2	+33 +17	+42 +26	+59 +43	+76 +60
>40～50	−130 −290												+86 +70
>50～65	−140 −330	−100 −174	−30 −60	−10 −29	0 −19	0 −30	0 −74	0 −190	+21 +2	+39 +20	+51 +32	+72 +53	+106 +87
>65～80	−150 −340											+78 +59	+121 +102
>80～100	−170 −390	−120 −207	−36 −71	−12 −34	0 −22	0 −35	0 −87	0 −220	+25 +3	+45 +23	+59 +37	+93 +71	+146 +124
>100～120	−180 −400											+101 +79	+166 +144
>120～140	−200 −450	−145 −245	−43 −83	−14 −39	0 −25	0 −40	0 −100	0 −250	+28 +3	+52 +27	+68 +43	+117 +92	+195 +170
>140～160	−210 −460											+125 +100	+215 +190
>160～180	−230 −480											+133 +108	+235 +210

笔记

表 4-5 孔的优先公差带的极限偏差（摘自 GB/T 1800.2—2020） μm

公称尺寸/mm	公差带												
	C11	D9	F8	G7	H7	H8	H9	H11	K7	N7	P7	S7	U7
>24～30	+240 +110	+117 +65	+53 +20	+28 +7	+21 0	+33 0	+52 0	+130 0	+6 −15	−7 −28	−14 −35	−27 −48	−40 −61
>30～40	+280 +120	+142 +80	+64 +25	+34 +9	+25 0	+39 0	+62 0	+160 0	+7 −18	−8 −33	−17 −42	−34 −59	−51 −76
>40～50	+290 +130												−61 −86

续表

公称尺寸/mm	公差带											
	C11	D9	F8	G7	H7	H8	H9	H11	K7	N7	P7	S7	U7
>50~65	+330 +140	+174 +100	+76 +30	+40 +10	+30 0	+46 0	+74 0	+190 0	+9 −21	−9 −39	−21 −51	−42 −72	−76 −106
>65~80	+340 +150											−48 −78	−91 −121
>80~100	+390 +170	+207 +120	+90 +36	+47 +12	+35 0	+54 0	+87 0	+220 0	+10 −25	−10 −45	−24 −59	−58 −93	−111 −146
>100~120	+400 +180											−66 −101	−131 −166
>120~140	+450 +200	+245 +145	+106 +43	+54 +14	+40 0	+63 0	+100 0	+250 0	+12 −28	−12 −52	−28 −68	−77 −117	−155 −195
>140~160	+460 +210											−85 −125	−175 −215
>160~180	+480 +230											−93 −133	−195 −235

5. 公差带代号及标注

公差带代号由代表基本偏差的字母和代表标准公差等级的数字组合标示。例如，H8 表示基本偏差标示符为 H、标准公差等级为 8 级的孔公差带代号，f7 表示基本偏差标示符为 f 、标准公差等级为 7 级的轴公差带代号。

笔记

零件图中有三种标注方法，如图 4-6 所示：

① 在公称尺寸后面标注上、下极限偏差，如 $\phi20^{+0.021}_{0}$。这种标注方法适用于单件小批生产，方便检测。

② 在公称尺寸后面标注公差带代号，如 ϕ20H7。这种标注方法适用于大批量生产和表达装配关系。

③ 在公称尺寸后面同时标注公差带代号和对应的上、下极限偏差，如 $\phi20H7(^{+0.021}_{0})$。这种标注方法在生产目标不明确时采用。

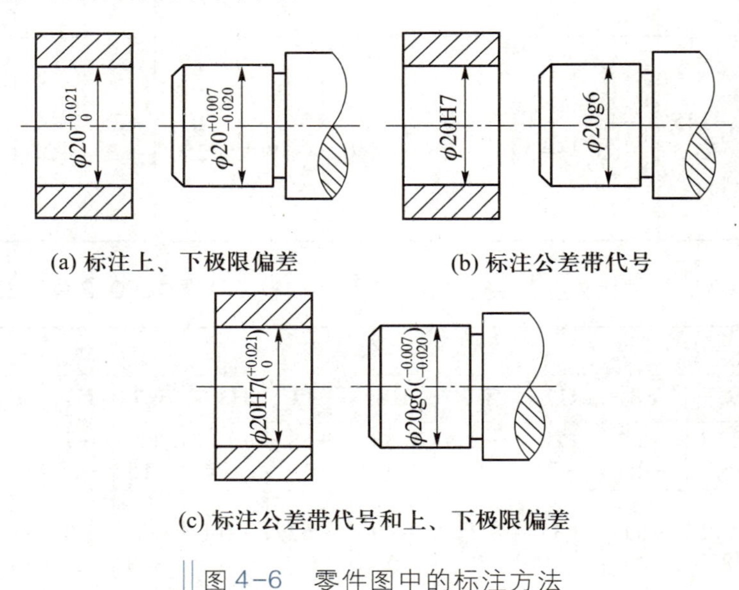

(a) 标注上、下极限偏差　(b) 标注公差带代号

(c) 标注公差带代号和上、下极限偏差

图 4-6　零件图中的标注方法

6. 线性尺寸的未注公差

图样中没有标注公差的尺寸并不是没有公差，只是在图样中未标注而已，常称为“自由尺寸”“一般公差”，主要是较低精度的非配合尺寸，在正常情况下一般可不检验。

国家标准对线性尺寸的一般公差规定了 4 个公差等级，即 f（精密）、m（中等）、c（粗糙）及 v（最粗），其中 f 级精度最高，v 级精度最低，见表 4-6。使用此标准时，应根据产品的技术要求和工厂的加工条件，在规定的公差等级中选取，并在生产部门的技术文件中表示出来。例如，选用 m（中等）时，则表示为 GB/T 1804—m，这表明图样上凡是未注公差的尺寸均按照中等精度 m 加工和检验。

表 4-6 线性尺寸的极限偏差数值（摘自 GB/T 1804—2000） mm

公差等级	>6~30	>30~120	>120~400	>400~1 000	公差等级	>6~30	>30~120	>120~400	>400~1 000
f（精密）	±0. 1	±0. 15	±0. 2	±0. 3	c（粗糙）	±0. 5	±0. 8	±1. 2	±2
m（中等）	±0. 2	±0. 3	±0. 5	±0. 8	v（最粗）	±1	±1. 5	±2. 5	±4

笔记

三、配合精度

机械零件应具有足够的尺寸精度，对相互之间有装配关系的机械零件还应具有一定的配合精度。

1. 配合及其种类

配合是指公称尺寸相同、相互配合的孔和轴公差带之间的关系。孔的尺寸减去相配合的轴的尺寸之差为正值时称为间隙，用 X 表示；为负值时称为过盈，用 Y 表示。当孔与轴公差带相对位置不同时，有三种不同的配合：间隙配合、过渡配合和过盈配合。它们反映不同的配合性质，表示不同的松紧程度。配合公差是组成配合的孔、轴公差之和，它是允许间隙或过盈的变动量，配合公差反映配合精度。

（1）间隙配合

间隙配合是指具有间隙（包括最小间隙等于零）的配合。此时，孔的公差带完全位于轴的公差带之上，如图 4-7 所示。其极限值为最大间隙 X_{max} 和最小间隙 X_{min}。最大间隙为孔上极限尺寸与轴下极限尺寸之差，最小间隙为孔下极限尺寸与轴上极限尺寸之差，即

$$X_{max}=L_{max}-l_{min}=ES-ei \tag{4-7}$$

$$X_{min}=L_{min}-l_{max}=EI-es \tag{4-8}$$

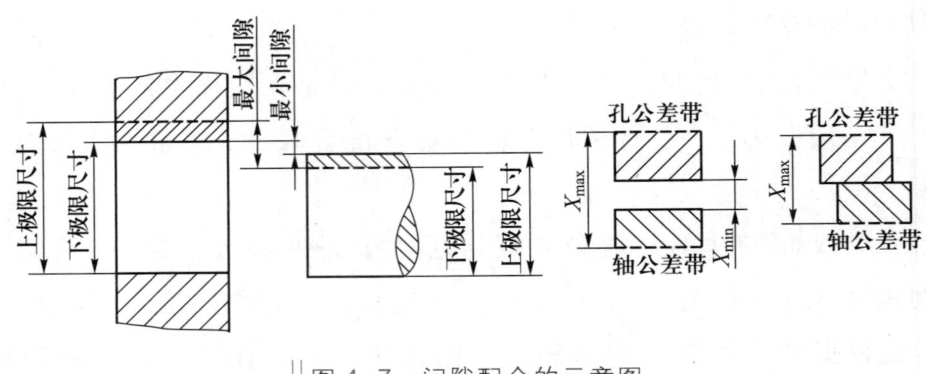

图 4-7 间隙配合的示意图

在间隙配合中，配合公差为间隙公差，它是允许间隙的变动量，其值等于最大间隙与最小间隙的代数差，也等于相互配合的孔公差与轴公差之和。这说明，孔、轴本身公差值越大，配合公差越大，装配精度就越低。配合公差用 T_f 表示，即

$$T_f = X_{max} - X_{min} = T_H + T_S \tag{4-9}$$

间隙配合主要用于孔、轴的活动连接。

笔记

例 4-3 已知孔 $\phi50^{+0.025}_{0}$ mm 与轴 $\phi50^{-0.009}_{-0.025}$ mm 配合，求配合的极限间隙和配合公差。

解 $X_{max} = L_{max} - l_{min} = ES - ei = +0.025\ \text{mm} - (-0.025\ \text{mm}) = +0.050\ \text{mm}$

$X_{min} = L_{min} - l_{max} = EI - es = 0 - (-0.009\ \text{mm}) = +0.009\ \text{mm}$

$T_f = X_{max} - X_{min} = +0.050\ \text{mm} - 0.009\ \text{mm} = 0.041\ \text{mm}$

（2）过盈配合

过盈配合是指具有过盈（包括最小过盈等于零）的配合。此时，孔的公差带完全位于轴的公差带之下，如图 4-8 所示。其极限值为最大过盈 Y_{max} 和最小过盈 Y_{min}。最大过盈为孔的下极限尺寸与轴的上极限尺寸之差，最小过盈为孔的上极限尺寸与轴的下极限尺寸之差，即

$$Y_{max} = L_{min} - l_{max} = EI - es \tag{4-10}$$

$$Y_{min} = L_{max} - l_{min} = ES - ei \tag{4-11}$$

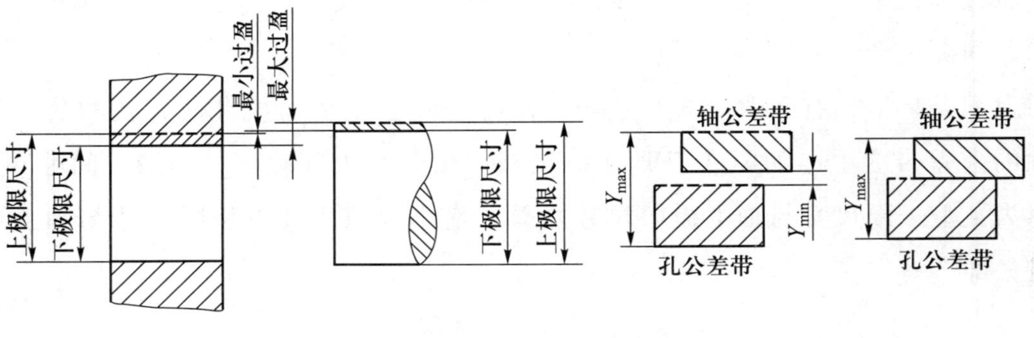

图 4-8 过盈配合的示意图

在过盈配合中，配合公差为过盈公差，它是允许过盈的变动量，其值等于最小过盈与最大过盈的代数差，也等于相互配合的孔公差与轴公差之和，即

$$T_f = Y_{min} - Y_{max} = T_H + T_S \tag{4-12}$$

过盈配合主要用于孔、轴的紧固连接，不允许两者有相对运动。

例 4-4 已知孔 $\phi50_{0}^{+0.025}$ mm 与轴 $\phi50_{+0.026}^{+0.042}$ mm 配合，求配合的极限过盈和配合公差。

解 $Y_{max} = L_{min} - l_{max} = 50\ \text{mm} - 50.042\ \text{mm} = -0.042\ \text{mm}$

$Y_{min} = L_{max} - l_{min} = 50.025\ \text{mm} - 50.026\ \text{mm} = -0.001\ \text{mm}$

$T_f = Y_{min} - Y_{max} = -0.001\ \text{mm} - (-0.042\ \text{mm}) = 0.041\ \text{mm}$

（3）过渡配合

过渡配合是指可能具有间隙或过盈的配合。此时，孔的公差带与轴的公差带相互交叠，如图 4-9 所示。

笔记

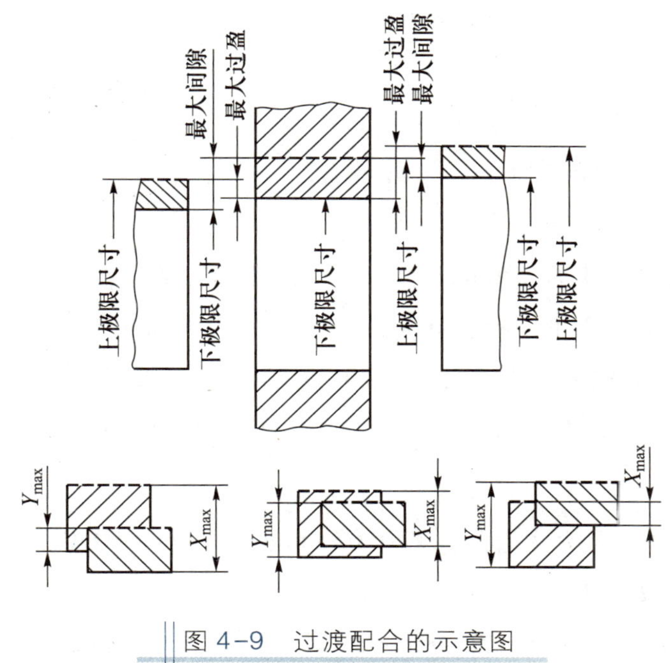

图 4-9 过渡配合的示意图

在过渡配合中，其极限值为最大间隙 X_{max} 和最大过盈 Y_{max}，即

$$X_{max} = L_{max} - l_{min} = ES - ei \tag{4-13}$$

$$Y_{max} = L_{min} - l_{max} = EI - es \tag{4-14}$$

在过渡配合中，配合公差的值等于最大间隙与最大过盈的代数差，也等于相互配合的孔公差与轴公差之和，即

$$T_f = X_{max} - Y_{max} = T_H + T_S \tag{4-15}$$

过渡配合主要用于孔、轴的定位连接。

例 4-5 已知孔 $\phi60^{+0.030}_{0}$ mm 与轴 $\phi60^{+0.021}_{+0.002}$ mm 配合，求配合的极限间隙（或过盈）和配合公差。

解 $X_{max}=ES-ei=+0.030\ mm-0.002\ mm=+0.028\ mm$

$Y_{max}=EI-es=0-0.021\ mm=-0.021\ mm$

$T_f=X_{max}-Y_{max}=+0.028\ mm-(-0.021\ mm)=0.049\ mm$

（4）配合公差带及配合公差带图

为了直观地表示相互配合的孔和轴的配合精度和配合性质，可画出配合公差带图，如图 4-10 所示。图中横坐标为公称尺寸位置，也是极限间隙和极限过盈的分界线，表示极限间隙或极限过盈的数值为零。纵坐标表示极限间隙或极限过盈的数值，公称尺寸位置以上数值为正，表示间隙；公称尺寸位置以下数值为负，表示过盈。

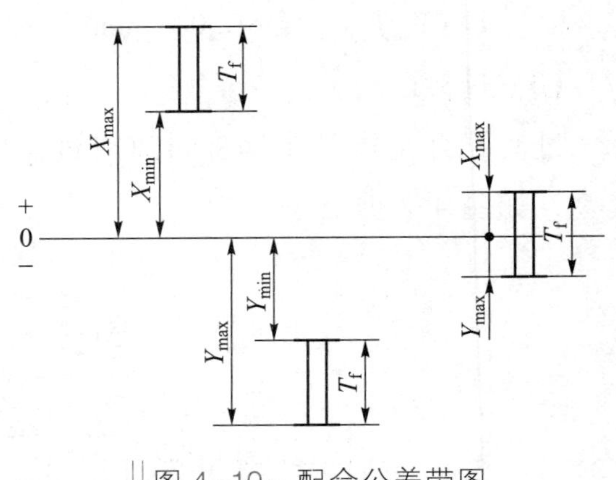

图 4-10 配合公差带图

配合公差带的位置由配合的极限值确定，大小由配合公差确定。间隙配合的配合公差带完全位于公称尺寸位置以上，过盈配合的配合公差带完全位于公称尺寸位置以下，过渡配合的配合公差带位于公称尺寸位置上、下两侧。

笔记

例 4-6 已知公称尺寸为 $\phi30$ mm 的孔和轴，孔和轴的上极限尺寸分别为 $\phi30.033$ mm 和 $\phi29.980$ mm，下极限尺寸分别为 $\phi30$ mm 和 $\phi29.959$ mm，现测得孔和轴的实际尺寸分别为 $\phi30.013$ mm 和 $\phi29.970$ mm，试求孔、轴的极限偏差、实际偏差、公差；画出孔、轴的公差带图，判断其配合性质；求配合的极限值和配合公差，画出配合公差带图。

解 孔的上极限偏差 $ES=L_{max}-L=30.033\ mm-30\ mm=+0.033\ mm$

孔的下极限偏差 $EI=L_{min}-L=30\ mm-30\ mm=0$

轴的上极限偏差 $es=l_{max}-l=29.980\ mm-30\ mm=-0.020\ mm$

轴的下极限偏差 $ei=l_{min}-l=29.959\ mm-30\ mm=-0.041\ mm$

实际偏差：孔 $E_a=L_a-L=30.013\ mm-30\ mm=+0.013\ mm$

轴 $e_a=l_a-l=29.970\ mm-30\ mm=-0.030\ mm$

孔公差 $T_H=L_{max}-L_{min}=30.033\ mm-30\ mm=0.033\ mm$

轴公差 $T_S=l_{max}-l_{min}=29.980\ mm-29.959\ mm=0.021\ mm$

孔、轴公差带图如图 4-11 所示，由图可知此配合为间隙配合。

极限间隙：$X_{max}=L_{max}-l_{min}=30.033\ mm-29.959\ mm=+0.074\ mm$

$X_{min}=L_{min}-l_{max}=30\ mm-29.980\ mm=+0.020\ mm$

配合公差：$T_f = X_{max} - X_{min} = +0.074\ \text{mm} - 0.020\ \text{mm} = 0.054\ \text{mm}$

配合公差带图如图 4-12 所示。

图 4-11　孔、轴公差带图

图 4-12　配合公差带图

2. 配合制

由线性尺寸公差 ISO 代号体系确定公差的孔和轴组成的一种配合制度称为配合制。国家标准规定了两种配合制，分别是基孔制配合和基轴制配合。

基孔制配合是指孔的基本偏差为零的配合，如图 4-13a 所示。在基孔制配合中，孔称为基准孔，基本偏差标示符为 H，其下极限偏差为零。

基轴制配合是指轴的基本偏差为零的配合，如图 4-13b 所示。在基轴制配合中，轴称为基准轴，基本偏差标示符为 h，其上极限偏差为零。

笔记

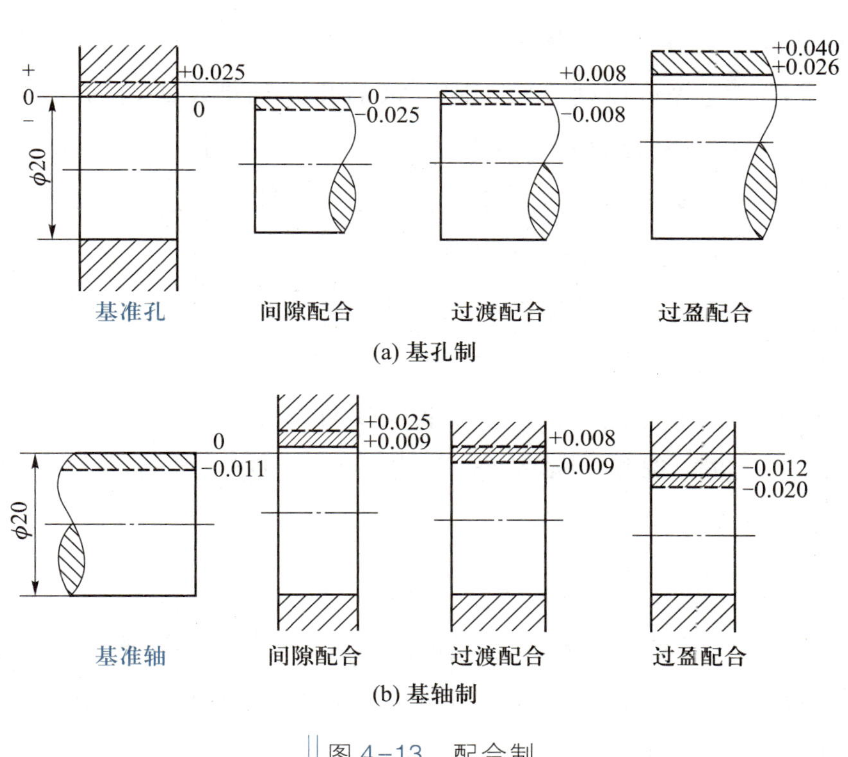

图 4-13　配合制

基孔制和基轴制都各有间隙配合、过渡配合、过盈配合三类配合。

3. 配合代号及其标注

配合代号用孔、轴公差带代号组成的分数式形式，分子为孔的公差带代号，分母为轴的公差带代号，如 ϕ52H7/g6 或 ϕ32G6/h5。

配合代号中有 H 者，说明孔为基准孔，为基孔制配合；有 h 者，说明轴为基准轴，为基轴制配合；既有 H，又有 h 者，有三种解释：① 基孔制配合，② 基轴制配合，③ 基准件配合；既没有 H，又没有 h 者，称为无基准件配合。

在装配图中有配合要求处在公称尺寸后标注配合代号。

标注标准件、外购件（如滚动轴承）与零件的配合代号时，可仅标出相配零件的公差带代号。

例 4-7 写出孔 ϕ30H7 与轴 ϕ30g6 的配合代号，并说明其含义。

解 配合代号写成 ϕ30H7/g6，表示公称尺寸为 ϕ30 mm、基本偏差标示符是 H、公差等级是 7 级的基准孔，与相同公称尺寸、基本偏差标示符是 g、公差等级是 6 级的轴所组成的基孔制间隙配合。

4. 标准公差等级的选择

笔记

合理选择标准公差等级是为了更好地协调机械零件的制造精度与制造工艺、成本之间的关系，一般按以下原则选用：

① 在满足使用要求的前提下尽量选用较低（数值大）的标准公差等级。

② 应尽量遵守工艺等价原则。由于同等级的孔比轴难加工，为使相配的孔与轴工艺等价，两者标准公差等级之间的关系推荐如下，公称尺寸至 500 mm 的配合，通常标准公差≤IT8 时，孔应比轴要低一级配合；标准公差>IT8（包括少数等于 IT8）或公称尺寸大于 500 mm 时，孔与轴均采用同级配合。

③ 与标准件配合的零件，其标准公差等级由标准件的精度要求决定。例如，与滚动轴承配合的孔和轴，其标准公差等级由滚动轴承的精度等级决定。

④ 用类比法确定标准公差等级。参考各类零件对精度的要求，查明各标准公差等级的应用范围，合理进行选择，如配合尺寸为 IT12～IT5，非配合尺寸为 IT18～IT12，特别精密零件的配合为 IT5～IT2 等。

5. 配合制的选用

优先选用基孔制。这是从工艺出发提出的要求，因为加工某一精度的轴比加工同一精度的孔容易，采用基孔制可以减少定值刀具、量具的规格和数量，有利于刀具、量具标准化、系列化，因而经济、合理，使用方便。

在下列情况下应采用基轴制：

① 在同一公称尺寸的轴上装配几个不同配合的零件时，采用基轴制。

② 与标准件配合时，配合制应按标准件选择。例如，与滚动轴承内圈相配合的轴颈处应选用基孔制，而与滚动轴承外圈配合的座孔处则应选用基轴制。

4.2 几何精度

机械零件在加工过程中，由于工艺系统各种因素的影响，零件的几何要素不仅会产生尺寸误差，而且还存在几何误差。零件的几何误差对机械产品的工作精度、密封性、运动平稳性、耐磨性和使用寿命等都有很大影响。几何误差越大，零件几何精度越低。因此，为了保证机械产品的质量和互换性，必须对零件的几何误差予以限制，对零件的几何要素规定合理的几何精度。

为了控制几何误差，国家颁布了一系列标准。

一、几何要素

笔记

几何公差的研究对象是零件的几何要素（简称要素），它是指构成零件几何特征的点、线或面。例如，图 4-14 所示的零件就是由点（球心、锥顶）、线（圆柱面和圆锥面的素线、轴线）、面（球面、圆锥面、圆柱面、端平面）组成的几何体。

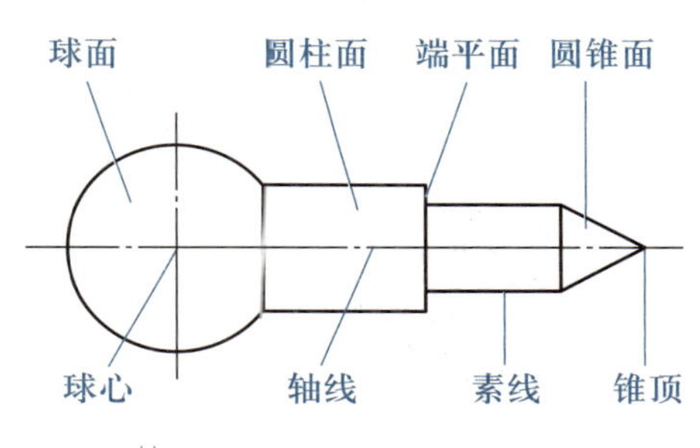

图 4-14　零件的要素

几何要素可分为以下几类：

① 公称（理想）要素　由设计者在产品技术文件中定义的理想要素。例如，图样上给出的几何要素，该要素是没有任何误差的理想的几何图形。

② 实际要素　零件上实际存在的要素，通常用测得要素来代替。由于测量时有误差存在，所以测得要素并非实际要素的真实状况。

③ 组成要素　零件上的面或面上的线，如图 4-14 中的球面、端平面、圆柱面、圆锥面等。

④ 导出要素　从一个或多个轮廓要素上获取的中心点、中心线或中心面各要素，如图 4-14 中的球心、轴线等。

⑤ 被测要素　给出了几何公差的要素，是检测对象，如图 4-15 中的直径为 D 的圆柱面及直径为 d 的圆柱面的轴线都是被测要素。

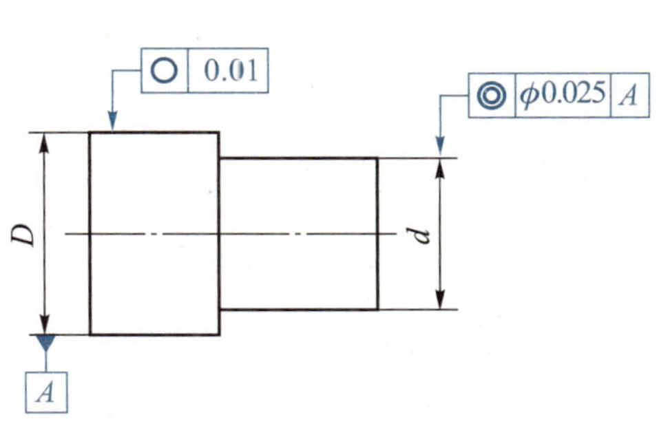

图 4-15　零件几何要素示例

⑥ 基准要素　用来确定被测要素方向或

（和）位置的要素，在图样上标有基准代号，如图 4-15 中的直径为 D 的圆柱面的轴线就是基准要素。

⑦ 单一要素　仅有形状公差要求的要素，如图 4-15 中的直径为 D 的圆柱面。

⑧ 关联要素　对其他要素有功能关系而给出方向、位置或跳动公差的要素，如图 4-15 中的直径为 d 的圆柱面的轴线。

二、几何公差的特征项目

几何公差的特征项目及符号见表 4-7，几何公差分为形状公差、方向公差、位置公差及跳动公差四大类，共 15 种公差项目。

‖ 表 4-7　几何公差的特征项目及符号 ‖

类别	项　目	符　号	类别	项　目	符　号
形状公差	直线度	⏤	位置公差	同心度（用于中心点）	◎
	平面度	⏥		同轴度（用于轴线）	◎
	圆度	○		对称度	⌯
	圆柱度	⌭		位置度	⌖
	线轮廓度	⌒		线轮廓度	⌒
	面轮廓度	⌓		面轮廓度	⌓
方向公差	平行度	//	跳动公差	圆跳动	↗
	垂直度	⊥		全跳动	⌰
	倾斜度	∠			
	线轮廓度	⌒			
	面轮廓度	⌓			

笔记

三、几何公差的标注方法

1. 几何公差的标注形式

几何公差采用框格的形式标注，如图 4-16 所示，框格的端部有带箭头的指引线，指引线垂直于框格引出，允许弯折，但不得多于两次；箭头垂直指向被测要素。框格和指引线均用细实线绘制。

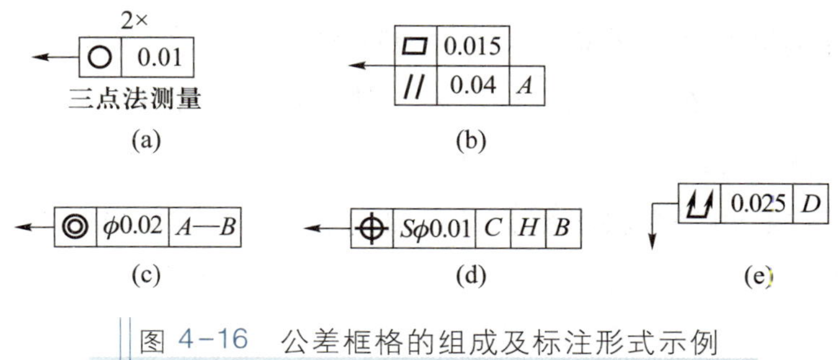

图 4-16　公差框格的组成及标注形式示例

几何公差框格由两格或多格组成，各格从左到右依次填写几何特征符号、公差值及基准。

公差值从相应的几何公差表中查出，标注时采用 mm 作单位。若公差带为圆形、圆柱形或球形，则在公差值前面加注符号“ϕ”或“$S\phi$”，如图 4-16c、d 所示。

基准代号的字母采用大写字母，为避免混淆，不采用 I、O、Q、X 等字母。当用两个或多个字母表示公共基准时，中间用短横隔开；当基准不止一个时，应按顺序依次填写第一、第二、第三等基准字母而与这些字母在字母表中的顺序无关，如图 4-16d 所示。

笔记

如图 4-16a 所示，被测要素的数量应在框格上方注写，解释性说明内容应在框格下方注写。

2. 被测要素的标注方法

当被测要素是组成要素时，指引线箭头应指在轮廓线或其延长线上，且与尺寸线明显错开，如图 4-15 中圆度的标注。

当被测要素是导出要素时，指引线箭头应与该要素对应的尺寸要素的尺寸线重合，如图 4-15 中同轴度的标注。

当同一被测要素有多项几何公差要求时，可将多个公差框格画在一起，只引一条指引线，如图 4-17a 所示。

当几个被测要素有同一项目的几何公差要求且公差值相同时，可只用一个框格，在指引线上绘出多个箭头，分别与各被测要素相连，如图 4-17b 所示。

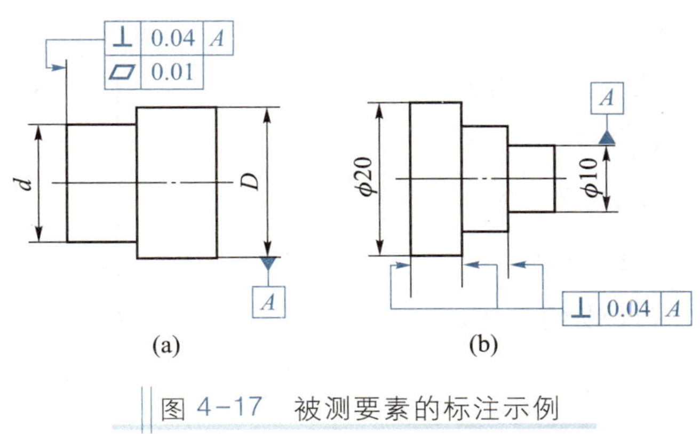

图 4-17　被测要素的标注示例

当几个尺寸和形状都相同的被测要素有同一项目的几何公差要求时，可对其中一个要素绘制公差框格，并在框格上方标明要素的数量，如图 4-18 所示。

3. 基准要素的标注方法

基准通常有三种：由一个要素建立的基准称为单一基准，由两个或多个要素建立的一个独立的基准称为公共基准或组合基准，由三个互相垂直的基准平面构成的基准体系称为三基面体系。基准要素的标注示例如图 4-19 所示。

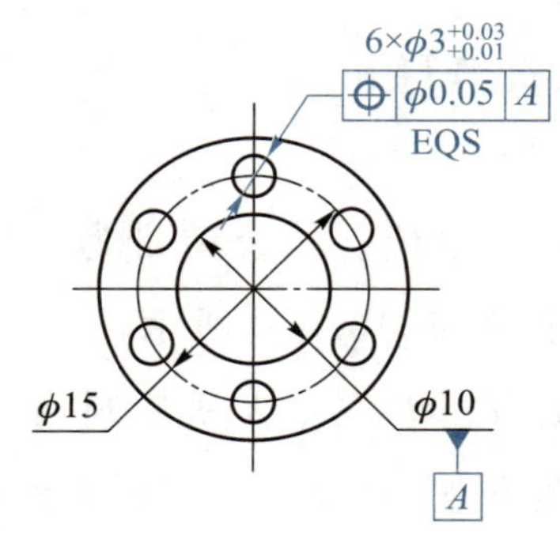

图 4-18 被测要素的标注示例

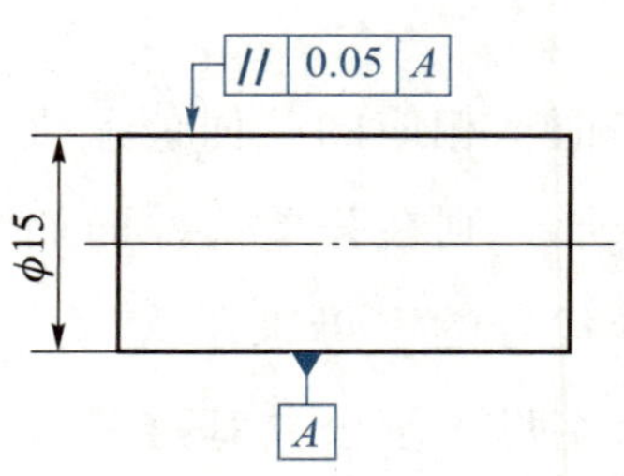

图 4-19 基准要素的标注示例

笔记

基准要素用基准符号表示，基准符号由涂黑的或空白的三角形、连线（细实线）、正方形框格和字母组成，如图 4-20 所示。正方形框格内填写表示基准的字母，无论基准代号在图样上的方向如何，正方形框格内的字母均应水平书写。

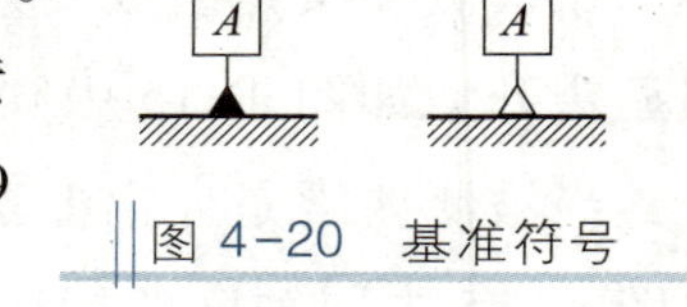

图 4-20 基准符号

当以组成要素作为基准时，基准三角形放置在基准要素的轮廓线或其延长线上，且与尺寸线明显错开，如图 4-19 所示。

当以导出要素作为基准时，基准三角形应放置在该尺寸线的延长线上，如图 4-17 所示。

例 4-8 试将下列几何公差要求标注在图上：

① ϕ18 mm 圆柱面轴线的直线度公差为 ϕ0. 012 mm；

② ϕ25 mm 圆柱面轴线对 ϕ18 mm 圆柱面轴线的同轴度公差为 ϕ0. 025 mm；

③ 6 mm 槽的中心平面对 ϕ18 mm 圆柱面轴线的对称度公差为 0. 012 mm；

④ ϕ25 mm 圆柱面素线的直线度公差为 0. 012 mm。

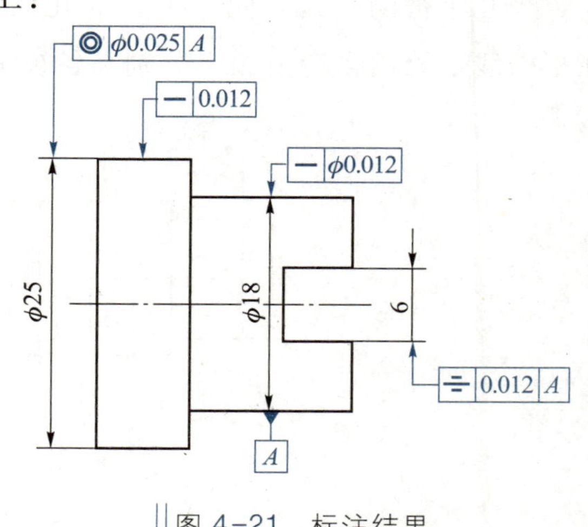

图 4-21 标注结果

解 标注结果如图 4-21 所示。

4.3 表面粗糙度

1. 表面轮廓

任何零件表面，无论是经过切削加工的表面，还是采用铸造、锻造、冲压、热轧、冷轧等方法获得的表面，总是存在着几何形状的误差。如图 4-22 所示，将实际表面轮廓放大，可以按照波距（相邻两波峰或两波谷之间的距离）的大小划分为三类：波距小于 1 mm 的称为粗糙度轮廓，波距为 1～10 mm 的称为波纹度轮廓，波距大于 10 mm 的称为宏观形状轮廓。粗糙度轮廓、波纹度轮廓和宏观形状轮廓叠加在同一表面上，构成几何形状误差。对于粗加工后的表面，用肉眼就能看到；对于精加工后的表面，要用放大镜或显微镜才能观察到。

笔记

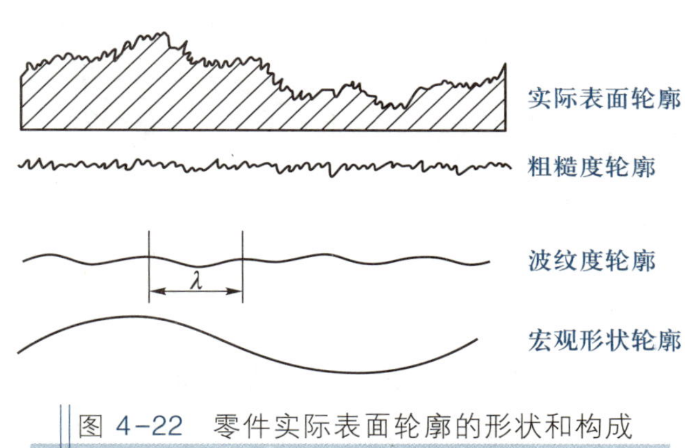

图 4-22　零件实际表面轮廓的形状和构成

2. 粗糙度轮廓对零件工作性能和寿命的影响

粗糙度轮廓对零件的工作性能和寿命有重大影响。

① 对耐磨性的影响　相互运动的零件，接触表面越粗糙，磨损就越快。

② 对配合性质稳定性的影响　相互配合的孔、轴表面，微小的波峰被磨掉后，配合性质会发生变化。若是过盈配合，则有效过盈会减小；若是间隙配合，则有效间隙会增大。

③ 对耐疲劳性的影响　对于承受交变应力的零件，波谷有应力集中，容易产生裂纹源，降低了材料的疲劳强度，导致零件表面疲劳破坏。

④ 对耐蚀性的影响　零件表面的微小波谷容易残留一些腐蚀性介质，致使表面产生腐蚀。

⑤ 对密封性的影响　零件表面粗糙，使接触表面之间无法严密贴合，流体在压力

作用下会通过接触面间的缝隙渗漏。

⑥ 对接触刚度的影响　零件的表面越粗糙，零件间的接触面积就越小，单位面积受力增加，局部塑性变形大，接触刚度降低，影响零件的工作精度和抗振性。

因此，在精度设计中必须对零件的粗糙度轮廓提出合理的技术要求。

3. 粗糙度轮廓幅度参数值及其选用

零件加工后的表面粗糙度是否符合技术要求应由测量和评定的结果来确定。鉴于表面轮廓上的微小峰、谷的幅度和间距的大小是构成粗糙度轮廓的两个独立的基本特征，因此通常采用粗糙度轮廓幅度参数、间距参数和混合参数来评定。

在零件图上经常标注的是粗糙度轮廓幅度参数中的两个指标。

（1）轮廓的算术平均偏差 *Ra*

轮廓的算术平均偏差 *Ra* 是指在取样长度 *lr* 内，被测实际轮廓上各点到轮廓中线的距离 *Z* 的绝对值的平均值，如图 4-23 所示。

笔记

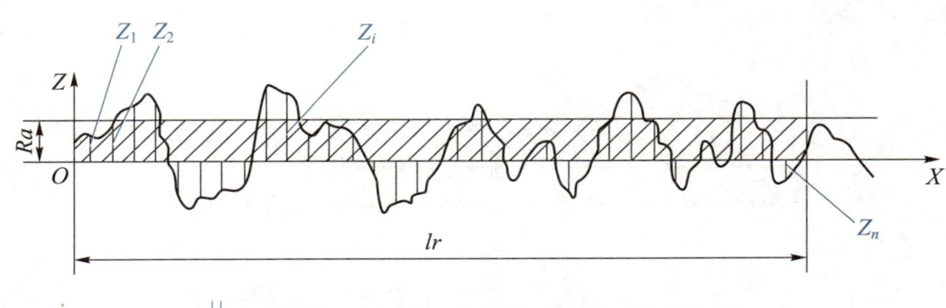

图 4-23　轮廓的算术平均偏差 *Ra* 示意图

Ra 值越大，表面越粗糙。*Ra* 值测量方便，在标准中定为首选参数，在生产中广泛采用。

（2）轮廓的最大高度 *Rz*

轮廓的最大高度 *Rz* 是指在取样长度 *lr* 内，轮廓的峰顶线 Zp_{max} 和谷底线 Zv_{max} 之间的最大距离，如图 4-24 所示。

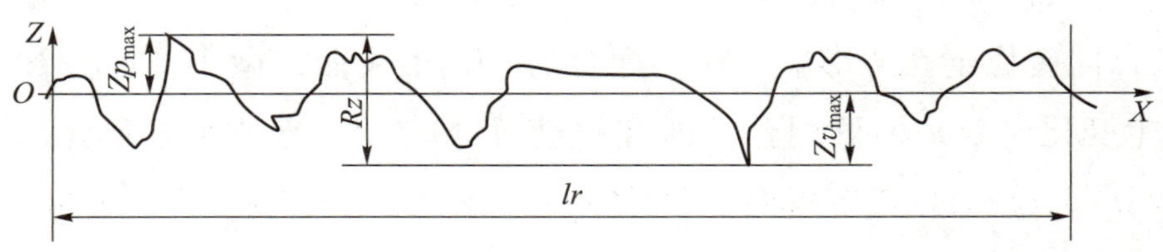

图 4-24　轮廓的最大高度 *Rz* 示意图

Rz 值越大，表面越粗糙。*Rz* 值对于不允许出现较深加工痕迹的承受交变载荷的零件及不便使用 *Ra* 值的小零件的表面质量有实际意义。

粗糙度轮廓幅度参数值的选用见表 4-8。

|| 表 4-8 粗糙度轮廓幅度参数值的选用 ||

粗糙度轮廓幅度参数 Ra/μm	粗糙度轮廓幅度参数 Rz/μm	表面形状特征		应用举例
>20	>125	粗糙表面	明显可见刀痕	未标注公差（采用一般公差）的表面
>10～20	>63～125		可见刀痕	半成品粗加工的表面、非配合的加工表面，如轴端面、倒角、钻孔、齿轮和带轮侧面、垫圈接触面等
>5～10	>32～63	半光表面	微见加工痕迹	轴上不安装轴承或齿轮的非配合表面、键槽底面、紧固件的自由装配表面、轴和孔的退刀槽等
>2.5～5	>16～32		微见加工痕迹	半精加工表面，箱体、支架、盖面、套筒等与其他零件接触而无配合要求的表面等
>1.25～2.5	>8～16		看不清加工痕迹	接近于精加工表面、箱体上安装轴承的镗孔表面及齿轮齿面等
>0.63～1.25	>4～8	光表面	可辨加工痕迹方向	圆柱销、圆锥销、与滚动轴承配合的表面、普通车床导轨表面、内外花键定心表面及齿轮齿面等
>0.32～0.63	>2～4		微辨加工痕迹方向	要求配合性质稳定的配合表面、工作时承受交变应力的重要表面、较高精度车床导轨表面、高精度齿轮齿面等
>0.16～0.32	>1～2		不可辨加工痕迹方向	精密机床主轴圆锥孔、顶尖圆锥面、发动机曲轴轴颈表面和凸轮轴的凸轮工作表面等

粗糙度轮廓技术要求在零件图上的标注应符合国家标准的规定。

搜索 查阅国家标准 GB/T 3505—2009《产品几何技术规范（GPS）表面结构 轮廓法 术语、定义及表面结构参数》、GB/T 1031—2009《产品几何技术规范（GPS）表面结构 轮廓法 表面粗糙度参数及其数值》、GB/T 10610—2009《产品几何技术规范（GPS）表面结构 轮廓法 评定表面结构的规则和方法》、GB/T 131—2006《产品几何技术规范（GPS）技术产品文件中表面结构的表示法》。

笔记

小 结

零件在加工过程中，各部分的尺寸、形状、方向、位置及表面形貌等难以达到理想状态，总是存在或大或小的误差。从零件功能和加工经济性考虑，在设计时允许零件的几何量在某一规定范围内变动，这个允许变动的范围称为公差。为使零件具有互换性，就应把完工零件的误差控制在规定的公差范围内。

互换性和标准化在现代化生产和技术进步中具有重要意义。

国家标准规定了“标准公差系列”和“基本偏差系列”。

由线性尺寸公差 ISO 代号体系确定公差的孔和轴组成的一种配合制度称为配合制。国家标准规定了两种配合制：基孔制配合和基轴制配合。基孔制配合是指孔的基本偏差为零的配合。基轴制配合是指轴的基本偏差为零的配合。基孔制和基轴制都各有间隙配合、过渡配合、过盈配合三类配合。

[机械史话]《考工记》与标准化

国家标准规定的几何公差分为形状公差、方向公差、位置公差及跳动公差四大类，共 15 种公差项目，用以控制几何误差，保证产品的质量和互换性。

粗糙度轮廓对零件的工作性能和寿命有重大影响，国家标准规定了轮廓的算术平均偏差 *Ra*、轮廓的最大高度 *Rz* 等技术指标。

笔记

思考与实践

1. 互换性按互换程度可分为________和________两类。

2. 实际尺寸与公称尺寸之差称为________偏差，极限尺寸与公称尺寸之差称为________偏差，用________偏差控制________偏差。

3. 某孔、轴配合的最大间隙为 18 μm，配合公差为 30 μm，则此配合为________配合。

4. 选择孔、轴配合的配合制时，应优先选用基________制，原因是________________。

5. 尺寸公差带的大小由________决定，其位置由________决定。

6. 基轴制是指____配合。

7. 基本偏差是确定公差带相对________位置的那个极限偏差。

8. 配合是指________相同，相互配合的孔、轴________之间的关系。

9. 几何要素是指构成零件几何特征的________、________、________。

10. ________要素是用来确定被测要素方向或位置的要素。

11. 零件的几何公差包括________、________、________和________等类别。

12. 圆度属于形状公差，同心度属于________公差，同轴度属于位置公差，圆柱度属于________公差。

13. 轮廓的算术平均偏差 *Ra* 是粗糙度轮廓________参数，轮廓的最大高度 *Rz* 是粗糙度轮廓________参数。

14. 已知孔、轴的公称尺寸均为 ϕ75 mm，孔的上、下极限尺寸分别为 ϕ75.074 mm 和 ϕ75 mm，轴的上、下极限尺寸分别为 ϕ74.9 mm 和 ϕ74.826 mm，试分别计算孔、轴的极限偏差与公差，画出公差带图。

15. 已知轴的尺寸为 ϕ80g6 mm，先根据表 4-1、表 4-2 进行计算，再查表 4-4 验证其极限偏差和极限尺寸。

16. 已知孔的尺寸为 ϕ130D9 mm，先根据表 4-1、表 4-3 进行计算，再查表 4-5 验证其极限偏差和极限尺寸。

17. 根据第 14 题画出的公差带图，查表 4-4 和表 4-5，求出轴和孔的优先公差带代号。

笔记

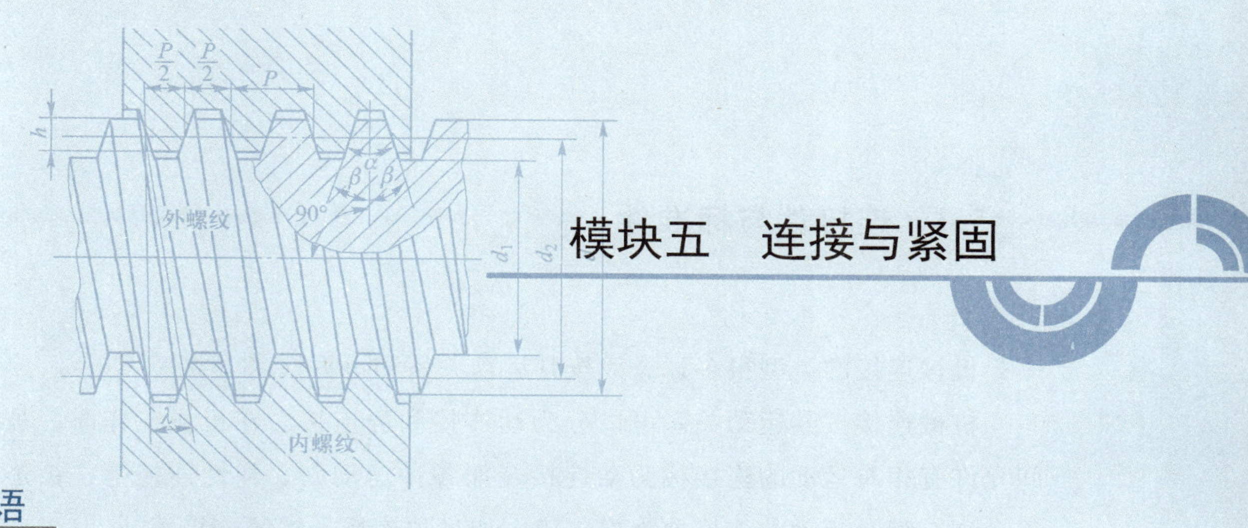

模块五　连接与紧固

导　语

为了满足机械在功能、结构、制造、安装、运输、维修、工效、经济等方面的要求，组成机械的各零件之间是通过各种制约关系组合在一起的，各零件之间的这种制约关系就称为连接。

从机械工作的角度看，连接需要具有可靠性；从机械装配的角度看，连接需要具有可拆性；从减少装配所需工具的种类看，连接件的规格型号不宜过多；从便于装拆更换的角度看，连接件需要具有互换性。连接的合理结构、连接件的正确选用、防松装置的恰当采用，对机械的安全运转十分重要。连接结构不合理、连接件选用不正确、防松装置运用不恰当，轻则导致机械发生故障而停机，重则造成密闭流体介质泄漏，不仅污染环境，甚至可能引发重大事故。因此，必须树立高度的责任感，对连接与紧固给予足够的重视。

本模块将介绍常用于轴与轮毂之间的连接——键连接与销连接，常用的紧固件连接——螺纹连接，允许被连接件间有相对运动的连接——弹性连接，以及轴与轴之间的连接——联轴器与离合器。

思维导图

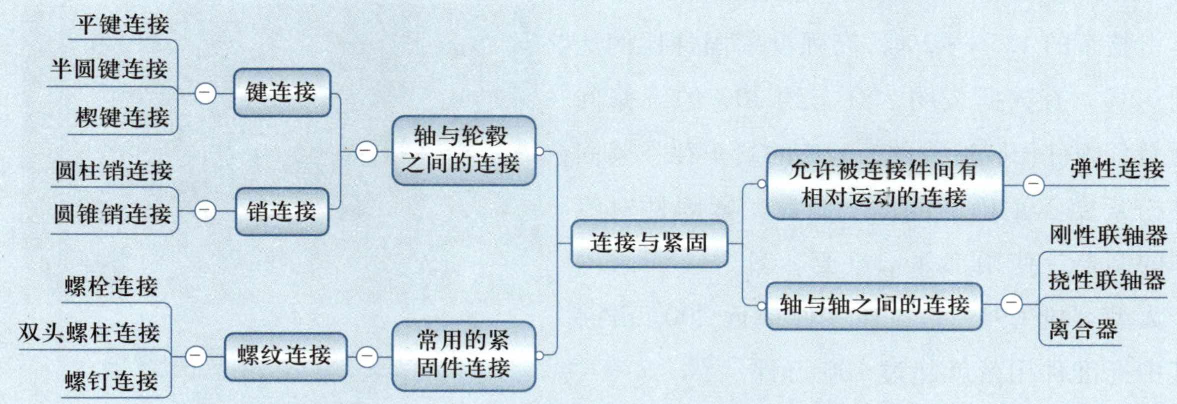

5.1 连接件与标准件

笔记

机械连接的类型很多，一般按其运动关系和可拆性来分类。

机械连接按其运动关系可以分为动连接和静连接。在机械工作时，被连接零件之间允许有相对运动的连接称为动连接，如各种运动副、弹性连接等；被连接零件之间不允许有相对运动的连接称为静连接，如过盈连接、螺纹连接等。

机械连接按其可拆性可以分为可拆连接和不可拆连接。不需破坏连接中的任何零件就可拆开且多次装拆无损性能的连接称为可拆连接，如螺纹连接、键连接、销连接等，采用可拆连接主要考虑结构、安装、运输、维修方面的因素；至少要破坏连接中的某一部分才能拆开的连接称为不可拆连接，如铆接、焊接、胶接等，其制造成本通常比可拆连接低，采用不可拆连接主要考虑制造和经济方面的因素。过盈连接虽然可以设计成可拆连接，但是为了避免拆卸时损伤接触面，也常设计成不可拆连接。

在机械中起连接作用的零件称为连接件。最常用的连接件是螺纹连接件，又称紧固件，此外还有键、销等连接件。由于这些连接件用量较大，为了加快设计进度、便于专业化生产、降低成本，国家对这些连接件的结构、形式、尺寸、画法及标记等作了统一规定，制定了国家标准，实施了标准化，因此这类零件也称为标准件。广义的标准件，除标准化连接件或紧固件之外，还包括传动件、密封件、液压元件、气动元件、轴承、弹簧及联轴器等机械零部件。对于标准件，在设计和使用时，只需根据其代号和标记，便可从相应的国家标准中查出各部分的形状和全部尺寸。

标准件，常被称为“工业之米”，是机械产品需求量极大的基础元器件之一。汽车整车及总成的总装过程主要是应用紧固件连接各种零部件的过程。某型号的一辆轿车，有 500 种约 4 000 个紧固件，质量达 50 kg，成本占整车的 1.5%~2%，高强度紧固件比例达到 32%。有数据表明，汽车约 30%的维修问题是紧固件松脱造成的，12%的新车存在紧固件松紧度不正确的问题。因此，紧固件对汽车的制造、使用都非常重要。图 5-1 所示国产大型客机 C919 的各种零件接近 200 万件，其中标准件用量就超过 100 万件。

图 5-1　国产大型客机 C919

拓展 机械零件的标准化、系列化和通用化

笔记

机械零部件的标准化是指将产品的形式、材料、尺寸、参数、性能等用“标准”予以统一规定并实施；系列化是指对同一种零部件，在相同的基本结构和基本尺寸条件下，规定若干个辅助尺寸不同的规格；通用化是指在不同规格的同类产品甚至不同类型的产品上采用同样的零部件。

螺纹紧固件（图5-2）、键、V带、滚子链、滚动轴承、联轴器、减速器等已高度标准化而成为标准零部件，并有相应的尺寸系列；带传动、链传动、齿轮传动、蜗杆传动中也有许多标准规定；有的零件仅在参数方面实行了标准化和系列化，如齿轮的模数、蜗杆的分度圆直径等。

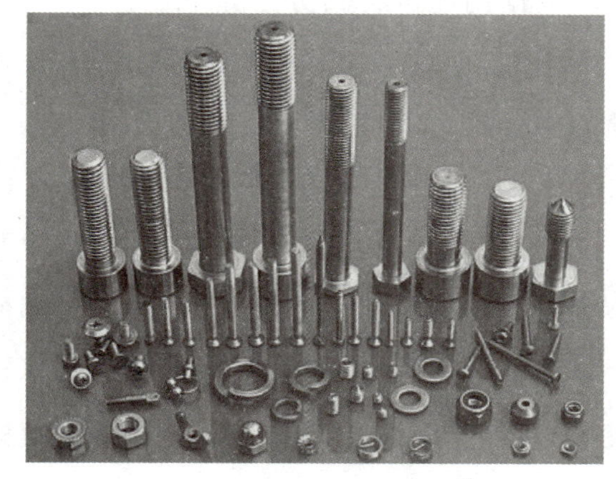
图5-2 螺纹紧固件

实行机械零部件的标准化、系列化和通用化有利于减少零部件的品种和规格，便于组织大规模生产，保证质量，降低成本；有利于减少设计和制造的工作量，缩短生产周期；有利于增强互换性，减少维修工时；对于规定了标准参数的零件，有利于减少刀具和量具的规格。因此，应按照中华人民共和国标准化法的规定，实行机械零部件的标准化、系列化和通用化。

5.2 键连接与销连接

安装在轴上的齿轮、带轮、链轮等传动零件，其轮毂与轴的连接主要有键连接、销连接等。

一、键连接

键连接主要用作轴上零件的周向固定并传递转矩，有的使轴上零件沿轴向移动时起导向作用。

按照结构特点和工作原理，键连接可分为平键连接、半圆键连接和楔键连接等。

常用的为平键连接。

1. 平键连接

平键连接如图 5-3 所示，平键的下面与轴上键槽贴紧，上面与轮毂键槽顶面留有间隙。两侧面为工作面，依靠键与键槽之间的挤压力传递转矩。平键连接加工容易、装拆方便、对中性良好，用于传动精度要求较高的场合。根据用途可将其分为如下三种：

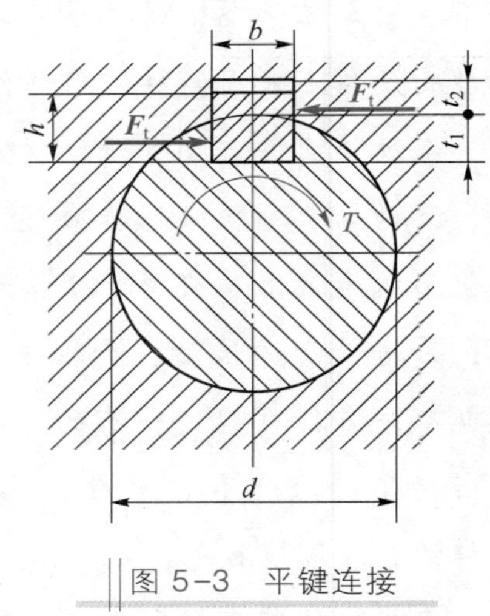

图 5-3 平键连接

① 普通型平键连接　如图 5-4 所示，普通型平键的主要尺寸是键宽 b、键高 h 和键长 L。端部有圆头（A 型）、平头（B 型）和单圆头（C 型）三种形式。A 型键定位好，应用广泛。C 型键用于轴端。A、C 型键的轴上键槽用立铣刀铣出，端部的应力集中较大。B 型键的轴上键槽用盘铣刀铣出，轴上应力集中较小，但对于尺寸较大的键，要用紧定螺钉压紧，以防松动。

笔记

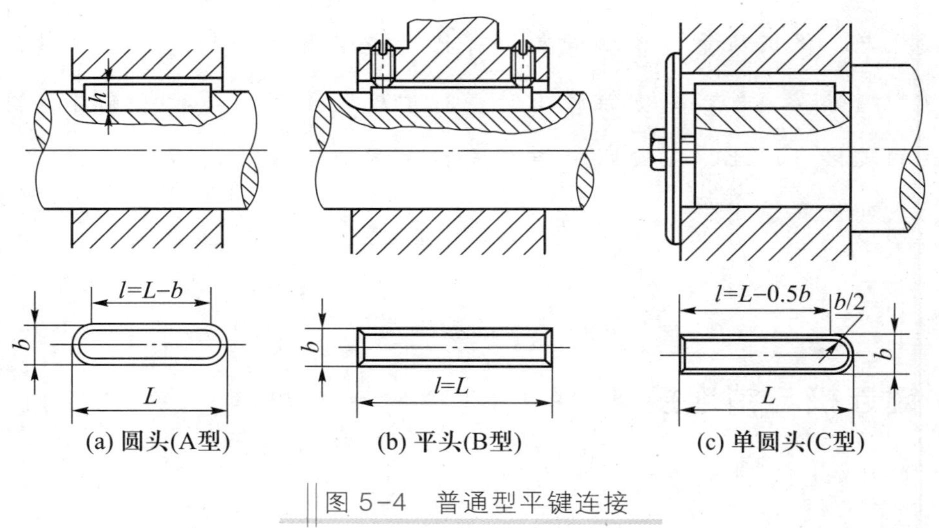

图 5-4 普通型平键连接

② 薄型平键连接　薄型平键与普通型平键相比，在键宽 b 相同时，键高 h 较小。因此，薄型平键连接对轴和轮毂的强度削弱较小，用于薄壁结构和特殊场合。

③ 导向型平键连接　当轴上零件与轴构成移动副时，可采用导向型平键连接（图 5-5）。导向型平键较普通型平键长，为防止键体在轴中松动，用两个螺钉将其固定在轴上键槽中，键的中部设有起键螺纹孔，以便拆卸。若轴上零件沿轴向移动距离较长，可采用图 5-6 所示的滑键连接。

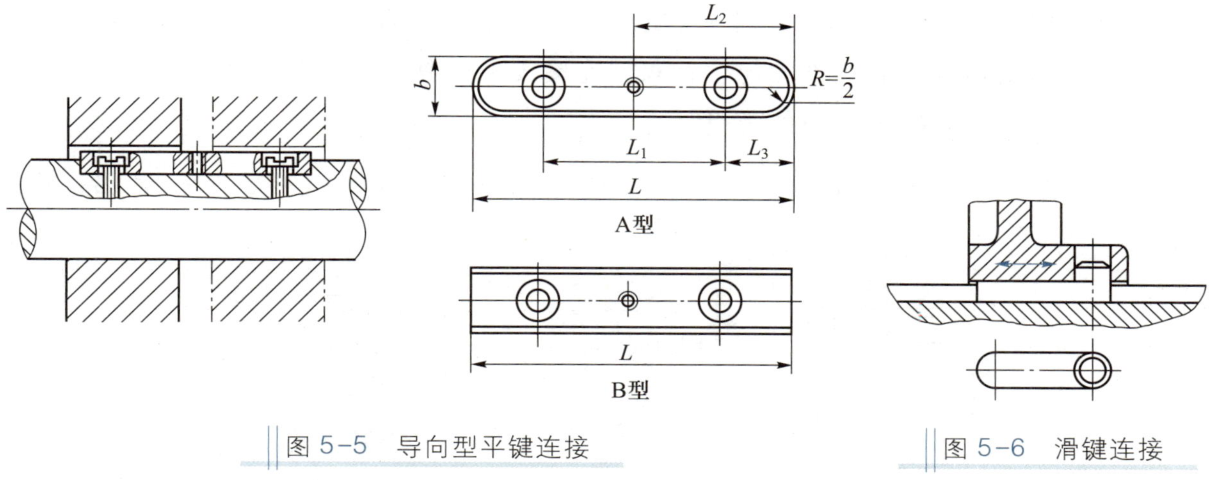

图 5-5　导向型平键连接

图 5-6　滑键连接

认标记　识参数

普通型平键的主要参数有键宽 b、键高 h、键长 L，标记示例：

① 键宽 $b=16$ mm、键高 $h=10$ mm、键长 $L=100$ mm 普通 A 型平键的标记为 GB/T 1096　键 16×10×100

② 键宽 $b=16$ mm、键高 $h=10$ mm、键长 $L=100$ mm 普通 B 型平键的标记为 GB/T 1096　键 B 16×10×100

③ 键宽 $b=16$ mm、键高 $h=10$ mm、键长 $L=100$ mm 普通 C 型平键的标记为 GB/T 1096　键 C 16×10×100

笔记

*2. 平键连接的选用

平键连接的选用步骤如下：

① 根据键连接的工作要求和使用特点选择键连接的类型。

② 参照轴的公称直径 d，从国家标准（表 5-1）中选择平键的横截面尺寸 $b\times h$。

③ 根据轮毂长度 L_1 选择键长 L，静连接取 $L=L_1-(5\sim10)$ mm。键长 L 应符合标准长度系列。

④ 校核平键连接的强度。键连接的主要失效形式及对应的强度计算方法是：较弱工作面的压溃（静连接），应按照挤压应力 R_p 进行条件性的强度计算；或过度磨损（动连接），应按照压强 p 进行条件性的强度计算。校核公式为

$$R_p \text{ 或 } p=\frac{4T}{dhl}\leqslant[R_p]\text{或}[p] \qquad (5-1)$$

式中：T——传递的转矩，N · mm；

d——轴的公称直径，mm；

h——键高，mm；

l——键的工作长度，如图 5-4 所示，mm；

$[R_p]$或$[p]$——键连接材料的许用挤压应力或许用压强，见表 5-2，计算时应取连接中较弱材料的值，MPa。

如果强度不足，在结构允许时可以适当增加轮毂的长度和键长，或者间隔 180°布置两个键。考虑载荷分布的不均匀性，双键连接按 1.5 个键进行强度校核。

⑤ 选择并标注键连接的轴毂公差。

表 5-1　普通型平键、导向型平键和键槽的横截面尺寸及公差　　mm

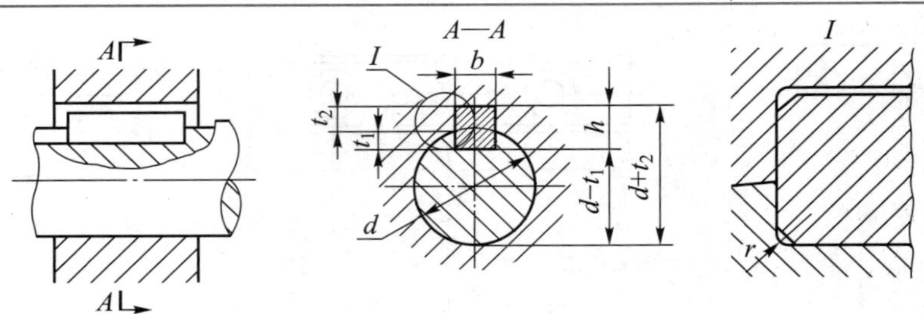

（摘自 GB/T 1095—2003、GB/T 1096—2003、GB/T 1097—2003）

轴①	键			键槽										
公称轴径 d	b	h	L	宽度 b					深度				半径 r	
				松连接		正常连接		紧密连接	轴 t_1		毂 t_2			
				轴 H9	毂 D10	轴 N9	毂 JS9	轴和毂 P9	公称尺寸	极限偏差	公称尺寸	极限偏差	最小	最大
>10～12	4	4	8～45	+0.030 0	+0.078 +0.030	0 −0.030	±0.015	−0.012 −0.042	2.5	+0.1 0	1.8	+0.1 0	0.08	0.16
>12～17	5	5	10～56						3.0		2.3		0.16	0.25
>17～22	6	6	14～70						3.5		2.8			
>22～30	8	7	18～90	+0.036 0	+0.098 +0.040	0 −0.036	±0.018	−0.015 −0.051	4.0	+0.2 0	3.3	+0.2 0		
>30～38	10	8	22～110						5.0		3.3		0.25	0.40
>38～44	12	8	28～140	+0.043 0	+0.120 +0.050	0 −0.043	±0.021 5	−0.018 −0.061	5.0		3.3			
>44～50	14	9	36～160						5.5		3.8			
>50～58	16	10	45～180						6.0		4.3			
>58～65	18	11	50～220						7.0		4.4			
L 系列	6，8，10，12，14，16，18，20，22，25，28，32，36，40，45，50，56，63，70，80，90，100，110，125……													

① GB/T 1095—2003 中已取消了表中“轴　公称轴径 d”一列，为方便选用，本书中仍列出。

表 5-2　键连接材料的许用挤压应力（压强）　　MPa

项　目	连接性质	键或轴、毂材料	载荷性质		
			静载荷	轻微冲击	冲　击
$[R_p]$	静连接	钢	120～150	100～120	60～90
		铸铁	70～80	50～60	30～45
$[p]$	动连接	钢	50	40	30

例 5-1　图 5-7 所示为某钢制输出轴与铸铁齿轮的键连接，已知装齿轮处轴的直径 d=45 mm，齿轮轮毂长度 L_1=80 mm，该轴传递的转矩 T=200 000 N·mm，载荷有

轻微冲击。试选用该键连接。

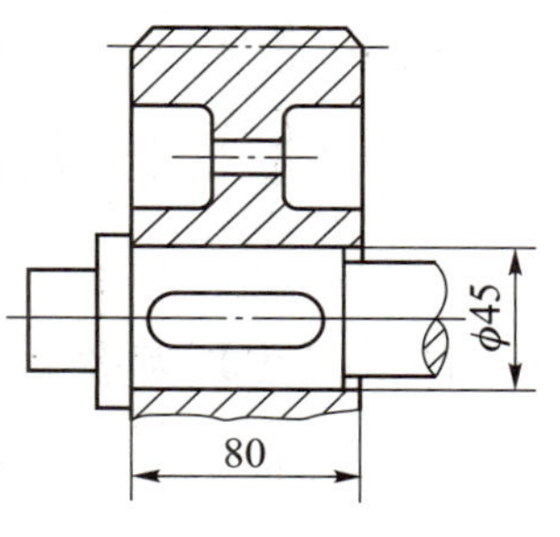

图 5-7　键连接

解　(1) 选择键连接的类型　为保证齿轮传动啮合良好，要求轴、毂对中性好，故选用普通 A 型平键连接。

(2) 选择键的主要尺寸　按轴径 $d=45$ mm 由表 5-1 查得键宽 $b=14$ mm，键高 $h=9$ mm，键长 $L=80\text{ mm}-(5\sim10)\text{ mm}=75\sim70$ mm，取 $L=70$ mm。标记为 GB/T 1096 键 14×9×70。

(3) 校核键挤压强度　由表 5-2 查铸铁材料在轻微冲击下的 $[R_p]=50\sim60$ MPa，由式 (5-1) 计算键连接的挤压应力为

$$R_p=\frac{4T}{dhl}=\frac{4\times200\ 000}{45\times9\times(70-14)}\text{ MPa}\approx35.27\text{ MPa}\leqslant[R_p]$$

所选键连接强度足够。

(4) 标注键连接公差　轴、毂公差标注如图 5-8 所示。

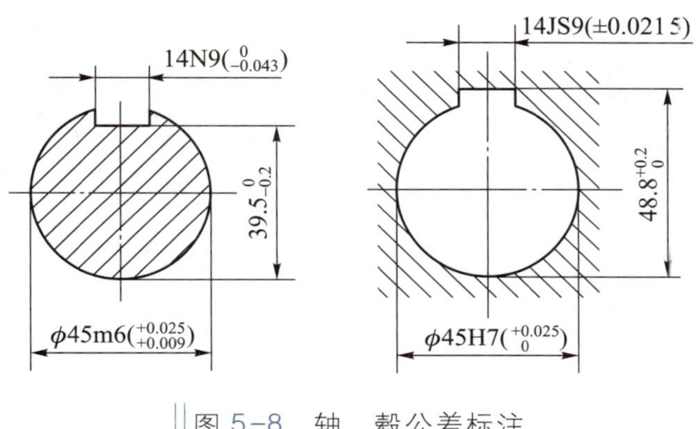

图 5-8　轴、毂公差标注

笔记

二、花键连接

花键连接由轴上加工出的外花键和轮毂孔上加工出的内花键组成（图 5-9）。工作时靠键齿的侧面互相挤压传递转矩。花键连接的优点是键齿数多，承载能力强；应力集中小，对轴和毂的强度削弱也小；轴上零件与轴的对中性好；导向性好。花键连接

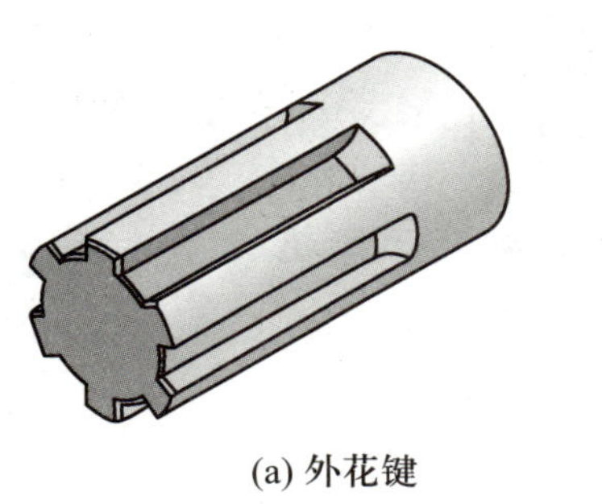

(a) 外花键

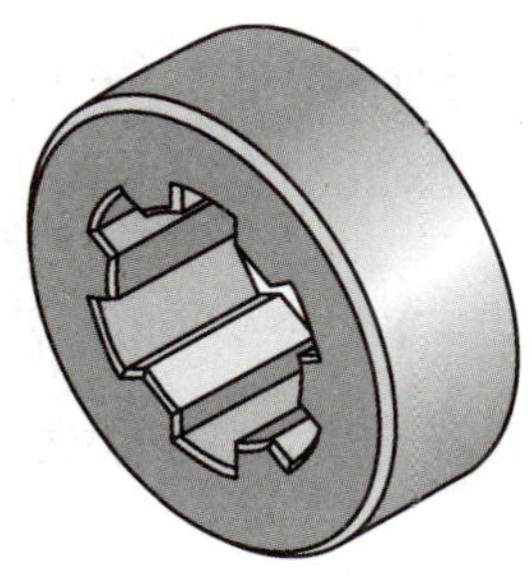

(b) 内花键

图 5-9　花键

的缺点是成本较高。因此，花键连接用于定心精度要求较高和载荷较大的场合。

花键已标准化，按齿形的不同分为矩形花键、渐开线花键和端齿花键等。

1. 矩形花键

矩形花键的齿廓为直线，规格为键数 N×小径 d×大径 D×键宽 B。

国家标准规定，矩形花键连接（图 5-10）采用小径定心、热处理后磨内花键的工艺提高定心精度。

2. 渐开线花键

渐开线花键的齿廓为渐开线，工作时齿面上有径向力，起自动定心作用，各齿均匀承载，强度高。渐开线花键可以用齿轮加工设备制造，加工精度高，常用于传递载荷较大、轴径较大、大批量的场合，如图 5-11 所示。

渐开线花键的主要参数为模数 m、齿数 z、压力角 α 等。

笔记

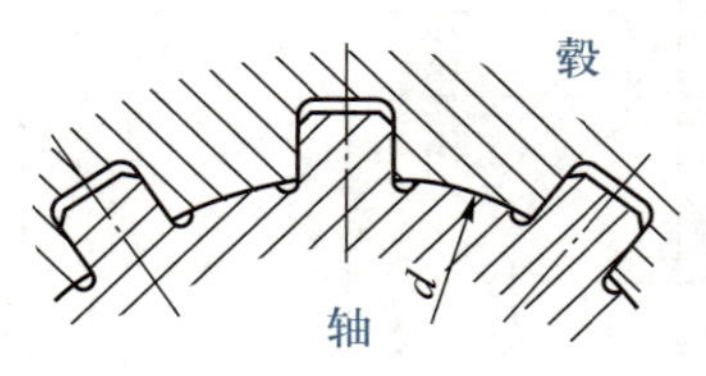

图 5-10 矩形花键连接

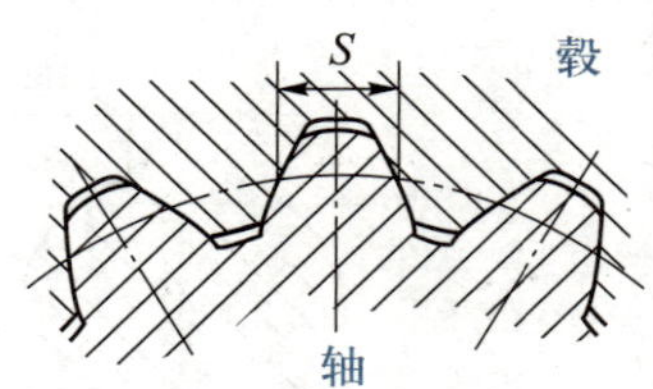

图 5-11 渐开线花键连接

认标记 识参数

矩形花键的标记应按次序包含下列内容：键数 N、小径 d、大径 D、键宽 B、基本尺寸及配合公差带代号和标准号。标记示例：

$N=6$，$d=23$(H7/f7)，$D=26$(H10/a11)，$B=6$(H11/d10) 的花键标记为

花键规格：$N \times d \times D \times B$

6×23×26×6

花键副：6×23(H7/f7)×26(H10/a11)×6(H11/d10)　GB/T 1144—2001

内花键：6×23H7×26H10×6H11　GB/T 1144—2001

外花键：6×23f7×26a11×6d10　GB/T 1144—2001

搜索 查阅 GB/T 3478.1—2008《圆柱直齿渐开线花键（米制模数 齿侧配合）第 1 部分：总论》，了解渐开线花键的标记。

三、销连接

销连接通常用于固定零件之间的相对位置（定位销，如图 5-12 所示），也用于轴

毂间或其他零件间的连接（连接销，如图 5-13 所示），还可充当过载剪断元件（安全销，如图 5-14 所示）。

图 5-12　定位销

图 5-13　连接销

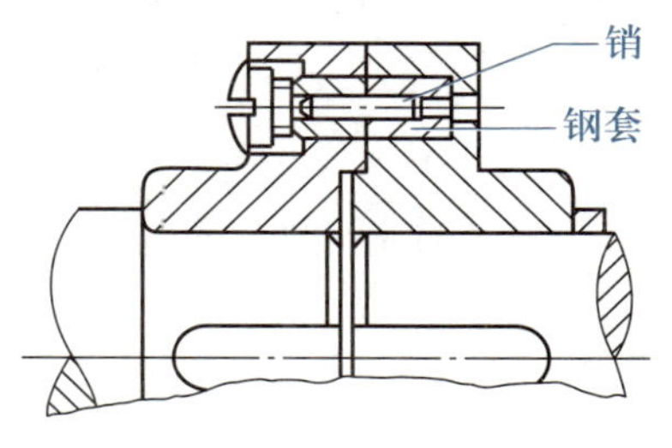

图 5-14　安全销

定位销一般只受很小的载荷，其直径按结构确定，数量不少于 2 个；连接销能传递较小的载荷，其直径亦按结构及经验确定，必要时校核其挤压和剪切强度；安全销的直径按销的剪切强度计算，当过载 20%～30%时即应被剪断。

销按形状分为圆柱销、圆锥销和异形销三类。圆柱销与销孔为过盈配合，为保证定位精度和连接的紧固性，不宜经常装拆，主要用于定位，也用作连接销和安全销。圆锥销具有 1∶50 的锥度，小端直径为标准值，自锁性能好，定位精度高，主要用于定位，也可作为连接销。圆柱销和圆锥销的销孔均需铰制。异形销种类很多，其中开口销工作可靠、拆卸方便，常与槽形螺母合用锁定螺纹紧固件。

笔记

认标记　识参数

如图 5-15 所示，圆柱销的主要参数有公称直径 d、公称长度 l。

标记示例：

① 公称直径 d=8 mm、公差为 m6、公称长度 l=30 mm、材料为不淬硬钢的圆柱销标记为

销 GB/T 119.1　8m6×30

② 公称直径 d=8 mm、公差为 m6、公称长度 l=30 mm、材料为 A1 组奥氏体不锈钢的圆柱销标记为

销 GB/T 119.1　8m6×30-A1

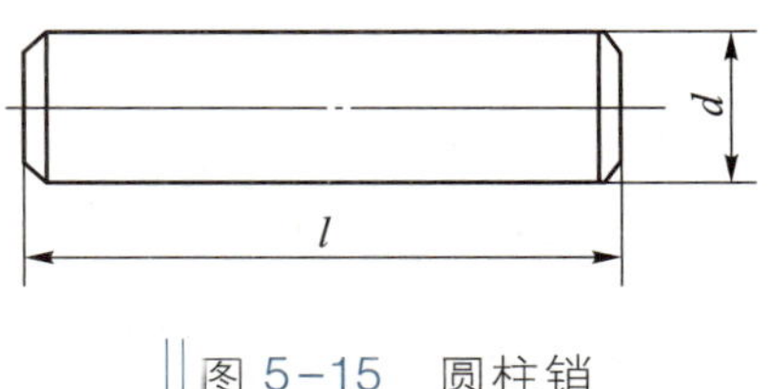

图 5-15　圆柱销

职业与生活实践

1. 自行车中的轴与曲轴为什么选用销连接，而不用键连接？载重汽车的后轮与传动轴为什么采用花键连接，而不选用普通型平键连接？

2. 落地式电风扇的扇叶与轴为什么采用销连接，而不采用平键连接？

5.3 螺纹连接

螺纹连接结构简单、装拆方便、类型多样，是机械结构中应用最广泛的紧固件连接。

一、螺纹及其主要参数

在圆柱内、外表面上分别沿螺旋线切制出特定形状的沟槽而形成内、外螺纹，共同组成螺纹副使用（图 5-16）。沿一条螺旋线形成的螺纹为单线螺纹，其自锁性好，常用于连接；沿两条或两条以上等距螺旋线形成的螺纹为多线螺纹，其效率较高，常用于传动。螺纹按螺旋线方向分为右旋螺纹和左旋螺纹，常用右旋螺纹。

笔记

螺纹的主要参数有大径 D、d（公称直径），小径 D_1、d_1（强度计算直径），中径 D_2、d_2（确定螺纹几何参数和配合性质的直径），线数 n，螺距 P，导程 Ph（$Ph=nP$），螺纹升角 λ，牙型角 α（螺纹轴向横截面内牙型两侧边的夹角）或牙侧角 β（螺纹牙型的侧边与螺纹轴线的垂直平面的夹角）等。由图 5-17 可知，螺纹升角与导程、螺距间的关系为

$$\tan \lambda=\frac{Ph}{\pi d_2}=\frac{nP}{\pi d_2} \tag{5-2}$$

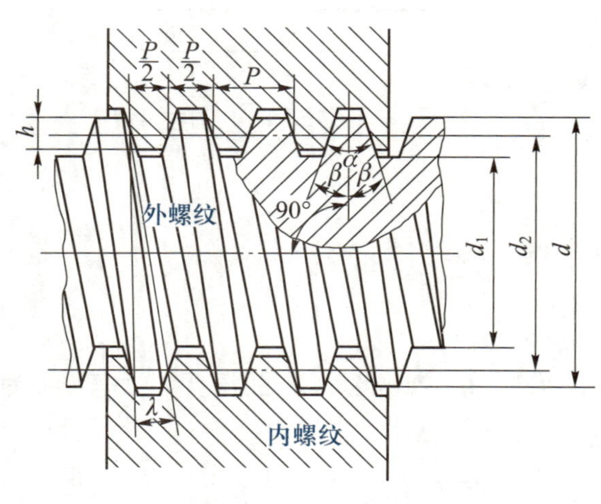

图 5-16　由内、外螺纹组成的螺纹副

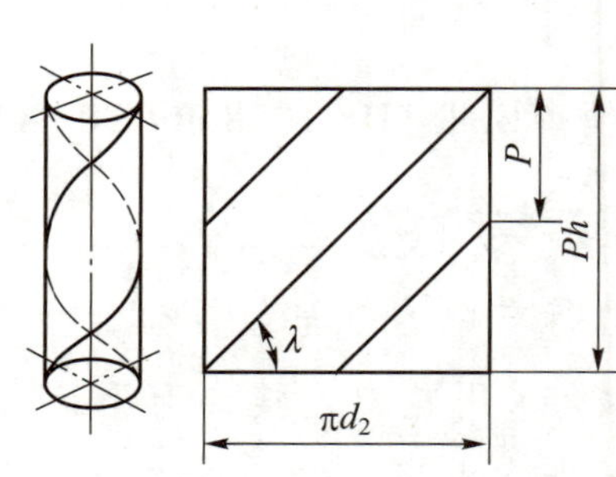

图 5-17　螺纹升角与导程、螺距间的关系

二、螺纹的类型、特点及应用

按照牙型不同，螺纹可分为普通螺纹、管螺纹、矩形螺纹、梯形螺纹、锯齿形螺纹等（图 5-18）。除矩形螺纹外，均已标准化。除多数管螺纹采用英制（以每英寸牙数表示螺距）外，均采用米制。

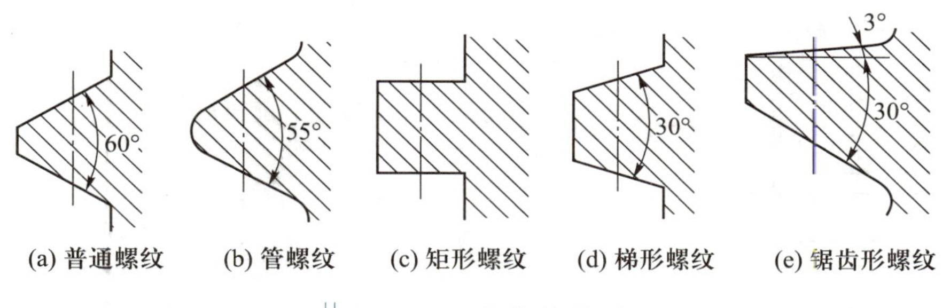

图 5-18　螺纹的牙型

普通螺纹的牙型为等边三角形，牙型角 $\alpha=60°$。对于同一公称直径，按螺距大小分为粗牙螺纹和细牙螺纹。粗牙螺纹常用于一般连接；细牙螺纹自锁性好，用于受冲击、振动和变载荷的连接。

笔记

管螺纹的牙型为等腰三角形，牙型角 $\alpha=55°$，适用于管子、管接头、旋塞、阀门等螺纹连接件。非螺纹密封的管螺纹本身不具有密封性，若要求连接后具有密封性，则可压紧被连接件螺纹副外的密封面，也可在密封面间添加密封物；用螺纹密封的管螺纹在螺纹旋合后，利用本身的变形即可保证连接的密封性，不需要任何填料，如空调管道连接。

米制锥螺纹的牙型角 $\alpha=60°$，螺纹分布在锥度为 1∶16 的圆锥管壁上，用于气体或液体管路系统依靠螺纹密封的连接螺纹（水和煤气管道用管螺纹除外）。

矩形螺纹的牙型为正方形，牙型角 $\alpha=0°$，其传动效率高，但牙根强度低，螺纹副磨损后的间隙难以修复和补偿，使传动精度降低，因此逐渐被梯形螺纹所代替。

梯形螺纹的牙型为等腰梯形，牙型角 $\alpha=30°$，其传动效率略低于矩形螺纹，但牙根强度高，工艺性和对中性好，可补偿磨损后的间隙，是最常用的传动螺纹。

锯齿形螺纹的牙型为不等腰梯形，工作面的牙侧角 $\beta_1=3°$，非工作面的牙侧角 $\beta_2=30°$，兼有矩形螺纹传动效率高和梯形螺纹牙根强度高的特点，用于单向受力的传动中。

三、螺纹连接的主要类型及应用

螺纹连接由连接件和被连接件组成，表 5-3 列出了螺纹连接的主要类型、构造、特点及应用，以及主要尺寸关系。

表 5-3　螺纹连接的主要类型及应用

<table>
<tr><th>类型</th><th>构　　造</th><th>特点及应用</th><th>主要尺寸关系</th></tr>
<tr><td rowspan="2">螺栓连接</td><td> 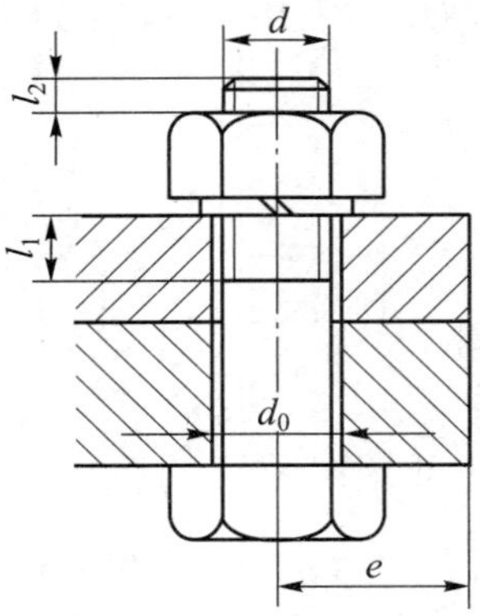普通螺栓连接</td><td>螺栓穿过被连接件的通孔，与螺母组合使用，装拆方便，成本低，不受被连接件的材料限制，广泛用于传递轴向载荷且被连接件厚度不大、能从两边进行安装的场合。
最常用的是六角头螺栓，配以高 $m\approx0.8d$ 的六角螺母。螺栓分粗牙和细牙两种，螺栓杆部有部分螺纹和全螺纹两种。此外，还有用于工艺装夹设备的 T 形槽螺栓、用于将机器设备固定在地基上的地脚螺栓等类型</td><td rowspan="3">1. 螺纹余留长度
静载荷时，$l_1\geqslant(0.3\sim0.5)d$；
变载荷时，$l_1\geqslant0.75d$；
冲击、弯曲载荷时，$l_1\approx d$；
铰制孔时，$l_1\approx0$。
2. 螺纹伸出长度
$l_2\approx(0.2\sim0.3)d$
3. 双头螺柱、螺钉旋入被连接件中的长度
被连接件的材料为钢或青铜时，$l_3\approx d$；
为铸铁时，$l_3=(1.25\sim1.5)d$；
为铝合金时，$l_3=(1.25\sim1.5)d$。
4. 螺纹孔的深度
$l_4=l_3+(2\sim2.5)P$
5. 钻孔深度
$l_5=l_3+(3\sim3.5)P$
6. 螺栓轴线到被连接件边缘的距离
$e=d+(3\sim6)\text{mm}$
7. 通孔直径
$d_0\approx1.1d$
8. 紧定螺钉直径
$d\approx(0.2\sim0.3)d_{轴}$</td></tr>
<tr><td> 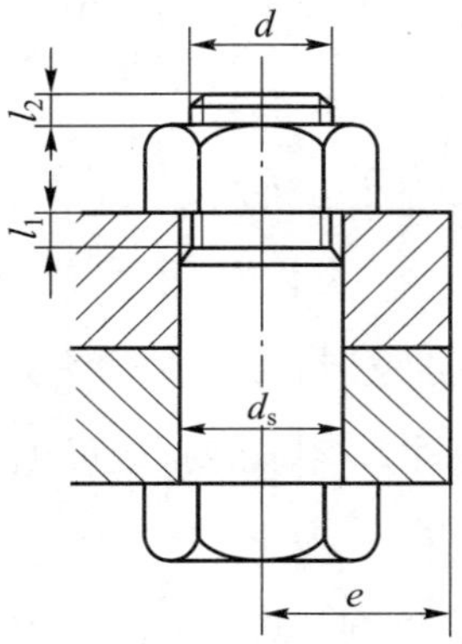加强杆螺栓连接</td><td>螺栓穿过被连接件的铰制孔并与之过渡配合，与螺母组合使用，适用于传递横向载荷或需要精确固定被连接件的相互位置的场合。
六角头加强杆螺栓的螺栓杆直径 d_s 大于公称直径 d，常配以高 $m\approx(0.36\sim0.6)d$ 的六角薄螺母。除六角螺母外，有时也采用方形、蝶形、环形、槽形、盖形螺母及圆螺母、锁紧螺母等</td></tr>
<tr><td>双头螺柱连接</td><td> 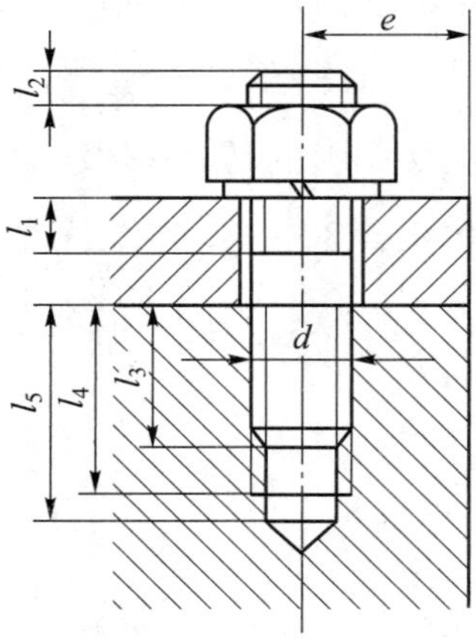</td><td>双头螺柱的一端旋入较厚被连接件的螺纹孔中并固定，另一端穿过较薄被连接件的通孔，与螺母组合使用，适用于被连接件之一较厚且经常装拆的场合。
双头螺柱的两端螺纹有等长和不等长两种：A 型带退刀槽，B 型制成腰杆，末端碾制。平垫圈可保护被连接件表面不被划伤，弹簧垫圈有 65°～80°的左旋开口，用于摩擦防松。此外，还有斜垫圈、止动垫圈等</td></tr>
</table>

笔记

续表

类型	构　　造	特点及应用	主要尺寸关系
螺钉连接		螺钉穿过较薄被连接件的通孔，直接旋入较厚被连接件的螺纹孔中，不用螺母，结构紧凑，适用于被连接件之一较厚、受力不大，且不经常装拆的场合。 螺钉头部有六角头、圆柱头、半圆头、沉头等形状，头部有一字槽、十字槽或内六角孔等。机器上常设吊环螺钉。螺栓也可作螺钉使用	
紧定螺钉连接		紧定螺钉旋入被连接件的螺纹孔中，并用尾部顶住另一被连接件的表面或相应的凹坑，固定它们的相对位置，还可传递不大的力或转矩。 头部有一字槽的紧定螺钉最常用。尾部有多种形状，平端用于高硬度表面或经常拆卸处，圆柱端可压入轴上的凹坑，锥端用于低硬度表面或不常拆卸处	

螺纹紧固件分 A、B、C 三个精度等级。A 级精度最高，用于重要连接；B 级精度次之；C 级精度多用于一般的连接。

认标记　识参数

图 5-19 所示为紧固件产品的完整标记：

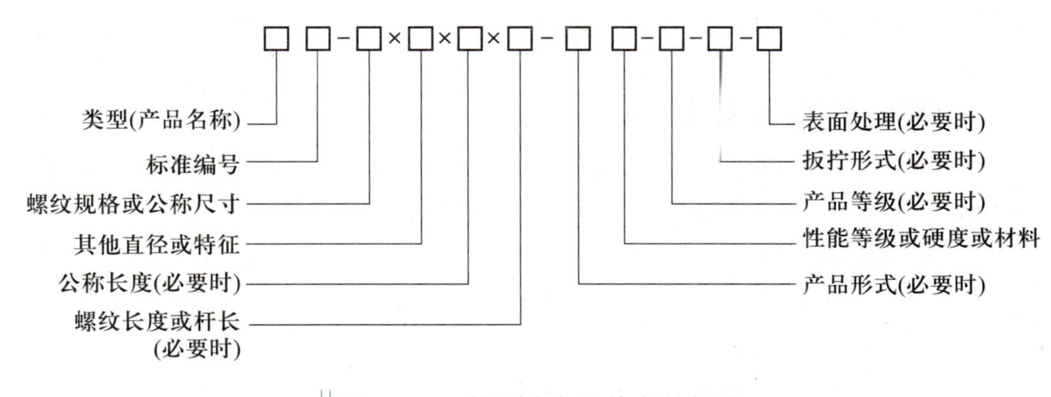

图 5-19　紧固件产品的完整标记

紧固件名称、标准编号、形式与尺寸的标记方法应符合相应紧固件国家标准的规定，紧固件性能等级或材料、热处理（硬度）、产品等级、扳拧形式的标记方法

笔记

应符合有关紧固件基础标准的规定。紧固件表面热处理的标记方法应符合 GB/T 13911 的规定，其中表面氧化为“O”。

螺栓、双头螺柱、螺钉的性能等级标记由用“.”隔开的两部分数字组成，“.”左边的数字表示公称抗拉强度（R_m）的 1/100（MPa），“.”右边的数字表示公称屈服强度（下屈服强度 R_{eL}）与公称抗拉强度（R_m）比值的 10 倍。如标记“5.8”，“5”表示 $R_m/100$，即 $R_m=500$ MPa，“8”表示 $10R_{eL}/R_m$，即 $R_{eL}=400$ MPa。螺母的性能等级一般不低于与其相配的紧固件的性能等级，其标记相当于与其相配的紧固件性能等级标记中“.”左边的数字（MPa）。如标记“5”表示 $R_m/100$，即 $R_m=500$ MPa。

标记示例：

① 螺纹规格 d=M12、公称长度 l=80 mm、性能等级为 10.9 级、表面氧化、产品等级为 A 级的六角头螺栓，标记为

螺栓 GB/T 5782—2016-M12×80-10.9-A-O （完整标记）

② 螺纹规格 d=M12、公称长度 l=80 mm、性能等级为 8.8 级、表面氧化、产品等级为 A 级的六角头螺栓，标记为

螺栓 GB/T 5782 M12×80 （简化标记）

③ 螺纹规格 D=M12、性能等级为 10 级、表面氧化、产品等级为 A 级的 1 型六角螺母，标记为

螺母 GB/T 6170—2015-M12-10-A-O （完整标记）

④ 螺纹规格 D=M12、性能等级为 8 级、不经表面处理、产品等级为 A 级的 1 型六角螺母，标记为

螺母 GB/T 6170 M12 （简化标记）

搜索 查阅 GB/T 1237—2000《紧固件标记方法》，了解各种紧固件的标记方法。

笔记

四、螺纹连接的拧紧与防松

1. 螺纹连接的拧紧及控制

螺纹连接在承受工作载荷之前一般需要拧紧，这种连接称为紧连接；不需要拧紧的连接称为松连接。拧紧可提高连接的紧密性、紧固性和可靠性。

拧紧力矩 T' 用来克服螺纹副及螺母支承面上的摩擦力矩。拧紧时螺栓所受拉力 $\boldsymbol{F}'$ 称为预紧力。实验表明，对 M10～M48 的粗牙普通螺纹，无润滑时，有近似公式

$$T' \approx 0.2F'd \tag{5-3}$$

式中：T'——拧紧力矩，N·mm；

F'——预紧力，N；

d——螺纹紧固件的公称直径，mm。

预紧力过大，螺纹牙可能被剪断而滑扣；预紧力过小，紧固件可能松脱，被连接件可能出现滑移或分离。因此，有必要在拧紧螺栓时控制拧紧力矩，从而控制预紧力。采用指针式测力矩扳手或预置式定力矩扳手（图 5-20）控制拧紧力矩的方法精度较高。目前控制预紧力较多采用电动扳手，使用呆扳手可以在一定程度上控制拧紧力矩，而使用可以调整的活扳手则难以控制拧紧力矩。

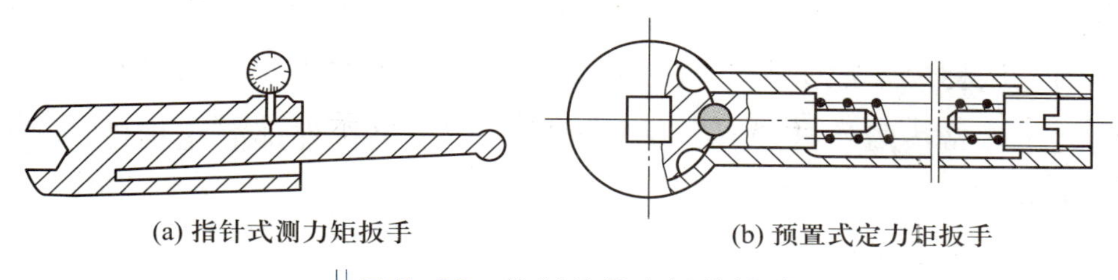

图 5-20 控制拧紧力矩的扳手

为了使被连接件均匀受压，互相贴合紧密、连接牢固，装配时要根据螺栓实际分布情况，按一定的顺序分次（常为 2 次或 3 次）逐步拧紧，如图 5-21 所示，而拆卸的顺序与装配时恰好相反，也要分次进行。

笔记

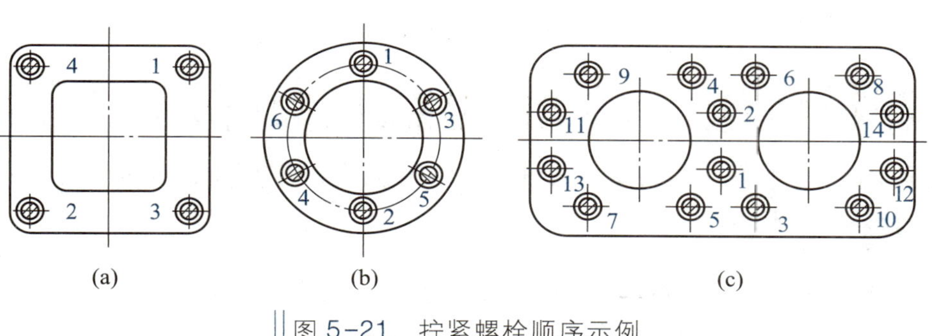

图 5-21 拧紧螺栓顺序示例

对于铸锻焊件等的粗糙表面，应加工成凸台、沉头座或采用球面垫圈，支承面倾斜时应采用斜面垫圈，如图 5-22 所示。这样可使螺栓轴线垂直于支承面，避免螺栓承受偏心载荷。图中尺寸 E 要保证扳手操作空间。

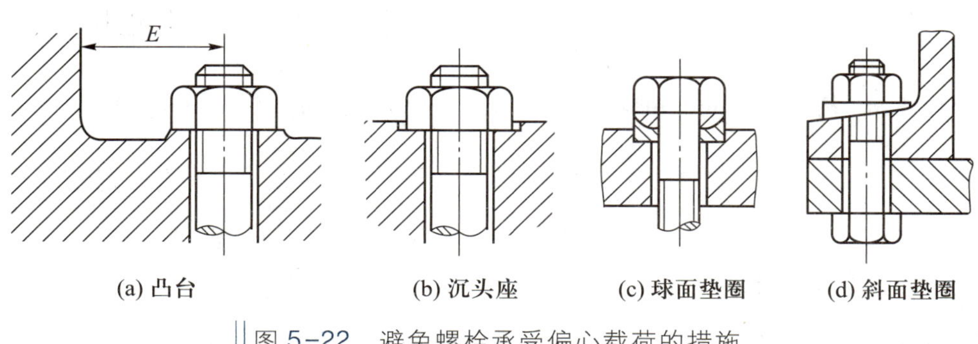

图 5-22 避免螺栓承受偏心载荷的措施

2. 螺纹连接的防松措施

连接螺纹常为单线螺纹，满足自锁条件，螺纹连接在拧紧后一般不会松动。但是，在变载荷、冲击、振动作用下，会使预紧力减小，摩擦力降低，导致螺纹副相对转动，使螺纹连接松动，因此必须采取防松措施。

常用的防松措施有三种：

① 摩擦防松　使螺纹副中产生不随外力变化的正压力，以形成阻止螺纹副相对转动的摩擦力的方法称为摩擦防松，如图 5-23 所示。对顶螺母防松效果较好，金属锁紧螺母效果次之，弹簧垫圈效果较差。这种方法适用于机械外部静止构件的连接及防松要求不严格的场合。

笔记

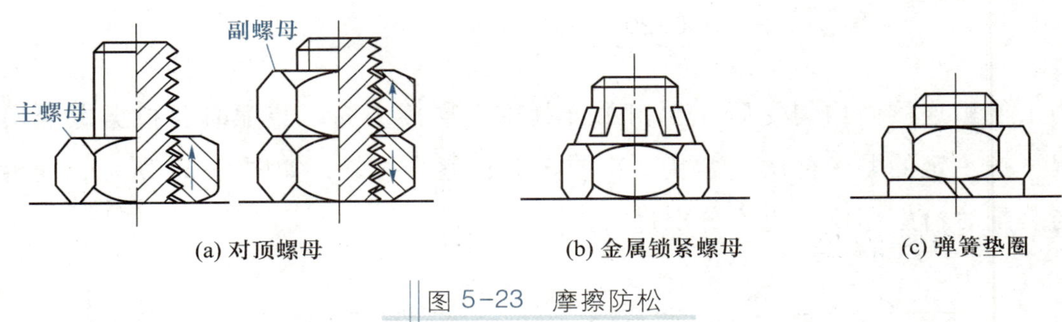

(a) 对顶螺母　(b) 金属锁紧螺母　(c) 弹簧垫圈

图 5-23　摩擦防松

② 锁住防松　利用各种止动件机械地限制螺纹副相对转动的方法称为锁住防松，如图 5-24 所示。这种方法可靠，但装拆麻烦，适用于机械内部运动构件的连接及防松要求较高的场合。

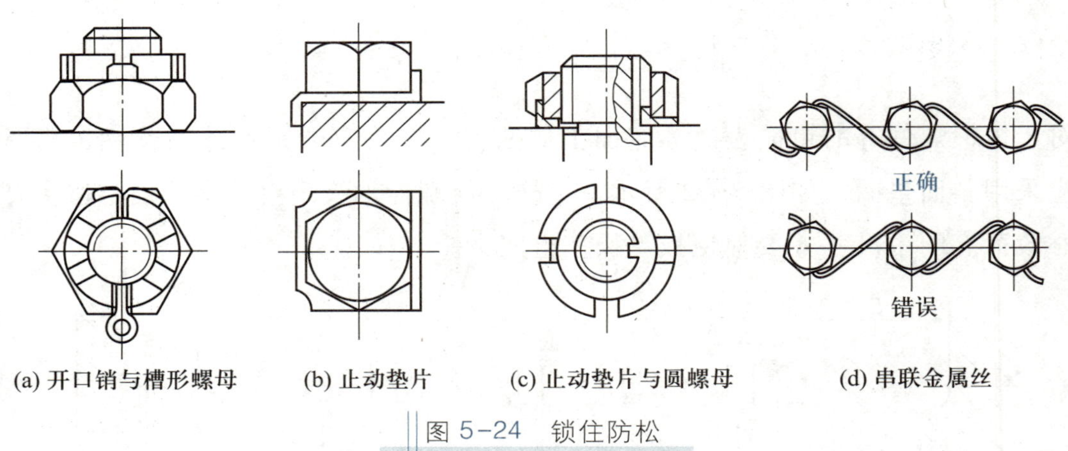

(a) 开口销与槽形螺母　(b) 止动垫片　(c) 止动垫片与圆螺母　(d) 串联金属丝

图 5-24　锁住防松

③ 不可拆防松　在螺纹副拧紧后，采用端铆、冲点、焊接、胶接等措施使螺纹连接不可拆的方法称为不可拆防松，如图 5-25 所示。这种方法简单可靠，适用于装配后不再拆卸的连接。

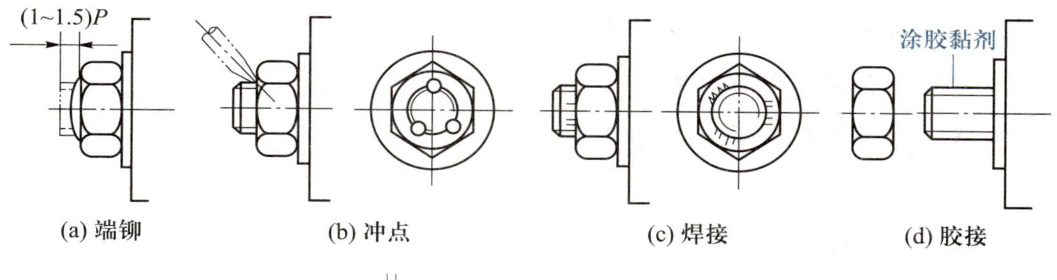

图 5-25　不可拆防松

职业与生活实践

1. 用于管道连接的螺纹为什么选用55°圆角、用螺纹密封的管螺纹？

2. 液化石油气罐与减压阀的接口为什么选用左旋螺纹？日常生活中还有哪些地方选用左旋螺纹？

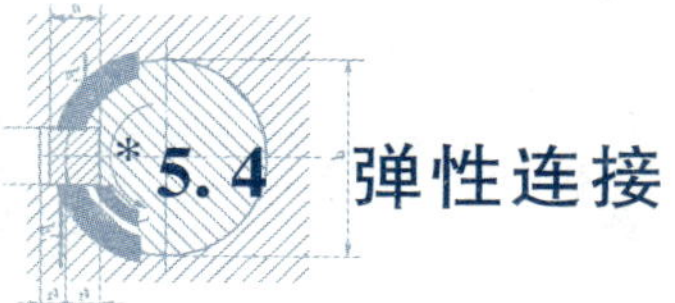

*5.4 弹性连接

一、弹簧的类型

笔记

受载后产生变形，卸载后通常立即恢复原有形状和尺寸的零件称为弹性零件。图5-26所示的车架和车轮主要依靠装在它们之间的弹性零件实现连接。这种依靠弹性零件实现被连接件在有限相对运动时仍保持固定联系的动连接称为弹性连接。

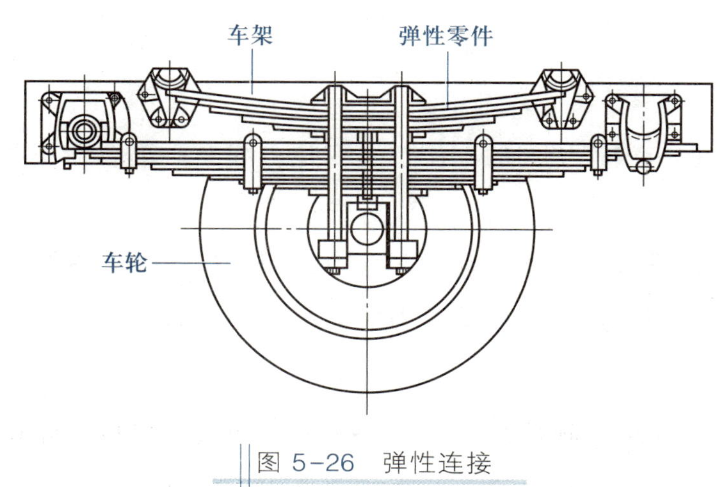

图 5-26　弹性连接

弹簧是通过变形储存和释放能量的弹性零件，其基本类型见表 5-4。

弹簧一般在变载荷下工作，因此要求弹簧材料在力学性能方面具有高的弹性极限和疲劳极限，且具有足够的韧性和塑性。

弹簧的材料主要是热轧和冷拉弹簧钢。

表 5-4 弹簧的基本类型

按形状分	按载荷分				
	拉伸	压缩		扭转	弯曲
螺旋形	圆柱螺旋拉伸弹簧	圆柱螺旋压缩弹簧	圆锥螺旋压缩弹簧	圆柱螺旋扭转弹簧	—
其他形	—	环形弹簧	碟形弹簧	平面涡卷盘簧	板弹簧

笔记

二、弹性连接的功用

① 缓冲吸振　改善被连接件的工作平稳性，如蛇形弹簧联轴器上的弹簧及各种车辆上的悬挂弹簧。

② 控制运动　适应被连接件的工作位置变化，如离心离合器中的弹簧及内燃机上的气门弹簧。

③ 储能输能　提供被连接件运动所需动力，如机械式钟表中的发条弹簧。

④ 测量载荷　标志被连接件所受外力的大小，如测力器和弹簧秤中的弹簧。

职业与生活实践

1. 数控铣床或加工中心的刀杆压紧弹簧为什么选用碟形弹簧，而不用压缩弹簧？
2. 机械式自动手表的涡卷弹簧是怎样实现自动上弦的？
3. 电动自行车上的螺旋弹簧主要起什么作用？

5.5 联轴器与离合器

笔记

联轴器与离合器主要用于连接两轴，使其共同回转以传递运动和转矩。机器工作时，联轴器只能保持两轴的接合状态，而离合器却可随时完成两轴的接合或分离。

一、常用联轴器

联轴器所连接的两轴，由于制造和安装误差、受载变形和机座下沉等原因，可能产生轴线的轴向、径向、角向或综合偏移（图 5-27）。因此，要求联轴器在传递运动和转矩的同时，还应具有一定范围的补偿轴线偏移、缓冲吸振的能力。据此可以将联轴器分为刚性联轴器和挠性联轴器两大类。

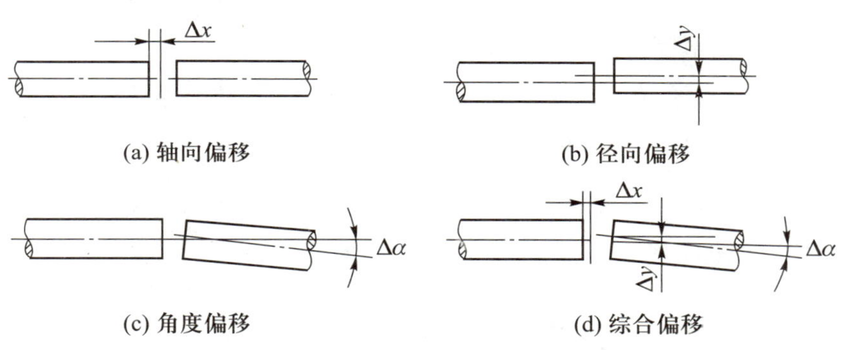

图 5-27 轴线偏移形式

1. 刚性联轴器

刚性联轴器结构简单、制造容易、承载能力大、成本低，但没有补偿轴线偏移的能力，适用于载荷平稳、转速稳定、两轴对中良好的场合。

① 凸缘联轴器 如图 5-28 所示，凸缘联轴器（GY 型、GYS 型）由两个带有凸缘的半联轴器分别用键与两轴连接，然后用螺栓将它们连接成一体，以实现两轴连接。GY 型由加强杆螺栓对中，装拆方便，传递转矩较大；GYS 型采用普通螺栓连接，靠对中榫对中，制造成本低，但装拆时轴需做轴向移动。

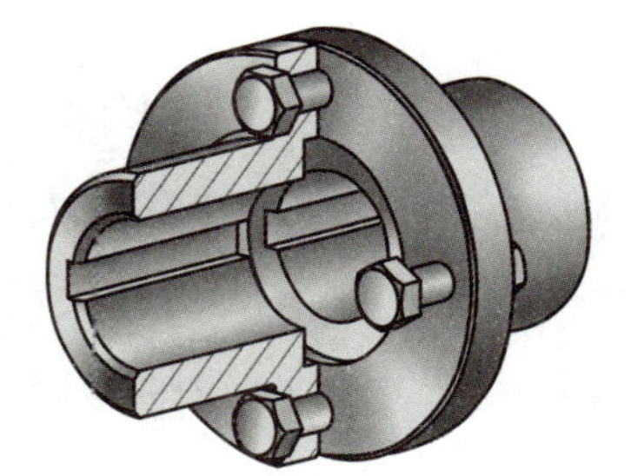

图 5-28 凸缘联轴器

凸缘联轴器

② 套筒联轴器 如图 5-29 所示，套筒联轴器（GT 型）利用公共套筒和键、销等连接两轴，径向尺寸小，转动惯量也小，可用于启动频繁和速度常变化的传动。

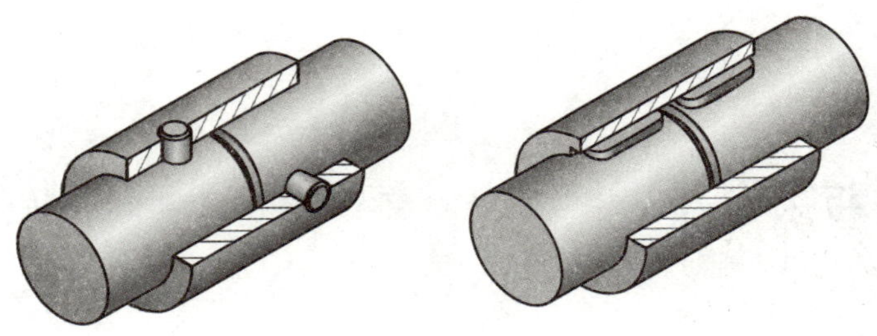

图 5-29 套筒联轴器

2. 无弹性元件的挠性联轴器

挠性联轴器具有补偿轴线偏移的能力，适用于载荷和转速有变化及两轴有偏移的场合。无弹性元件的挠性联轴器靠本身动连接的可移功能补偿轴线偏移。

十字滑块联轴器

① 滑块联轴器 如图 5-30 所示，滑块联轴器（HH 型）由两个与轴用键连接的半联轴器和中间滑块组成，中间滑块的两面有互成 90°的径向凸榫，半联轴器的端面有径向凹槽，利用凸榫与凹槽相互嵌合构成移动副，可补偿径向偏移和角偏移，但转动时滑块有较大的离心惯性力。滑块联轴器结构简单、径向尺寸小，适用于两轴径向位移较大的低速、无冲击和载荷较大的场合。

齿式联轴器

② 齿式联轴器 如图 5-31 所示，齿式联轴器（CZ 型）由两个带外齿的轮毂分别与主、从动轴相连接，两个带内齿的凸缘用螺栓紧固，利用内外齿啮合实现两轴连接。齿式联轴器外廓尺寸紧凑、传递转矩大，可补偿综合偏移，但成本较高，适用于重载、启动频繁和经常正反转的场合。

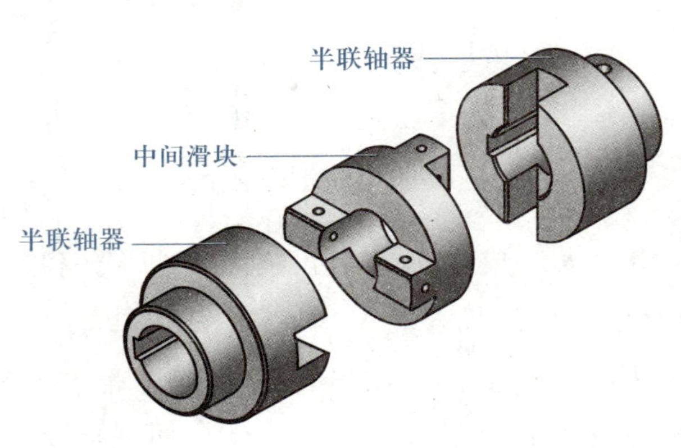

图 5-30 滑块联轴器

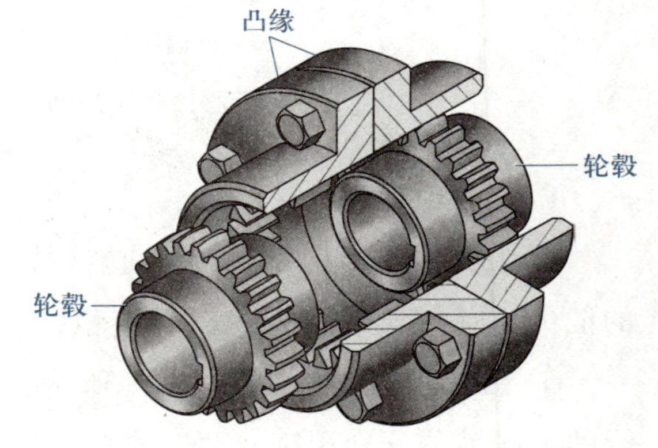

图 5-31 齿式联轴器

万向联轴器

③ 万向联轴器 万向联轴器（WS 型）上与主、从动轴相连的叉形件与十字轴分别构成转动副，允许有较大的角偏移。图 5-32 所示的单万向联轴器，主动轴叉以等角速度 ω_1 回转时，从动轴叉的角速度 ω_3 将发生周期性变化，引起动载荷。为使 $\omega_1=\omega_3$，一般将两个单万向联轴器成对使用，组成双万向联轴器（图 5-33），且应满足三个条件：a. 主、从动轴与中间轴夹角 $\alpha_1=\alpha_3$；b. 中间轴两端的叉形件应共面；c. 主、从动轴与中间轴的轴线应共面。万向联轴器径向尺寸小，适用于连接夹角较大的两轴。

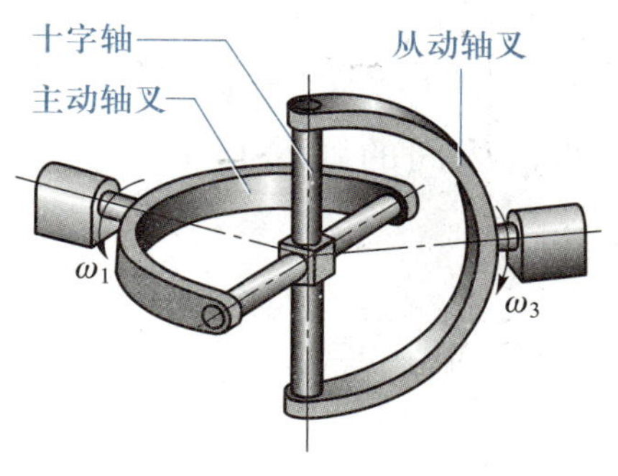

图 5-32　单万向联轴器

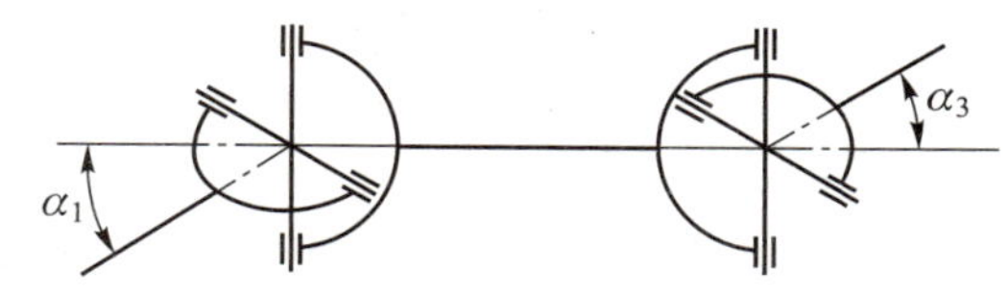

图 5-33　双万向联轴器

笔记

对于上述无弹性元件的挠性联轴器，各运动副应保持良好的润滑条件，以减轻磨损。

3. 非金属弹性元件的挠性联轴器

靠弹性元件的弹性变形及阻尼作用来补偿轴线偏移、缓冲吸振的联轴器称为弹性元件的挠性联轴器。其中，弹性元件为非金属材料的挠性联轴器主要有：

① 弹性套柱销联轴器　如图 5-34 所示，弹性套柱销联轴器（LT 型）上有锥端的柱销固定于半联轴器，柱销上套装的橡胶弹性套伸入半联轴器上的孔中，实现两轴的连接。弹性套柱销联轴器制造方便，适用于启动频繁的高中速轴的中小转矩传动。但因为弹性套易磨损，所以为便于更换，要留有装拆柱销的空间尺寸。

② 弹性柱销联轴器　如图 5-35 所示，弹性柱销联轴器（LX 型）利用置于半联轴器凸缘孔中的尼龙柱销实现两轴连接。为防止柱销滑出设有挡板。弹性柱销联轴器适用于启动及换向频繁的转矩较大的中低速轴。

弹性套柱销联轴器

弹性柱销联轴器

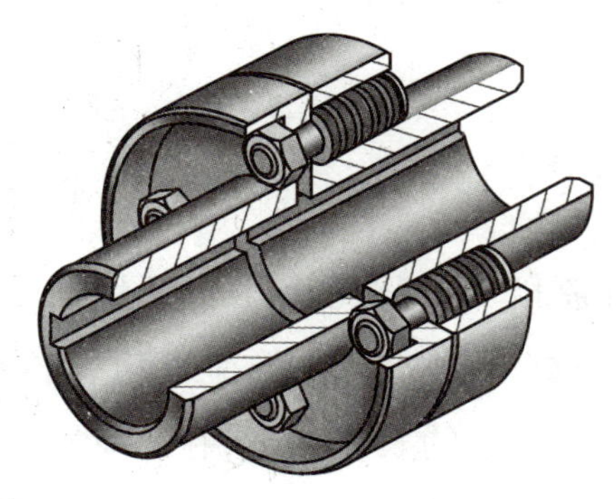

图 5-34　弹性套柱销联轴器

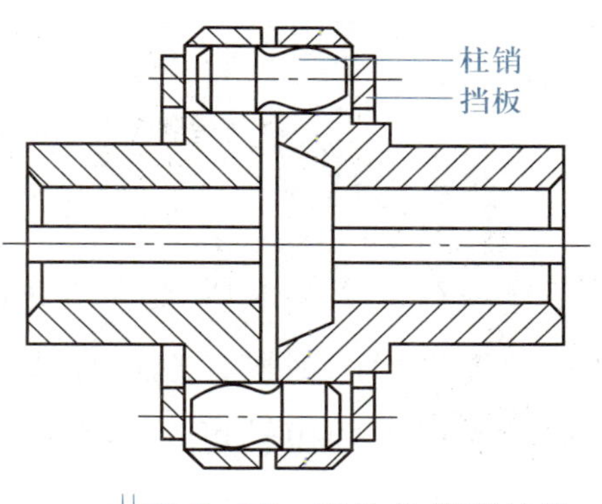

图 5-35　弹性柱销联轴器

拓展

梅花形联轴器

轮胎联轴器

4. 金属弹性元件的挠性联轴器

如图 5-36 所示，蛇形弹簧联轴器（JS 型）由两个带外齿圈的半联轴器和置于其齿间的一组蛇形板簧组成。每个齿圈上有 50~100 个齿，齿间的弹簧有 1~3 层。为便于安装分成 6~8 段。蛇形板簧用外壳罩住。

蛇形弹簧联轴器

笔记

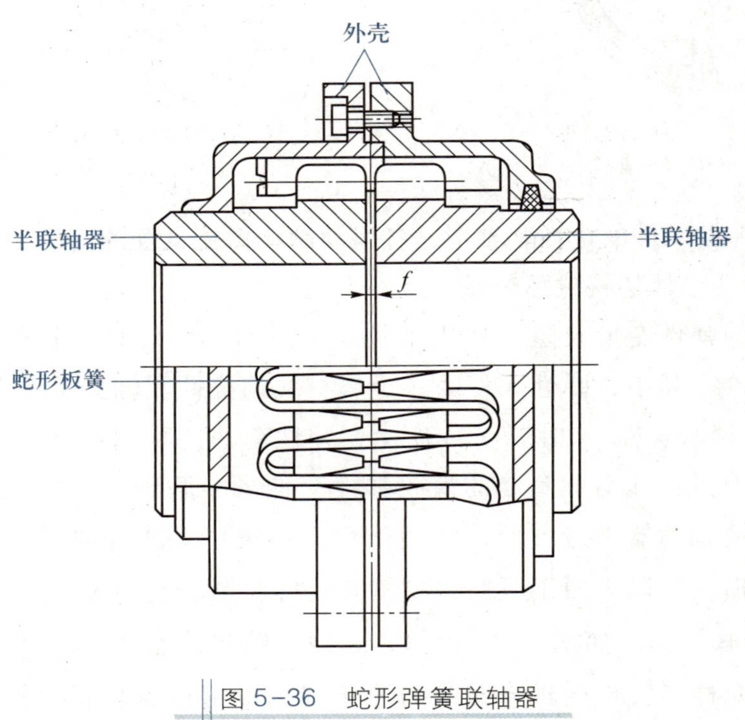

图 5-36 蛇形弹簧联轴器

以蛇形弹簧联轴器为代表的金属弹性元件的挠性联轴器，补偿偏移能力强，适用于大功率的机械传动。

二、联轴器的选用

根据工作载荷的大小和性质、转速高低、两轴相对偏移的大小、环境状况、装拆维护和经济性等方面的因素，选择合适的联轴器类型。例如，在载荷平稳、转速恒定、低速的场合，刚度大的短轴可选用刚性联轴器，刚度小的长轴可选用无弹性元件的挠性联轴器。在载荷多变、高速回转、频繁启动、经常反转和两轴不能保证严格对中的场合，可选用弹性元件的挠性联轴器。

认标记 识参数

联轴器的主参数为公称转矩 T_n(N · m)。联轴器的型号由组别代号、品种代号、结构形式代号和规格代号组成。联轴器公称转矩顺序号或尺寸参数为联轴器的规格代号。

联轴器的轴孔形式及代号如图 5-37 所示。联轴器的连接形式有多种，其中的三种如图 5-38 所示。

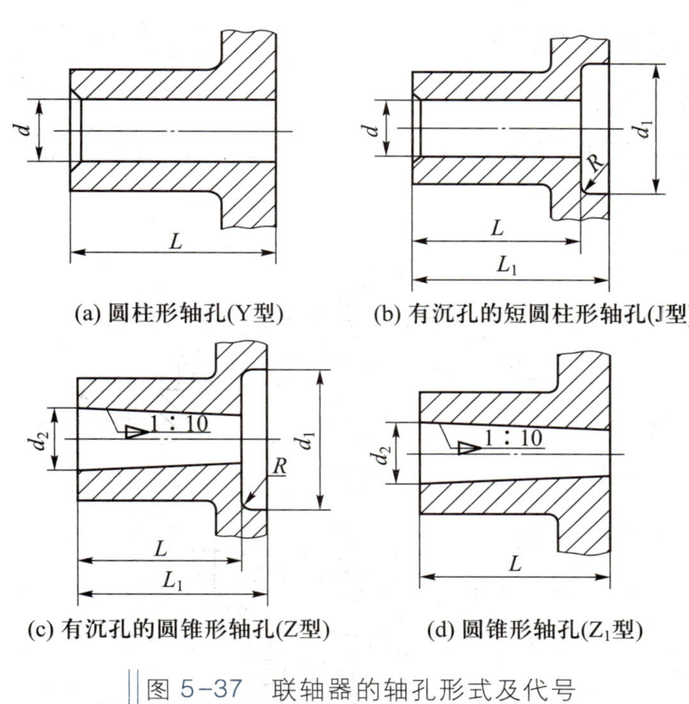

(a) 圆柱形轴孔(Y型)　(b) 有沉孔的短圆柱形轴孔(J型)

(c) 有沉孔的圆锥形轴孔(Z型)　(d) 圆锥形轴孔(Z_1型)

图 5-37　联轴器的轴孔形式及代号

笔记

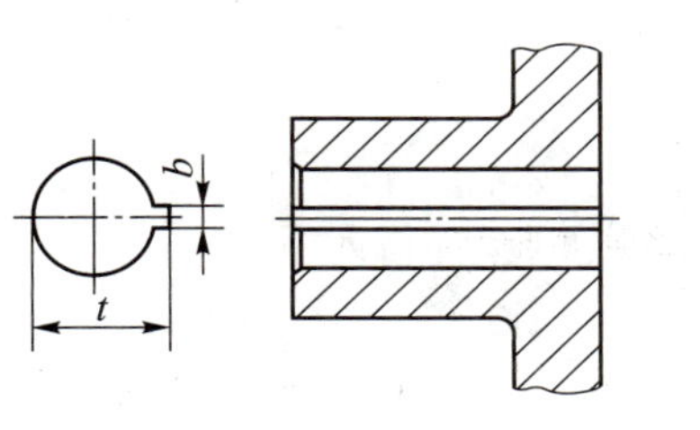

(a) 平键单键槽(A型)

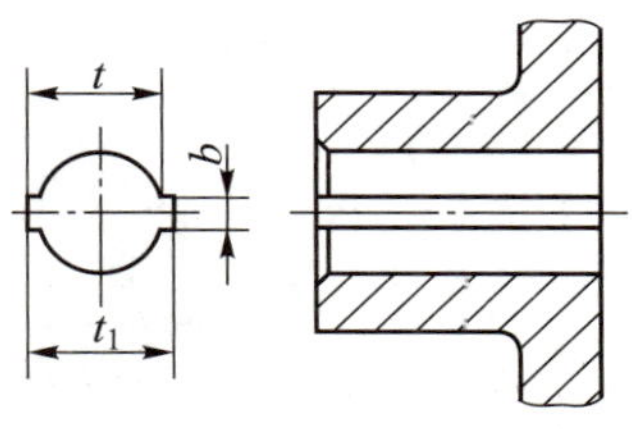

(b) 180°布置平键双键槽(B_1型)

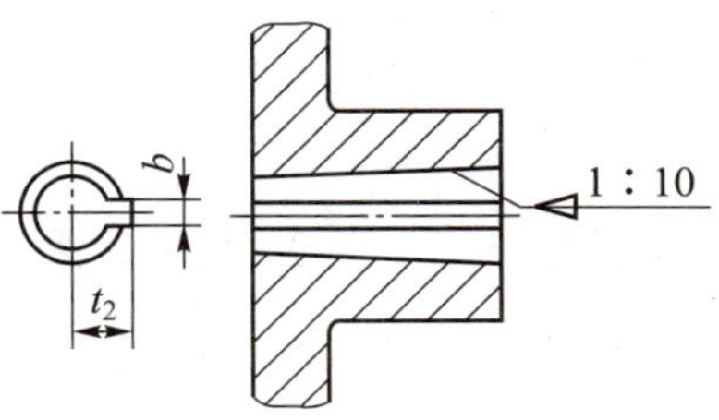

(c) 圆锥形轴孔平键单键槽(C型)

图 5-38　联轴器的三种连接形式

从联轴器的标记可以看出联轴器的型号、主动端和从动端的轴孔形式、轴径、长度及连接形式。例如，LX5 弹性柱销联轴器

主动端：Y 型轴孔，B_1 型键槽，$d=70$ mm，$L=142$ mm

从动端：J 型轴孔，A 型键槽，$d=70$ mm，$L=107$ mm

标记为 LX5 联轴器 $\dfrac{YB_1 70\times142}{JA70\times107}$　GB/T 5014—2017

搜索 查阅 GB/T 12458—2017《联轴器 分类》，熟悉联轴器的分类、形式及标记规则；查阅 GB/T 3852—2017《联轴器轴孔和联结型式与尺寸》，熟悉联轴器的轴孔形式及代号、连接形式及代号。

*三、常用离合器

离合器可以根据需要使两轴接合或分离，以满足机器变速、换向、空载启动、过载保护等方面的要求。**离合器应当接合迅速、分离彻底、动作准确、调整方便。**

1. 嵌合式离合器

嵌合式离合器是利用特殊形状的牙、齿、键等相互嵌合来传递转矩的。**图 5-39 所示为牙嵌式离合器，左半离合器固定在主动轴上，右半离合器用导向型平键或花键与从动轴构成动连接，并借助操纵机构轴向移动，使两半离合器端面的爪牙相互嵌合或分离。为便于两轴对中，设有对中环。牙嵌式离合器的牙形有三角形、矩形、梯形等。三角形牙易接合，但强度低，用于轻载；矩形牙嵌入与脱开难，牙磨损后无法补偿；梯形牙强度高，牙磨损后能自动补偿，冲击小，应用广。牙数 z 一般取 3~60。牙数多，接合容易但受载不均，故转矩大时牙数宜少，要求接合时间短时牙数宜多。**

笔记

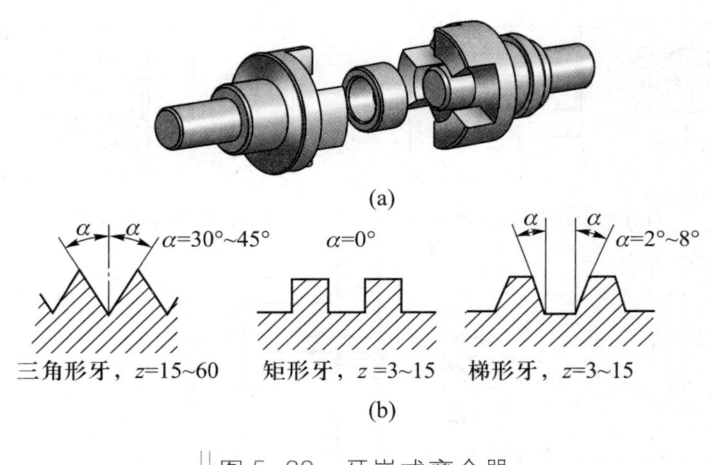

图 5-39 牙嵌式离合器

嵌合式离合器结构简单，主、从动轴能同步回转，外形尺寸小，传递转矩大，嵌合时有刚性冲击，适用于停机或低速时接合。

2. 摩擦式离合器

摩擦式离合器利用摩擦副的摩擦力传递转矩。**图 5-40 所示为多圆盘式摩擦离合器，左半离合器固定在主动轴上，右半离合器固定在从动轴上。外摩擦片组与内摩擦片组构成类似花键的连接。借助操纵机构向左移动锥形圆环，使压板压紧交替安放的内外摩擦片组，则两轴接合；若向右移动锥形圆环，则两轴分离。**

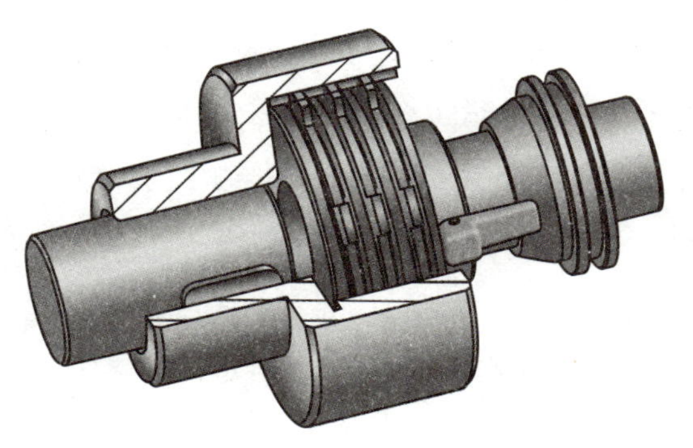

图 5-40　多圆盘式摩擦离合器

多圆盘式摩擦离合器

笔记

这种多片离合器分离性差、散热不好、各片受力不均，但径向尺寸小、传递转矩大。还有一种单片离合器，分离彻底，散热良好，但径向尺寸大。

摩擦式离合器接合平稳，冲击与振动较小，有过载保护作用，但在离合过程中，主、从动轴不能同步回转，外形尺寸大，适用于在高速下对主、从动轴同步要求低的场合。

小　结

键（平键、半圆键和楔键）连接、花键（矩形花键、渐开线花键）连接及销（定位销、连接销、安全销）连接都属于轴毂连接。键连接的主要失效形式是压溃（静连接）或过度磨损（动连接），故分别按照挤压应力 R_p 或压强 p 进行条件性的强度计算。

螺纹连接的主要类型包括螺栓（普通螺栓、加强杆螺栓）连接、双头螺柱连接、螺钉连接及紧定螺钉连接。螺纹连接的结构和尺寸之间的关系有明确的规定。拧紧可提高连接的紧密性、紧固性和可靠性。在冲击、振动和变载荷作用下的螺纹连接必须采取摩擦防松、锁住防松、不可拆防松等措施。

弹性连接是依靠弹性零件实现被连接件在有限相对运动时仍保持固定联系的动连接。

联轴器和离合器都属于轴间连接。要根据工作载荷的大小和性质、转速高低、两轴相对偏移的大小及形式、装拆维护和经济性等方面的因素，选择联轴器的类型。

［机械史话］无穷的连接件

思考与实践

1. 键连接有哪些类型？圆头、平头及单圆头普通型平键分别用于什么场合？
2. 花键连接的优缺点是什么？

3. 图 5-41 所示平带轮与轴可采用哪几种键连接？试选择键的尺寸 b、h、L。

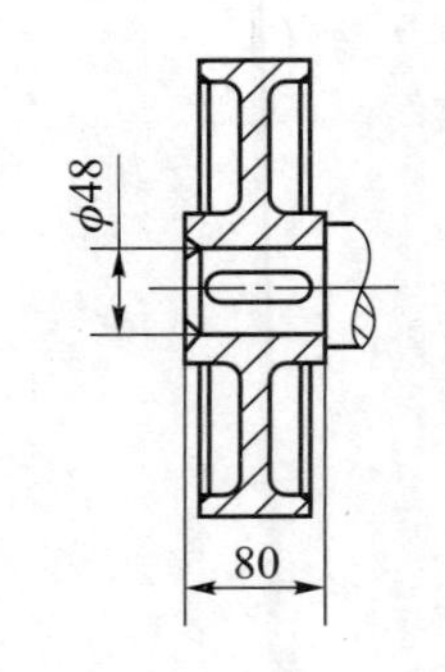

图 5-41 题 3 图

4. 螺纹的大径 d、中径 d_2、小径 d_1 在何时会用到？

5. 根据牙型的不同，螺纹可分成哪几种？各自的特点有哪些？常用的连接螺纹和传动螺纹都有哪些牙型？

6. 为什么在使用开口扳手时禁止用套筒加长扳手的长度？

7. 自行车的飞轮应用了哪种离合器的原理？何时接合？何时分离？

8. 普通自行车手闸、鞍座、货架等处的弹簧各属于什么类型？其功用是什么？

9. 凸缘联轴器两种对中方法的特点是什么？

笔记

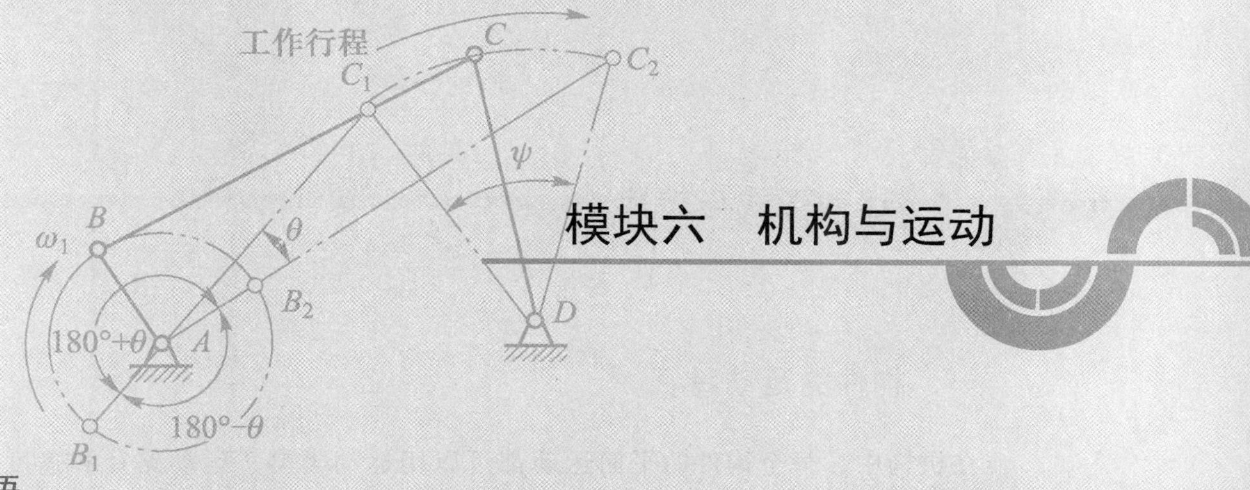

模块六　机构与运动

导　语

机械的动力部分以电动机和内燃机居多，其输出的运动形式通常都是连续的转动；机械的传动部分，一般以降低运动速度、获得较大的转矩、改变运动方向为目的；而机械的执行部分多采用机构进行运动形式的转换，以满足机械各种工作任务的需要。

在绪论中已经学习了运动副的类型与构件的结构，初步了解了机构运动简图的绘制方法。在此基础上，本模块先来了解构件的运动特征与机构的运动转换功能，然后集中介绍机械执行部分最常见的平面连杆机构、凸轮机构和间歇运动机构。

需要指出的是，本模块涉及的各种机构在生产实际中必须限制在密闭的箱体或有防护网罩的空间内运转，以防与操作人员身体接触或旋转零部件松脱伤人。

思维导图

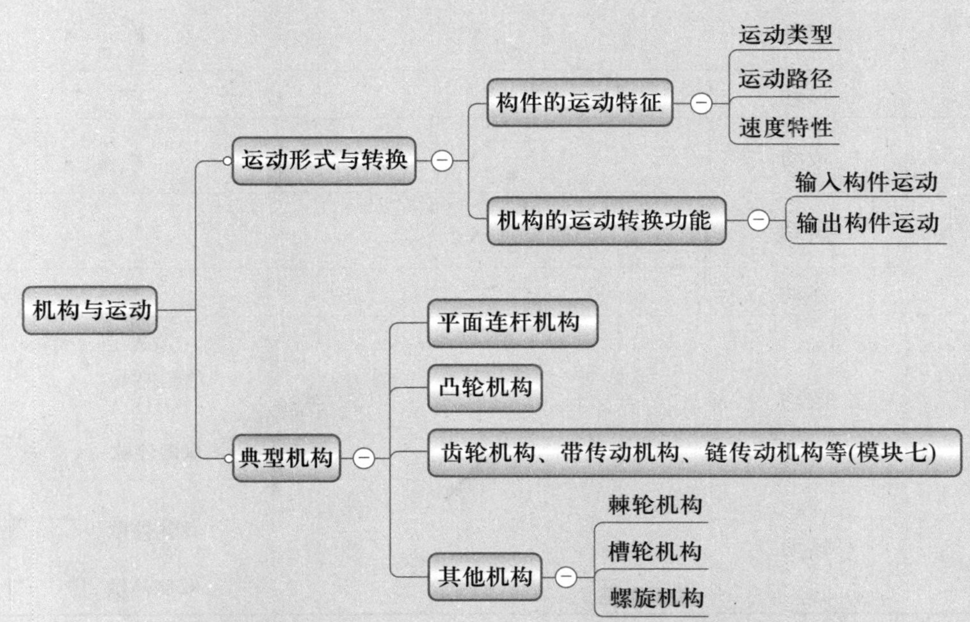

6.1 运动形式与转换

一、构件的运动特征

在机构中，每个构件的平面运动都可以用运动类型、运动路径和速度特性这三个特征进行描述。

① 运动类型　构件可以进行转动、移动、摆动等。

② 运动路径　构件可以沿 X、Y、Z 轴方向或者其他方向运动。例如，运动路径同沿 X 轴，则表示各构件运动轴线重合或平行；运动路径分别沿 X 轴和 Y 轴，则表示各构件运动轴线相互垂直；运动路径为其他方向，则表示构件沿某一曲线运动。

笔记

③ 速度特性　构件的速度特性按速度方向可以分为单向运动和双向运动，按速度的持续性可以分为连续运动和间歇运动，按照速率的变化特性可以分为匀速运动和变速运动。

为了便于分析，可以采用特定的符号表示上述构件的运动特征。对于转动副，用“●”表示周转副，用“◉”表示摆动副。常见运动形式与表示符号见表 6-1。

表 6-1　常见运动形式与表示符号

运动形式		单向	双向
连续运动	转动		
	摆动		
	移动		
间歇运动	转动		
	摆动		
	移动		
极限位有停歇	摆动		单侧停歇 双侧停歇
	移动		单侧停歇 双侧停歇

二、机构的运动转换功能

根据构件的运动特征，可以对机构输入构件和输出构件之间的运动转换关系进行描述，揭示出机构的运动转换功能。

图 6-1 所示为日常生活中使用的单折叠伞，当需要打开伞时，向上推动滑块，伞的内撑架便驱动伞面撑架绕 A 点顺时针转动，伞面打开。在开伞过程中，滑块是输入构件，输入的是移动；伞面撑架是输出构件，输出的是转动。收伞时，在伞面撑架的驱动下，经过伞的内撑架向下推动滑块，伞面收拢。在收伞过程中，伞面撑架是输入构件，输入的是转动；滑块是输出构件，输出的是移动。由此可见，开伞和收伞的过程完成了转动与移动这两种运动形式间的转换。

将此例抽象成一般形式，即为图 6-2 所示的含一个移动副的四杆机构。构件 1 可以围绕 Z 轴单向或双向连续转动；构件 3 沿机架 4 上的导路（X 轴方向）双向匀速或变速移动；构件 2 的运动是平面一般运动（合成运动），其上点 P 的运动轨迹如图中双点画线所示。此机构最常见的运动转换功能有三种，见表 6-2。其中，两个矩形框中的符号表示基本功能，由左框符号表示的运动形式转换为右框符号表示的运动形式。

笔记

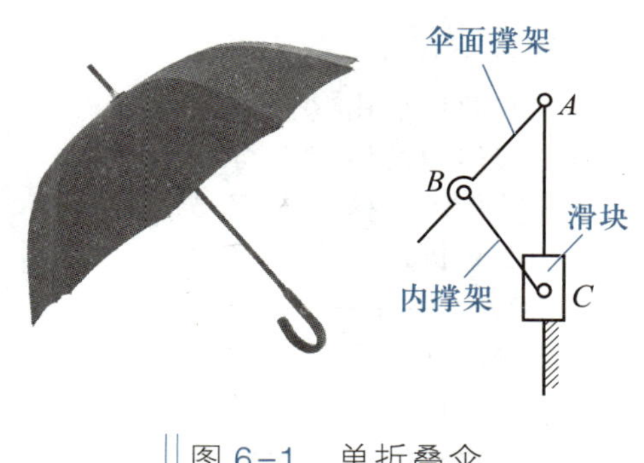

图 6-1 单折叠伞

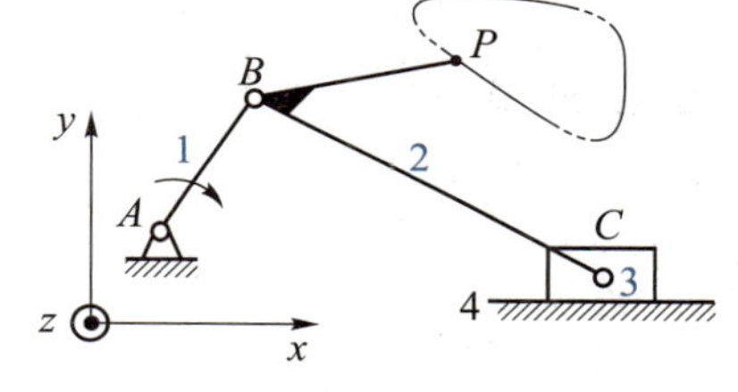

图 6-2 含一个移动副的四杆机构

表 6-2 含一个移动副的四杆机构最常见的运动转换功能

序号	构件	运动转换内容		符号
1	1	输入	绕 z 轴的连续转动	
	3	输出	沿 x 轴往复直线运动	
2	3	输入	沿 x 轴往复直线运动	
	1	输出	绕 z 轴的连续转动	
3	1	输入	绕 z 轴的连续转动	
	2	输出	某点 P 的运动轨迹	

清楚构件的运动特征，明确构件的输入和输出关系，机构的运动转换功能就确定了。机构的本质就在于进行运动属性的转换，从而满足预定的运动规律、构件位置和运动轨迹等功能要求。

表 6-3 列出了常见运动转换的符号及机构，其中的机构举例标注了在本课程中学习这些机构的模块/节。

表 6-3　常见运动转换的符号及机构

序号	运动转换内容		符　号	机构举例（模块/节）
1	输入	连续转动		螺旋机构（六/6.4） 带传动机构（七/7.1） 链传动机构（七/7.2） 齿轮齿条机构（七/7.3）
	输出	单向直线运动		
2	输入	连续转动		曲柄滑块机构（六/6.2） 导杆机构（六/6.2） 移动从动件凸轮机构（六/6.3）
	输出	往复直线运动		
3	输入	连续转动		移动从动件凸轮机构（六/6.3）
	输出	单侧停歇往复直线运动		
4	输入	连续转动		移动从动件凸轮机构（六/6.3）
	输出	双侧停歇往复直线运动		
5	输入	连续转动		双曲柄机构（六/6.2） 带传动机构（七/7.1） 链传动机构（七/7.2） 齿轮机构（七/7.3）
	输出	连续转动		
6	输入	连续转动		双曲柄机构（六/6.2） 齿轮机构（七/7.3）
	输出	反向连续转动		
7	输入	连续转动		槽轮机构（六/6.4）
	输出	单向间歇转动		
8	输入	连续转动		曲柄摇杆机构（六/6.2） 曲柄摇块机构（六/6.2） 导杆机构（六/6.2） 摆动从动件凸轮机构（六/6.3）
	输出	双向摆动		
9	输入	往复摆动		棘轮机构（六/6.4）
	输出	单向间歇转动		
10	输入	连续转动		平面连杆机构（六/6.2）
	输出	预定轨迹		

笔记

续表

序号	运动转换内容	符　　号	机构举例（模块/节）
11	运动合成		差动螺旋机构（六/6.4）
12	运动分解		齿轮系（七/7.5）
13	运动轴线变向		万向联轴器（五/5.5） 相交轴间齿轮传动（七/7.3） 交错轴间齿轮传动（七/7.3） 蜗杆传动（七/7.4）

实现某一运动转换的机构形式有很多种，要根据每种机构的特点和具体的应用情况加以分析比较，择优而定。对于机械的执行部分来说，可能不止用到一种机构，将这些机构按照运动的传递顺序组合起来构成的运动方案也有很多种，确定运动方案就是机械设计的首要任务。因此，机械设计的魅力是无穷的，创新永无止境。

前面已经接触了一些机构，本模块集中介绍最基本的几种机构，包括平面四杆机构、凸轮机构和间歇运动机构等。其他的机构将按照表 6-3 中给出的学习线索逐步介绍。在学习过程中要牢固树立机构的“转换”意识，时刻不忘从“转换”出发，寻求最佳机构及其组合。

6.2 平面四杆机构

平面连杆机构是由若干构件和低副组成的平面机构。这种机构可以实现预期的运动规律及位置、轨迹等要求；低副为面接触，压强小，利于润滑，便于加工。但是，有些构件所产生的惯性力难以平衡，高速时将引起较大的振动和动载荷。因此，平面连杆机构常作为机械的执行或控制部分，应用很广泛。

最常见的平面连杆机构是平面四杆机构。其中，全部运动副都是转动副的铰链四杆机构和含有一个移动副的四杆机构应用最为广泛。

一、铰链四杆机构的形式

颚式破碎机

在图 6-3 所示的铰链四杆机构中，与机架 4 相连的构件 1 和 3 称为连架杆，不与机架相连的构件 2 称为连杆。连架杆相对于机架能整周转动的称为曲柄，不能整周转动的称为摇杆。铰链四杆机构中最长杆、最短杆的长度分别为 l_{max}、l_{min}，其余两杆的

笔记

长度分别为 l_i、l_j。下面讨论三种情况。

1. $l_{max}+l_{min}< l_i+l_j$

① 曲柄摇杆机构　两连架杆分别为曲柄和摇杆的铰链四杆机构（图 6-3）。它可将主动曲柄的连续转动转换为从动摇杆的往复摆动，如图 6-4 所示的抽油机驱动机构；也可将主动摇杆的往复摆动转换为从动曲柄的连续转动，如图 6-5 所示的缝纫机踏板机构。

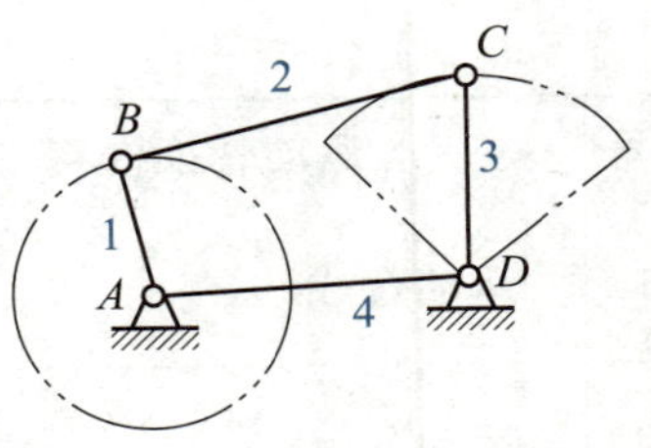

图 6-3　铰链四杆机构

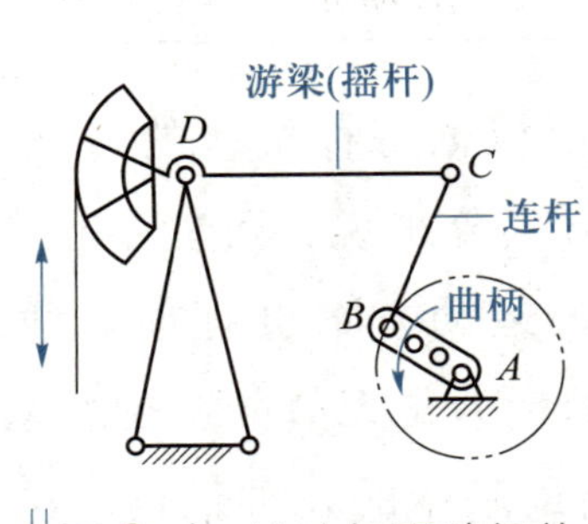

图 6-4　抽油机驱动机构

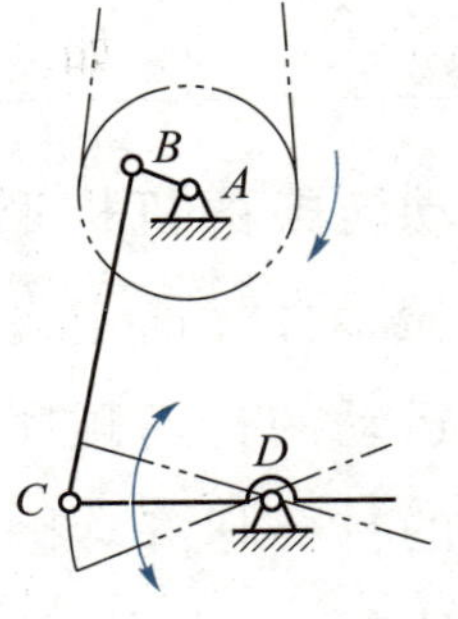

图 6-5　缝纫机踏板机构

笔记

② 双曲柄机构　两连架杆均为曲柄的铰链四杆机构。主动曲柄等速转动，从动曲柄一般为变速转动，如图 6-6 所示的插床六杆机构，是以双曲柄机构为基础扩展而成的。

③ 双摇杆机构　两连架杆都为摇杆的铰链四杆机构。它可将主动摇杆的往复摆动经连杆转变为从动摇杆的往复摆动，如图 6-7 所示的门座式起重机变幅机构，可实现货物的水平移动，以减少功率消耗；也可将主动连杆的整周转动转换为两从动摇杆的往复摆动，如图 6-8 所示的电风扇摇头机构。

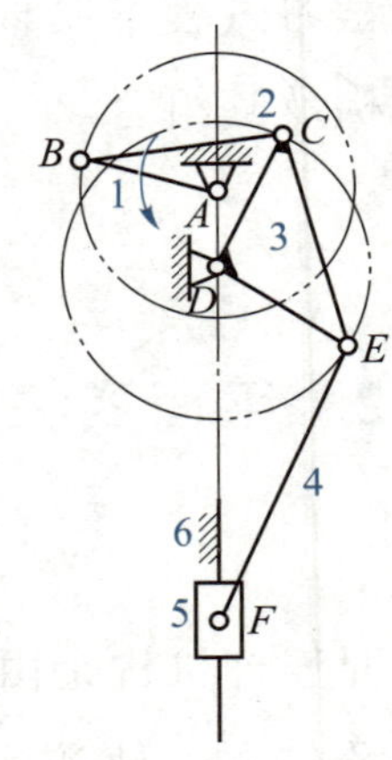

图 6-6　插床六杆机构

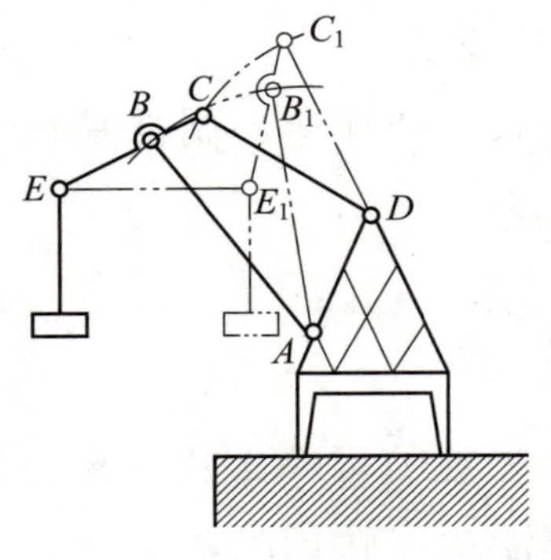

图 6-7　门座式起重机变幅机构

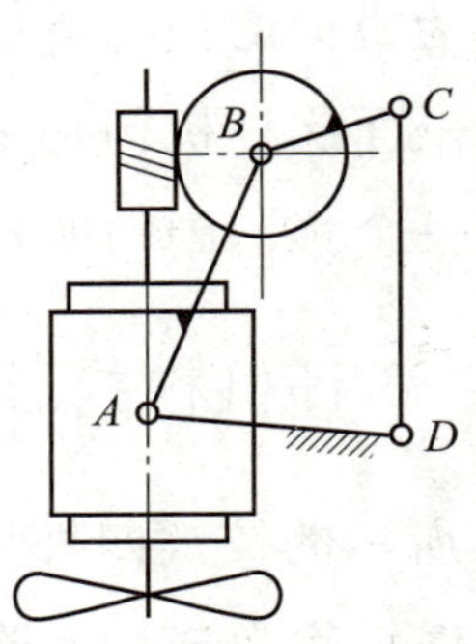

图 6-8　电风扇摇头机构

2. $l_{max}+l_{min}>l_i+l_j$

无论取哪个构件作为机架，铰链四杆机构均为双摇杆机构。

3. $l_{max}+l_{min}=l_i+l_j$

这里仅讨论当两两相对杆长度相等时的情况，无论取哪个构件作为机架，均得到平行曲柄机构（特殊的双曲柄机构），有两种形式。

① 平行四边形机构　如图 6-9 所示，两两相对杆平行，无论以长杆或短杆作为机架，两曲柄转向和转速相同，连杆做平动，连杆上任一点的轨迹均为以曲柄长度为半径的圆。常用于多个平行轴间的传动，如多头铣、多头钻及图 6-10 所示的摄影平台升降机构等。

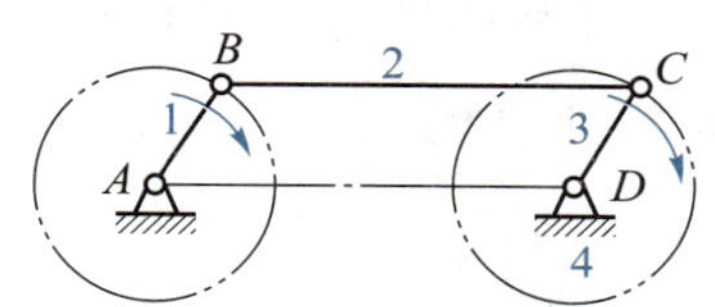

图 6-9　平行四边形机构

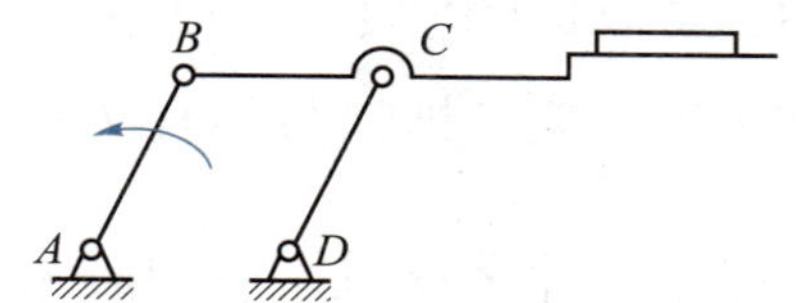

图 6-10　摄影平台升降机构

② 逆平行四边形机构　如图 6-11 所示，两两相对杆不平行，若以长杆作为机架，则两曲柄转向和转速均不同，连杆做平面运动，用于图 6-12 所示的车门启闭机构等；若以短杆作为机架，两曲柄转向相同，其性能和一般双曲柄机构相似。

笔记

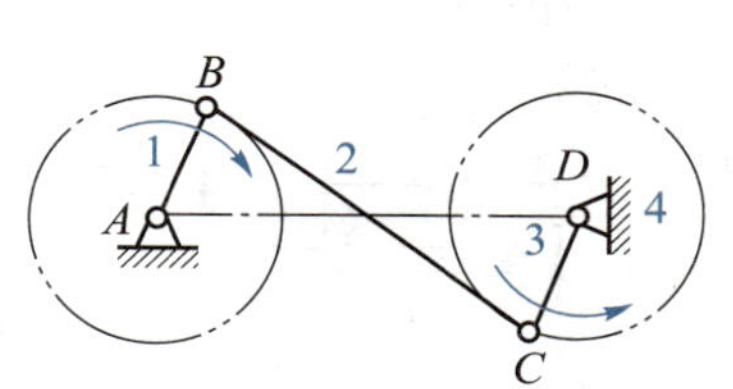

图 6-11　逆平行四边形机构

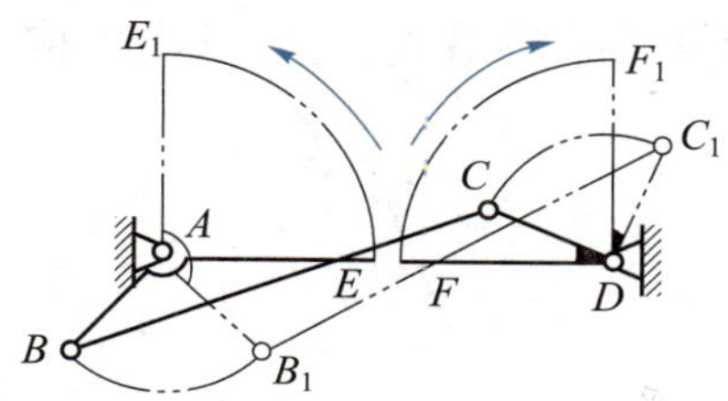

图 6-12　车门启闭机构

二、铰链四杆机构类型的判定

铰链四杆机构中是否存在曲柄取决于各构件长度之间的关系。分析表明，连架杆成为曲柄必须满足下列两条件：

① 最长杆与最短杆长度之和小于或等于其余两杆长度之和（简称杆长条件）；

② 连架杆与机架两者之一为最短杆（简称最短杆条件）。

满足杆长条件时，若 $l_{max}+l_{min}<l_i+l_j$，则铰链四杆机构的形式取决于最短杆：以最短杆作为连架杆，得到曲柄摇杆机构；以最短杆作为机架，得到双曲柄机构；以最短杆作为连杆，得到双摇杆机构。若 $l_{max}+l_{min}=l_i+l_j$，对于平行曲柄机构，两两相对杆平行得到平行四边形机构，两两相对杆不平行得到逆平行四边形机构。

不满足杆长条件时，铰链四杆机构为双摇杆机构。

例 6-1 已知各构件的尺寸如图 6-13 所示，若分别以构件 *AB*、*BC*、*CD*、*DA* 为机架，相应得到何种机构？

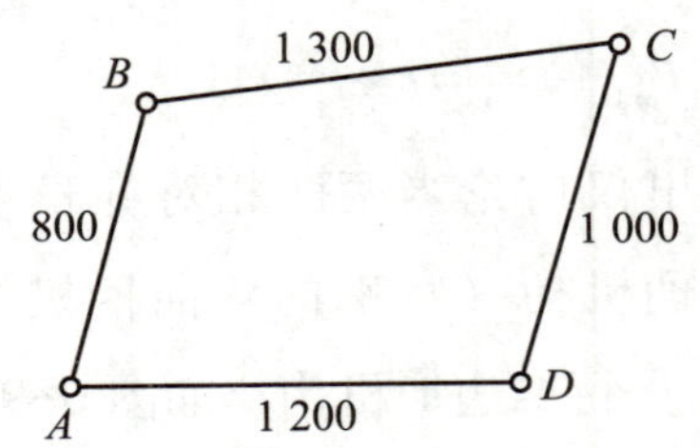

图 6-13 铰链四杆机构类型的判定

解 *AB* 为最短杆，*BC* 为最长杆，因 $l_{AB}+l_{BC}=800\ \text{mm}+1\ 300\ \text{mm}=2\ 100\ \text{mm}<l_{CD}+l_{DA}=1\ 000\ \text{mm}+1\ 200\ \text{mm}=2\ 200\ \text{mm}$，所以满足杆长和条件。

若以 *AB* 为机架，即以最短杆为机架，两连架杆均为曲柄，则得到双曲柄机构；

若以 *BC* 或 *DA* 为机架，即以最短杆为连架杆，则得到曲柄摇杆机构；

若以 *CD* 为机架，即以最短杆为连杆，则得到双摇杆机构。

三、含有一个移动副的四杆机构

1. 曲柄滑块机构

笔记

如图 6-14 所示，构件 3 与机架 4 用移动副相连，又与连杆 2 用转动副相连，构件 3 称为滑块。由曲柄、连杆、滑块和机架组成的机构称为曲柄滑块机构。滑块上转动副中心的移动导路线通过曲柄转动中心的称为对心曲柄滑块机构（图 6-14a）；与曲柄转动中心有偏心距 *e* 的称为偏置曲柄滑块机构（图 6-14b）。*H* 为滑块行程。

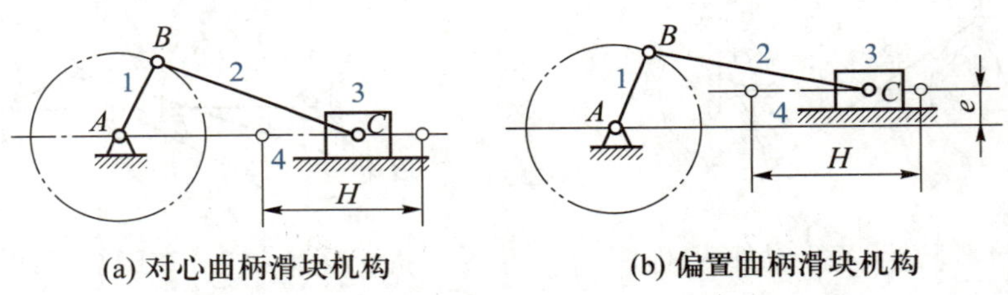

图 6-14 曲柄滑块机构

曲柄滑块机构可将主动滑块的往复直线运动经连杆转换为从动曲柄的连续转动，应用于内燃机中；也可将主动曲柄的连续转动经连杆转换为从动滑块的往复直线运动，应用于往复式气体压缩机、往复式液体泵等机械中。

2. 摇杆滑块机构

若将图 6-14a 中的滑块 3 作为机架，*BC* 杆成为绕铰链 *C* 摆动的摇杆，*AC* 杆成为滑块做往复移动，就得到摇杆滑块机构，如图 6-15 所示，常用于图 6-16 所示的手摇唧筒或双作用式水泵等机械中。

3. 曲柄摇块机构

若将图 6-14a 中的连杆 *BC* 作为机架，滑块只能绕 *C* 点摆动，就得到曲柄摇块机构，如图 6-17 所示，常用于图 6-18 所示的吊车等摆动缸式气压、液动机构中。

笔记

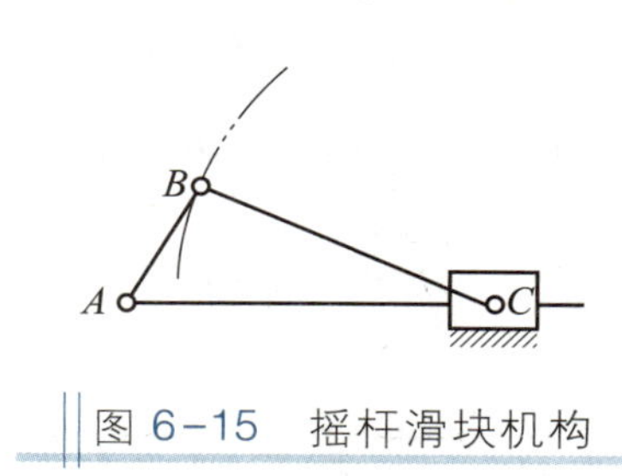

图 6-15 摇杆滑块机构

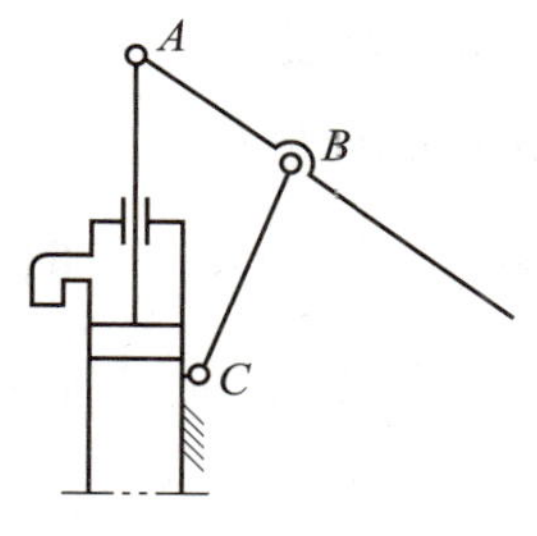

图 6-16 手摇唧筒

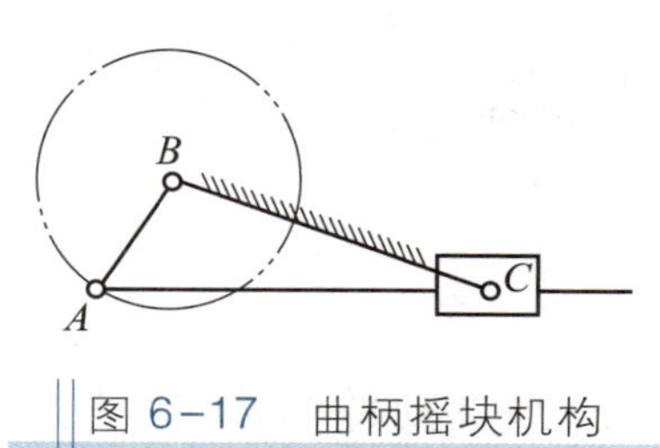

图 6-17 曲柄摇块机构

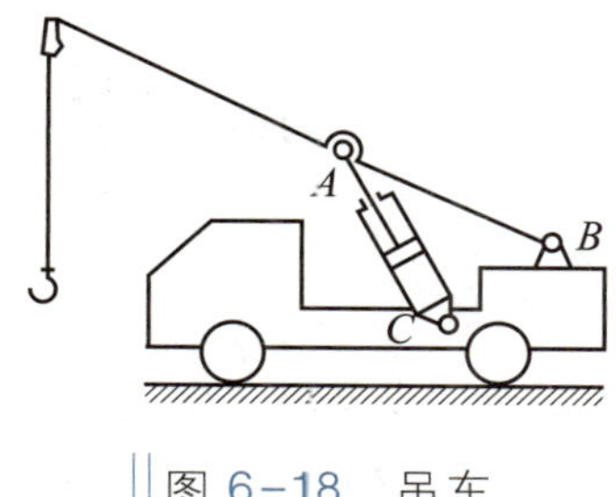

图 6-18 吊车

4. 导杆机构

若将图 6-14a 中的构件 AB 作为机架，构件 BC 成为曲柄，构件 3 沿连架杆 4（又称导杆）移动并做平面运动，就得到曲柄导杆机构，如图 6-19 所示。若 $l_1 \leq l_2$，导杆 4 能整周转动，则称为曲柄转动导杆机构（图 6-19a），常与其他构件组合，用于插床及回转泵等机械中。若 $l_1 > l_2$，导杆 4 只能摆动，则称为曲柄摆动导杆机构（图 6-19b），常与其他构件组合，用于牛头刨床和插床等机械中。

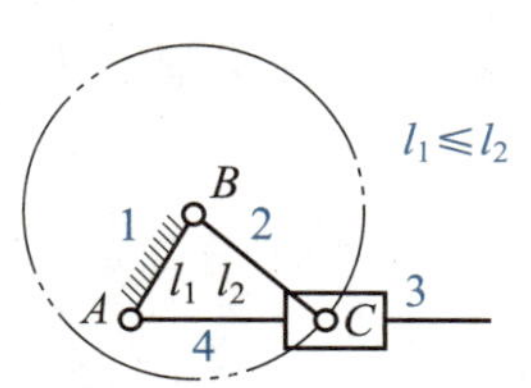

(a) 曲柄转动导杆机构

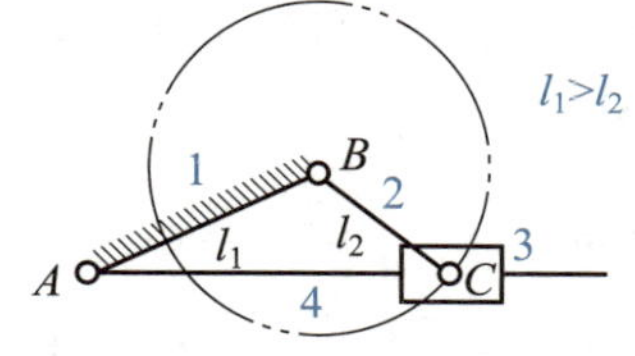

(b) 曲柄摆动导杆机构

图 6-19 曲柄导杆机构

*四、平面四杆机构的基本特性

1. 急回特性

对于插床、刨床等单向工作的机械，为了缩短刀具非切削时间，提高生产率，要求刀具快速返回。某些平面四杆机构能实现这一要求。

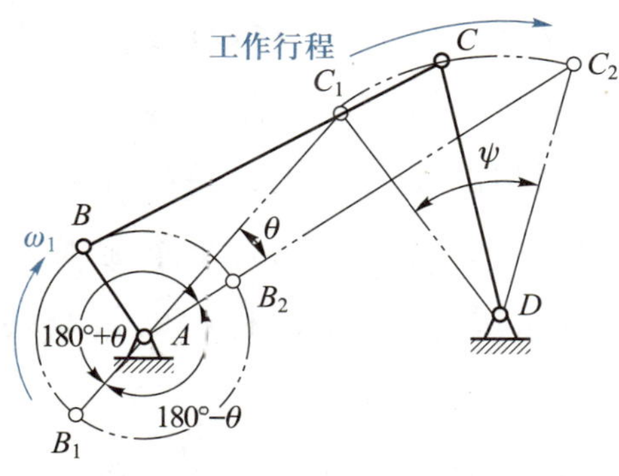

图 6-20 曲柄摇杆机构

急回特性

在图 6-20 所示的曲柄摇杆机构中，设曲柄 AB 为主动件，以等角速度 ω_1 顺时针转动；摇杆

CD 为从动件，向右摆动为工作行程，向左摆动为返回行程。当曲柄转至 AB_1 时，连杆位于 B_1C_1，与曲柄共线，摇杆处于左极限位置 C_1D；当曲柄由 AB_1 转过（$180°+\theta$）到达 AB_2 时，连杆位于 B_2C_2，与曲柄的延长线共线，摇杆则向右摆动 ψ 角，到达右极限位置 C_2D，完成了工作行程。工作行程所用时间 $t_1=\dfrac{180°+\theta}{\omega_1}$，摇杆上点 C 的平均速度 $v_1=\dfrac{\overset{\frown}{C_1C_2}}{t_1}$。当曲柄由 AB_2 继续转过（$180°-\theta$）回到 AB_1 时，摇杆则向左摆动 ψ 角，到达左极限位置 C_1D，完成返回行程。返回行程所用时间 $t_2=\dfrac{180°-\theta}{\omega_1}$，摇杆上点 C 的平均速度 $v_2=\dfrac{\overset{\frown}{C_2C_1}}{t_2}$。

因为 $180°+\theta>180°-\theta$，即 $t_1>t_2$，所以摇杆的 $v_2>v_1$。当主动件等速转动时，做往复运动的从动件在返回行程中的平均速度大于在工作行程中的平均速度的特性称为急回特性。急回特性的程度可用 v_2 和 v_1 的比值 K 来表达，K 称为行程速度变化系数，即

笔记

$$K=\frac{v_2}{v_1}=\frac{\overset{\frown}{C_2C_1}/t_2}{\overset{\frown}{C_1C_2}/t_1}=\frac{t_1}{t_2}=\frac{(180°+\theta)/\omega_1}{(180°-\theta)/\omega_1}=\frac{180°+\theta}{180°-\theta} \tag{6-1}$$

可见，行程速度变化系数 K 与 θ 有关。θ 是从动件摇杆处于两极限位置时，相应的曲柄位置线所夹的锐角，称为极位夹角。若 $\theta>0°$，则 $K>1$，机构具有急回特性；若 $\theta=0°$，则 $K=1$，机构无急回特性。θ 越大，急回特性越明显，但机构的传动平稳性下降。通常取 $K=1.2\sim2.0$。

2. 压力角与传动角

在图 6-21 所示的曲柄摇杆机构中，主动件曲柄经连杆传递到从动件摇杆上点 C 的力 $\boldsymbol{F}$ 与受力点运动速度 v_C 所夹锐角 α 称为机构在该位置的压力角。压力角 α 的余角 γ 称为传动角。压力角 α 和传动角 γ 在机构运动过程中是变化的。

显然，压力角 α 越小或传动角 γ 越大，对机构的传动越有利；而 α 越大或 γ 越小，会使转动副中的压力增大，磨损加剧，降低机构的传动效率。因此，压力角不能太大或传动角不能太小，规定工作行程中的最小传动角 $\gamma_{min}\geq 40°\sim50°$。

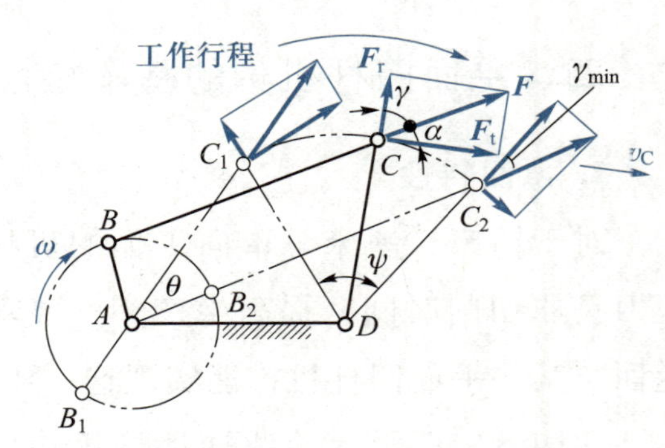

图 6-21 曲柄摇杆机构

分析表明，对于 $K>1$ 的机构，当直线 C_1C_2 与 AD 的交点在线段 AD 范围外时，工作行程中

的 γ_{min} 一般出现在摇杆处于右极限位置，即工作行程的终了位置。

3. 死点位置

死点位置

如图 6-22 所示，若曲柄摇杆机构以摇杆为主动件、曲柄为从动件，当机构处于图中双点画线所示的两个位置之一时，由于摇杆处于极限位置，连杆与曲柄共线，摇杆经连杆传递到曲柄上的作用力刚好通过曲柄回转中心，$\gamma=0°$，所以无法使曲柄转动，出现“顶死”现象，机构的这个位置称为死点位置。死点位置常使机构从动件无法运动或出现运动不确定现象。为了使机构能顺利通过死点位置，可以在曲柄上安装飞轮，利用惯性闯过死点位置。工程上也利用死点位置满足特殊要求，如图 6-23 所示的飞机起落架机构及折叠式家具、夹具等机构，就利用死点位置获得可靠的工作状态。

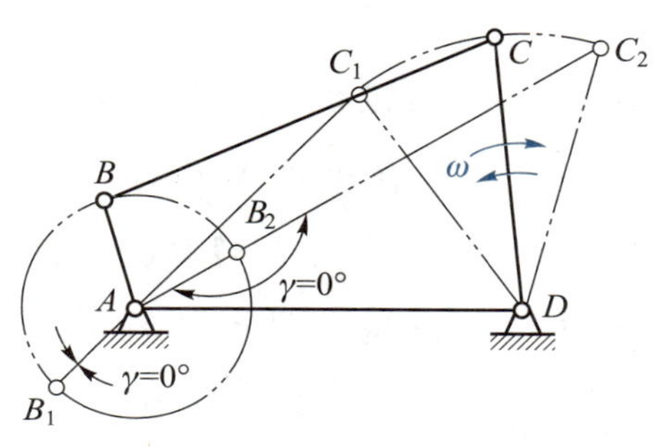

图 6-22 死点位置分析

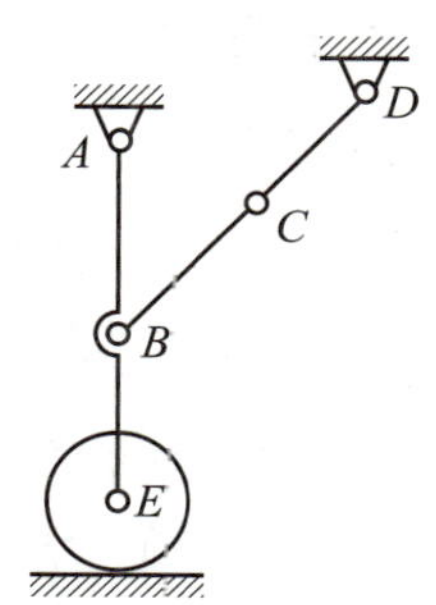

图 6-23 飞机起落架机构

笔记

拓展

连杆曲线

在平面连杆机构中，连杆上任一点的轨迹称为连杆曲线（图 6-24）。工程上常利用它来完成预期的工艺动作或预期的运动规律。例如，图 6-25 所示的压包机构就是利用连杆上点 C 的运动轨迹，使滑块 D 在图示位置有短时的停止，以便装料。

连杆曲线的形状取决于机构的类型、构件的尺寸及点在连杆上的位置。在“四连杆机构图谱”中可查阅到各种形状的连杆曲线。

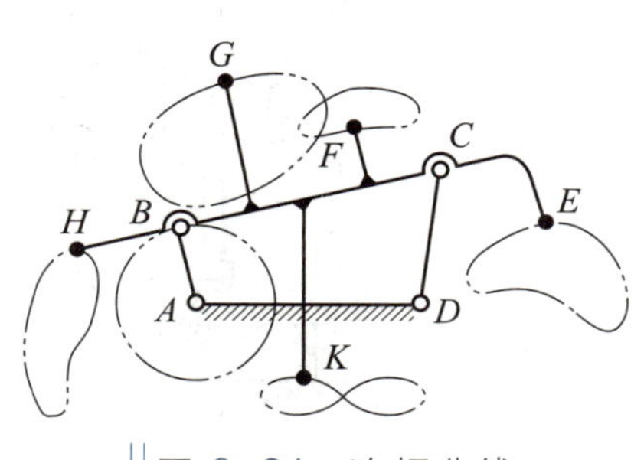

图 6-24 连杆曲线

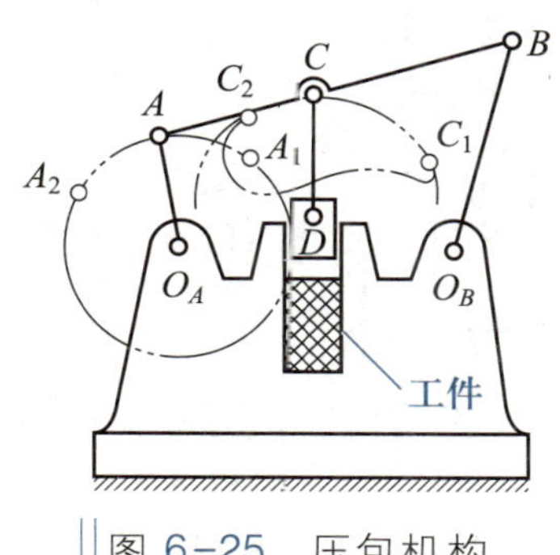

图 6-25 压包机构

6.3 凸轮机构

笔记

凸轮机构是由具有一定轮廓或凹槽的凸轮、从动件和机架所组成的高副机构。凸轮机构在各种机械、仪器和控制装置中得到广泛应用。

一、凸轮机构的类型

工程实际中使用的凸轮机构类型很多，常用的分类方法有以下几种。

1. 按照凸轮的形状分

① 盘形凸轮机构　图 6-26 所示为内燃机的配气凸轮机构。凸轮转动时，其轮廓驱使从动件（即气门杆）往复移动，控制气门有规律地开启或关闭（关闭是靠弹簧力），从而使可燃气体进入气缸或使废气排出。当凸轮绕固定轴转动时，推动从动件气门杆在垂直于凸轮轴线的平面内运动，属于平面凸轮机构。盘形凸轮呈圆盘状，径向尺寸远大于轴向尺寸，具有变化的向径，是凸轮最基本的形式，应用广泛。

② 移动凸轮机构　图 6-27 所示为机床上控制刀具运动的靠模凸轮机构，凸轮作为靠模被固定在机床上不动，滚子从动件在弹簧力作用下始终与凸轮紧密接触，当托板沿图示方向移动时，凸轮的轮廓曲线驱使滚子从动件带动刀具切出手柄的复杂外形，也属于平面凸轮机构。靠模凸轮的轮廓曲线驱动滚子从动件实现预期的运动。在这里，托板为支承滚子从动件的支架，可做水平移动。

靠模车削手柄装置

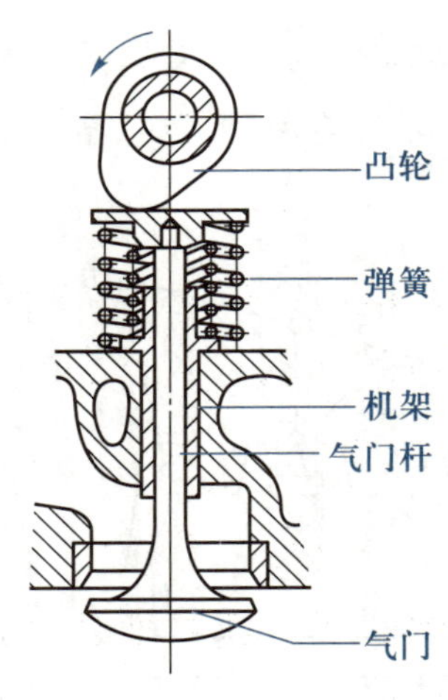

图 6-26　内燃机的配气凸轮机构

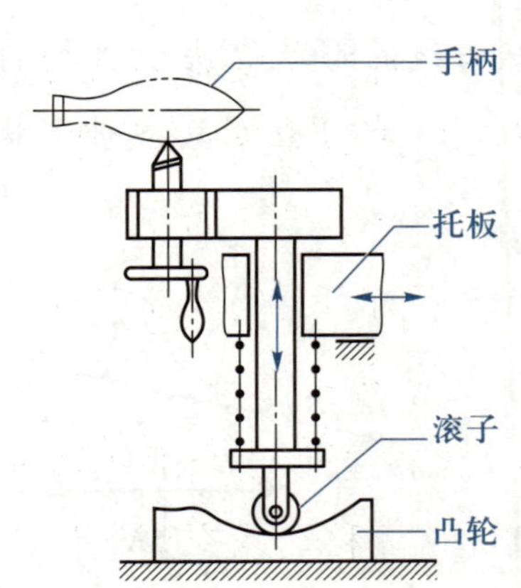

图 6-27　机床上控制刀具运动的靠模凸轮机构

③ 圆柱凸轮机构　图 6-28 所示为自动机床上的刀具进给凸轮机构，它利用凸轮机构实现了刀架所要求的复杂运动规律。该运动由下列动作组成：刀具快速接近工件，刀具等速前进切削工件，刀具切削完后快速返回，刀具在原始位置停歇等待。该凸轮机构属于空间凸轮机构。凸轮呈圆柱状，其轮廓曲线是卷绕在圆柱体上的凹槽，可视为由移动凸轮演化而成。从动件 2 可绕点 C 摆动。

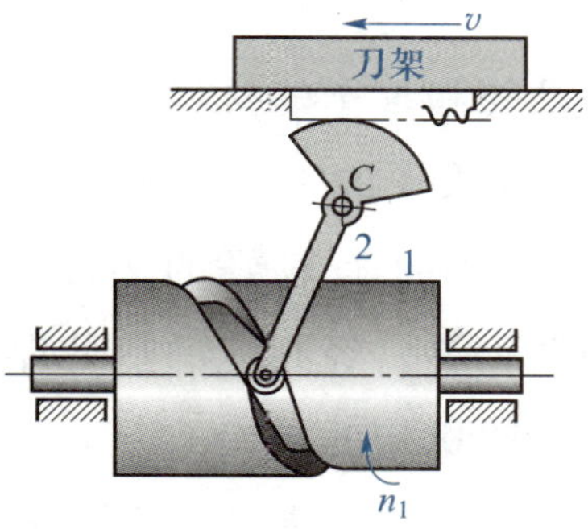

图 6-28　自动机床上的刀具进给凸轮机构

2. 按照从动件的形状分

① 尖顶从动件凸轮机构　从动件的尖顶与凸轮轮廓接触，无论凸轮轮廓曲线怎样复杂，都能实现接触，从而使从动件实现所要求的运动规律。但这种从动件的尖端易磨损，只适用于载荷较小的低速场合。

② 滚子从动件凸轮机构　如图 6-27 和图 6-28 所示，以铰接于从动件端部的滚子与凸轮轮廓接触，滚子与凸轮轮廓间为滚动摩擦，磨损小，可用来传递较大的载荷，故应用广泛。

笔记

③ 平底从动件凸轮机构　如图 6-26 所示，以平底与凸轮轮廓接触。若不考虑摩擦，凸轮对从动件的作用力始终垂直于平底，因此受力平稳、传动效率高。此外，平底与凸轮轮廓间易形成楔形油膜，利于润滑，常用于高速场合，但不能用于内凹的凸轮轮廓。

3. 按照从动件的运动形式分

① 移动从动件凸轮机构　如图 6-26 和图 6-27 所示，从动件做往复直线运动。

② 摆动从动件凸轮机构　如图 6-28 所示，从动件做往复摆动。

4. 按照凸轮与从动件间的锁合方式分

使凸轮与从动件始终保持接触称为锁合。根据锁合方式的不同，凸轮机构可分为利用重力、弹簧力或其他外力进行锁合的“力锁合”凸轮机构（图 6-26 和图 6-27），依靠凸轮凹槽两侧的轮廓曲线或从动件的特殊构造使从动件与凸轮锁合的“形锁合”凸轮机构（图 6-28）等。

凸轮机构主要用于转换运动形式，它将凸轮的连续转动或移动转换为从动件的连续或间歇的往复移动或摆动。只要适当地设计凸轮的轮廓曲线，就可使从动件获得任意预定的运动规律。凸轮机构结构简单、紧凑，但因为凸轮与从动件之间是高副接触，易于磨损，所以一般用于受力不大的场合。另外，受凸轮尺寸的限制，凸轮机构也不适用于要求从动件行程较大的场合。

二、凸轮机构的材料、结构及传力特性

1. 凸轮和滚子的材料

凸轮和滚子的工作表面要有足够的硬度、耐磨性和接触强度，受冲击的凸轮机构还要求凸轮心部有较好的韧性。凸轮和滚子的常用材料有 45 钢、40Cr 钢、20Cr 钢、20CrMnTi 钢等，经相应的热处理后性能可满足不同要求。

2. 凸轮机构的结构

凸轮的轮廓与轴的直径尺寸相差不大时，可制成一体的凸轮轴（图 6-29）；尺寸相差较大时，应分别制造，采用键、销等连接（图 6-30）。滚子与从动件之间可采用螺栓、销连接，或直接采用滚动轴承作为滚子（图 6-31）。

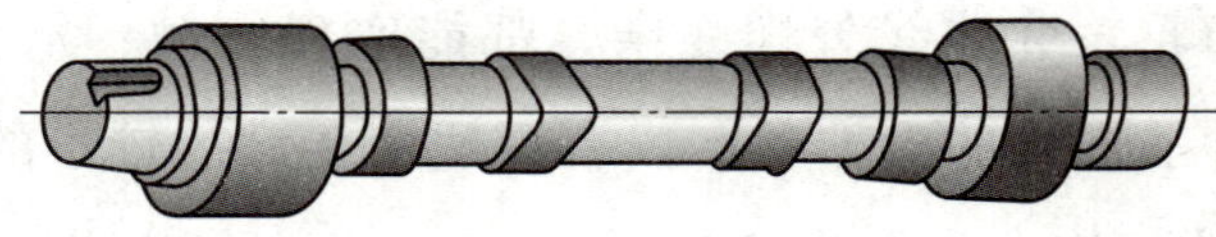

图 6-29　凸轮轴

笔记

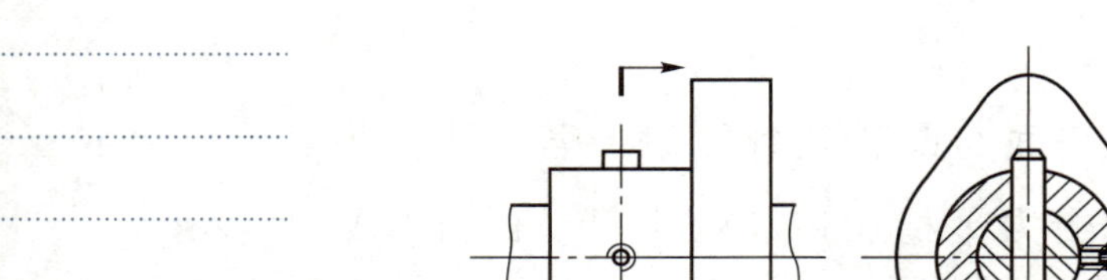

图 6-30　凸轮与轴通过销连接

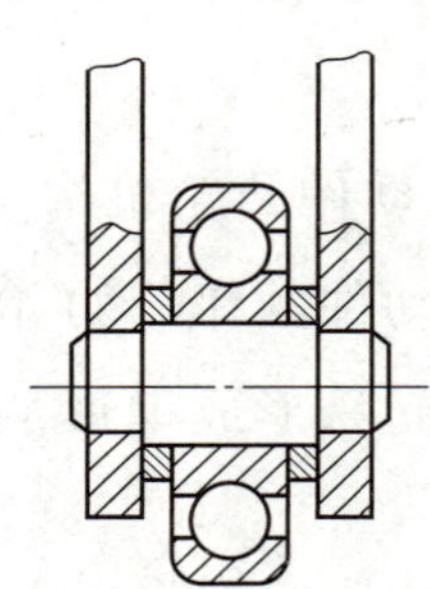

图 6-31　采用滚动轴承作为滚子

3. 凸轮机构的传力特性

图 6-32 所示为一尖顶对心移动从动件盘形凸轮机构在推程某一位置的受力情况，如果不考虑摩擦，凸轮给予从动件的推力 $\boldsymbol{F}$ 应沿着接触点 A 的公法线 nn 方向，它与从动件在该点的速度 v 的方向所夹的锐角 α 称为凸轮在点 A 的压力角。在工作过程中，从动件与凸轮轮廓上各点接触时，因为其所受的推力 $\boldsymbol{F}$ 的方向是变化的，所以凸轮轮廓上各点的压力角也是不相同的。

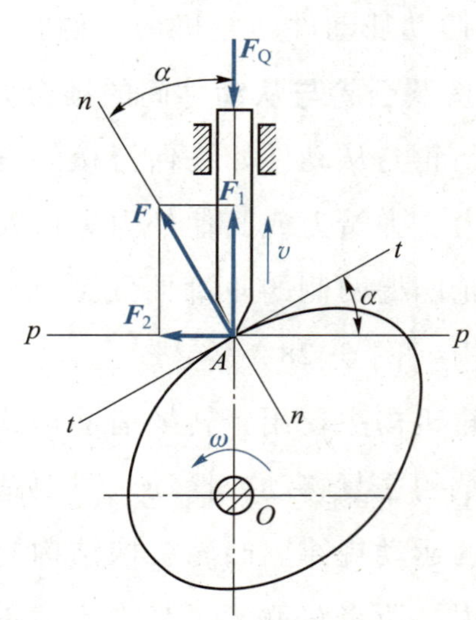

图 6-32　压力角与凸轮机构的传力特性

推力 $\boldsymbol{F}$ 可以分解为沿从动件速度方向的

分力 $\boldsymbol{F}_1$ 和垂直于速度方向的分力 $\boldsymbol{F}_2$：

$$F_1=F\cos\alpha\text{（推动从动件运动的有效分力）}$$

$$F_2=F\sin\alpha\text{（增大摩擦力的有害分力）}$$

显然，α 越小，F_1 越大，F_2 越小，传力特性越好；反之，α 越大，F_1 越小，F_2 越大，导路中侧压力越大，摩擦阻力越大，凸轮转动越困难。当压力角 α 增大到一定程度，有效分力不足以克服摩擦阻力时，无论凸轮对从动件的推力有多大，从动件都不能运动，这种现象称为自锁。

由以上分析可以看出，从改善传力特性、提高效率的角度出发，希望压力角越小越好。但是压力角越小，凸轮基圆半径越大，从而使机构尺寸增大。因此，从使机构尺寸紧凑的角度考虑，希望压力角越大越好。通常希望凸轮机构既有较好的传力特性，又具有紧凑的结构尺寸。压力角的一般选择原则为：在传力许可的条件下，尽量取较大的压力角。为了使机构能顺利工作，规定了压力角的许用值$[\alpha]$，应使 $\alpha\leqslant[\alpha]$。根据实践经验，推程的许用压力角：移动从动件$[\alpha]=30°$，摆动从动件$[\alpha]=35°\sim45°$。回程时，传力已不是主要问题，而主要考虑减小凸轮尺寸，可取$[\alpha]=70°\sim80°$。

笔记

三、凸轮机构运动分析

凸轮机构中从动件的运动是由凸轮轮廓曲线决定的。一定轮廓曲线的凸轮能够驱动从动件按照一定的规律运动；反之，从动件的不同运动规律要求凸轮具有不同的轮廓曲线。因此，凸轮机构的设计一般是根据工作要求选择或设计从动件的运动规律，再根据从动件的运动规律设计凸轮的轮廓曲线。

从动件的运动规律是指从动件的位移 s、速度 v 和加速度 a 随时间 t 的变化规律。当凸轮匀速转动时，其转角 δ 与时间 t 成正比（$\delta=\omega t$），因此从动件的运动规律也可以用从动件的位移、速度、加速度随凸轮转角变化的规律来描述，即 $s=s(\delta)$，$v=v(\delta)$，$a=a(\delta)$。通常把从动件的 s、v、a 随 t 或 δ 变化的直角坐标曲线称为从动件的运动线图，它直观地描述了从动件的运动规律。现以图 6-33a 所示的对心尖顶移动从动件盘形凸轮机构为例进行运动分析。

以凸轮轮廓最小向径 r_b 为半径所作的圆称为凸轮的基圆，r_b 称为基圆半径。从动件在图中处于即将上升的起始位置，其尖顶与凸轮在点 A 接触。当凸轮以匀角速度 ω_1 顺时针转动 δ_0 时，凸轮轮廓 AB 段推动从动件以一定的运动规律上升到最高位置 B'，这个过程称为推程，从动件移动的距离 h 称为升程，对应的凸轮转角 δ_0 称为升程角。当凸轮继续转过 δ_s 时，凸轮轮廓 BC 段向径不变，故从动件停在最远处不动，相应的凸轮转角 δ_s 称为远休止角。当凸轮继续转动 δ_h 时，凸轮轮廓 CD 段向径逐渐减小，从动件在重力或弹簧力作用下，紧密接触凸轮轮廓，从而以一定的运动规律回到起始位置，这个过程称为回程，转角 δ_h 称为回程角。当凸轮继续转过 δ_s' 时，凸轮轮廓 DA 段直径不变，因此从动件停留在起始位置不动，凸轮转角 δ_s' 称为近休止角。当凸轮继续转动时，从动件重复上述运动。以直角坐标系的横坐标表示时间 t 或凸轮转角 δ，以纵坐标表示从动件位移 s，以从动件的初始位置作为其位移的零点，作出 s-δ（t）线图，如图 6-33b 所示，称为从动件的位移线图。

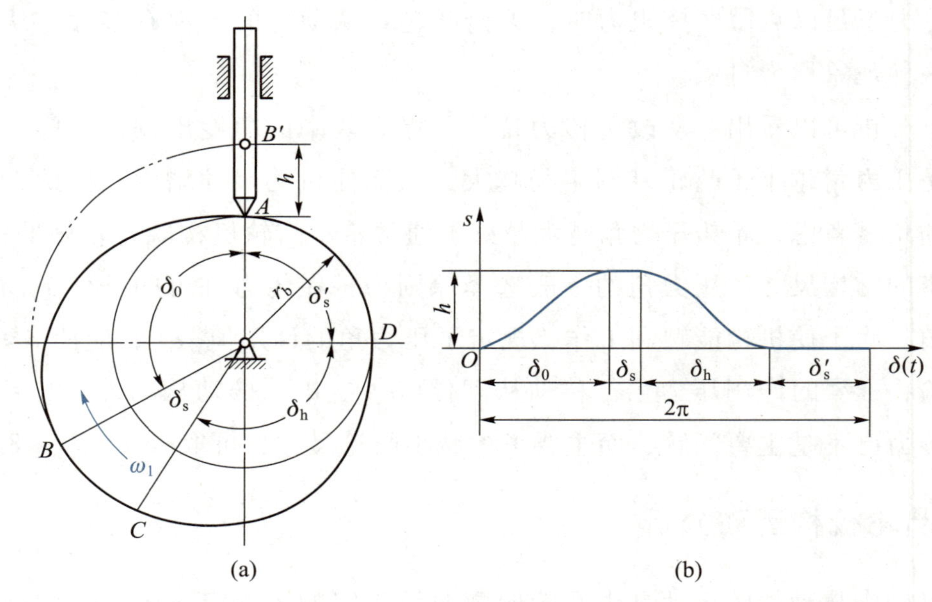

图 6-33　对心尖顶移动从动件盘形凸轮机构的运动分析

笔记

拓展

从动件的基本运动规律

从动件在推程和回程中的运动规律很多，最基本的有等速运动规律、等加速等减速运动规律、简谐（余弦加速度）运动规律及摆线（正弦加速度）运动规律等，这里仅介绍前两种。

1. 等速运动规律

当凸轮匀速回转时，从动件上升或下降的速度为一常数，这种运动规律称为等速运动规律。设凸轮升程角为 δ_0，从动件升程为 h，升程时间为 t_0，则推程时从动件的运动方程可表示为

$$\left.\begin{aligned} s&=\frac{h}{\delta_0}\delta \\ v&=\frac{h}{\delta_0}\omega \\ a&=0 \end{aligned}\right\} \tag{6-2}$$

注意到回程时从动件速度为负值，同理可推出回程时从动件的运动方程。根据式

(6-2) 作出从动件在推程时的运动线图，如图 6-34 所示。

2. 等加速等减速运动规律

从动件在一个升程 h 中，前半段做等加速运动，后半段做等减速运动，其加速度的绝对值相等且为一常数，这种运动规律称为等加速等减速运动规律。可以推导出推程时从动件的运动方程为

等加速段 $\left(0\leqslant\delta\leqslant\dfrac{\delta_0}{2}\right)$

$$\left.\begin{aligned} s&=\frac{2h}{\delta_0^2}\delta^2\\ v&=\frac{4h\omega}{\delta_0^2}\delta\\ a&=\frac{4h\omega^2}{\delta_0^2}\end{aligned}\right\}\tag{6-3a}$$

等减速段 $\left(\dfrac{\delta_0}{2}\leqslant\delta\leqslant\delta_0\right)$

$$\left.\begin{aligned} s&=h-\frac{2h}{\delta_0^2}(\delta_0-\delta)^2\\ v&=\frac{4h\omega}{\delta_0^2}(\delta_0-\delta)\\ a&=-\frac{4h\omega^2}{\delta_0^2}\end{aligned}\right\}\tag{6-3b}$$

根据式 (6-3) 可作出从动件在推程时的运动线图，如图 6-35 所示。

笔记

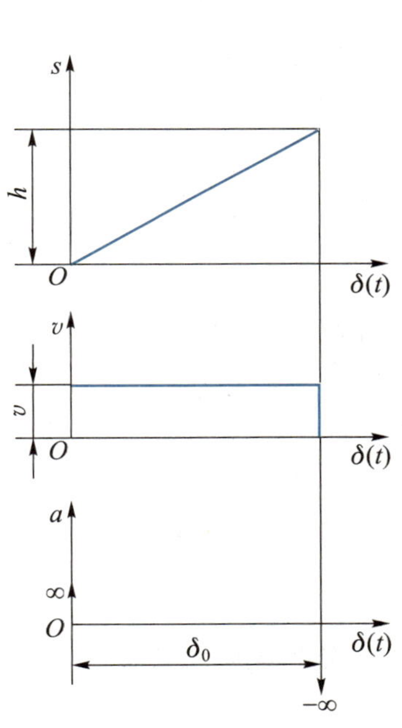

图 6-34 等速运动规律从动件在推程时的运动线图

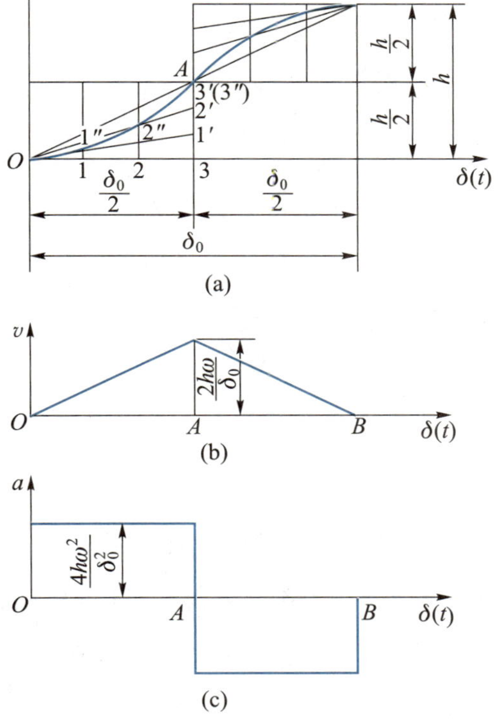

图 6-35 等加速等减速运动规律从动件在推程时的运动线图

四、平面凸轮轮廓曲线的绘制

现以对心尖顶移动从动件盘形凸轮（图 6-36a）为例说明凸轮轮廓曲线的绘制方法。设已选定从动件运动规律为：从动件推程为匀速运动，升程角为 δ_0，升程为 h，远休止角为 δ_s；回程为等加速等减速运动，回程角为 δ_h，近休止角为 δ_s'。凸轮轮廓绘制步骤如下：

① 确定凸轮回转方向和基圆半径。设 ω 为顺时针转动，基圆半径为 r_b。

② 选取长度比例尺 μ(m/mm)，作出从动件位移线图，如图 6-36b 所示。

③ 将位移线图上的升程角 δ_0 和回程角 δ_h 各分成若干等份 1、2、3 等，过各等分点作垂线，分别与位移线图相交于点 1′、2′、3′等，则 11′、22′、33′等就是从动件对应于凸轮各转角时的位移。

笔记

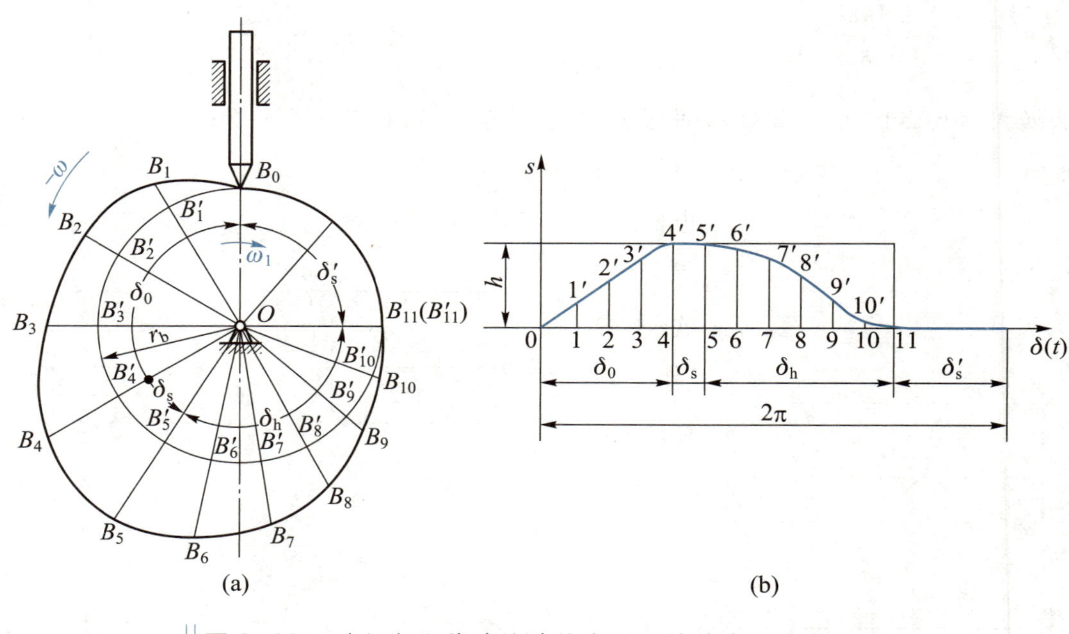

图 6-36　对心尖顶移动从动件盘形凸轮轮廓曲线的绘制

④ 用同样的长度比例尺 μ(m/mm)，以 O 为圆心、r_b 为半径作基圆，如图 6-36a 所示，基圆与从动件导路的交点 B_0 就是从动件尖顶的初始位置。

⑤ 从 OB_0 开始，沿 $-\omega$ 的方向取角度 δ_0、δ_s、δ_h 和 δ_s'，并将它们各分成与位移线图相同的等份，得各等分点 B_1'、B_2'、B_3' 等，连接 OB_1'、OB_2'、OB_3' 等，并延长得各径向线。

⑥ 在各径向线上量取 $B_1'B_1 = 11'$、$B_2'B_2 = 22'$、$B_3'B_3 = 33'$等，得点 B_1、B_2、B_3 等，将点 B_0、B_1、B_2、B_3 等连接成光滑曲线，即得所要求的凸轮轮廓曲线。

6.4 其他机构

在生产中，动力机一般都是输出连续运动的，而有些机械的工作部分却需要做周期性的时动时停的间歇运动。能将主动件的连续运动转换成从动件周期性间歇运动的机构称为间歇运动机构。棘轮机构、槽轮机构是两种应用广泛的间歇运动机构。能将主动件的旋转运动转换成直线运动的机构称为螺旋机构。

一、棘轮机构

1. 结构与类型

棘轮机构（图 6-37）由摇杆（主动件）、棘爪、棘轮（从动件）、止回棘爪、弹簧及机架等组成。当摇杆顺时针摆动时，带动棘爪推动棘轮转过一定的角度，此时止回棘爪在棘轮的齿背上滑过；当摇杆逆时针摆动时，止回棘爪阻止棘轮逆时针转动，此时棘爪在棘轮的齿背上滑过。这样，在摇杆连续摆动时，棘轮便单向间歇转动。

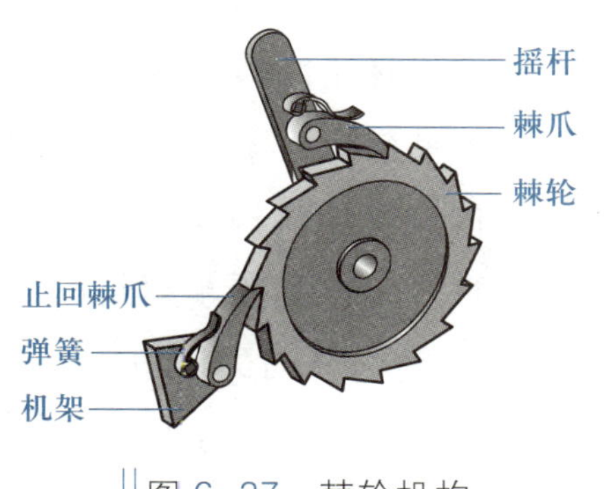

图 6-37 棘轮机构

棘轮机构

棘轮机构的类型很多，按工作原理可分为齿啮式和摩擦式，按结构特点可分为外接式和内接式，见表 6-4。

表 6-4 棘轮机构常见类型

类型	齿啮式棘轮机构	摩擦式棘轮机构	
		楔块摩擦	滚子摩擦
外接式棘轮机构			

续表

类型	齿啮式棘轮机构	摩擦式棘轮机构	
		楔块摩擦	滚子摩擦
内接式棘轮机构			

2. 特点与应用

齿啮式棘轮机构的特点是结构简单紧凑、制造方便、运动可靠、转角准确且可在一定范围内有级调节，但噪声、冲击和磨损较大，故不宜用于高速。

笔记

摩擦式棘轮机构靠棘爪与棘轮之间的摩擦力传动，其特点是可无级调节摩擦轮的转角，运动平稳，无噪声。但会出现打滑现象，使转角精度不高，适用于低速轻载的场合。

外接式棘轮机构尺寸较大，内接式棘轮机构结构紧凑并具有从动件可超越主动件转动的特性，广泛用于超越离合器（如自行车后轴的飞轮）中。

3. 转角与转向的调节

棘轮机构的转角可以采用下述方法调节：① 改变摇杆摆角，如改变图 6-38a 中曲柄的长度，即可改变摇杆的摆角，从而调节棘轮每次转过的转角。② 在棘轮上加遮板，如图 6-38b 所示，改变遮板位置以遮住部分棘齿，从而改变棘爪推动棘轮的实际转角。

棘轮机构的转向可以采用图 6-39 所示的双向式棘轮机构进行调节，使棘轮做双向间歇运动。随着摇杆的往复摆动，当棘爪在实线位置时，棘轮沿逆时针方向间歇转

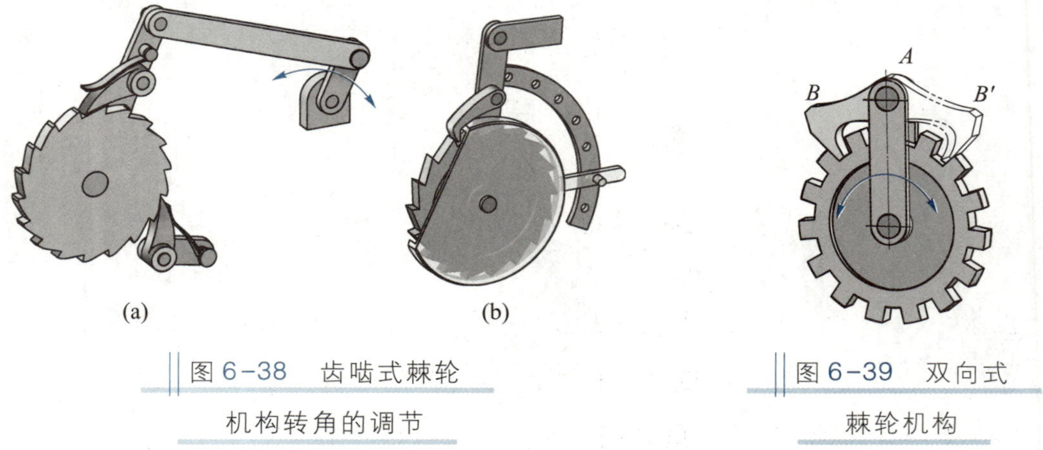

图 6-38　齿啮式棘轮机构转角的调节

图 6-39　双向式棘轮机构

动；当棘爪翻转到双点画线位置时，棘轮沿顺时针方向间歇转动。双向式棘轮一般采用对称齿形。

4. 主要参数

齿啮式棘轮机构的主要参数有：

（1）棘轮齿数 z

棘轮齿数 z 可根据所要求的棘轮最小转角 δ_{min} 来确定，即 $\delta_{min} \geqslant 2\pi/z$，则

$$z \geqslant \frac{2\pi}{\delta_{min}} \tag{6-4}$$

一般轻载时，齿数 z 可取多一些，最多可达 250 齿；载荷较大时，齿数 z 应取少一些，通常取 8~25 齿。

（2）棘轮齿距 P

棘轮齿距 P 是棘轮相邻两齿齿顶圆上对应点之间的弧长。

（3）棘轮模数 m

笔记

与齿轮类似，棘轮也以模数 m 来衡量棘齿的大小，即

$$m = P/\pi \tag{6-5}$$

常用标准模数有 1 mm、1.5 mm、2 mm、2.5 mm、3 mm、4 mm、5 mm、6 mm、8 mm、10 mm 等。

（4）棘轮齿面倾角 ϕ

棘轮齿面与径向线的夹角 ϕ 称为齿面倾角。为使棘爪在推动棘轮的过程中始终紧触齿面且能顺利滑向齿根，必须使棘轮齿面倾角 ϕ 大于棘爪与棘轮间的摩擦角 ρ，一般取 $\phi \approx 20°$。

例 6-2 牛头刨床横向进给机构中的丝杠，其导程 $Ph = 6$ mm，要求最小进给量为 0.2 mm，求棘轮的最少齿数 z。

解 若棘爪每次拨过一个齿，则棘轮的最小转角为

$$\delta_{min} = \frac{0.2}{6} \times 360° = 12°$$

由式（6-4）得 $$z \geqslant \frac{2\pi}{\delta_{min}} = \frac{360°}{12°} = 30, \text{即 } z_{min} = 30$$

棘轮机构广泛应用于各种机床和自动机械的进给机构、转位机构中。图 6-40 所示为自动线上的浇注输送装置，改变活塞的行程，可调节棘轮的转角。图 6-41 所示为起重设备中的棘轮止动器，当提升重物时，棘轮逆时针转动，棘爪在棘轮齿背上滑过；

当需要使重物停在某一高度时，棘爪及时插入棘轮相应的齿间，阻止棘轮在重力作用下转动。

起重设备中的棘轮机构

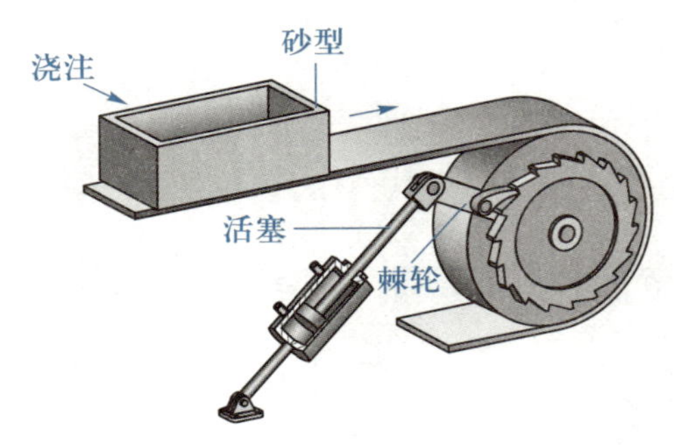

图 6-40　自动线上的浇注输送装置

图 6-41　起重设备中的棘轮止动器

二、槽轮机构

1. 结构与类型

笔记

图 6-42 所示为单圆销外啮合槽轮机构，它由带圆销的拨盘、具有径向槽的槽轮和机架组成。当拨盘等速连续转动，其圆销未进入槽轮的径向槽时，槽轮的内凹锁止弧被拨盘的外凸圆弧卡住，使槽轮静止不动；当圆销进入槽轮的径向槽时，锁止弧被松开，槽轮被圆销带动转动；当圆销离开径向槽时，槽轮的内凹锁止弧又被拨盘外凸圆弧卡住，使槽轮又静止不动。这样使槽轮做时动时停的周期性间歇运动。

图 6-42　单圆销外啮合槽轮机构

拨盘转一周，槽轮只做一次与拨盘转动方向相反的转动，称为单圆销外啮合槽轮机构；若槽轮能做两次反向转动，则称为双圆销外啮合槽轮机构；若槽轮能做多次反向转动，则称为多圆销外啮合槽轮机构。当要求拨盘与槽轮转向相同时，则应采用内啮合槽轮机构，如图 6-43 所示。

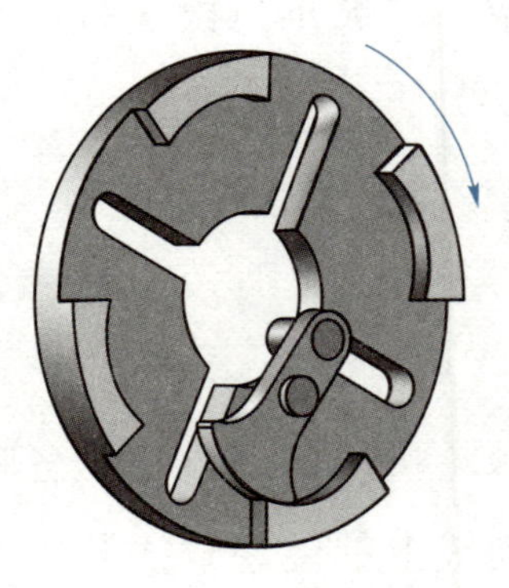

图 6-43　内啮合槽轮机构

2. 主要参数

槽轮机构的主要参数是槽数 z 和圆销数 k。对于径向槽对称均布的槽轮机构，槽轮每转动一次和停歇一次便构成一个运动循环。在一个运动循环中，槽轮的运动时间 t_2 和拨盘的运动时间 t_1 之比称为运动系数，用 τ 表示。

笔记

在图 6-42 所示的槽轮机构中，为了避免槽轮在开始转动和停止转动时产生刚性冲击和碰撞，应使圆销进出径向槽时的线速度方向沿径向槽的中心线，即可求得拨盘从进槽到出槽转过的角度 $2\alpha=\pi-\frac{2\pi}{z}$。若拨盘对称均布 k 个圆销，则主动拨盘转过角度$\frac{2\pi}{k}$便完成槽轮的一个运动循环，因此有

$$\tau=\frac{t_2}{t_1}=\frac{\pi-\frac{2\pi}{z}}{2\pi/k}=k\left(\frac{z-2}{2z}\right) \tag{6-6}$$

要保证槽轮被拨盘驱动，则 $\tau>0$，即 $z\geqslant3$；由于是间歇运动，$\tau<1$，即 $k<\frac{2z}{z-2}$。因此，$z=3$ 时 $k<6$，取 $k=1\sim5$；$z=4$ 或 $z=5$ 时，可取 $k=1\sim3$；当 $z\geqslant6$ 时，可取 $k=1$ 或 $k=2$。

3. 特点与应用

槽轮机构结构简单，制造方便，工作可靠，机械效率高，而且转位迅速平稳，因此在自动机械中应用广泛。但制造与装配精度要求高，转角不能调节，也不能太小，而且在启动和停止的瞬间有冲击。转速越高，槽数越少，冲击越剧烈，因此不宜用于高速场合。

槽轮机构一般用于转速不太高的自动机械或仪器仪表中。图 6-44 所示为电影放映机卷片机构，拨盘转一周，槽轮转过 1/4 周，胶片移动一个画面并停留一定时间。拨盘连续转动，槽轮带动胶片重复间歇运动，利用人眼的视觉暂留特性使人感觉看到的是连续的画面。图 6-45 所示为六角车床刀架转位机构，槽轮有 6 个径向槽，与之相连的刀架上可装 6 把刀具，拨盘每转一周，驱动槽轮转过 360°/6=60°，刀架也随之转过 60°，从而将下一工序的刀具转到工作位置。

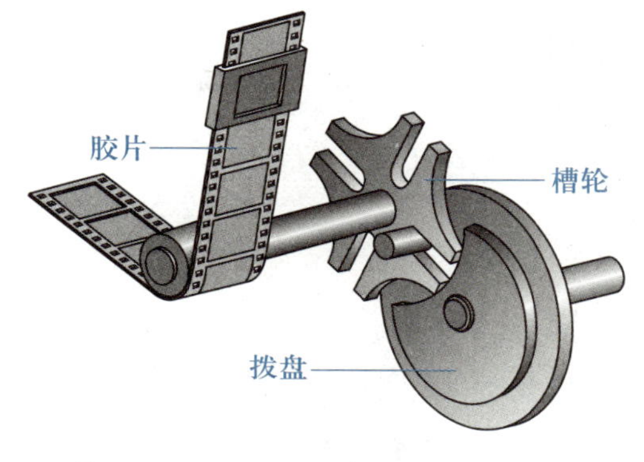

图 6-44　电影放映机卷片机构

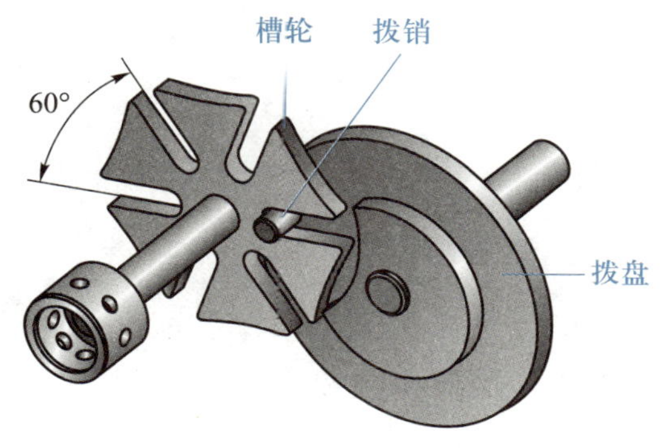

图 6-45　六角车床刀架转位机构

电影放映机卷片机构

三、螺旋机构

螺旋机构由螺杆、螺母及机架组成，螺杆与螺母旋合形成螺旋副，其主要作用是将旋转运动转换成直线运动，同时传递运动和动力，因此也称为螺旋传动机构。

1. 结构与类型

根据用途不同，螺旋机构可分为三种。

（1）传力螺旋

最典型的传力螺旋为螺母固定、螺杆转动并移动的形式，如图 6-46a 所示。传力螺旋以传递动力为主，可以较小的转矩产生较大的轴向力，用于低速回转、间歇工作和要求自锁的场合，用于起重或加压，如螺旋千斤顶、螺旋压力机及台虎钳中的夹紧机构。

（2）传导螺旋

最典型的传导螺旋为螺杆转动、螺母移动的形式，如图 6-46b 所示，传导螺旋以传递运动为主，有较高的运动精度，用于高速回转、连续工作，要求高效率、高精度的场合，如机床的刀架或工作台的进给机构等。

笔记

（3）调整螺旋

最典型的调整螺旋为螺杆转动并移动、螺母移动的形式。调整螺旋以调整相互位置为主，螺杆上两段螺纹的旋向相同而导程不同时，称为差动螺旋，如图 6-46c 所示，若两导程相差很小，则螺母可实现微小位移，故又称为微动螺旋，用于镗刀杆、螺旋测微仪等。螺杆上两段螺纹的旋向相反时，称为复式螺旋，可实现螺母的快速移动，常用于快速靠近或者离开的场合，如快速夹紧的夹具、张紧装置等。调整螺旋不经常转动，一般在空载下调整。

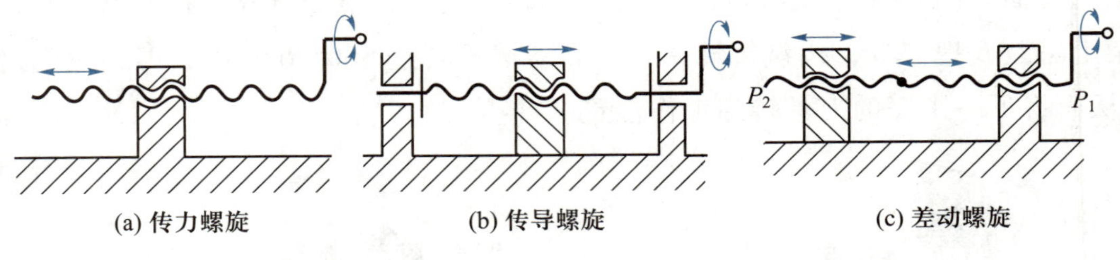

图 6-46　螺旋机构的典型运动形式

2. 运动分析

（1）单螺旋机构

螺杆、螺母和机架之间只组成一对螺旋副的机构称为单螺旋机构。如图 6-47a 所示，A 为转动副，B 为螺旋副，导程为 Ph，C 为移动副。当螺杆转过角度 ϕ 时，螺母的位移为

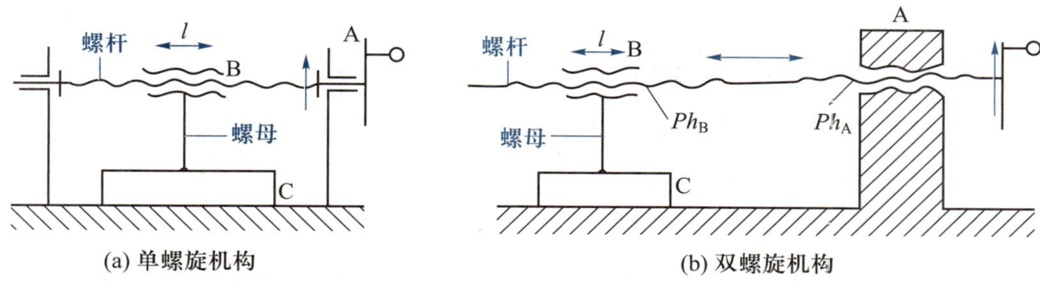

图 6-47 螺旋机构的运动分析

$$l=\frac{\phi}{2\pi}Ph \tag{6-7}$$

设螺杆按图示方向转动，若螺旋副 B 为右旋螺纹，则螺母向右移动；若螺旋副 B 为左旋螺纹，则螺母向左移动。

（2）双螺旋机构

螺杆与螺母、螺杆与机架分别组成两对螺旋副的机构称为双螺旋机构。如图 6-47b所示，A、B 均为螺旋副，两螺旋副的导程分别为 Ph_A、Ph_B，C 为移动副。

笔记

若两螺旋副的螺纹旋向相同，则为差动螺旋机构，当螺杆转过角度 ϕ 时，螺母的总位移为

$$l=\frac{\phi}{2\pi}(Ph_A-Ph_B) \tag{6-8}$$

若两螺旋副的螺纹旋向相反，则为复式螺旋机构，当螺杆转过角度 ϕ 时，螺母的总位移为

$$l=\frac{\phi}{2\pi}(Ph_A+Ph_B) \tag{6-9}$$

例 6-3 某镗床采用差动螺旋机构使镗刀微量移动，已知 $Ph_A=1.5$ mm，$Ph_B=1$ mm，试求当调整手柄转一转 360°（2π）时，镗刀的移动距离。

解 参考图 6-47b，由式（6-8）可得

$$l=\frac{\phi}{2\pi}(Ph_A-Ph_B)=\frac{2\pi}{2\pi}\times(1.5\text{ mm}-1\text{ mm})=0.5\text{ mm}$$

可见，手柄转一转，镗刀移动 0.5 mm。若手柄转 1/360 转（1°，0.017 45 弧度），则镗刀的实际位移为

$$l=\frac{\phi}{2\pi}(Ph_A-Ph_B)=\frac{0.01745}{2\pi}\times(1.5\text{ mm}-1\text{ mm})\approx 0.00139\text{ mm}$$

不难看出，差动螺旋机构可以产生极小的位移，而螺纹的导程不需要很小，这使得加工比较容易。因此，差动螺旋机构常用于精密切削机床、仪器和工具中。

3. 螺旋副的摩擦性质

根据摩擦性质不同可将螺旋副分为滑动螺旋、滚动螺旋、静压螺旋。

滑动螺旋结构简单、工作平稳、易于自锁，但摩擦阻力大、定位精度差、磨损较快，广泛用于对传动精度和传动效率要求不高的场合。

滚动螺旋是在螺旋副中充填滚珠，传动精度高，但价格昂贵，无自锁性能。按照滚动体返回路径可将滚动螺旋分为外循环滚动螺旋（图 6-48a）和内循环滚动螺旋（图 6-48b）。

滚珠丝杠常用的循环方式

笔记

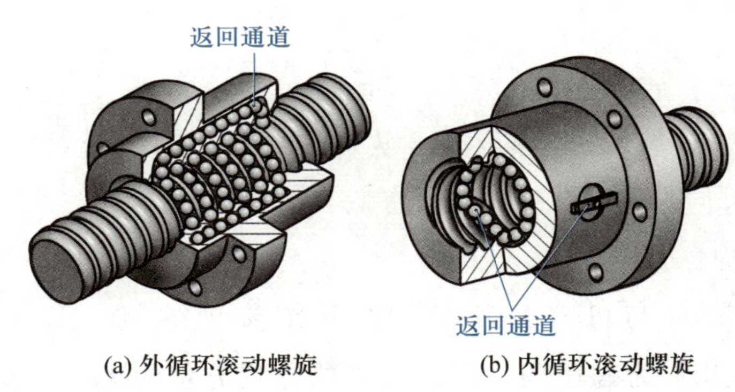

(a) 外循环滚动螺旋　　(b) 内循环滚动螺旋

图 6-48　滚动螺旋

静压螺旋（图 6-49）是在螺旋副中注入高压油，以形成流体静力润滑（详见 9.2 节），它克服了滑动螺旋的缺点，但结构复杂、成本较高。

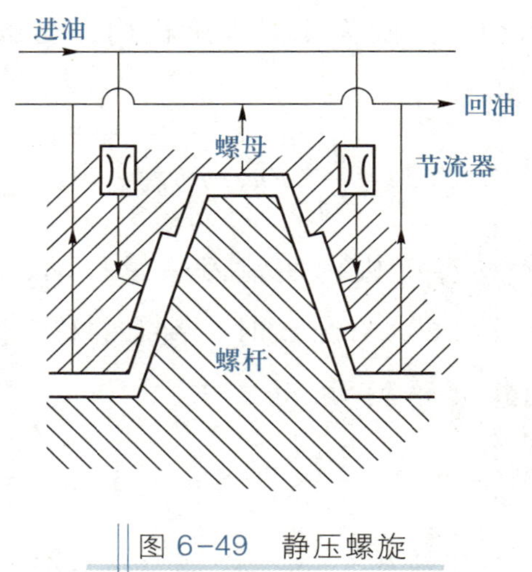

图 6-49　静压螺旋

滚动螺旋，特别是静压螺旋仅用于要求高效率、高精度的重要传动中。

小　结

机构中各构件通过运动副彼此连接，进行运动形式的转换。构件的平面运动可以用运动类型、运动路径和速度特性这三个特征来描述。

机构的本质就在于进行运动属性的转换，从而满足预定的运动规律、构件位置和运动轨迹等功能要求。

实现某一运动转换的机构形式有很多种，要根据每种机构的特性和应用场合择优而定。

平面四杆机构包括铰链四杆机构和含有一个移动副的四杆机构。铰链四杆机构可以将主动件的连续转动或往复摆动转换为从动件的连续转动或往复摆动。曲柄滑块机构等含移动副的四杆机构受力状况良好。

凸轮机构是由具有一定轮廓或凹槽的凸轮、从动件和机架所组成的高副机构，主要用于转换运动形式，它可将凸轮的连续转动或移动转换为从动件的连续或间歇的往复移动或摆动。

棘轮机构、槽轮机构是两种应用广泛的间歇运动机构，能将主动件的连续运动转换成从动件的周期性间歇运动。

螺旋机构的主要作用是将旋转运动转换成直线运动，同时传递运动和动力，根据用途不同可分为传力螺旋、传导螺旋和调整螺旋，根据螺杆与螺母旋合而成螺旋副的摩擦状态不同可分为滑动螺旋、滚动螺旋和静压螺旋。

 思考与实践 

笔记

1. 构件有哪些运动特征？

2. 图 6-50 所示为折叠椅的机构示意图，其中 $l_{AB}+l_{BC}=l_{AD}+l_{CD}$。试分析打开椅子和收拢椅子时四杆机构的运动转换过程。（折叠时一般用一只手将构件 1 固定，视其为机架，另一只手向上收起构件 2。）

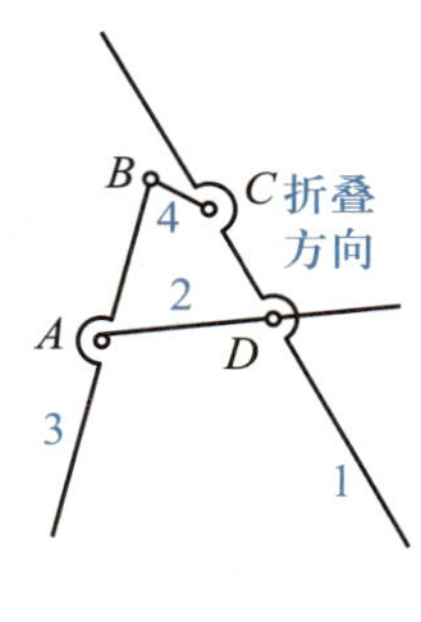

图 6-50 题 2 图

3. 根据螺旋机构传动的运动转换形式，画出传导螺旋和调整螺旋（差动螺旋）的运动转换符号。

4. 铰链四杆机构的基本形式有哪几种？各自的运动特性是什么？

5. 在对心曲柄滑块机构的基础上，以不同构件作为机架，可以得到哪些含有移动副的四杆机构？

6. 机构的压力角和传动角是确定值还是变化值？它们对机构的传力特性有何影响？

7. 在图 6-51 所示的铰链四杆机构中，各构件的长度如图所示，试问分别以 a、b、c、d 为机架时，各得到什么类型的铰链四杆机构？

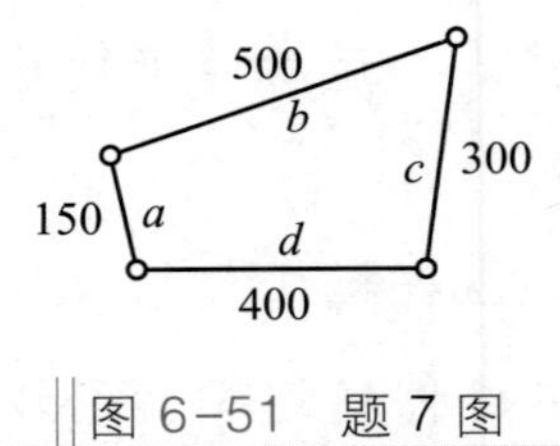

图 6-51　题 7 图

8. 试作图说明，当曲柄的长度经调整变长后：(1) 对曲柄摇杆机构的摇杆摆角有何影响？(2) 对曲柄滑块机构的行程有何影响？

9. 为什么滚子从动件凸轮机构应用最广泛？高速凸轮机构应采用何种端部形状的从动件？

10. 棘轮机构和槽轮机构各有何特点？各应用于什么场合？

11. 为什么齿啮式棘轮机构的转角只能有级变化？调节其转角的方法有哪几种？

笔记

12. 传力螺旋和传导螺旋在运动形式上有何区别？

13. 差动螺旋和复式螺旋各应用于什么场合？

14. 在图 6-47b 所示的双螺旋机构中，已知 $Ph_A = 1.5$ mm，$Ph_B = 1$ mm，当螺杆按图示方向转动一周时，如果 A 为右旋，B 为左旋，则螺母移动的距离为多少？它属于哪种双螺旋机构？

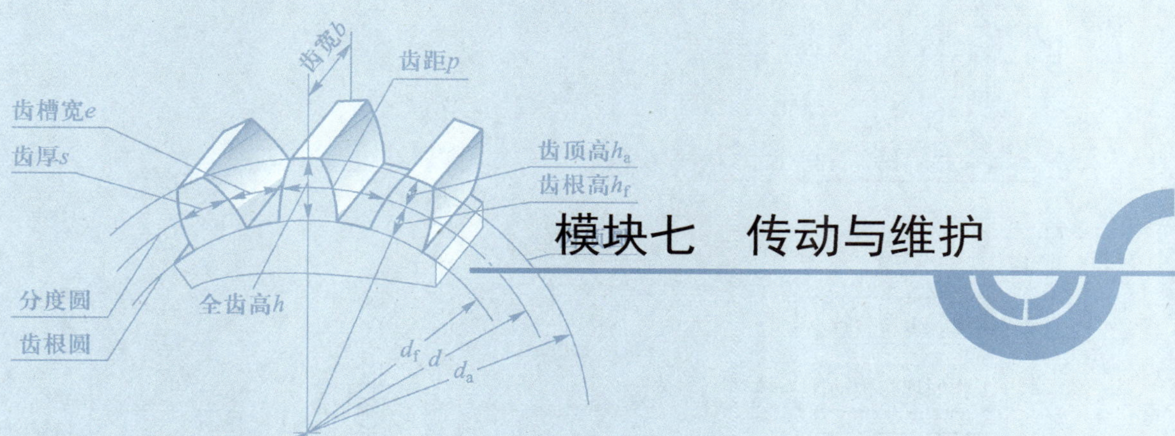

模块七　传动与维护

导　语

机械的执行部分需要依靠动力部分供给一定形式的能量（绝大多数是机械能）才能工作。不过，将机械的动力部分与执行部分直接连接起来的情况往往并不经济。对于大多数机械而言，需要在动力部分和执行部分之间加入传递动力或转换运动状态的传动部分。传动部分是大多数机械的重要组成部分。实践表明，传动部分在机械的质量和成本中占有很大的比例，也是机械运行中故障多发的部分，机械的工作性能和运转费用在很大程度上取决于传动部分，因此有必要专门讨论传动与维护这个课题。

在机械传动中，带传动、链传动要合理布置，加装固定式防护罩，张紧装置要完好、牢靠，并有防止松脱的措施；齿轮传动、蜗杆传动尽可能安装在箱体内，使之成为具有良好润滑的闭式传动，对于外廓尺寸过大、无法安装在箱体内的开式传动，必须加装防护罩。对机械传动进行维护操作时，一定要遵守安全操作规程，在断电、停机的状态下进行。

机械传动装置工作时会产生噪声污染，应保持机械传动的精度和良好的润滑状态，采取必要的消声、隔声、吸声、隔振、紧固等措施，减轻噪声对环境的污染。

本模块将学习机械传动中的摩擦传动与啮合传动。

思维导图

组成、类型与特点
工作原理与传动比
参数与几何尺寸
结构、标准与选用
失效形式与材料
安装、润滑与维护
机械传动
定轴齿轮系
行星齿轮系
齿轮系
传动与维护
两轴相距较近的啮合型传动
齿轮传动
两轴平行
直齿轮传动、斜齿轮传动
内啮合传动、外啮合传动
两轴相交
锥齿轮传动
两轴交错
蜗杆传动
两轴相距较远的摩擦型传动
带传动
平带传动
V带传动
两轴相距较远的啮合型传动
链传动
滚子链传动
齿形链传动
同步带传动

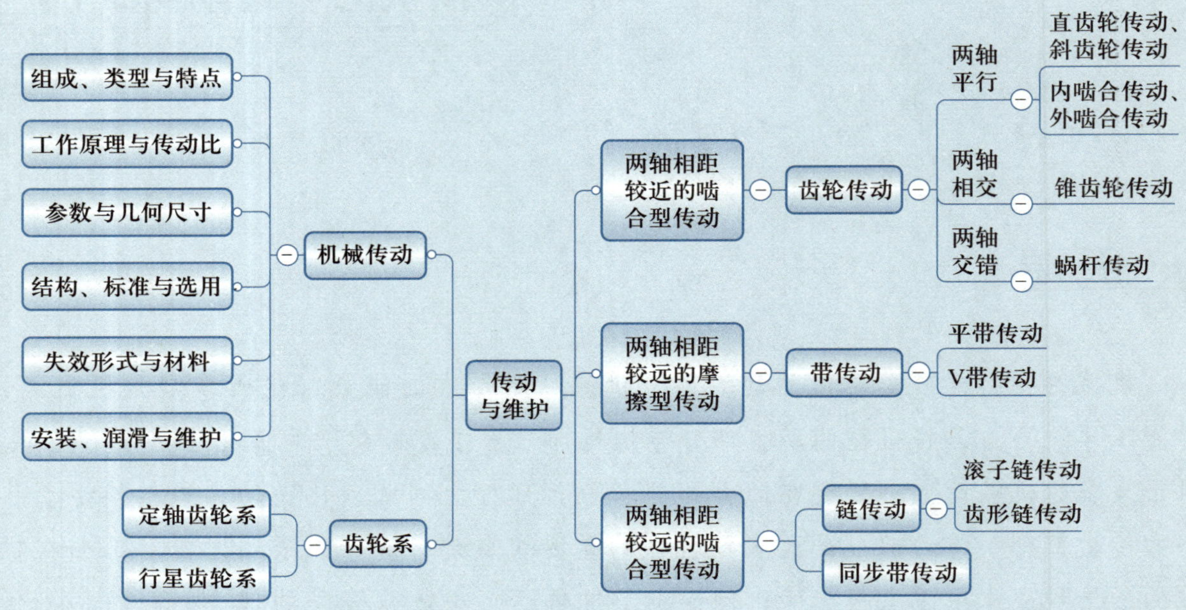

7.1 带传动

一、带传动的类型与特点

带传动由主动带轮、传动带和从动带轮组成，工作时靠传动带与带轮之间的摩擦或啮合来传递运动和动力。根据传动带的横截面形状可将带传动分为平带传动、V 带传动、圆带传动和同步带传动等。同步带传动属于啮合型传动，其他属于摩擦型传动。

带传动的类型

笔记

1. 带传动的类型

（1）平带传动

如图 7-1 所示，平带的横截面呈矩形，靠带的内表面与带轮外缘间产生的摩擦力传递动力。平带已标准化，适用于两轴中心距较大的场合。

（2）V 带传动

如图 7-2 所示，V 带的横截面呈倒梯形，靠带两侧面与带轮的轮槽之间产生的摩擦力传递动力。在相同的初拉力条件下，V 带传递的功率是平带的 3 倍，因此 V 带应用最广。

图 7-1　平带传动

图 7-2　V 带传动

（3）同步带传动

如图 7-3 所示，同步带的内表面有梯形齿或圆形齿，靠带与带轮之间的啮合传动，也称为齿形带传动。同步带传动主要应用于高速、高精度的中小功率传动中，如数控机床的伺服进给电动机传动、内燃机配气机构凸轮轴传动等。

2. 带传动的特点

带传动在机械传动中应用很广，从家用洗衣机、金属切削机床到运输、冶金、建筑、纺织等各行业机械，都离不开带传动。图 7-4 所示为汽车和拖拉机的发动机中采用的带传动。

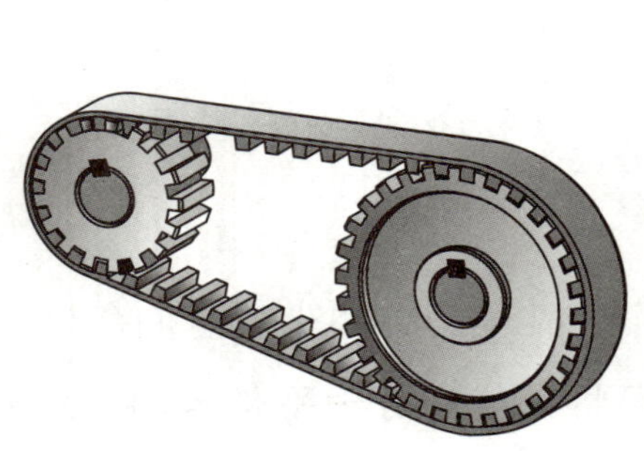

图 7-3　同步带传动

图 7-4　汽车和拖拉机的发动机中采用的带传动

带传动的主要特点有：

① 带具有弹性，能起缓冲、吸振的作用，传动平稳，噪声小。

② 摩擦型带传动发生过载时，带会在带轮上打滑，起到安全保护作用。

③ 结构简单，成本低，无须润滑，维护方便，适用于中心距较大的传动。

④ 带传动的效率可达 92%~93%。

⑤ 摩擦型带传动存在弹性滑动现象，不能保证准确的传动比，使用寿命短。

笔记

二、V 带与带轮

1. V 带结构

普通 V 带包括包边 V 带、普通切边 V 带、底胶夹布切边 V 带、有齿切边 V 带等四种形式，其横截面结构如图 7-5 所示。普通 V 带主要由顶胶、强力层（聚酯纤维线绳，起承载作用）及底胶组成。包边 V 带有外包布层，柔韧性较差，是传动带的主要品种，占我国传动带产量的 80% 以上；切边 V 带没有外包布层，柔韧性好，结构紧凑，传动效率高，传递功率大，使用寿命长，节能效果明显，可在高速及小轮径下使用。

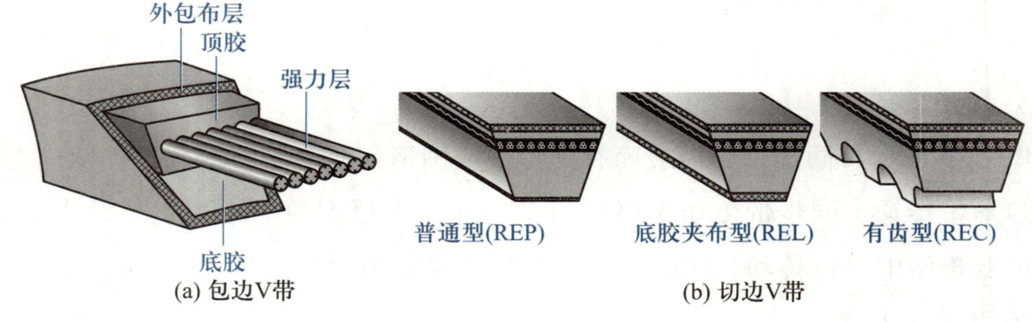

图 7-5　V 带的横截面结构

普通 V 带是无接头的环形带，是标准件。按横截面尺寸从小到大分为 Y、Z、A、B、C、D、E 七种型号。横截面积越大，传递的功率越大。Y、Z 型主要用于办公设备和洗衣机等家用电器。

认标记　识参数

每根 V 带的顶面都压印有标记，由带型、基准长度和标准编号组成。普通 V 带的基准长度是指在规定的张力下，V 带位于测量带轮基准直径上的周长，也称节线长度，用 L_d 表示。

普通 V 带的标记顺序为“型号、基准长度公称值、标准号”。例如，某型号普通车床用、B 型、基准长度 $L_d = 2\ 300$ mm 的普通 V 带标记为“B　2300 GB/T 1171”。再如，某家用波轮洗衣机选用的 Z 型、基准长度 $L_d = 405$ mm 的普通 V 带标记为“Z　405 GB/T 1171”。

2. 带轮的结构

笔记

带轮的结构（图 7-6）取决于带轮基准直径 d_d。为使 V 带与轮槽紧密接触，轮槽楔角 φ 应小于 V 带的楔角（40°）。带轮各部分名称如图 7-7 所示。

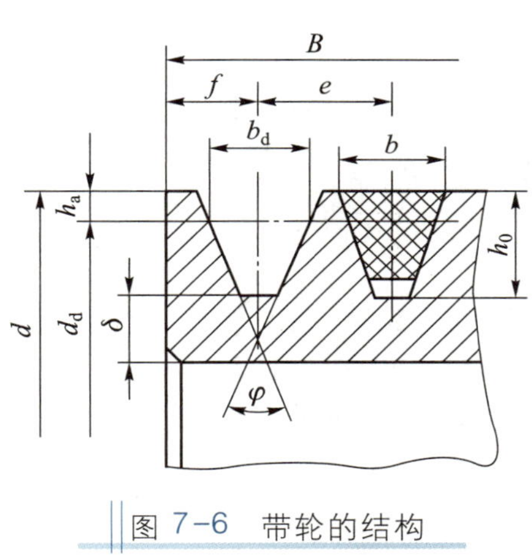

图 7-6　带轮的结构

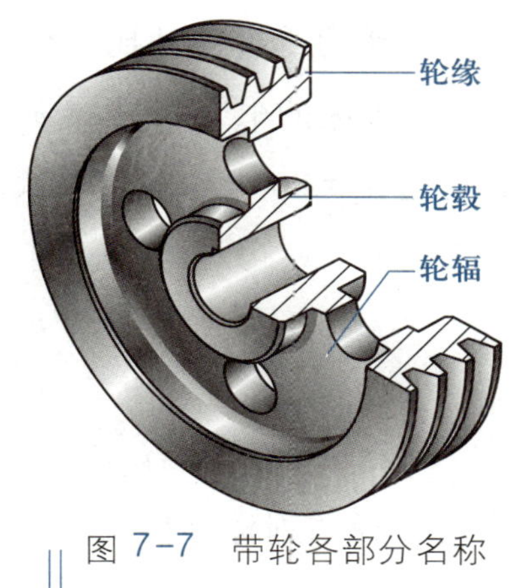

图 7-7　带轮各部分名称

① 当 $d_d \leqslant 150$ mm 时，可制成实心式，如图 7-8 所示。

② 当 $d_d = 150 \sim 450$ mm 时，可制成腹板式或孔板式，如图 7-9 所示。

③ 当 $d_d > 450$ mm 时，可制成椭圆轮辐式，如图 7-10 所示。

3. 带轮常用的材料

带轮常用的材料有灰铸铁、钢、铝合金和工程塑料。一般多选用铸铁材料做带轮。低速或小功率传动时，带轮材料可选用工程塑料、铝合金或钢板。例如，家用洗衣机用工程塑料做带轮，台式钻床用铝合金做成塔形 V 带轮。

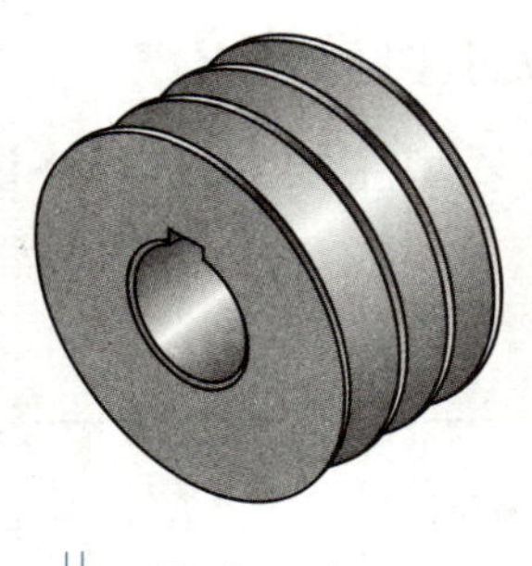

图 7-8　实心式

图 7-9　腹板式

图 7-10　椭圆轮辐式

三、带传动的传动比

在带传动中，主动带轮的转速与从动带轮的转速之比称为带传动的传动比，用 i_{12} 表示。如果不考虑带与带轮间弹性滑动因素的影响，传动比计算公式可以用主动、从动带轮基准直径来表示：

笔记

$$i_{12}=\frac{n_1}{n_2}=\frac{d_{d2}}{d_{d1}} \tag{7-1}$$

式中：n_1、n_2——主动、从动带轮转速，r/min；

d_{d1}、d_{d2}——主动、从动带轮基准直径，mm。

通常，带传动的单级传动比≤5。

例 7-1　某车床的电动机转速 $n_1=1\ 440$ r/min，主动带轮的基准直径 $d_{d1}=125$ mm，从动带轮的转速 $n_2=804$ r/min，求从动带轮的基准直径 d_{d2}。

解　由式（7-1）得

$$i_{12}=\frac{n_1}{n_2}=\frac{d_{d2}}{d_{d1}}=\frac{1\ 440}{804}\approx 1.79$$

$$d_{d2}=i_{12}d_{d1}=1.79\times 125\ \text{mm}=223.75\ \text{mm}$$

取 V 带轮直径系列标准值，$d_{d2}=224$ mm。

四、带传动的失效形式

带传动在运行过程中受到的应力是周期性变化的，传动带容易产生疲劳破坏。超载时，圆周力超过极限摩擦力，传动带将沿带轮发生全面的滑动，从动带轮将停止转动，这种现象称为打滑。疲劳撕裂和超载打滑是摩擦带传动的主要失效形式。

五、带传动的维护与安装

1. 带传动的张紧与安装

传动带进入主动带轮的一侧为紧边，从主动带轮出来的一侧为松边。为了增大传动带的摩擦力，一般在设计时布置带传动的下边为紧边，上边为松边。

传动带在工作一段时间后就会因变形而松弛，从而影响正常传动。为了保证传动带有一定的张紧力，必须定期给予张紧。

（1）带传动的张紧方法

① 调整中心距。把装有带轮的电动机安装在滑道（图 7-11a）或摆动底座（图 7-11b）上，通过调整螺钉或调整螺母，增大中心距达到张紧的目的。

② 安装张紧轮。当中心距不能或不便调整时，可采用张紧轮张紧。为使 V 带只受单向弯曲，张紧轮应安置在带的松边内侧且靠近大带轮处，以免小带轮包角减小太多，如图 7-12 所示。

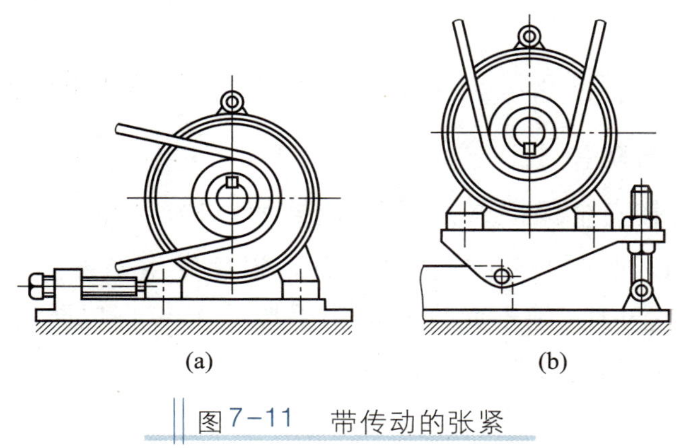

图7-11　带传动的张紧

笔记

（2）带传动的安装与维护

① 安装 V 带时，先将中心距缩小后将带套入，然后慢慢调整中心距，直至张紧。正确的检查方法是用拇指在每条带中部施加 20 N 左右的垂直压力，下沉量以 10~15 mm为宜，如图7-13 所示。

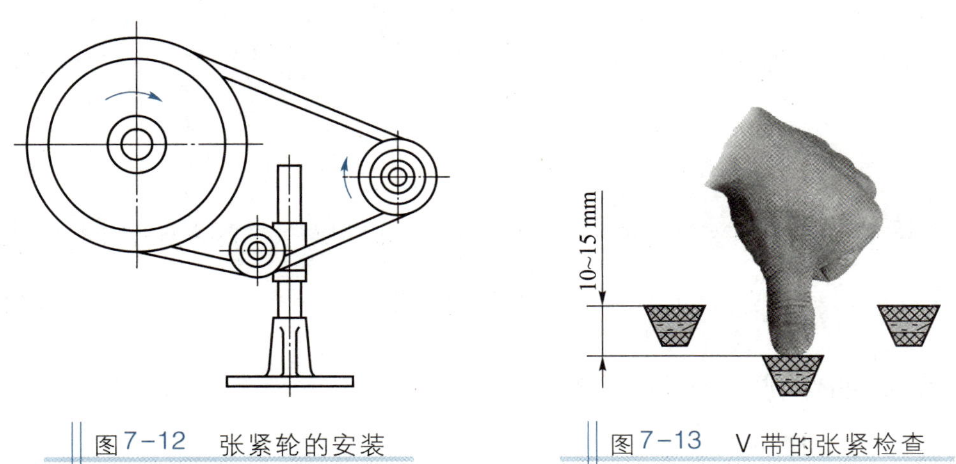

图7-12　张紧轮的安装

图7-13　V 带的张紧检查

② 安装时，主动带轮与从动带轮的轮槽要对正，两带轮的轴线要保持平行，如图 7-14 所示，左图所示为两带轮安装的正确位置，右图所示为错误位置。

笔记

③ 新旧不同的 V 带不能同时使用。更换 V 带时，为保证相同的初拉力，应更换全部 V 带。

④ V 带在轮槽中应有正确的位置，V 带外缘应与轮外缘平齐，如图 7-15 所示。若高出太多，会减少接触面积；若陷得太深，则不能达到设计的传动能力。

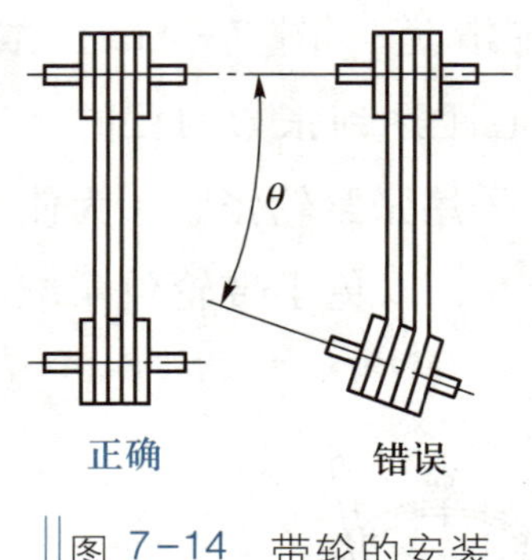

图 7-14 带轮的安装

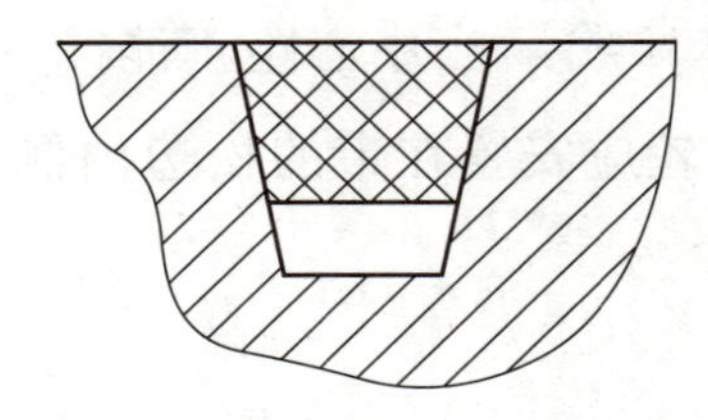

图 7-15 V 带在轮槽中的位置

2. 带传动的安全与防护

① 带传动必须安装安全保护罩，不允许传动件外露。如出现带或带轮外露，或零件松动、带撕裂，则必须立即停车检查并处置，以免发生伤害。

② 安装或拆卸 V 带时，绝不允许直接用手拨撬 V 带，以防夹手。

③ 带轮在轴端应有固定装置，以防带轮脱轴。

职业与生活实践

1. V 带传动中，若突然出现啪啪的拍打声，说明传动中出现什么问题？

2. 如果电动机正常转动，而从动带轮不动，可能出现什么问题？

3. 起动电动机时，如果听见嗡嗡声，但带传动不能正常工作，说明出现什么故障？应立即采取什么措施？

4. 有人从商店买来一组 V 带，安装时发现带的宽度比轮槽略窄一些，他认为可以通过调大中心距的方法获得足够的初拉力，从而使用该组 V 带。你认为对吗？

7.2 链传动

一、链传动的组成、结构与特点

1. 链传动的组成

链传动

如图 7-16 所示，链传动由主动链轮、链条和从动链轮组成。链轮具有特定的齿形，链条套装在主动链轮和从动链轮上。工作时，通过链条的链节与链轮轮齿的啮合来传递运动和动力。

2. 链条的结构

如图 7-17 所示，滚子链由若干内链节和外链节依次铰接而成。内链节由内链板、套筒和滚子组成，内链板与套筒采用过盈配合，套筒与滚子采用间隙配合，滚子可绕套筒自由转动。外链节由外链板和销轴组成，采用过盈配合连接。内链节和外链节之间用套筒和销轴通过间隙配合连接，套筒能够绕销轴转动。传动时，滚子与链轮轮齿间形成滚动摩擦，可减少磨损，提高传动效率。

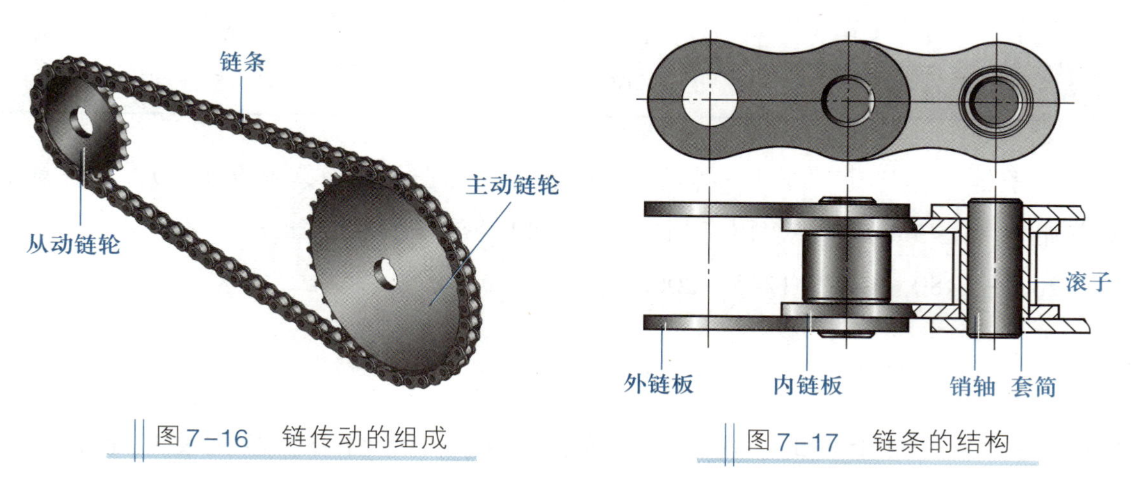

图 7-16 链传动的组成　　图 7-17 链条的结构

滚子链的接头形式有两种，如图 7-18 所示。当链节数为偶数时，内、外链板相接，接头处用开口销或弹性锁片将销轴固定，如图 7-18a、b 所示。当链节数为奇数时，就必须采用过渡链节，如图 7-18c 所示。过渡链节的链板受到附加弯曲应力，其强度明显低于正常链板。

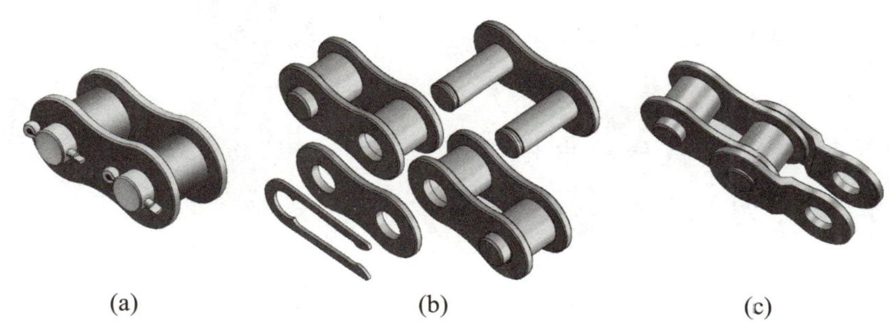

图 7-18 滚子链的接头形式

3. 链传动的特点

链传动是一种啮合传动，与带传动相比，具有下列特点：

① 没有弹性滑动和打滑现象，平均传动比准确。

② 承载能力大，能在高温、潮湿、粉尘、污染等恶劣条件下工作。

笔记

③ 开式链传动的效率可达 90%~93%。

④ 传动的平稳性差，有噪声，容易脱链。

认标记　识参数

滚子链的主要参数是节距。节距是链条上相邻销轴的间距。节距越大，链条的结构尺寸越大，承载能力也越强，但链传动的稳定性随之变差。滚子链常用链号与节距见表 7-1。

表 7-1　滚子链常用链号与节距　　mm

链号	10 A	12 A	16 A	20 A	24 A
节距	15.875	19.05	25.40	31.75	38.10

滚子链的标记为“链号-排数×链节数 标准号”。例如，链号为 20 A（查表 7-1 知节距为 31.75 mm）、双排链、链节数为 80 的滚子链的标记为

20 A-2×80　GB/T 1243—2006

链条的类型

拓展

链条的类型与应用

链传动广泛应用于矿山、建筑、化工、交通运输等行业。按主要用途不同，链条可以分为以下三类：

① 起重链　主要用于各种起重机械中，如港口用的集装箱起重机械和叉车提升装置。

② 牵引链　主要用于运输机械中的牵引输送带，如图 7-19 所示的汽车生产线链条等。

③ 传动链　常用于机械传动中传递运动和动力，如自行车、摩托车等传动。

图 7-19　汽车生产线链条

笔记

二、链传动的传动比

由于链条是可以曲折的挠性体，每一链节为刚性体，传动时绕在链轮上的链段折成正多边形的一部分，多边形的边长上各点的运动速度并不相等，所以链传动的传动比是指平均链速的传动比。

链传动的传动比是主动链轮的转速与从动链轮的转速之比，也是从动链轮的齿数与主动链轮的齿数之比：

$$i_{12}=\frac{n_1}{n_2}=\frac{z_2}{z_1} \tag{7-2}$$

式中：n_1、n_2——主动、从动链轮的转速，r/min；

z_1、z_2——主动、从动链轮的齿数。

例 7-2 自行车大链轮与踏板相连，为主动轮，转速 $n_1=63$ r/min，齿数 $z_1=46$，小链轮为从动轮，齿数 $z_2=18$。求：① 链传动的传动比 i_{12}；② 小链轮的转速 n_2。

解 ① 链传动的传动比为

$$i_{12}=\frac{n_1}{n_2}=\frac{z_2}{z_1}=\frac{18}{46}\approx 0.39$$

传动比<1，为增速传动。

② 小链轮的转速为

$$n_2=\frac{n_1}{i_{12}}=\frac{63}{0.39}\text{ r/min}\approx 161.54\text{ r/min}$$

笔记

三、链传动的安装与维护

1. 链传动的合理布置

① 两链轮的轴线应平行，其回转平面应在同一铅垂面内，如图 7-20 所示。

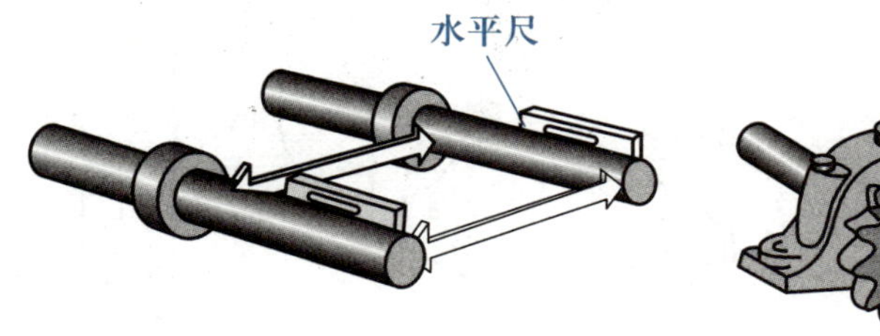

(a) 检查轴的水平和平行情况

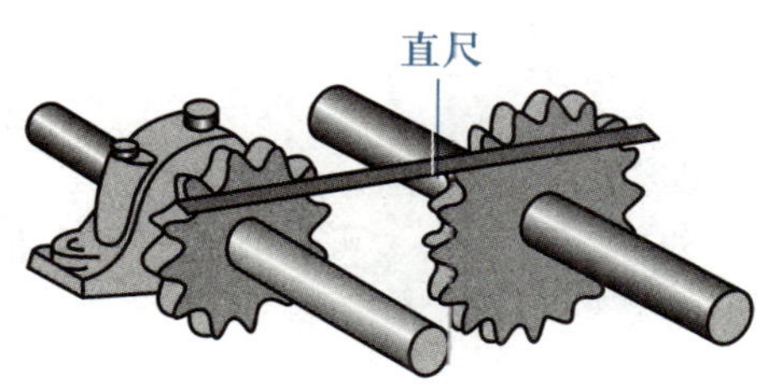

(b) 检查链轮的共面情况

图 7-20 链轮的安装

② 链传动布置时，应使紧边在上、松边在下。两链轮中心的连线最好是水平或与水平面的夹角小于 45°。尽量避免垂直布置，以防链节磨损后链条伸长造成链轮与链条脱链。离地面高度不足 2 m 的链传动必须安装防护罩；在通道上方时，链传动的下方必须有防护挡板，以防链条断裂时落下伤人。

2. 链传动的张紧

链传动张紧的目的是避免链条垂度过大时产生啮合不良和振动。张紧的方法很多，最常见的是移动链轮以增大两轮的中心距。当中心距不可调时，可设置张紧轮（图 7-21）或在链条磨损变长后取掉一个或两个链节。

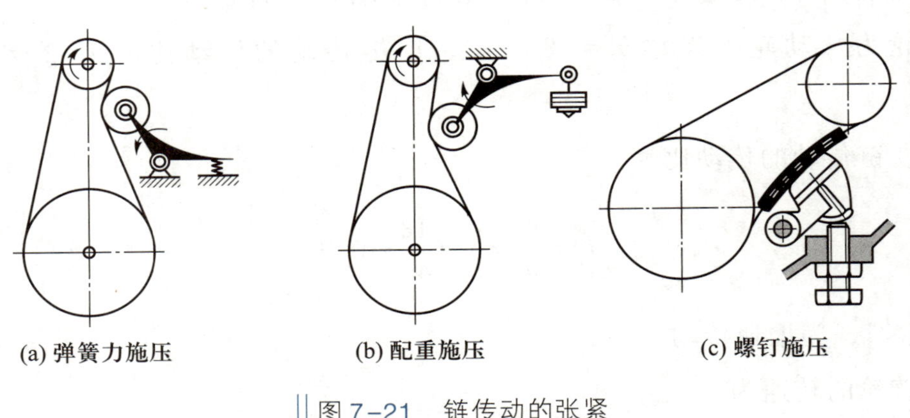

图 7-21 链传动的张紧

笔记

3. 链传动的维护

在链传动中，一般链轮的强度比链条的强度高，使用寿命也较长，因此链传动的失效主要是由链条的失效引起的。链传动的润滑是影响其传动工作能力和寿命的重要因素之一，润滑良好可减少链条和链轮的磨损。图 7-22 所示为链传动的主要润滑方式，可根据链号和链速从图 7-23 中选择。

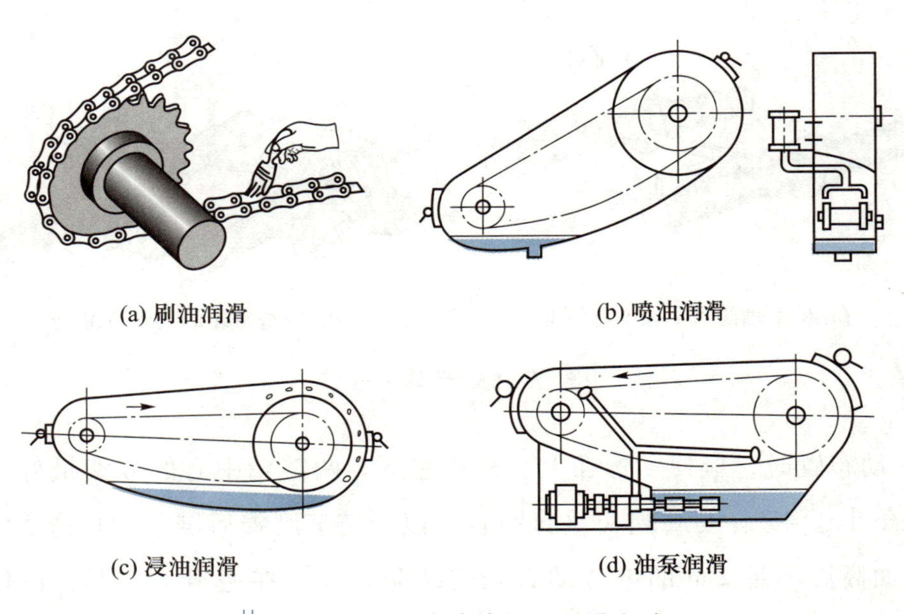

图 7-22 链传动的主要润滑方式

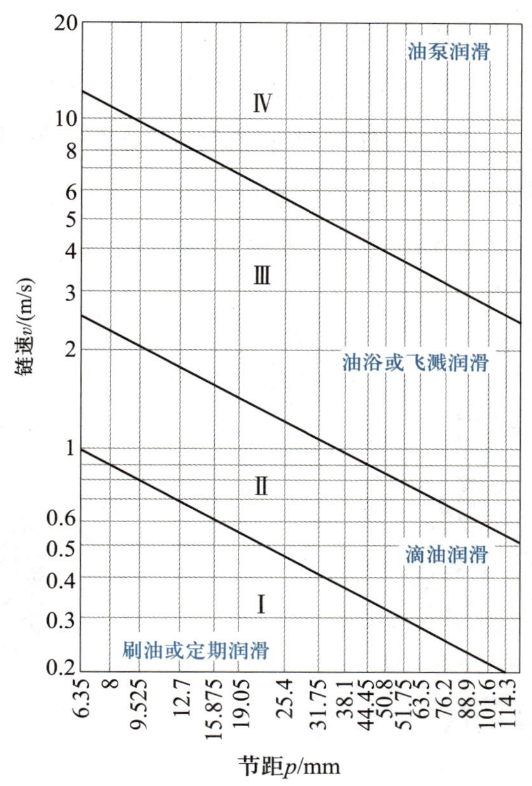

图 7-23　链传动润滑方式的选择

笔记

职业与生活实践

（1）如果自行车经常脱链，可采用什么方法来解决？

（2）生活中你是如何维护自行车链传动装置的？

7.3 齿轮传动

一、齿轮传动的组成、类型与特点

1. 齿轮传动的组成

齿轮传动由主动齿轮、从动齿轮和机架组成，如图 7-24 所示，它依靠两齿轮的轮齿啮合传递运动和动力，是应用最广泛的机械传动。

(a) 外啮合

(b) 内啮合

图 7-24　齿轮传动

2. 齿轮传动的类型

齿轮传动的类型很多，按照齿轮轴线的相互位置、齿向和啮合情况分类，如图 7-25 所示。

平行轴间外啮合齿轮传动用来传递两平行轴的运动和动力（图 7-25a、d、e），主动齿轮与从动齿轮转动方向相反。直齿圆柱齿轮应用于中低速、中小载荷传动，斜齿圆柱齿轮应用于高速大功率传动，人字形齿轮适用于大功率的重型机械。

内啮合齿轮传动（图 7-25b）的主动齿轮与从动齿轮转动方向相同，中心距小，结构紧凑，常应用于行星轮系中。

笔记

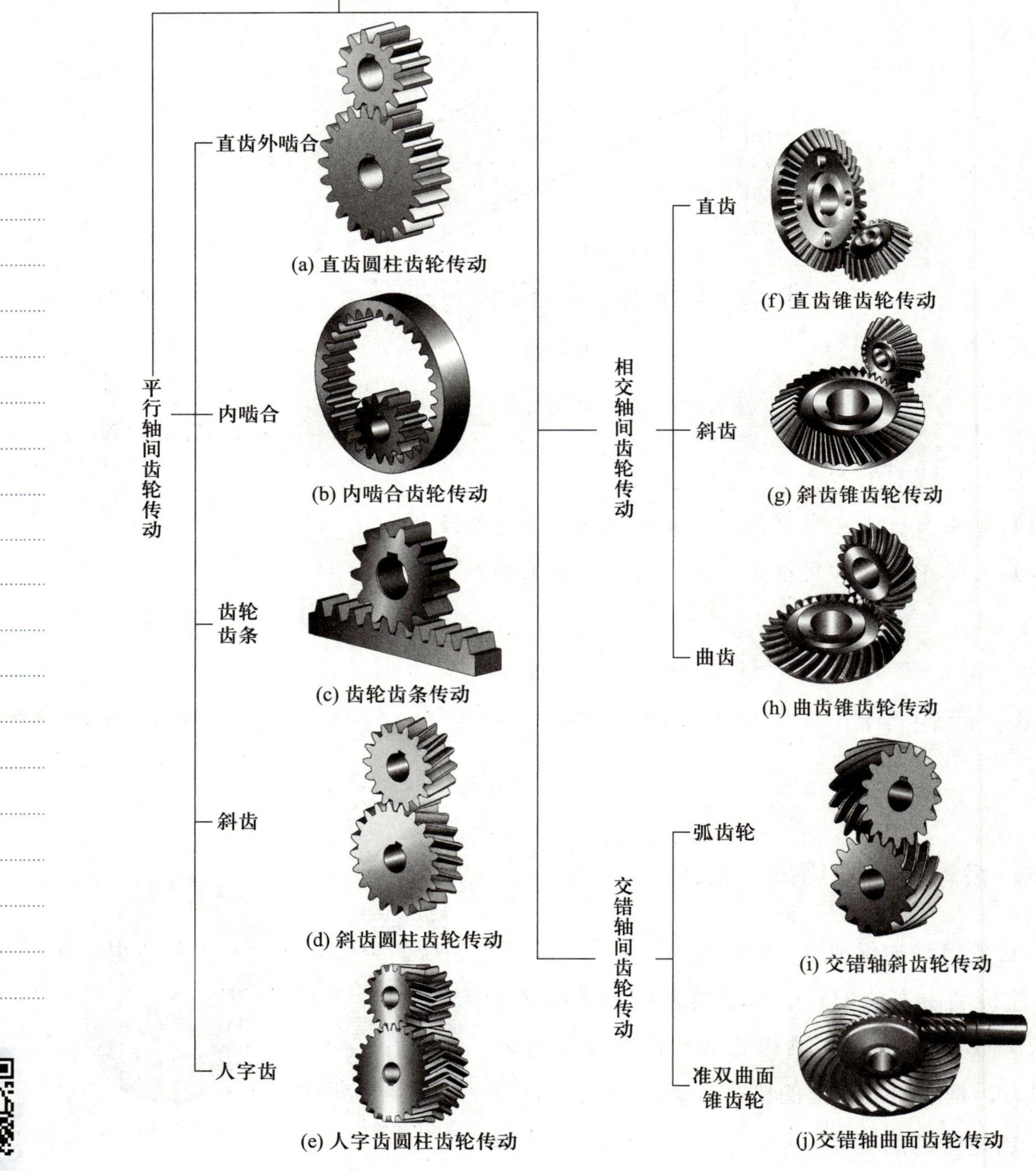

齿轮传动

图 7-25 齿轮传动的类型

齿轮齿条传动（图 7-25c）可以实现转动与移动运动形式的转换。车床滑板箱与床身、龙门刨床工作台与床身之间采用了齿轮齿条传动。

锥齿轮传动可以实现两相交轴间的传动（图 7-25f、g、h）。常用轴交角为 90°的锥齿轮传动。

交错轴齿轮传动可以实现两交错轴间的传动（图 7-25i、j）。

3. 齿轮传动的特点

① 能保证恒定的传动比，传递运动准确，传动平稳。

② 传动效率高，一般可达 96%~99%，工作可靠，寿命长。

③ 适用的功率、速度和尺寸范围大。传递功率可以从很小至上万千瓦，速度最高可达300 m/s，齿轮直径可以从几毫米至二十多米。

④ 制造齿轮需要专门的设备，且制造、安装精度要求较高，成本高。

二、渐开线齿轮

笔记

能保证恒定传动比传动的齿轮齿廓曲线有渐开线、摆线和圆弧曲线等，目前渐开线齿廓应用最为广泛。

如图 7-26 所示，当一直线在圆周上做纯滚动时，该直线上任一点的轨迹称为该圆的渐开线，这个圆称为基圆；该直线为渐开线的发生线，两条反向的渐开线构成齿轮的齿廓。

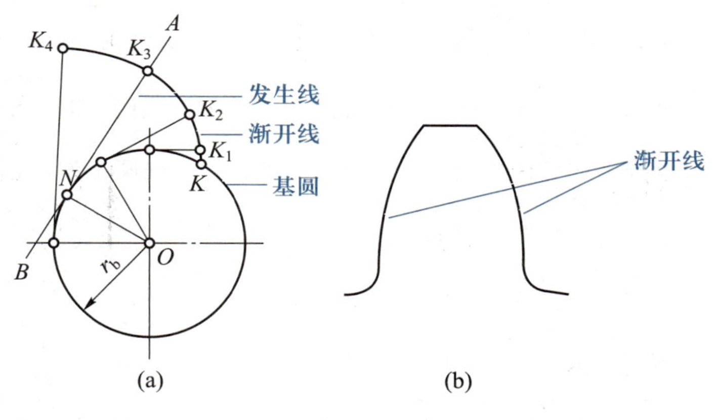

图 7-26 渐开线的形成与渐开线齿廓

1. 渐开线齿轮各部分的名称

齿轮上每个凸起的部分称为轮齿，图 7-27 所示为直齿圆柱外齿轮的部分轮齿，相邻两轮齿之间的空间称为齿槽，直齿圆柱外齿轮各部分的名称和符号见表 7-2。

2. 直齿圆柱齿轮的基本参数

直齿圆柱齿轮的基本参数是齿轮各部分几何尺寸计算的依据，主要有齿数 z、模数 m、压力角 α、齿顶高系数 h_a^* 和顶隙系数 c^*。

① 齿数 z　齿轮圆周上轮齿的总数。

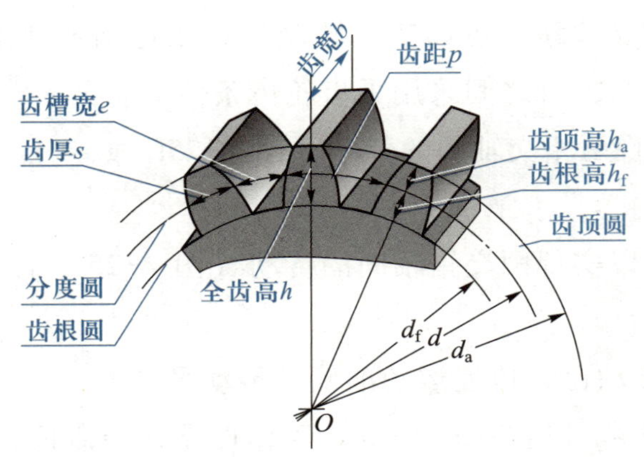

图 7-27 直齿圆柱外齿轮的部分轮齿

表 7-2 直齿圆柱外齿轮各部分的名称和符号

序 号	名 称	定 义	符 号
1	齿顶圆	过各轮齿齿顶所作的圆称为齿顶圆	d_a、r_a
2	齿根圆	过齿轮各齿槽底部所作的圆称为齿根圆	d_f、r_f
3	分度圆	在齿顶圆和齿根圆之间取一个圆，作为计算、制造、测量齿轮尺寸的基准，该圆称为分度圆； 标准齿轮分度圆上的齿厚与齿槽宽相等	d、r
4	齿厚	分度圆上一个轮齿两侧齿廓之间的弧长称为该齿轮的齿厚	s
5	齿槽宽	分度圆上一个齿槽两侧齿廓之间的弧长称为该齿轮的齿槽宽	e
6	齿距	分度圆上相邻两齿同侧齿廓之间的弧长称为该圆上的齿距	$p=s+e$
7	齿顶高	分度圆与齿顶圆之间的径向距离	h_a
8	齿根高	分度圆与齿根圆之间的径向距离	h_f
9	全齿高	齿顶圆与齿根圆之间的径向距离	$h=h_a+h_f$
10	顶隙	一个齿轮的齿顶与另一个齿轮的齿根在连心线上的径向距离称为顶隙	c

笔记

② 模数 m　将分度圆上齿距 p 与无理数 π 的比值规定为标准值，称为齿轮模数，用 m 表示，单位为 mm，即

$$m=p/\pi \quad 或 \quad p=m\pi \tag{7-3}$$

由此可知，m 越大，p 越大，轮齿也就越大，齿轮的承载能力越强；反之，轮齿越小，齿轮的承载能力越弱。由于 $\pi d=pz$，可得分度圆直径 $d=mz$。图 7-28 所示为两个齿数相同（$z=16$）而模数不同的齿轮的比较，图 7-29 所示为分度圆直径相同（$d=72$ mm）的 4 种不同齿数、模数的齿轮的比较。

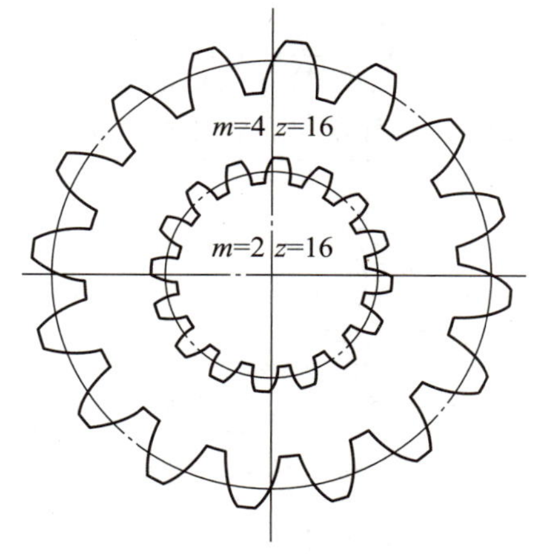

图 7-28 两个齿数相同而模数不同的齿轮的比较

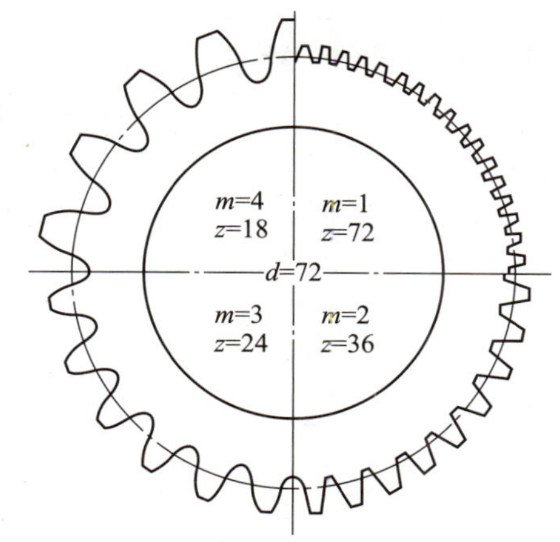

图 7-29 分度圆直径相同的4种不同齿数、模数的齿轮的比较

模数是决定齿轮尺寸的一个基本参数。由于 π 是无理数，给齿轮的设计、制造及检测带来不便。为此，我国已规定了标准模数系列，见表 7-3。

笔记

表 7-3 标准模数系列（GB/T 1357—2008）

第一系列	1	1.25	1.5	2	2.5	3	4	5	6	8	10	12	16	20	25	32	40	50		
第二系列	1.125	1.375	1.75	2.25	2.75	3.5	4.5	5.5	(6.5)	7	9	11	14	18	22	28	36	45		

注：应优先选用第一系列，其次为第二系列，括号内的模数尽可能不用。

③ 压力角 α　压力角是物体运动方向与受力方向所夹的锐角。齿轮压力角是指渐开线齿廓在分度圆上的压力角，压力角已标准化，我国规定标准压力角 $\alpha=20°$。

④ 齿顶高系数 h_a^*、顶隙系数 c^*　正常齿制齿顶高系数 $h_a^*=1$，顶隙系数 $c^*=0.25$。

3. 齿轮传动的传动比及几何尺寸计算

（1）齿轮传动的传动比

$$i_{12}=\frac{n_1}{n_2}=\frac{z_2}{z_1} \tag{7-4}$$

式中：n_1、n_2——主动、从动齿轮的转速；

z_1、z_2——主动、从动齿轮的齿数。

（2）外啮合标准直齿圆柱齿轮的几何尺寸计算

标准齿轮是指分度圆上的齿厚 s 等于齿槽宽 e，且 m、α、h_a^*、c^* 为标准值的齿轮，正常齿制 $h_a^*=1$、$c^*=0.25$。标准直齿圆柱齿轮几何尺寸及齿轮传动中心距的计算公式见表 7-4。

表 7-4 标准直齿圆柱齿轮几何尺寸及齿轮传动中心距的计算公式

名　称	符　号	计算公式
模数	m	根据齿轮的强度计算或结构条件给出，选用标准值，见表 7-3
压力角	α	$20°$
分度圆直径	d	$d=mz$
齿顶高	h_a	$h_a=h_a^* m=m$
齿根高	h_f	$h_f=h_a+c=(h_a^*+c^*)m=1.25m$
全齿高	h	$h=h_a+h_f=(2h_a^*+c^*)m=2.25m$
顶隙	c	$c=c^* m=0.25m$
齿顶圆直径	d_a	$d_a=d+2h_a=(z+2h_a^*)m=m(z+2)$
齿根圆直径	d_f	$d_f=d-2h_f=(z-2h_a^*-2c^*)m=m(z-2.5)$
基圆直径	d_b	$d_b=d\cos\alpha$
齿距	p	$p=\pi m$
基圆齿距	p_b	$p_b=p\cos\alpha=\pi m\cos\alpha$
齿厚	s	$s=\pi m/2$
齿槽宽	e	$e=\pi m/2$
中心距	a	$a=\frac{1}{2}(d_1+d_2)=\frac{m}{2}(z_1+z_2)$

笔记

当一对标准直齿圆柱齿轮的分度圆相切时称为标准安装。标准安装的中心距称为标准中心距，用 a 表示。

例 7-3 已知一对标准直齿圆柱齿轮的 $m=3$ mm，$z_1=24$，$z_2=71$，$\alpha=20°$，试求其几何尺寸及齿轮传动中心距。

解

$$h_a^*=1,\quad c^*=0.25$$

$$d_1=mz_1=3\text{ mm}\times 24=72\text{ mm},\quad d_2=mz_2=3\text{ mm}\times 71=213\text{ mm}$$

$$d_{a1}=m(z_1+2)=3\text{ mm}\times(24+2)=78\text{ mm},\quad d_{a2}=m(z_2+2)=3\text{ mm}\times(71+2)=219\text{ mm}$$

$$d_{f1}=m(z_1-2.5)=3\text{ mm}\times(24-2.5)=64.5\text{ mm}$$

$$d_{f2}=m(z_2-2.5)=3\text{ mm}\times(71-2.5)=205.5\text{ mm}$$

$$d_{b1}=d_1\cos\alpha=72\text{ mm}\times\cos 20°\approx 67.66\text{ mm},\quad d_{b2}=d_2\cos\alpha=213\text{ mm}\times\cos 20°\approx 200.15\text{ mm}$$

$$p=\pi m\approx 3.14\times 3\text{ mm}=9.42\text{ mm}$$

$$h_{a1}=h_{a2}=m=3\text{ mm}$$

$$h_{f1}=h_{f2}=1.25m=1.25\times 3\text{ mm}=3.75\text{ mm}$$

$$h_1=h_2=2.25m=2.25\times 3\text{ mm}=6.75\text{ mm}$$

$$a=m(z_1+z_2)/2=3\ \text{mm}\times(24+71)/2=142.5\ \text{mm}$$

4. 直齿圆柱齿轮正确啮合的条件

虽然渐开线齿廓能实现恒定传动比传动，但并不意味着任意参数的一对齿轮都能实现啮合传动。一对渐开线直齿圆柱齿轮的正确啮合条件：两齿轮的模数必须相等，两齿轮分度圆上的压力角必须相等且等于标准值，即

$$m_1=m_2=m$$

$$\alpha_1=\alpha_2=\alpha \tag{7-5}$$

例 7-4 一对标准直齿圆柱齿轮传动，大齿轮已损坏。已知小齿轮齿数 $z_1=24$，齿顶圆直径 $d_{a1}=130$ mm，该齿轮传动的标准中心距 $a=225$ mm。试计算这对齿轮的传动比和大齿轮的主要几何尺寸。

解 模数： $m=d_{a1}/(z_1+2)=130\ \text{mm}/(24+2)=5\ \text{mm}$

大齿轮齿数 $z_2=(2a/m)-z_1=(2\times225\ \text{mm}/5\ \text{mm})-24=66$

传动比 $i=z_2/z_1=66/24=2.75$

分度圆直径 $d_2=mz_2=5\ \text{mm}\times66=330\ \text{mm}$

齿顶圆直径 $d_{a2}=m(z_2+2)=5\ \text{mm}\times(66+2)=340\ \text{mm}$

齿根圆直径 $d_{f2}=m(z_2-2.5)=5\ \text{mm}\times(66-2.5)=317.5\ \text{mm}$

齿顶高 $h_a=m=5\ \text{mm}$

齿根高 $h_f=1.25m=1.25\times5\ \text{mm}=6.25\ \text{mm}$

全齿高 $h=2.25m=2.25\times5\ \text{mm}=11.25\ \text{mm}$

齿距 $p=\pi m\approx3.14\times5\ \text{mm}=15.7\ \text{mm}$

齿厚和齿槽宽 $s=e=\dfrac{p}{2}=\dfrac{15.7\ \text{mm}}{2}=7.85\ \text{mm}$

三、圆柱齿轮的受力分析

1. 直齿圆柱齿轮受力分析

如图 7-30 所示，直齿圆柱齿轮啮合时，沿齿廓的公法线方向受法向力 $\boldsymbol{F}_n$，可分解为圆周力 $\boldsymbol{F}_t$ 和径向力 $\boldsymbol{F}_r$。一对相互啮合的齿轮，作用在主动齿轮和从动齿轮上各对应力的大小相等、方向相反。

从动齿轮所受的圆周力是驱动力，其方向与回转方向相同；主动齿轮所受的圆周力是阻力，其方向与回转方向相反。径向力分别指向各齿轮轮心。

$$F_r=F_n\sin\alpha$$

$$F_t=F_n\cos\alpha \tag{7-6}$$

笔记

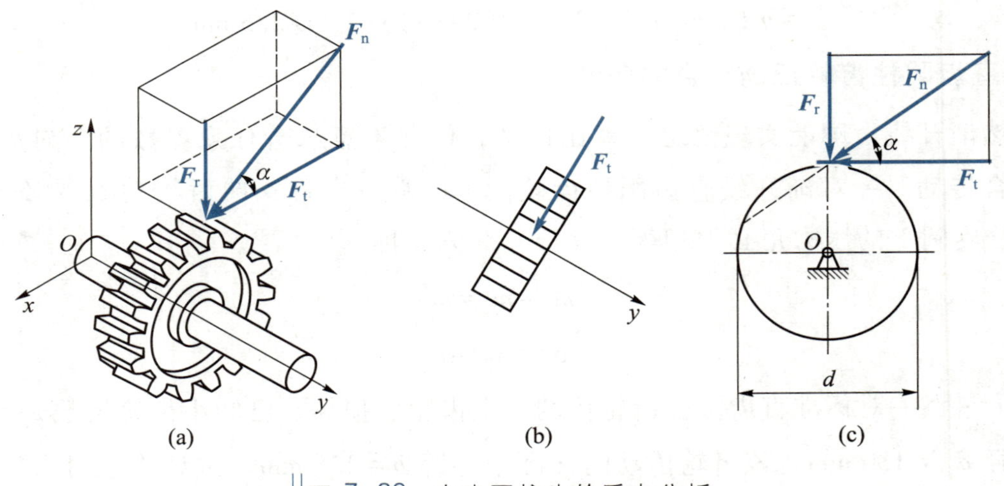

图 7-30 直齿圆柱齿轮受力分析

2. 斜齿圆柱齿轮受力分析

如图 7-31 所示，斜齿圆柱齿轮啮合时，沿齿廓的公法线方向受法向力 $\boldsymbol{F}_n$，可分解为圆周力 $\boldsymbol{F}_t$、径向力 $\boldsymbol{F}_r$、轴向力 $\boldsymbol{F}_x$。螺旋角 β 越大，轴向力越大。

笔记

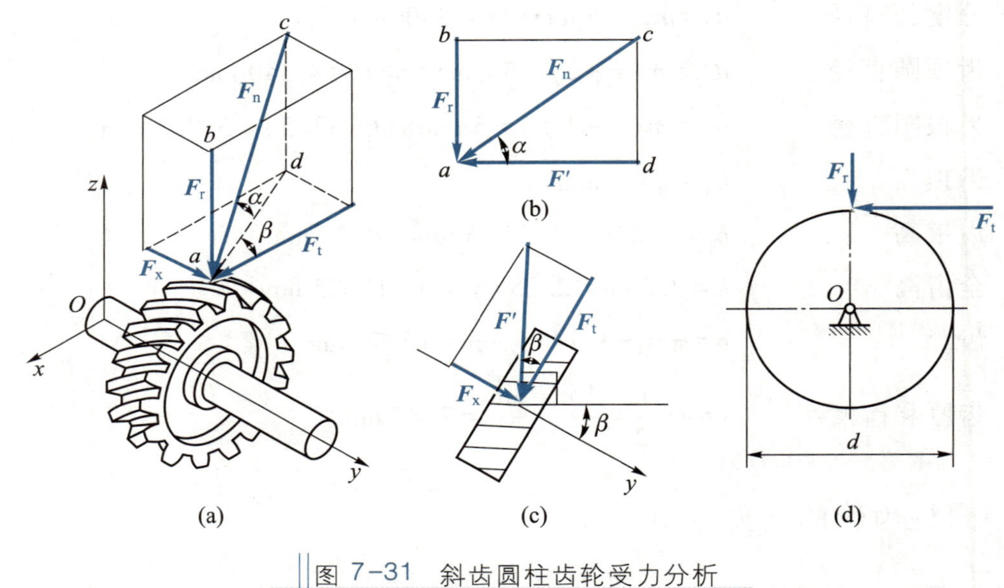

图 7-31 斜齿圆柱齿轮受力分析

四、圆柱齿轮的结构及材料

1. 圆柱齿轮的结构

常见的圆柱齿轮结构有以下几种。

① 齿轮轴 对于直径较小的钢制圆柱齿轮，当齿轮的齿顶圆直径小于轴孔直径的 2 倍，或齿根圆至键槽底部的距离小于(2~2.5)m 时，应将齿轮和轴制成一体，称为齿轮轴，如图 7-32 所示。

② 实体齿轮　当齿顶圆直径 $d_a \leqslant 160$ mm 时，齿轮与轴分别制造，齿轮为实体结构，如图 7-33 所示。

图 7-32　齿轮轴

图 7-33　实体齿轮

③ 腹板式齿轮　当齿顶圆直径 $d_a \leqslant 500$ mm 时，采用腹板式结构，如图7-34所示。

④ 轮辐式齿轮　当齿顶圆直径 400 mm $< d_a <$ 1 000 mm 时，采用轮辐式结构，如图 7-35 所示。

笔记

图 7-34　腹板式齿轮

图 7-35　轮辐式齿轮

2. 齿轮常用的材料

齿轮常用的材料有锻钢、铸钢、铸铁和工程塑料等，对钢质齿轮要进行热处理以改善其力学性能，以达到齿面硬、齿心韧的效果。

（1）锻钢

制造齿轮所选用的锻钢主要包括 45 钢等优质碳素结构钢和 20Cr、20CrMnTi、40Cr、40MnB 等合金结构钢。齿轮毛坯经锻造后，金属组织致密、强度高、力学性能好。锻钢齿轮的直径一般小于 500 mm。

齿轮工作表面硬度≤350HBW 或 38HRC 的齿轮称为软齿面齿轮，在热处理（调质或正火）后进行切齿。小齿轮受载次数多，齿面硬度要高于大齿轮 30～50HBW。软齿面齿轮适用于中小功率、精度要求不高的一般机械传动。

齿轮工作表面硬度>350HBW 或 38HRC 的齿轮称为硬齿面齿轮，在切齿后进行热处理（如淬火、表面淬火、渗碳淬火等），然后进行精加工（如磨齿、研磨剂跑合等）。硬齿面齿轮硬度高、结构尺寸小、精度高，在重载、高速及精密的机械传动中得到广泛应用。

（2）铸钢

齿轮结构复杂及尺寸较大（d_a>500 mm）不易锻造时，可采用 ZG310-570 等铸钢制造。

（3）铸铁

铸铁齿轮抗冲击和耐磨性差，但抗胶合与抗点蚀能力较好。HT350、QT600-3 等铸铁常用于低速和轻载的开式齿轮传动。

（4）工程塑料

高速、轻载和要求低噪声的齿轮传动，如打印机、复印机等办公机械中的小齿轮，经常采用工程塑料制造。常用的工程塑料有聚碳酸酯（PC）等。

拓展

渐开线齿轮的切削加工与根切现象

笔记

（1）齿轮的切削加工方法

齿轮轮齿的成形方法很多，有切削加工法、铸造法、模锻法、热轧法和冲压法等，这里只介绍应用最广泛的切削加工法。

① 仿形法　在普通铣床上用轴向剖面形状与被切齿轮轮槽形状完全相同的成形铣刀铣削出轮齿的加工方法，如图 7-36 所示。加工精度一般为 9 级，生产率低，适用于修配和小批生产。

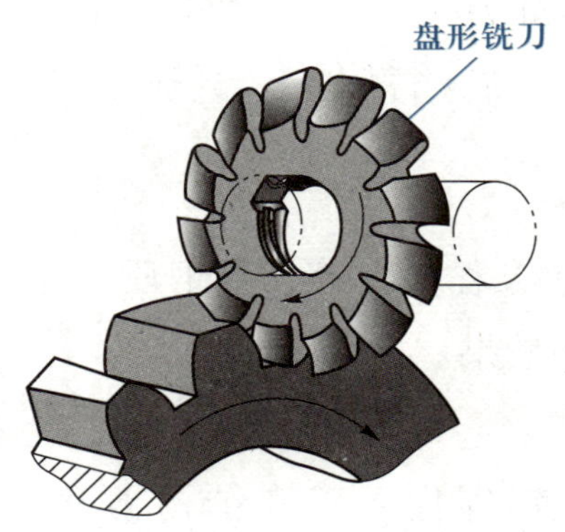

(a) 用盘形铣刀加工

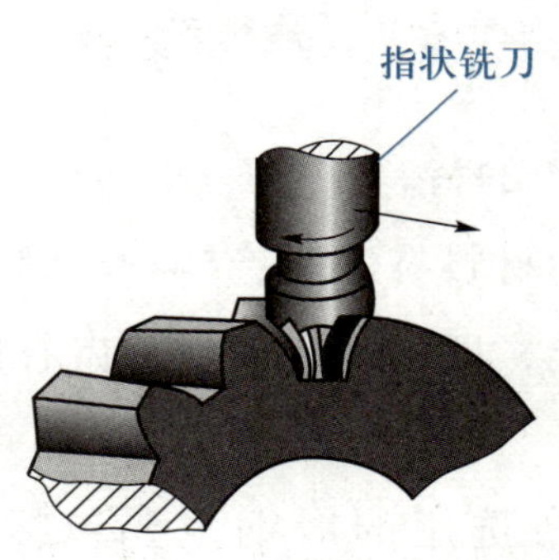

(b) 用指状铣刀加工

图 7-36　仿形法加工轮齿

② 展成法　刀具与轮坯之间强制性地按一对齿轮的啮合运动，在啮合过程中实现刀具对齿轮毛坯切削的方法。加工精度可达 7、8 级。

如图 7-37 所示，在插齿机上用齿轮插刀加工轮齿时，齿轮插刀与齿坯以恒定传动比做展成运动，同时齿轮插刀还有切削运动和让刀运动（刀具向上运动时），当刀具分度圆与齿坯分度圆相切时，便切出了轮齿的全部齿形。

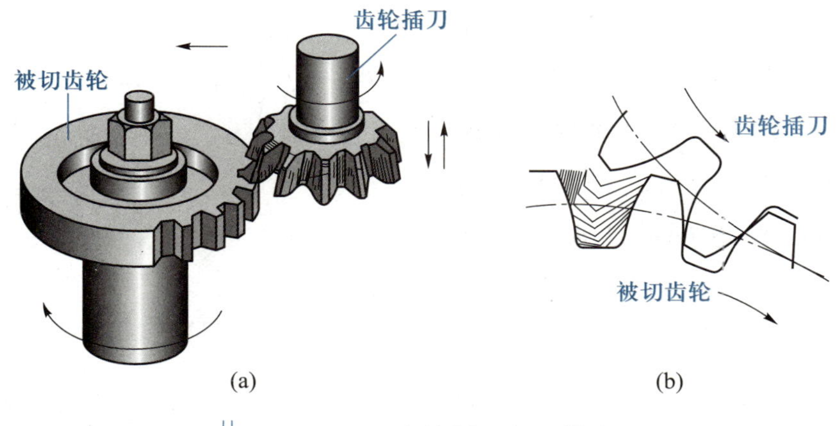

图 7-37　用齿轮插刀加工轮齿

如图 7-38 所示，用齿轮滚刀加工轮齿的加工原理与齿条和齿轮的啮合原理相同，齿轮滚刀除了做旋转运动以外，还沿齿坯轴线做上下运动和径向运动，以便逐渐切出完整的轮齿。

笔记

由于展成法加工轮齿相当于一对齿轮的啮合传动，所以只要刀具和被加工齿轮的模数 m 和压力角 α 相同，无论被加工齿轮的齿数是多少，都可以用同一把刀具来加工。该方法的生产率较高，渐开线齿廓的精度较高，因此加工轮齿通常采用这种方法。

（2）根切现象与最少齿数

用展成法加工标准齿轮时，如果齿轮的齿数太少，会出现轮齿根部的渐开线齿廓被部分切除的现象，这种现象称为根切。如图 7-39 所示，轮齿被根切后，齿根的强度被削弱，传动精度降低，平稳性变差，所以应避免根切现象产生。正常齿制渐开线标准直齿圆柱齿轮不发生根切的条件是齿数不少于 17，即 $z_{min} \geqslant 17$。当 $z<17$，又不允许有根切时，可采用变位齿轮。

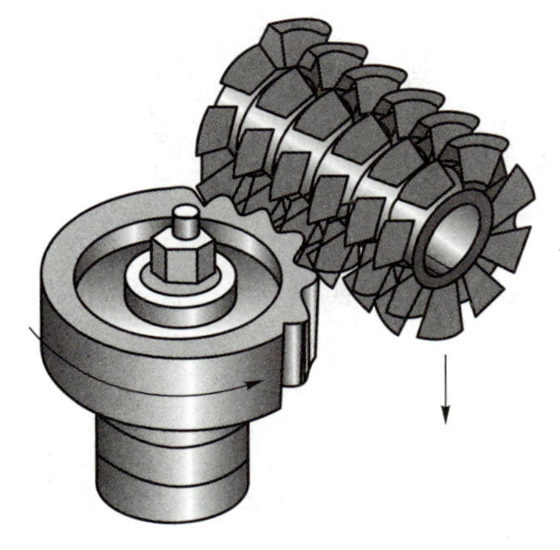
图 7-38　用齿轮滚刀加工轮齿

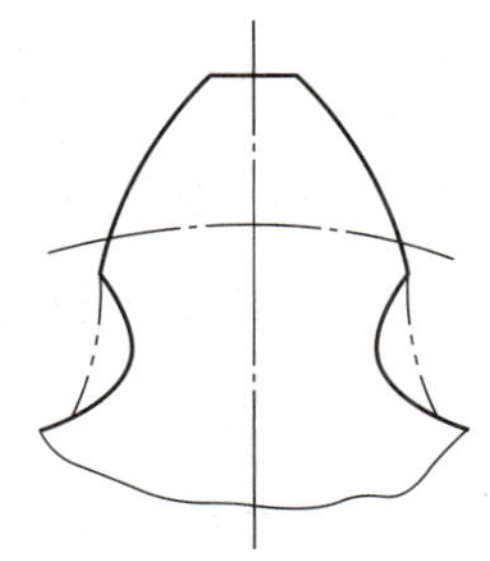
图 7-39　根切现象

(3) 变位齿轮

加工轮齿时，调整刀具与齿轮毛坯的中心距可避免根切。当中心距大于标准中心距时，加工的为正变位齿轮，分度圆齿厚大于齿槽宽；当中心距小于标准中心距时，加工的为负变位齿轮，分度圆齿厚小于齿槽宽。变位齿轮与标准齿轮比较如图 7-40 所示。

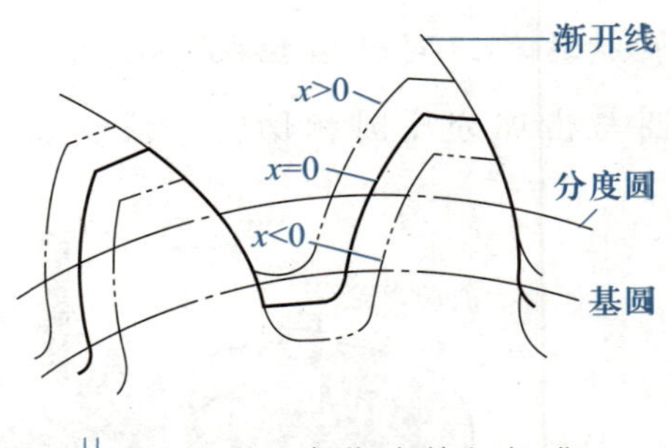

图 7-40 变位齿轮与标准齿轮比较

五、齿轮传动的失效形式

齿轮传动的失效主要是轮齿的失效。常见的轮齿失效形式有以下五种。

(1) 轮齿折断

齿轮传递载荷时，在轮齿根部产生很大的弯曲应力。在载荷多次重复作用下，弯曲应力超过疲劳强度极限时，在轮齿根部产生疲劳裂纹。裂纹逐渐扩展，导致整齿折断，这种折断称为疲劳折断，如图 7-41a 所示。轮齿受到短时严重过载或冲击载荷作用而引起的突然折断称为过载折断，如图 7-41b、c 所示。

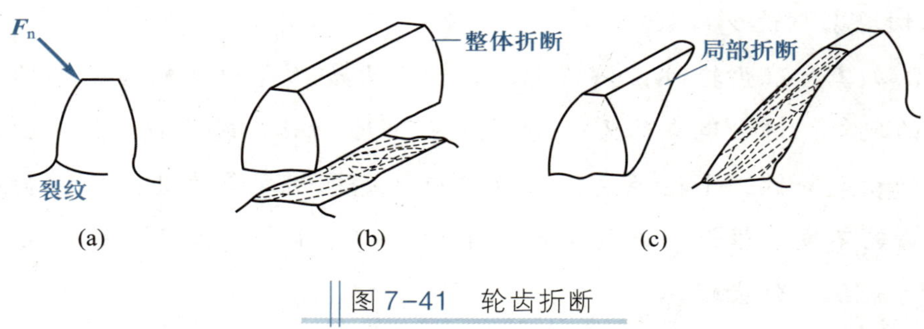

图 7-41 轮齿折断

(2) 齿面疲劳点蚀

齿轮工作时，齿面在交变接触应力的反复作用下会出现微小的疲劳裂纹，随后裂纹逐渐扩展，使齿面金属剥落而形成麻点状凹坑，这种现象称为疲劳点蚀，如图 7-42 所示。疲劳点蚀会使轮齿啮合精度和平稳性下降，是闭式传动（齿轮传动安装在润滑良好的密封箱体内）中软齿面齿轮的主要失效形式。

(3) 齿面胶合

齿轮传动在高速重载时，表面温度过高容易造成齿面间的黏结，较硬齿面将较软齿面撕成沟纹的现象称为齿面胶合，如图 7-43 所示。

笔记

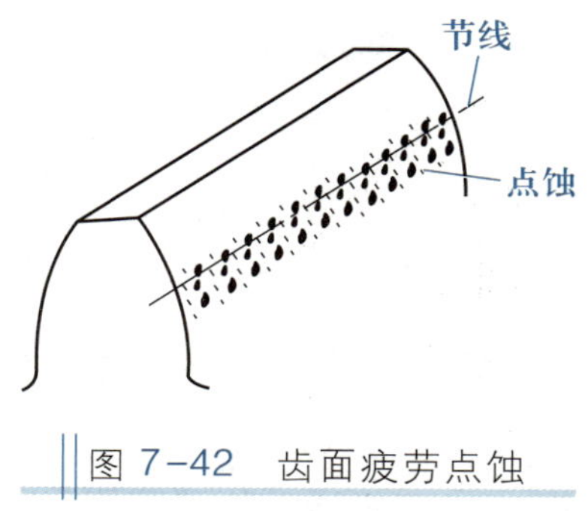

图 7-42　齿面疲劳点蚀

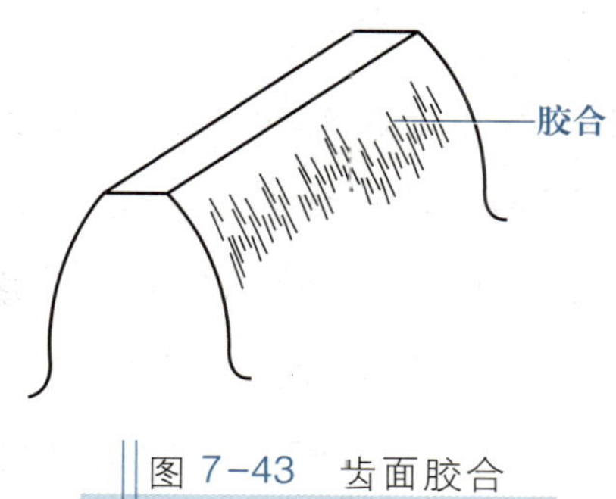

图 7-43　齿面胶合

（4）齿面磨损

齿面磨损分为磨粒磨损和啮合磨损两种情形。由于灰尘、沙粒或金属屑等进入齿面间而引起的磨损称为磨粒磨损。当表面粗糙的硬齿与较软的轮齿啮合时，由于相对滑动，软齿面易被划伤而产生齿面磨损，这种磨损称为啮合磨损。齿面磨损如图 7-44 所示。

（5）齿面塑性变形

若齿轮齿面硬度不高，当低速重载、冲击载荷、过载或频繁启动时，在摩擦力作用下可能会在主动齿轮齿面上出现一个凹槽，在从动齿轮齿面上出现一个凸棱，破坏正常齿形，这种现象称为齿面塑性变形，如图 7-45 所示。

笔记

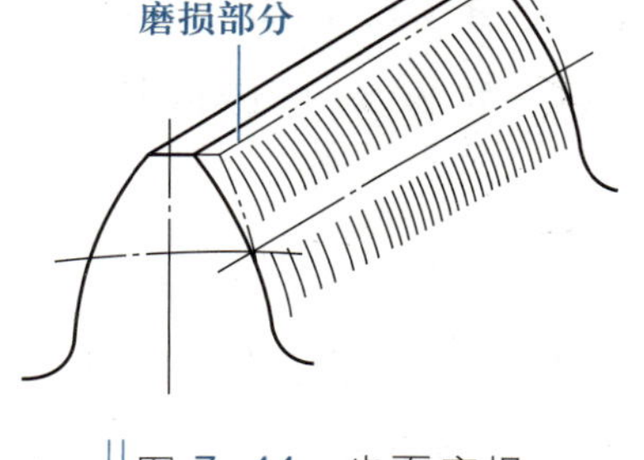

图 7-44　齿面磨损

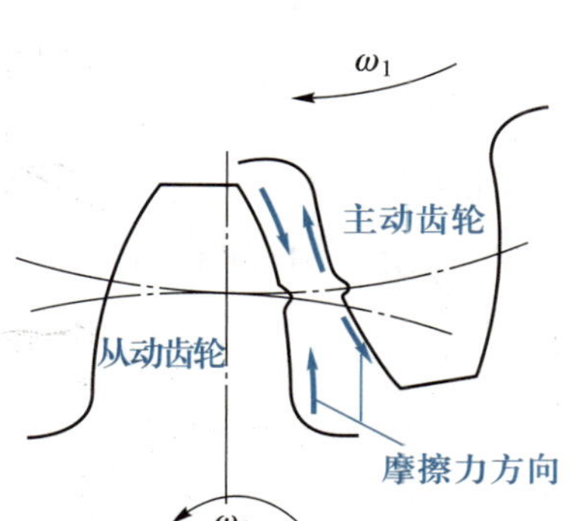

图 7-45　齿面塑性变形

齿轮传动的失效形式与齿轮传动的工作条件、齿轮材料的性质及表面硬度、表面粗糙度密切相关。实践证明，在闭式传动中，软齿面常因齿面疲劳点蚀而失效，硬齿面常因轮齿折断而失效。在开式传动中，常因齿面磨损和轮齿折断而失效。

拓展

机械零件的表面强度

在载荷作用下，如果应力是在零件较浅的表层内产生的，则将这种应力状态下的零件强度称为表面强度。在 2.4 节中已经介绍过表面挤压强度，这里介绍表面接触强度。对于初始点接触或线接触的高副两零件表面（如齿轮副、凸轮副及滚动轴承等），在载荷作用下将产生弹性变形，接触面表层将出现很大的局部应力，称为接触应力，如图 7-46 所示。两个零件上的接触应力具有大小相等、方向相反、对称分布及稍离接触区中线即迅速降低等特点，其最大值用 R_H 表示。接触应力一般是变应力，在 R_H 超过许用值的情况下，接触表面首先产生细微疲劳裂纹。当润滑充分时，润滑油进入裂纹内形成高压油，促使裂纹随循环次数增加而逐步扩展，致使该表层金属呈小片状剥落，形成麻点状小坑，造成疲劳点蚀失效。因此，零件的接触强度条件为

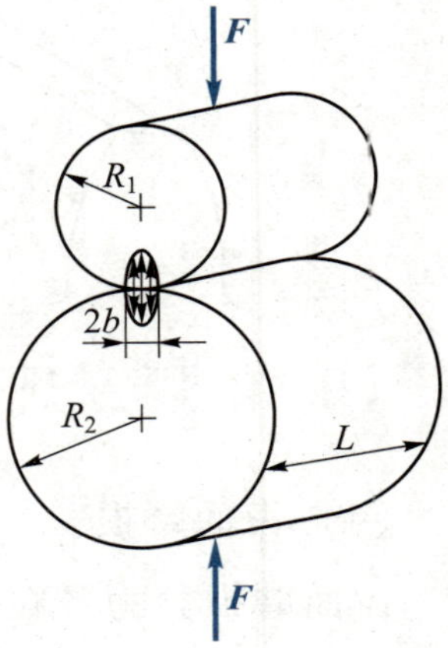

$$R_H \leqslant [R_H] = \frac{R_{Hlim}}{S_H} \tag{7-7}$$

图 7-46　接触应力

式中：R_H——零件的最大接触应力，MPa；

$[R_H]$——零件的许用接触应力，MPa；

R_{Hlim}——零件材料的接触疲劳极限，MPa；

S_H——接触强度安全系数。

笔记

六、齿轮传动的精度

在制造和安装齿轮的过程中，不可避免地会产生一定的误差，影响齿轮的正常工作，因此必须对齿轮传动提出一定的精度要求。国家标准 GB/T 10095.1 规定了渐开线圆柱齿轮 11 个精度等级，其中 1 级是最高精度等级，而 11 级是最低精度等级，常用中等精度等级 6~8 级。

对齿轮传动的精度要求，一是齿轮传递运动的准确性，二是齿轮传动的平稳性，三是轮齿载荷分布的均匀性。国家标准对这些精度要求都规定了具体的指标。不同用途、不同工作条件下的齿轮传动，对于齿轮精度要求的侧重点是不同的。例如，仪表及机床分度机构中的齿轮，为准确分度，侧重要求传递运动的准确性；汽车变速器中的齿轮，为降低噪声，侧重要求传动的平稳性；低速重载齿轮，为保证齿面接触良好，侧重要求轮齿载荷分布的均匀性。考虑到齿轮受热膨胀和储存润滑油，齿轮啮合时，非工作齿面间要求有一定的间隙，即“侧隙”。

七、齿轮的装配与检测

1. 齿轮的装配

齿轮的装配工序包括两步，先将齿轮装到轴上，再将齿轮轴装入箱体。

齿轮在轴上空套或滑移，与轴一般为间隙配合，装配精度主要取决于零件本身的

制造精度；在轴上固定的齿轮，与轴一般采用平键连接，为过渡配合或过盈量较小的过盈配合，过盈量较小时可用手工工具敲击压装，过盈量较大时可用压力机压装。压装时要避免齿轮在轴上出现偏心、歪斜和端面未贴紧轴肩等安装误差。

2. 运动精度评价

齿轮装到轴上后，对于精度要求高的要用百分表检查径向跳动和轴向跳动。

3. 接触精度的检查

接触精度是指接触面积的大小和接触位置，一般用涂色法检查。在大齿轮啮合面上均匀涂上一层显示剂，转动主动齿轮，同时轻微制动从动齿轮，可根据齿轮侧面上印痕面积的大小来判定是否达到精度要求。一般传动齿轮在齿廓宽度上的接触面积不少于 40% ~70%，在齿廓高度上的接触面积不少于 30% ~50%。接触斑点的位置反映的接触状况如图 7-47 所示。

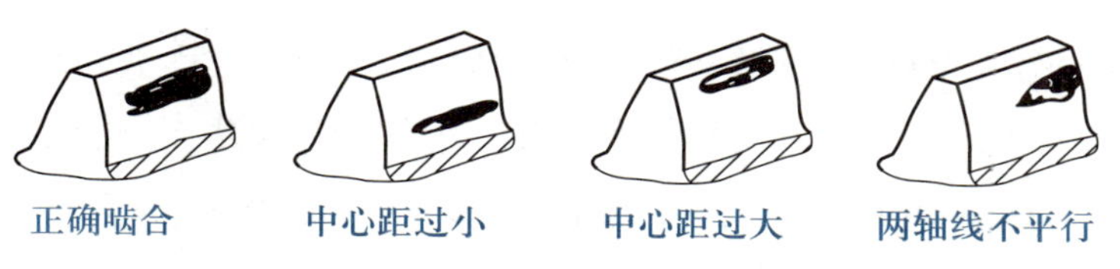

图 7-47　接触斑点的位置反映的接触状况

笔记

4. 齿轮副侧隙的检查

齿轮副的侧隙常用压铅丝法或打表法来检查，如图 7-48 所示。压铅丝法是沿齿宽方向在齿面两端平行放置 2~4 根软铅丝，如图 7-48a 所示，转动齿轮挤压软铅丝，被挤压后软铅丝最薄处的厚度即为侧隙值。

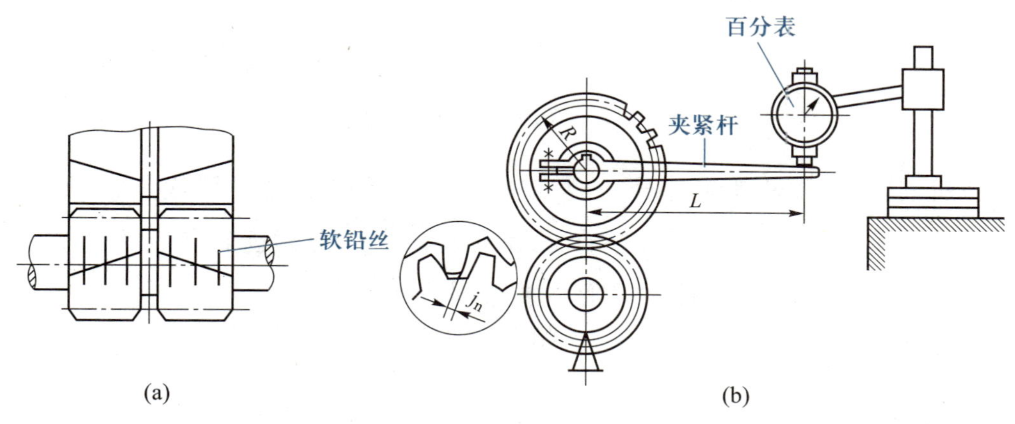

图 7-48　齿轮副侧隙的检查方法

打表法是将一个齿轮固定，在另一个齿轮上装上夹紧杆，测量装有夹紧杆的齿轮的摆动角度，如图 7-48b 所示，在百分表上得到读数差 j，则齿侧间隙 j_n 为

$$j_n = j\frac{R}{L} \tag{7-8}$$

式中：R——装夹齿轮的分度圆半径，mm；

L——百分表触头至齿轮回转轴线的距离，mm。

八、齿轮传动的润滑

对齿轮传动进行良好的润滑可以增强承载能力，延长寿命。齿轮传动绝大部分采用润滑油润滑，载荷大、速度低时选用黏度大的润滑油，载荷小、速度高时选用黏度小的润滑油。

开式传动通常采用人工定期加油润滑。

一般闭式传动的润滑方式根据齿轮的圆周速度而定。当 $v \leqslant 12$ m/s 时，多采用油池润滑，如图 7-49a 所示，大齿轮浸入油池一定的深度，齿轮运转时就把润滑油带到啮合区。当 v 较大时，浸入深度为 1~2 个齿高，且不小于 10 mm；当 v 较小（0.5~0.8 m/s）时，在多级齿轮传动中，若几个大齿轮直径不相等，则可以采用惰轮蘸油润滑，如图7-49b 所示。当 v>12 m/s 时，齿轮上的油大多被甩出去而不进入啮合区，此时最好采用喷油润滑，用油泵将润滑油直接喷到啮合区，如图 7-49c 所示。

笔记

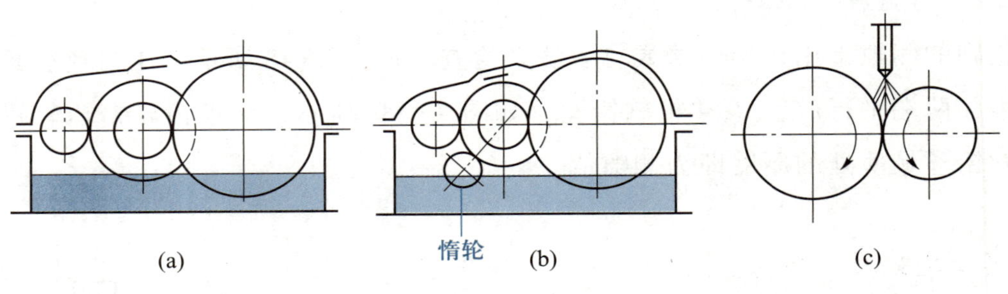

图 7-49 齿轮传动的润滑方式

应按照机器规定的润滑油牌号、规定的油量定期加油；不得使用混杂不洁的油，油箱内的脏油要定期更换；要经常检查润滑系统，注意观察齿轮传动的工作状况，如出现不正常的噪声、冲击及箱体过热等，要及时处理。

职业与生活实践

1. 了解普通车床主轴箱润滑油更换周期，怎样观察油池深浅？

2. 阅读标准直齿圆柱齿轮零件图（图 7-50），填写参数：齿轮的齿数为________，模数为________，压力角为________，齿轮的结构属于________式。齿顶圆直径为________，齿宽为________，齿轮轴孔直径为________。

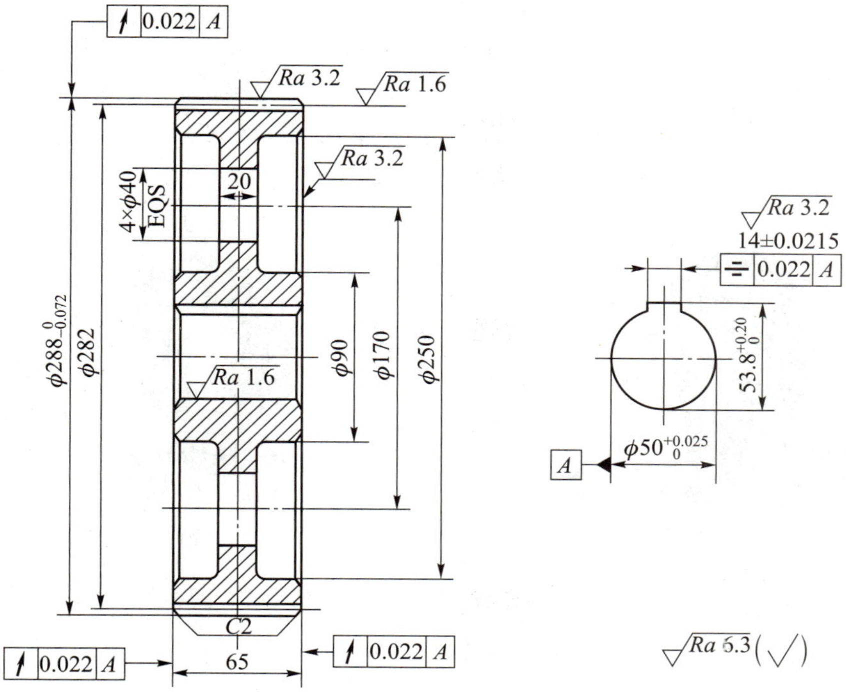

笔记

图 7-50　标准直齿圆柱齿轮零件图

7.4 蜗杆传动

一、蜗杆传动的类型与特点

蜗杆传动由蜗杆、蜗轮和机架组成，如图 7-51 所示。蜗杆传动只能以蜗杆为主动件，蜗轮为从动件，传递空间交错轴间的运动和动力，交错角一般为 90°。

蜗杆传动

1. 蜗杆传动的类型

蜗杆传动按照蜗杆的形状分为圆柱蜗杆传动和圆弧面蜗杆传动。图 7-52 所示为蜗杆传动的结构和机构运动简图符号。圆柱蜗杆传动又有普通圆柱蜗杆传动与圆弧圆柱蜗杆传动之分，而普通圆柱蜗杆传动有阿基米德蜗杆传动、渐开线蜗杆传动、法面直廓蜗杆传动和锥面包络蜗杆传动四种。

图 7-51　蜗杆传动

圆柱蜗杆传动（图 7-52a）结构简单，应用广泛；圆弧面蜗杆传动（图 7-52b）同时啮合齿数多，承载能力大，但加工复杂，一般在大功率场合才使用。常用的圆柱蜗杆传动的蜗杆为阿基米德蜗杆。阿基米德蜗杆在其轴向剖面内的齿形为直线，在横截面内的齿形为阿基米德螺旋线，如图 7-53 所示。

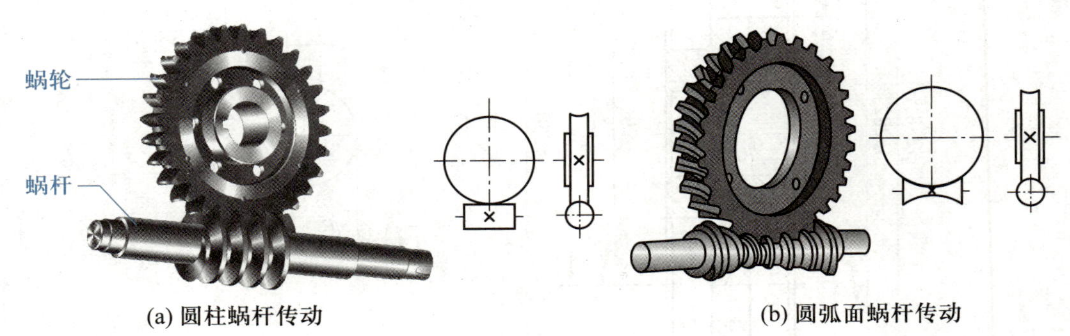

图 7-52　蜗杆传动的结构和机构运动简图符号

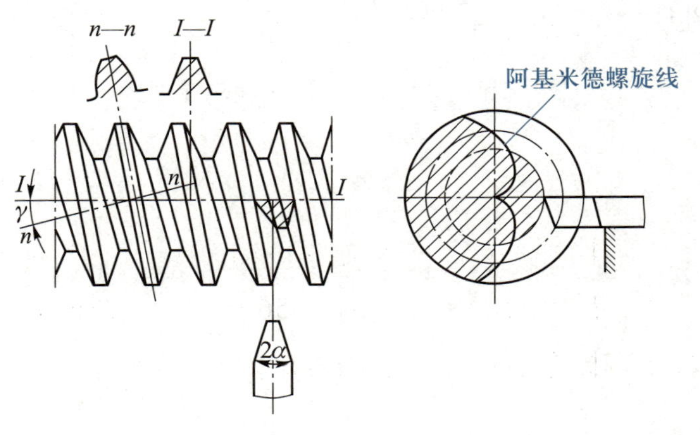

图 7-53　阿基米德蜗杆的齿形

此外，蜗杆也有右旋、左旋之分，如图 7-54 所示，一般都采用右旋；有单头和多头，单头蜗杆主要用于传动比较大的场合，要求自锁的传动必须采用单头蜗杆，多头蜗杆主要用于传动比不大和要求效率较高的场合。

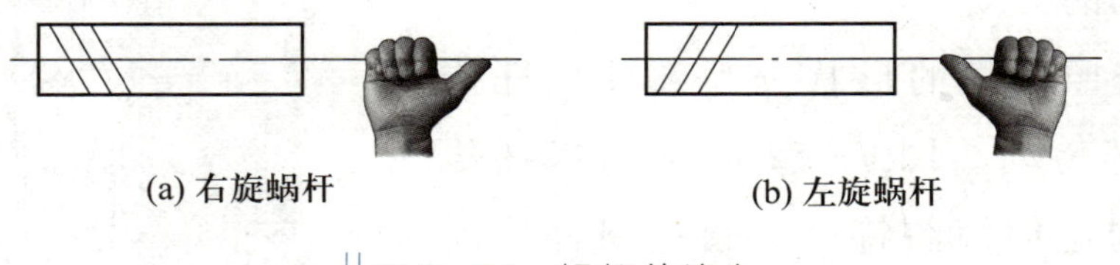

图 7-54　蜗杆的旋向

2. 蜗杆传动的特点

（1）结构紧凑，能获得较大传动比

一般情况下，蜗杆传动的传动比 $i=28\sim80$。

（2）传动平稳，噪声小

由于蜗杆齿连续不断地与蜗轮齿啮合，所以传动平稳，没有冲击，噪声小。

（3）容易实现自锁，有安全保护作用

蜗杆传动可实现自锁，只能用蜗杆带动蜗轮，而不能用蜗轮带动蜗杆。这一特性用于起重机械设备中，能起到安全保护作用。图 7-55 所示的手动起重装置就是利用蜗杆的自锁特性使重物 G 停留在任意位置而不会自动下落。

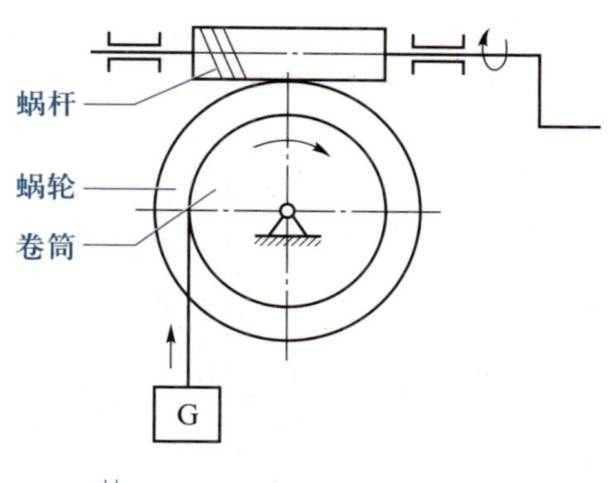

图 7-55　手动起重装置

（4）效率较低，发热量较大

一般蜗杆传动的效率为 0.7~0.9，具有自锁特性的蜗杆传动的效率小于 0.5。

（5）成本较高

蜗轮需要用非铁金属（如青铜等）制造，成本较高。

笔记

二、蜗杆传动的基本参数

（1）模数 m 和压力角 α

过蜗杆轴线并与蜗轮轴线垂直的平面称为中间平面。在中间平面内蜗杆与蜗轮的啮合相当于齿条与渐开线齿轮的啮合，如图 7-56 所示。国家标准规定，以蜗杆的轴面参数、蜗轮的端面参数为标准参数，标准压力角 $\alpha=20°$。

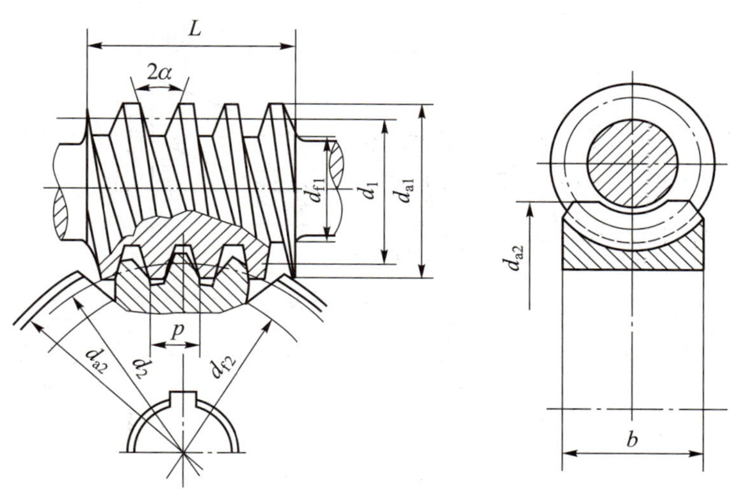

图 7-56　蜗杆传动的基本参数

（2）蜗杆分度圆直径 d_1

采用蜗轮滚刀切制蜗轮时，滚刀的分度圆直径必须与蜗杆的分度圆直径相同。为了限制刀具的数量，国家标准已将蜗杆的分度圆直径 d_1 标准化，并与标准模数相匹配。部分圆柱蜗杆传动的标准模数与分度圆直径见表 7-5。

表 7-5 部分圆柱蜗杆传动的标准模数与分度圆直径（摘自 GB/T 10085—2018）

标准模数 m/mm	分度圆直径 d_1/mm	蜗杆头数 z_1
3.15	35.5	1、2、4、6
	56	1
4	40	1、2、4、6
	71	1
5	50	1、2、4、6
	90	1
6.3	63	1、2、4、6
	112	1

笔记

（3）导程角 γ

如图 7-57 所示，将蜗杆分度圆柱面展开，图中的夹角 γ 称为分度圆柱上的导程角，p_x 为轴面齿距（$p_x=\pi m$），则有

$$\tan\gamma=\frac{z_1p_x}{\pi d_1}=\frac{z_1\pi m}{\pi d_1}=\frac{z_1m}{d_1} \tag{7-9}$$

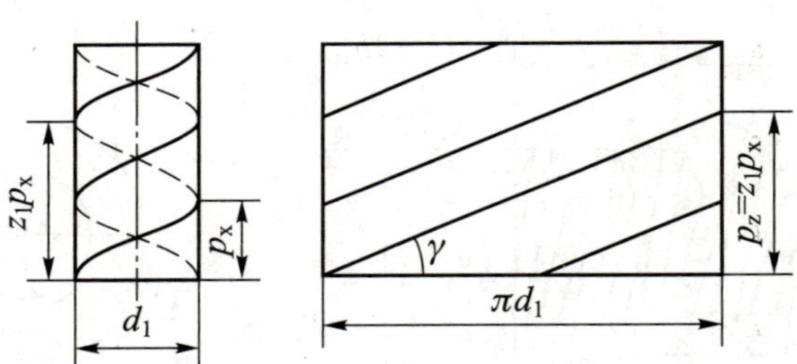

图 7-57 蜗杆分度圆柱导程角 γ 与齿距的关系

（4）蜗杆的直径系数 q

由上式得

$$d_1=m\frac{z_1}{\tan\gamma} \tag{7-10}$$

令 $q=\dfrac{z_1}{\tan\gamma}$，称为蜗杆的直径系数，则

$$d_1=mq \tag{7-11}$$

三、蜗杆传动的传动比与几何尺寸计算

1. 蜗杆传动的传动比

$$i=\frac{n_1}{n_2}=\frac{z_2}{z_1} \tag{7-12}$$

蜗杆头数 z_1，越少越容易实现自锁，但效率越低，通常选 1~4。

*2. 蜗杆传动的主要几何尺寸计算

当蜗杆传动的主要参数确定后，其几何尺寸可按表 7-6 计算。

表 7-6 阿基米德蜗杆传动几何尺寸计算公式

名称	符号	计算公式		说明
		蜗杆	蜗轮	
中心距	a	$a=(d_1+d_2)/2$		
齿顶高	h_a	$h_{a1}=h_a^* m$	$h_{a2}=h_a^* m$	$h_a^*=1$
齿根高	h_f	$h_{f1}=(h_a^*+c^*)m$	$h_{f2}=(h_a^*+c^*)m$	$c^*=0.2$
全齿高	h	$h_1=h_{a1}+h_{f1}$	$h_2=h_{a2}+h_{f2}$	
分度圆直径	d	$d_1=mq$	$d_2=mz_2$	d_1 见表 7-5
齿顶圆直径	d_{a1}	$d_{a1}=d_1+2h_{a1}$		
喉圆直径	d_{a2}		$d_{a2}=d_2+2h_{a2}$	
齿根圆直径	d_f	$d_{f1}=d_1-2h_{f1}$	$d_{f2}=d_2-2h_{f2}$	
分度圆导程角	γ	$\tan\gamma=mz_1/d_1$		
分度圆螺旋角	β		$\beta=\gamma$	旋向相同
齿距	p	$p_x=p_t=\pi m$		

3. 蜗轮转向的判断

在蜗杆传动中，由于蜗杆为主动件，其转向是已知的。蜗轮的转向可由蜗杆的转向和螺旋线方向用左、右手定则来判断。即左旋蜗杆用左手，右旋蜗杆用右手，弯曲四指表示蜗杆转向，拇指的相反方向即为蜗轮啮合点圆周速度 v_2 的方向，如图 7-58 所示，由此便确定了蜗轮的转向 n_2。

4. 蜗杆传动的正确啮合条件

蜗轮分度圆上的螺旋角也用 β 表示。在蜗杆传动中，由于两轴交错成 90°，所以蜗轮的螺旋角 β 等于蜗杆的导程角 γ，且旋向相同。

笔记

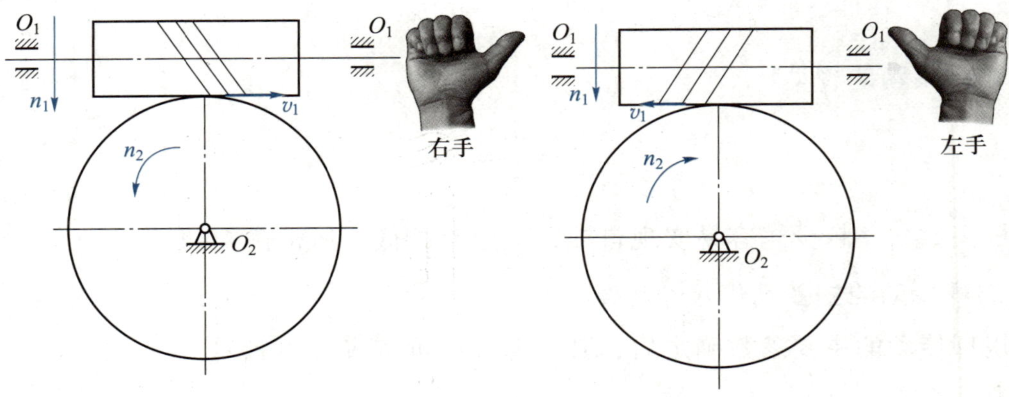

图 7-58 蜗杆传动中蜗轮转向的判断

$$\left.\begin{aligned} m_{t2} &= m_{x1} = m \\ \alpha_{t2} &= \alpha_{x1} = \alpha \\ \gamma_1 &= \beta_2 \end{aligned}\right\} \tag{7-13}$$

笔记

四、蜗杆、蜗轮的材料

蜗杆的材料主要为钢。在低、中速时可采用45钢调质，高速时采用40Cr钢、40MnB钢调质后表面淬火，或采用20钢、20CrMnTi钢渗碳淬火。

蜗轮的材料主要采用青铜。齿面滑动速度较低时常用铸铝铁青铜ZCuAl10Fe3，齿面滑动速度较高或连续工作的重要场合常用铸锡磷青铜ZCuSn10P1或铸锡铅锌青铜ZCuSn5Pb5Zn，低速、轻载场合及直径较大的蜗轮也可使用HT200、HT300。

五、蜗杆、蜗轮的结构

蜗杆与轴做成一体，称为蜗杆轴（图7-59）。车制蜗杆与铣制蜗杆结构有所不同。

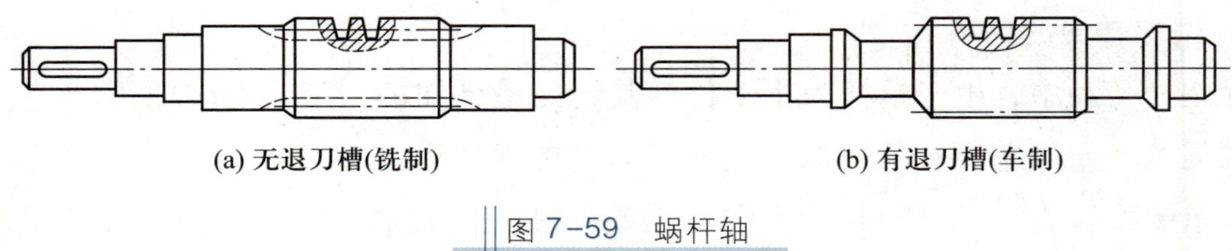

(a) 无退刀槽(铣制)　　(b) 有退刀槽(车制)

图 7-59 蜗杆轴

蜗轮的结构有整体式和组合式两种。铸铁蜗轮或直径<100 mm的青铜蜗轮，可制成整体式。尺寸较大的青铜蜗轮，为节约贵重金属，可采用组合式结构，齿圈用青铜，轮芯用铸铁或钢。齿圈与轮芯采用过盈配合，为提高配合的可靠性，沿接合缝还要拧

上紧定螺钉，当直径较大时可以用加强杆螺栓连接。整体式、齿圈式、螺栓连接式、镶铸式蜗轮的结构形式分别如图 7-60a、b、c、d 所示。

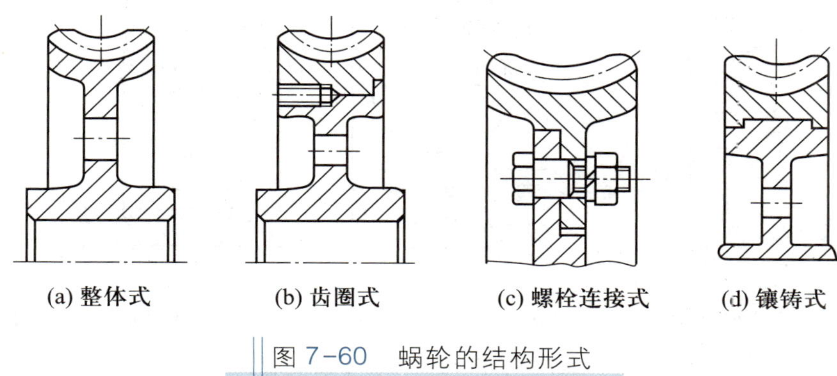

图 7-60 蜗轮的结构形式

六、蜗杆传动的失效形式与维护

1. 失效形式

笔记

蜗杆传动的失效形式和齿轮传动类似，有疲劳点蚀、胶合、磨损、轮齿折断等。由于蜗杆传动齿面滑动速度较大、发热量大、磨损较为严重，所以一般开式传动的失效形式主要是由于润滑不良、润滑油不洁而造成的磨损，一般润滑良好的闭式传动的失效形式主要是胶合。

*2. 蜗杆传动的润滑

润滑对蜗杆传动具有特别重要的意义。由于蜗杆传动摩擦产生的发热量较大，所以要求工作时有良好的润滑条件。润滑的主要目的在于减摩与散热，提高蜗杆传动的效率，防止胶合及减少磨损。蜗杆传动的润滑方式主要有油浴润滑和喷油润滑。蜗杆传动润滑油牌号和润滑方式见表 7-7。

表 7-7 蜗杆传动润滑油牌号和润滑方式

滑动速度/(m/min)	≤2	2~5	5~10	>10
L-CKE 复合型蜗轮蜗杆油牌号	680	460	320	220
润滑方式	油浴润滑		油浴或喷油润滑	喷油润滑

3. 蜗杆传动的散热

蜗杆传动由于摩擦大、传动效率较低，所以工作时发热量较大。在闭式传动中，如果不能及时散热，就会使传动装置及润滑油的温度不断升高，促使润滑条件恶化，最终导致胶合等齿面损伤失效。一般应当控制箱体的平衡温度为 75~85 ℃，如果超过这个限度，应提高箱体散热能力，可考虑采取下面的措施：在箱体外壁增加散热片，在蜗杆轴端安装风扇进行强制通风，在箱体油池内装蛇形冷却水管，采用压力喷油循环冷却等，如图 7-61 所示。

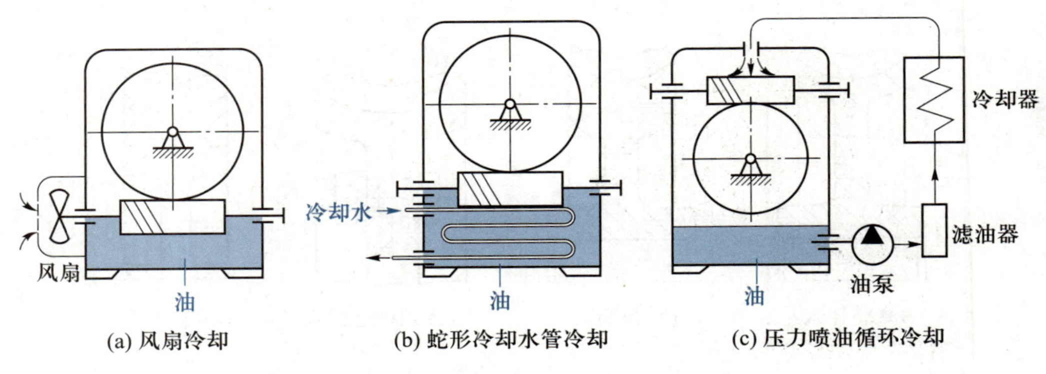

图 7-61　蜗杆传动的散热

职业与生活实践

1. 手动升降晾衣架应用了蜗杆传动的什么特性？
2. 与齿轮传动相比，蜗杆传动最突出的特点是什么？

7.5 齿轮系与减速器

由一系列齿轮组成的传动装置称为齿轮系。减速器是机械动力部分和执行部分之间的独立而封闭的传动部件，以确定的传动比实现减速并增大转矩。

笔记

一、齿轮系的组成与类型

由两个互相啮合的齿轮组成的齿轮传动是齿轮系最简单的形式，如图 7-24 所示。

在机械传动中，为了获得较大的传动比或实现变速、转向，往往采用一系列相互啮合的齿轮，将主动轴和从动轴连接起来组成传动系统。图 7-62 所示的油田抽油机减速器就采用了齿轮系。

1. 定轴齿轮系

在运转中，所有齿轮的几何轴线相对于机架的位置都固定的齿轮系称为定轴齿轮系。图 7-63 所示为各齿轮轴线相互平行的平面定轴齿轮系。图 7-64 所示为各齿轮轴线不都相互平行的空间定轴齿轮系。

图 7-62　油田抽油机减速器

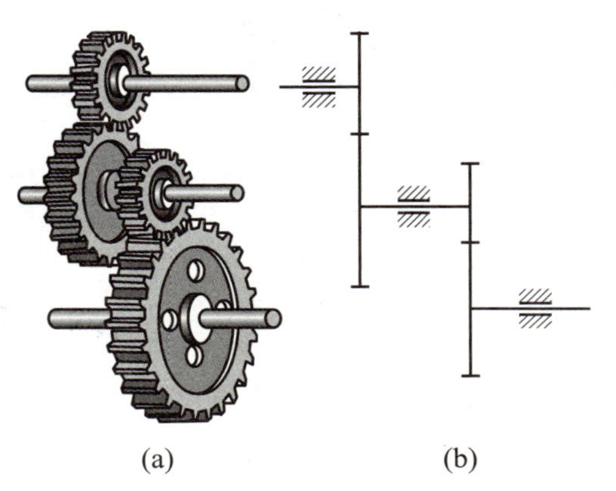

图 7-63　各齿轮轴线相互平行的平面定轴齿轮系

图 7-64　各齿轮轴线不都相互平行的空间定轴齿轮系

定轴齿轮系

笔记

2. 行星齿轮系

在运转中，至少有一个齿轮的几何轴线相对于机架的位置是变化的，且绕某一固定轴线回转，这样的齿轮系称为行星齿轮系，如图 7-65 所示。几何轴线做圆周运动的齿轮称为行星轮，与其啮合的齿轮称为中心轮，支承行星轮的构件称为行星架。

二、齿轮系的传动特点

1. 获得大的传动比

当两轴之间的传动比较大时，改用齿轮系来代替一对齿轮传动，可使结构紧凑，方便制造和安装。行星齿轮系在获得大的传动比方面更具优势。

图 7-65　行星齿轮系

2. 实现变速、换向传动

金属切削机床、燃油汽车等都采用齿轮系，可满足输出轴多种转速的需要，图 7-66 所示为燃油汽车变速器中的齿轮系。

利用齿轮系中的惰轮（图 7-67）或锥齿轮机构可改变从动轴的转向，汽车的倒车就是利用惰轮实现的。

图 7-66　燃油汽车变速器中的齿轮系

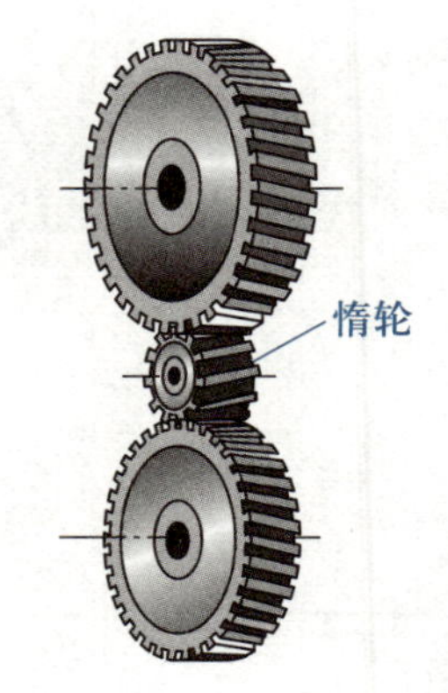

图 7-67　惰轮

笔记

三、定轴齿轮系传动比的计算

例 7-5　对于图 7-68 所示的齿轮系，其机构示意图如图 7-69 所示，已知 $z_1=20$，$z_2=30$，$z_{2'}=15$，$z_3=30$，$z_{3'}=40$，$z_4=15$，$z_5=60$，求齿轮系的传动比。假设齿轮 1 转向如图所示，那么齿轮 5 的转向如何？

解　（1）计算齿轮系的传动比

$$i_{12}=\frac{n_1}{n_2}=-\frac{z_2}{z_1}$$

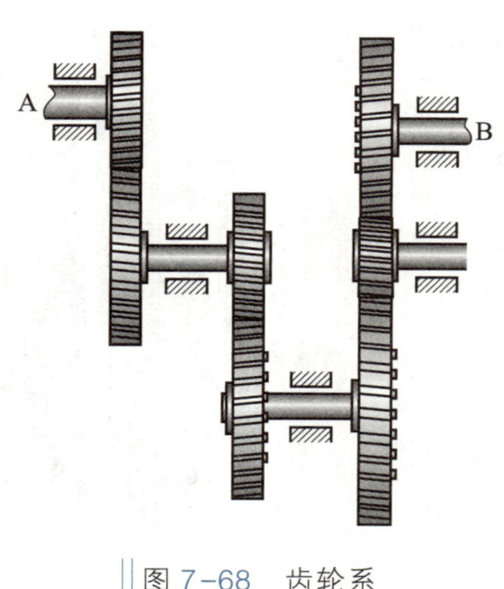

图 7-68　齿轮系

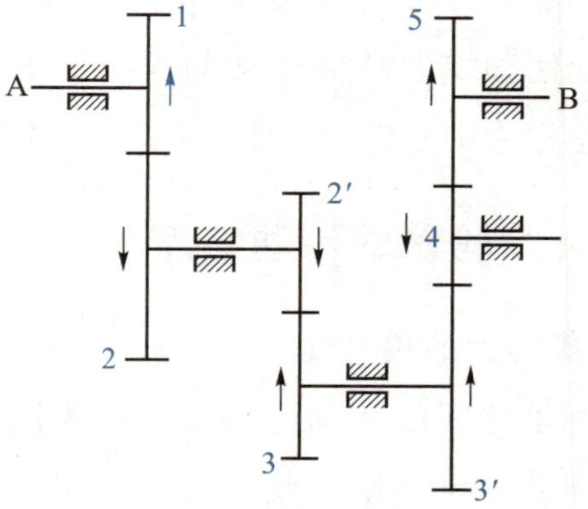

图 7-69　齿轮系机构示意图

$$i_{2'3}=\frac{n_{2'}}{n_3}=-\frac{z_3}{z_{2'}}$$

$$i_{3'4}=\frac{n_{3'}}{n_4}=-\frac{z_4}{z_{3'}}$$

$$i_{45}=\frac{n_4}{n_5}=-\frac{z_5}{z_4}$$

$$i_{12}i_{2'3}i_{3'4}i_{45}=\frac{n_1}{n_2}\ \frac{n_{2'}}{n_3}\ \frac{n_{3'}}{n_4}\ \frac{n_4}{n_5}=(-1)^4\frac{z_2z_3z_4z_5}{z_1z_{2'}z_{3'}z_4}=\frac{z_2z_3z_5}{z_1z_{2'}z_{3'}}$$

$$i_{15}=i_{12}i_{2'3}i_{3'4}i_{45}=\frac{n_1}{n_5}=\frac{30\times30\times60}{20\times15\times40}=4.5$$

（2）确定齿轮 5 的转向

如图 7-69 所示，用作图法判断，根据外啮合齿轮传动转向相反、内啮合齿轮传动转向相同的原理，主动轴 A 转向向上，可以依次画出从动轴 B 的转动方向也向上，与主动轴 A 转向相同。也可以用$(-1)^m$来判定，m 表示齿轮系中外啮合齿轮的对数，此例中有 4 对外啮合，$m=4$，表明从动轴 B 的转向与主动轴 A 的转向一致。

如果主动轴 A 的转速 $n_A=2\ 000$ r/min，则从动轴 B 的转速为

$$n_5=\frac{n_1}{i_{15}}=\frac{2\ 000}{4.5}\ \text{r/min}\approx444.4\ \text{r/min}$$

由此例可见，齿轮 4 为惰轮，它的齿数与传动比无关，但能够改变从动轴的转向。

根据例 7-5，推广到一般情况：

定轴齿轮系的总传动比等于首轮 1 与末轮 k 的转速比，等于齿轮系中所有从动齿轮齿数的连乘积与所有主动齿轮齿数的连乘积之比。其通式为

$$i_{1k}=\frac{n_1}{n_k}=\frac{z_2z_4z_6\cdots z_k}{z_1z_3z_5\cdots z_{k-1}} \tag{7-14}$$

对于图 7-70a 所示由锥齿轮传动和斜齿轮传动组成的空间定轴齿轮系，其传动比的计算与平行轴定轴齿轮系相同，但从动齿轮的转向只能用作图法判断，而不能用$(-1)^m$来判定。对于两个互相啮合的齿轮，代表各自转向的箭头，要么同时指向啮合点，要么同时背离啮合点。若齿轮 1 的转向向下，则可依次判断出齿轮 3 的转向向左（图 7-70b）。

例 7-6 图 7-71 所示为某越野汽车变速器的齿轮系，可实现四种不同的变速。图中输入轴与输出轴在同一轴线上，但两轴独立转动，只有当输入轴上的齿轮 2 与输出轴上齿轮 3 的内齿轮（图中未画出）相啮合时，输入轴才与输出轴连成一体。各齿轮齿数分别为 $z_1=15$，$z_2=17$，$z_3=20$，$z_4=27$，$z_5=30$，$z_6=27$，$z_7=22$，$z_8=15$，$z_9=12$，当输入轴的转速为2 000 r/min时，分别求出输出轴四个挡的转速。

笔记

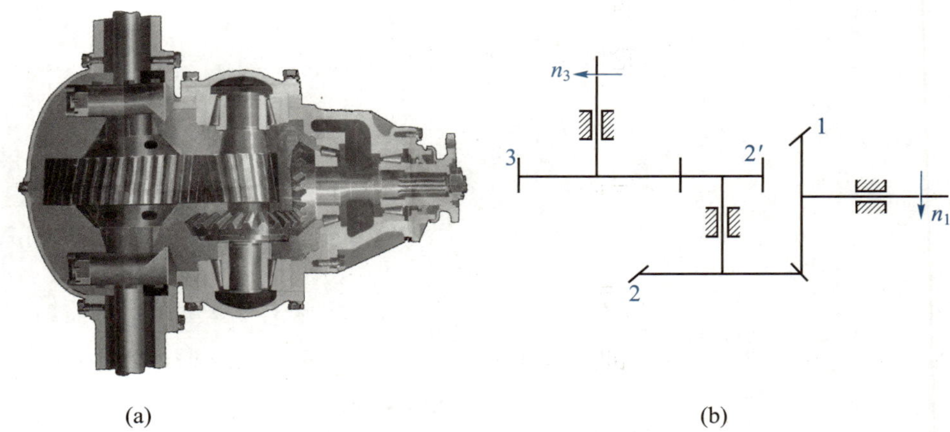

图 7-70　空间定轴齿轮系

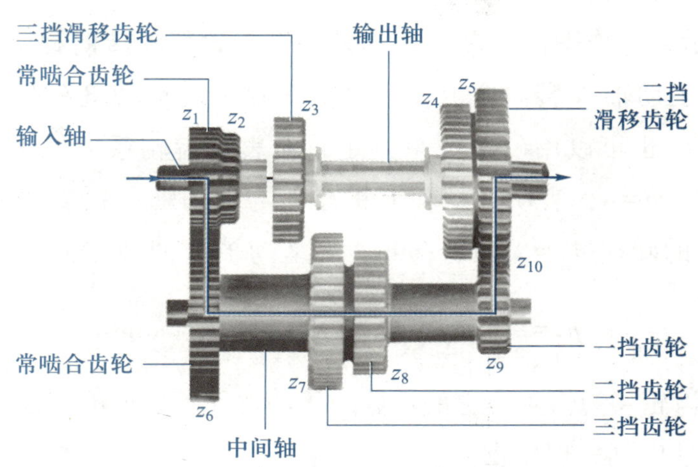

图 7-71　某越野汽车变速器的齿轮系

笔记

解　(1) 图 7-71 所示为一挡齿轮啮合传动，最右侧上中下三个齿轮 z_5、z_{10}、z_9 之间啮合为低速挡，其传动路线为输入轴→z_1→z_6→z_9→z_{10}→z_5→输出轴，得

$$i_{15}=\frac{n_1}{n_5}=(-1)^3\frac{z_6}{z_1}\frac{z_{10}}{z_9}\frac{z_5}{z_{10}}=-\frac{27\times30}{15\times12}=-4.5$$

$$n_{出}=n_5=\frac{n_1}{i_{15}}=\frac{2\ 000}{-4.5}\ \text{r/min}\approx-444.4\ \text{r/min}$$

负号表示输出轴与输入轴转向相反。

(2) 图 7-72 所示为二挡齿轮啮合传动，其传动路线为输入轴→z_1→z_6→z_8→z_4→输出轴，得

$$i_{14}=\frac{n_1}{n_4}=(-1)^2\frac{z_6z_4}{z_1z_8}=\frac{27\times27}{15\times15}=3.24$$

$$n_{出}=n_5=n_4=\frac{n_1}{i_{14}}=\frac{2\ 000}{3.24}\ \text{r/min}\approx617\ \text{r/min}$$

正号表示输出轴与输入轴转向相同。

（3）图 7-73 所示为三挡齿轮啮合传动，其传动路线为输入轴$\to z_1 \to z_6 \to z_7 \to z_3 \to$输出轴，得

$$i_{13}=\frac{n_1}{n_3}=(-1)^2\frac{z_6}{z_1}\frac{z_3}{z_7}=\frac{27\times20}{15\times22}\approx1.64$$

$$n_{出}=n_5=n_3=\frac{n_1}{i_{13}}=\frac{2\ 000}{1.64}\ \mathrm{r/min}\approx1\ 220\ \mathrm{r/min}$$

正号表示输出轴与输入轴转向相同。

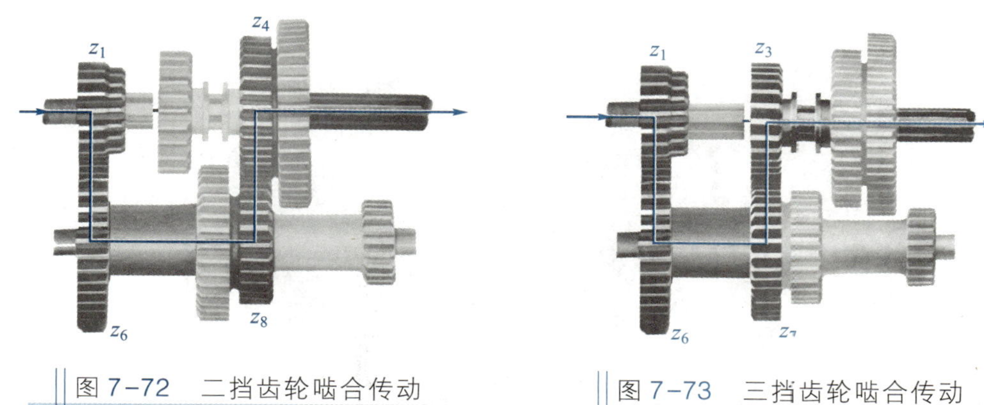

图 7-72　二挡齿轮啮合传动

图 7-73　三挡齿轮啮合传动

笔记

（4）当图 7-71 中的输入轴外齿轮 z_2 右移进入输出轴齿轮 z_3 的内齿轮后，两轴合成一体，z_1 和 z_6 脱离啮合，输入轴的转速直接由输出轴传出，即

$$n_{出}=n_1=n_5=n_{入}=2\ 000\ \mathrm{r/min}$$

正号表示输出轴与输入轴转向相同。

从而得出四个挡输出轴的转速分别为 -444.4 r/min、617 r/min、1 220 r/min 和 2 000 r/min。

职业与生活实践

1. 换挡变速时汽车不能停止运动，采用什么办法来快速变换齿轮啮合位置？
2. 齿轮箱为什么要定时更换润滑油？

四、齿轮减速器的结构及标准

减速器结构紧凑，传递的功率和圆周速度范围大，制造和安装精度要求高，箱体的支承刚度大，具有良好的润滑和密封条件，使用、维护方便，应用广泛。

按照传动和结构特点，减速器可分为齿轮减速器（如圆柱齿轮减速器、锥齿轮圆柱齿轮减速器等）、蜗杆减速器（如圆柱蜗杆减速器、蜗杆-齿轮减速器等）、行星齿轮减速器、摆线针轮减速器、谐波齿轮减速器五种类型。

笔记

上述减速器已有标准系列产品供应，配套方便。一般根据机器的总体传动方案和工作条件，按照所需的传动功率、转速、效率、传动比等参数，并考虑结构尺寸和安装布置要求，从产品样本中选用。

图 7-74 所示为一级圆柱齿轮减速器。

减速器主要由三部分组成：

① 齿轮等传动零件及轴和轴承等支承零件　一般小齿轮与高速轴制成一体；大齿轮与低速轴分开为两个零件，采用平键连接周向固定，利用轴肩、套筒和轴承盖等轴向

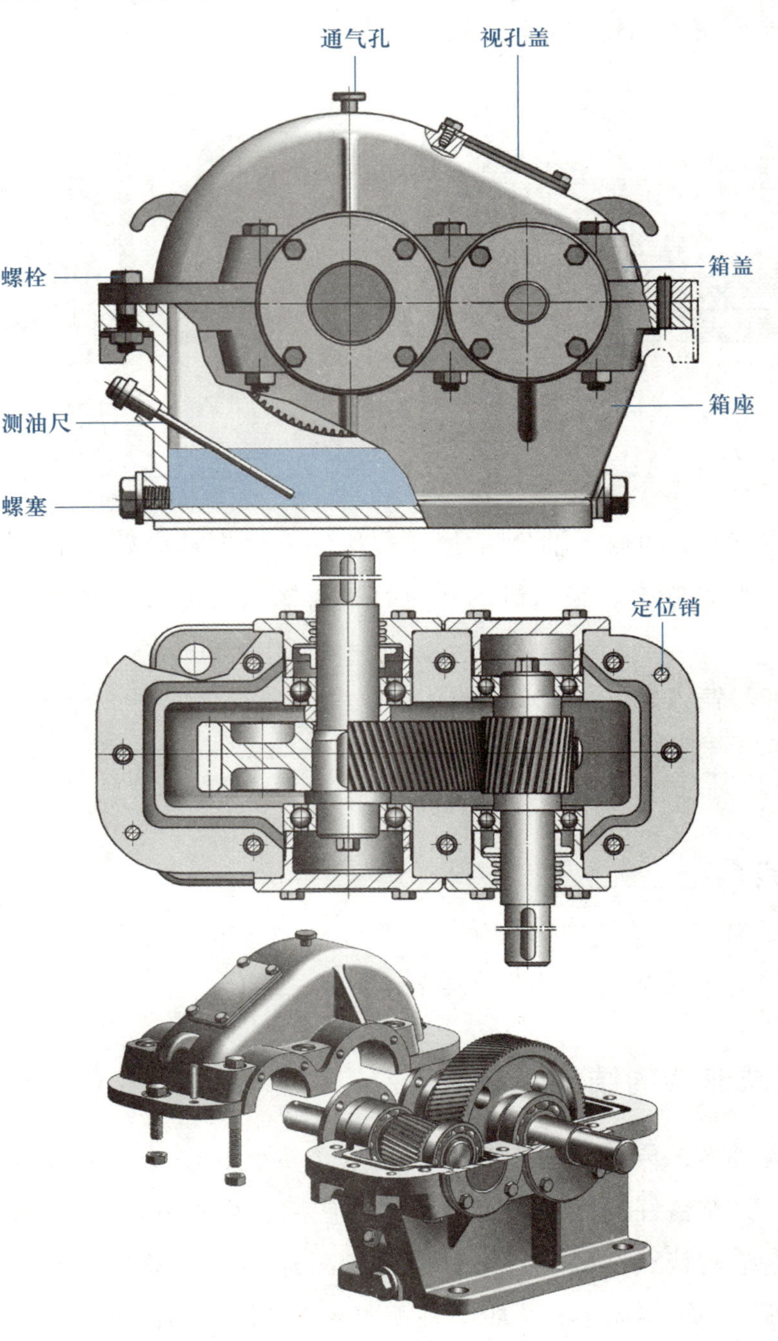

图 7-74　一级圆柱齿轮减速器

齿轮减速器

固定。如果齿轮承受径向载荷和不大的轴向载荷，则可以采用深沟球轴承或角接触球轴承。轴承利用齿轮旋转时溅起的润滑油进行润滑，为了防止润滑油流失和外界灰尘进入箱体，在轴承盖与外伸轴之间设有毡圈或沟槽等密封结构。

② 减速器箱体　包括箱盖和箱座，是减速器的重要组成部件，是传动零件的基座，应具有足够的强度和刚度。箱体通常用灰铸铁制造，铸造性能和减振性能好。单件生产的减速器箱体也可采用钢板焊接，以简化工艺、降低成本。为了便于轴系部件的安装和拆卸，箱体制成沿轴线水平剖分式，箱盖和箱座用普通螺栓连接成一体。轴承座处的连接螺栓应尽量靠近轴承座孔，而轴承座旁的凸台应具有足够的承托面，以便放置螺栓并保证旋紧螺栓时需要的扳手空间。为保证箱体有足够的刚度，在轴承座附近有支承肋板。为保证减速器安置在基础上的稳定性并尽可能减少箱座底面的加工面积，图中采用了两纵向长条形加工基面。

③ 减速器附件　为了检查传动零件的啮合情况，并向箱体内注入润滑油，应在箱盖上的适当位置设置视孔，平时视孔盖用螺钉固定在箱盖上。减速器工作时，箱体内温度升高、气体膨胀、压力增大，为保证箱体内外压力平衡，不使润滑油沿剖分面和外伸轴处泄漏，在箱盖上设有通气孔。为固定轴系部件的轴向位置并承受轴向载荷，轴承座孔两端采用轴承盖封闭，外伸轴处的轴承盖是通孔。轴承盖利用螺钉固定在箱体上的方式有凸缘式和嵌入式两种。为保证每次拆装箱盖时仍保持轴承座孔加工时的精度，应在精加工轴承孔前，在箱盖与箱座的连接凸缘上沿对角线配装两个定位圆锥销。为检查减速器内油池的油面高度，在箱座上需要装设测油尺。在油池的最低处安设排放污油用的螺塞。当减速器的质量超过 25 kg 时，为了便于搬运，需要在箱盖或箱座上设置吊环或吊耳。

笔记

国家标准规定：减速器的中心距尾数为 0、5，常用的中心距如 100、125、160、200、250 等；传动比 i 为 1.25、1.4、1.6、1.8、2、2.24、2.5、2.8、3.15、3.55 等。传动比常选用小数，如 1.25、2.24、3.15、3.55，其目的是使两齿轮的齿数互为质数，最好有一个齿数为质数，保证一个齿轮的每个轮齿都能交替地与另一个齿轮的轮齿啮合，以延长齿轮的使用寿命，达到等寿命设计要求。

减速器一般由多级齿轮传动组合而成，其组合形式有直齿圆柱齿轮传动和直齿圆柱齿轮传动、斜齿圆柱齿轮传动和斜齿圆柱齿轮传动、斜齿圆柱齿轮传动和蜗杆传动等。齿廓曲线除渐开线外，还有圆弧曲线、摆线等。

减速器的形式很多，可上网搜索“减速器”找到相关信息。

减速器为闭式齿轮传动，其有良好的润滑条件，传动效率可达 98%以上，使用寿命也较长，所以应尽可能在传动装置中选用。

认标记 识参数

减速器的标记由以下部分组成：

□ □-□-□-□-□-□-□

例如，“H2-10-11.2-Ⅰ-F-JB/T 8853—2015”表示符合JB/T 8853—2015的规定，两级传动，10号规格，公称传动比为11.2，第Ⅰ种布置形式，风扇冷却，输入轴双向旋转的圆柱齿轮减速器。

这里，“H2”为型号及传动级数，圆柱齿轮减速器为“H”，锥齿轮圆柱齿轮减速器为“R”，“2”代表两级传动；冷却方式，缺省为自然冷却，“F”为风扇冷却，“W”为水管冷却，“P”为强制润滑；输入轴旋转方向，缺省为输入轴双向旋转，“CW”为顺时针旋转，“CCW”为逆时针旋转；布置形式，详见国家标准。

拓展

传动类型的选择

笔记

在机器传递的功率、传动比和工作条件已知的情况下，如何选择机械传动的类型呢？不同的机械传动，各有其优势和劣势，要根据实际工作情况进行具体分析和比较，抓住主要矛盾，合理选择传动类型。

选择机械传动类型时主要考虑以下三个方面的指标。

1. 功率与效率

各类传动所能够传递的功率取决于其传动原理、承载能力、载荷分布、制造精度、机械效率和发热情况等因素。一般来说，啮合传动传递的功率高于摩擦传动，但是蜗杆传动工作时的发热量较大，不宜用于大功率场合。带传动和链传动为了提高传递功率的能力，必须增加传动带的根数或者链条的排数，这又受到载荷分布不均的限制。

提高传动效率可以节约动力，降低运转费用。在机械传动中，传动零件间的相对滑动、搅动润滑油、轴承摩擦等都会带来功率损失，降低传动效率。损耗的能量绝大部分转化为热量，如果热量使工作温度超过允许的限度，就会导致传动的失效。以滚动取代滑动是减少磨损和发热的重要途径。可见，对于大功率传动，不能采用效率低的传动类型。正常润滑条件下，如果不计轴承摩擦损失，闭式齿轮传动的效率可以达到96%~99%，而具有自锁性能的蜗杆传动的效率为40%~45%，开式链传动的效率为90%~93%，普通V带传动的效率为92%~97%。传递同样的功率时，不同的传动零件作用在轴上的压轴力是不同的，这个压轴力决定着传动的摩擦损失和轴承寿命。

2. 速度

提高传动速度是机器发展的重要方向。表示传动速度的参数是最大圆周速度和最大转速，这些参数受到载荷、热平衡条件、离心力及振动稳定性等方面的限制。最大圆周速度，普通 V 带传动为25~30 m/s，链传动为40 m/s，6 级精度非直齿圆柱齿轮传动可以达到 50 m/s；最大转速，普通 V 带传动为 12 000 r/min，链传动为 8 000~10 000 r/min，6 级精度非直齿圆柱齿轮传动可以达到 30 000 r/min。与此相关的减速传动比，普通 V 带传动不超过 8，滚子链传动不超过 6，6 级精度非直齿圆柱齿轮传动不超过 5。

3. 外廓尺寸、质量和成本

在同样功率和传动比的条件下，各类传动外廓尺寸的差异是很可观的，表 7-8 列出了四类传动在相同条件下的尺寸、质量与成本对比，可以作为选择传动类型时的参照。

表 7-8 四类传动在相同条件（功率 $P=75$ kW，传动比 $i=n_1/n_2=1\ 000/250=4$）下的尺寸、质量与成本对比

传动类型 [圆周速度/(m/s)]	平带传动 (23.6)	有张紧轮的平带传动 (23.6)	普通 V 带传动 (23.6)	滚子链传动 (7)	齿轮传动 (5.85)	蜗杆传动 (5.85)
中心距/mm	5 000	2 300	1 800	830	280	280
轮宽/mm	350	250	130	360	160	60
质量概值/kg	500	550	500	500	600	450
相对成本/%	106	125	100	140	165	125

笔记

搜索 查阅《机械设计手册》，熟悉各种传动类型的机械效率、最大圆周速度、最大转速和适宜的传动比等参数。

小结

带传动依靠带与带轮之间的摩擦或啮合来传递运动和动力，其中普通 V 带应用最广。带的失效形式是打滑和疲劳损坏。为保证带传动正常工作，需对带传动进行张紧和维护。

链传动依靠链与链轮之间的啮合来传递运动和动力。链传动承受交变应力，其失效形式有链板疲劳、铰链磨损、铰链胶合和链条静力拉断。链传动的安装与维护对延长其使用寿命影响很大。

齿轮传动用于传递空间任意轴间的运动和动力，传动效率高，传动比准确，工作可靠，应用广泛。模数是决定齿轮尺寸和承载能力的重要标准参数。渐开线直齿圆柱齿轮的正确啮合条件为：两齿轮的模数必须相等，两齿轮分度圆上的压力角必

须相等且等于标准值。齿轮传动的失效形式主要有轮齿折断、齿面疲劳点蚀、齿面胶合、齿面磨损和齿面塑性变形。

［机械史话］指南车的奇妙

蜗杆传动用于传递空间两交错轴之间的运动和动力。蜗杆传动的传动比大，传动平稳，可以自锁，但效率较低。蜗杆传动的失效形式有轮齿折断、疲劳点蚀、齿面胶合和齿面磨损等。由于蜗杆传动的效率低、发热量大，所以必须保证良好的润滑。

齿轮系可以实现较远距离的传动，获得大的传动比，实现变速、换向。减速器润滑良好，效率较高，有标准系列产品供应。

思考与实践

1. V 带的楔角为 40°，带轮槽的楔角为什么应该小于 40°？

2. 安装 V 带传动装置时，两个带轮的中心距能否根据自己想要的距离任意选择？为什么？

3. 为什么带轮的直径变大后，轮辐要做成空心的形状？

4. 试从功率与摩擦力和速度之间的关系说明带传动应安放在机械传动高速级的原因。

5. 山地变速自行车采用什么张紧装置来保证链传动的正常工作？

6. 自行车和摩托车都选用套筒滚子链，两者之间的差别是什么？为什么自行车、摩托车不选用带传动？

笔记

7. 你拆卸过自行车的链条吗？链条上锁紧卡片的开口方向与链条的运动方向有何关系？

8. 通常在软齿面齿轮副中，小齿轮的齿面硬度要比大齿轮的齿面硬度高多少？为什么？

9. 蜗杆传动的传动比为什么不用公式 $i=\dfrac{d_2}{d_1}$ 计算？

10. 在蜗杆传动中，提高箱体散热能力的措施有哪些？

11. 判断图 7-75 所示蜗杆、蜗轮的转向或蜗杆的旋向，在图中注明。

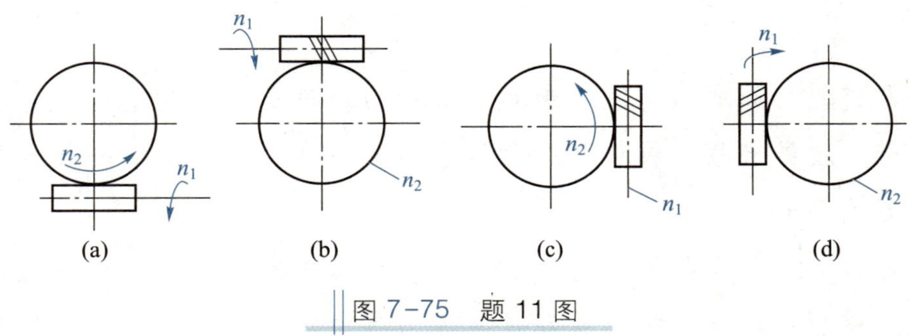

图 7-75　题 11 图

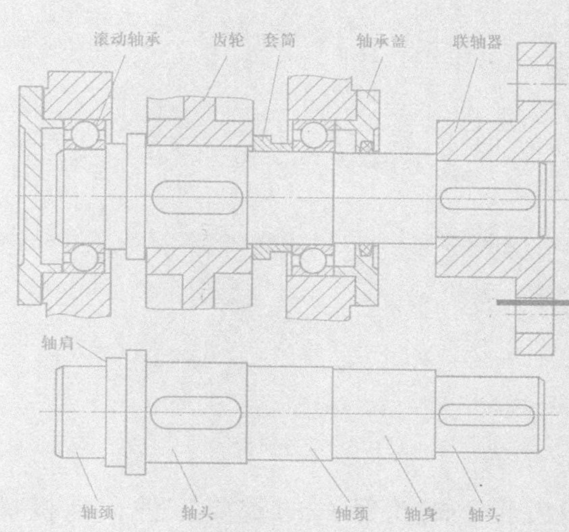

模块八　轴与轴承

导　语

传动零件必须得到支承才能正常工作，轴与轴承都属于支承零部件。轴的功用是直接支承齿轮、带轮、链轮等传动零件，传递转矩和动力。轴本身又需要支承，轴上被支承处称为轴颈，而支承轴颈的支座就是轴承。轴承的功用是支承轴和轴上零件，保持轴的旋转精度，减少轴与支承之间的摩擦和磨损。轴承分为滑动轴承和滚动轴承两大类。

轴及轴系零件一般在高转速下运行，很难清楚地观察到轴及传动零件、定位零件、支承零件的实际工作状态。因此，装配轴系零件时务必做到牢固、可靠，防止其松脱伤人。轴承必须保持良好的润滑状态，一旦发现轴承零部件失效，应立即停机更换。

本模块将介绍轴与轴承的结构、材料、特点、失效形式以及安装与维护。

思维导图

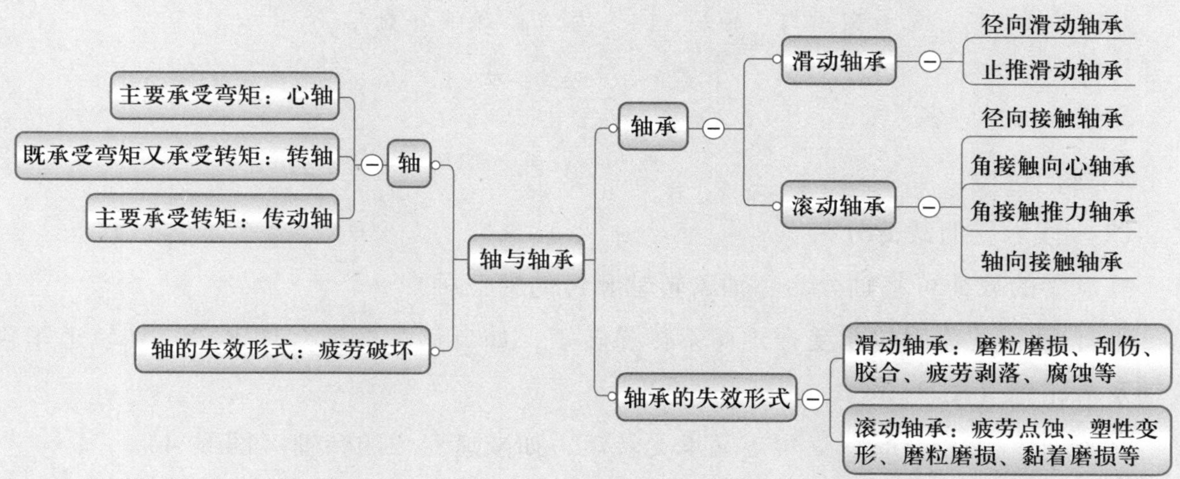

8.1 轴

一、轴的结构与特点

轴是支承回转运动零部件（如齿轮、蜗轮等）的重要零件，是机械运转的主要零件。

1. 轴的结构

如图 8-1 所示，轴的结构主要包括：轴颈——被支承处，安装轴承；轴头——安装轮毂处；轴身——连接轴颈和轴头处；轴肩——横截面尺寸变化处。

笔记

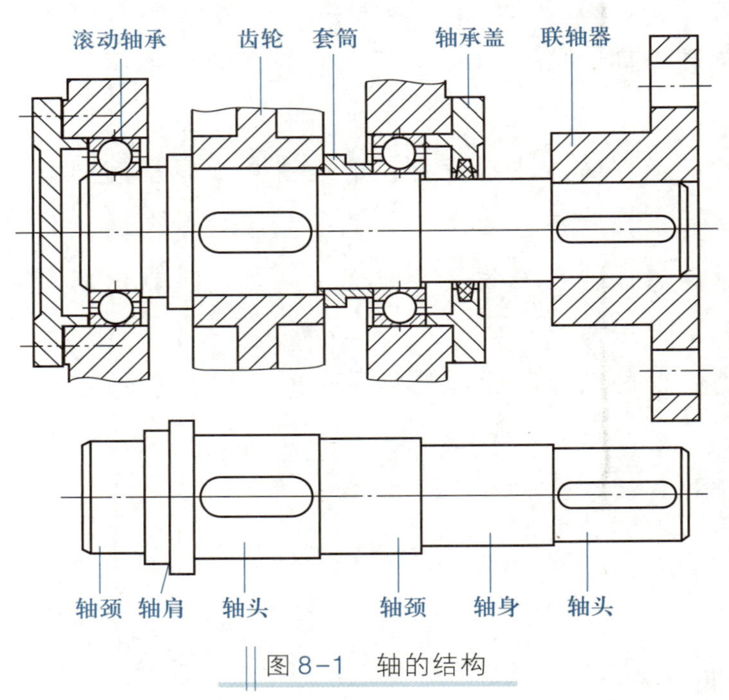

图 8-1 轴的结构

2. 轴的分类

（1）按承受的载荷分

按承受的载荷可将轴分为心轴、转轴和传动轴三种。

① 心轴　工作时仅承受弯矩而不传递转矩，如自行车轮轴（图 8-2）和轨道车辆轮轴及滑轮轴（图 8-3）。

② 转轴　工作时既承受弯矩又承受转矩，如减速器中的转轴（图 8-4）。

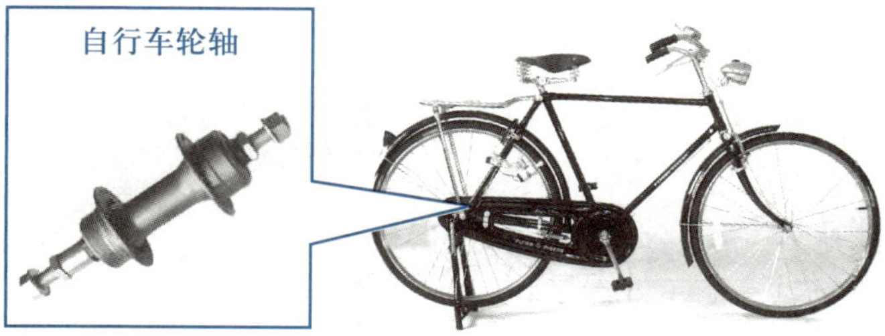

自行车轮轴

图 8-2 自行车轮轴

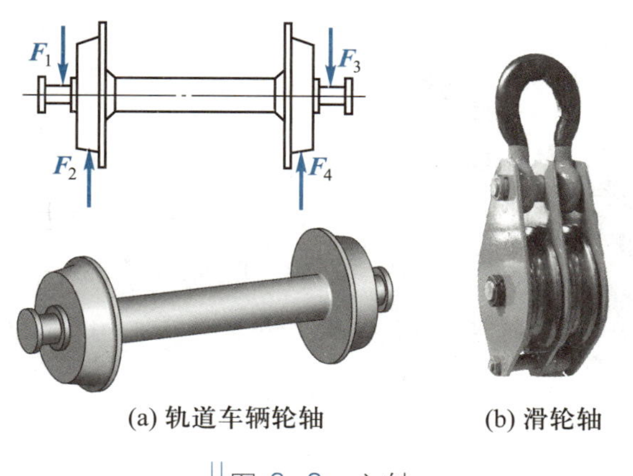

(a) 轨道车辆轮轴　　(b) 滑轮轴

图 8-3 心轴

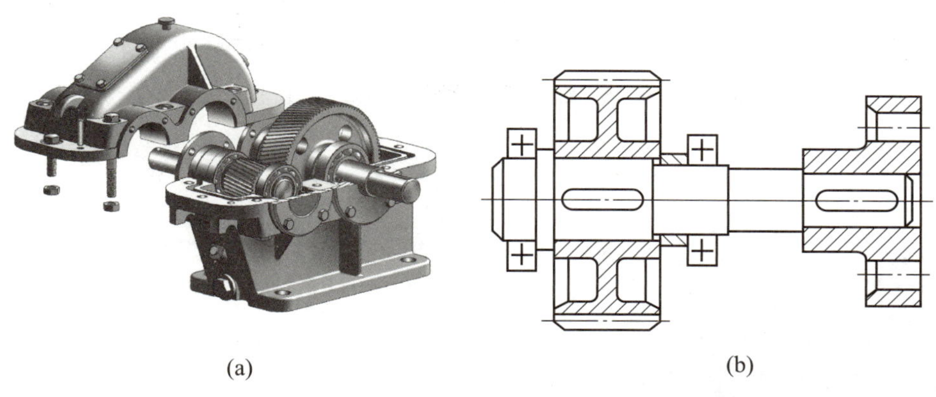
(a)　　(b)

图 8-4 减速器中的转轴

笔记

③ 传动轴　只传递转矩而不承受弯矩，如汽车上连接变速器与后桥之间的轴（图 8-5）。

（2）按轴线形状分

根据轴线形状的不同，轴又可分为直轴、曲轴和挠性钢丝轴。

① 直轴　各段具有同一回转轴线，各横截面相等的是光轴（图 8-6a），分段变化的是阶梯轴（图 8-6b）。阶梯轴便于零件安装固定，各轴段强度相近，在机械中应用广泛。直轴一般都制成实心轴，但为了减小质量或满足机械结构的需要，有时需要制成空心轴。

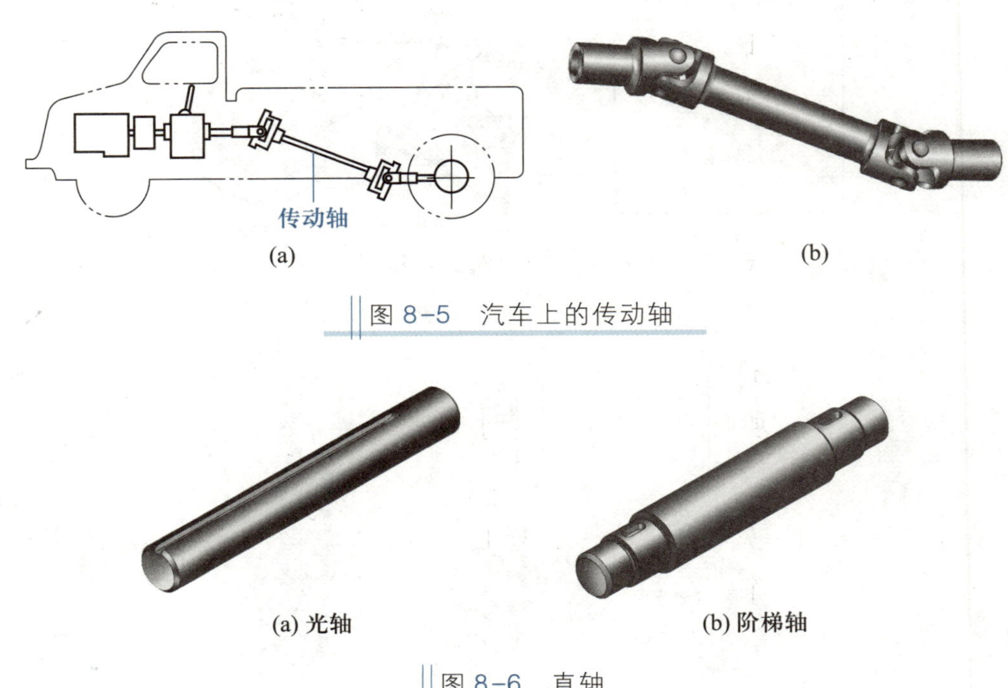

图 8-5　汽车上的传动轴

图 8-6　直轴

笔记

② 曲轴　用来将回转运动转换为往复直线运动，如冲压机中的曲轴（图 0-1）等；或将往复直线运动转换为回转运动，如内燃机中的曲轴（图 8-7）。

③ 挠性钢丝轴　由几层紧贴在一起的钢丝构成，可将扭矩（扭转及旋转）灵活地传到任意位置。图 8-8 所示为振捣器上的挠性钢丝轴。

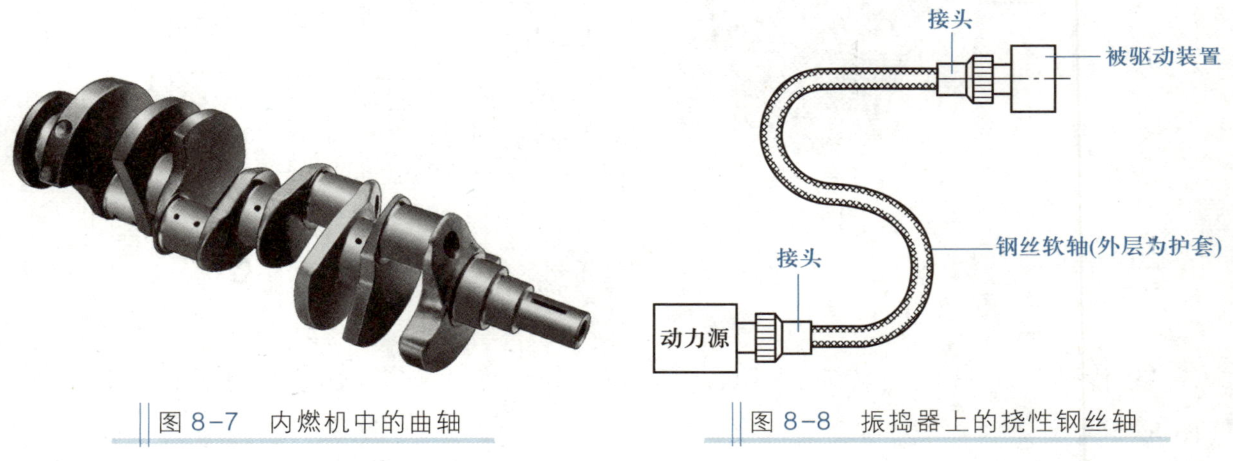

图 8-7　内燃机中的曲轴

图 8-8　振捣器上的挠性钢丝轴

二、轴的材料

由于轴工作时产生的应力多为变应力，所以轴的失效多为疲劳损坏，因此轴的材料应具有足够的疲劳强度、较小的应力集中敏感性和良好的切削加工性能等。

轴的主要材料是优质碳素结构钢与合金结构钢。

（1）优质碳素结构钢

优质碳素结构钢价格低，对应力集中的敏感性较低，可以利用热处理提高其耐磨性和疲劳强度。常用的有 35 钢、45 钢，其中以 45 钢应用最广。对于受力较小或不太重要的轴，也可以使用 Q235、Q275 等碳素结构钢。

（2）合金结构钢

对于要求强度较高、尺寸较小或有其他特殊要求的轴，可以使用合金钢材料。对耐磨性要求较高的可以采用 20Cr、20CrMnTi 等合金渗碳钢，要求较高的轴可以使用 40Cr（或用 35SiMn、40MnB 代替）、40CrNi（或用 38SiMnMo 代替）等合金调质钢进行热处理。合金钢比非合金钢机械强度高、热处理性能好，但对应力集中敏感性高，价格也较高。

高强度铸铁和球墨铸铁具有良好的制造工艺性，而且价格低、吸振性和耐磨性较好，适用于外形复杂的曲轴、凸轮轴等。

三、轴的受力分析

笔记

轴是机器中的重要零件。轴上通常装有带轮、链轮、齿轮等传动零件，因此轴的受力既有径向力、圆周力，又有轴向力，如图 8-9 所示。将圆周力和轴向力平移到轴线上，使轴受到力偶的作用。轴的受力不在同一个平面，属于空间力系。空间力系的平衡问题可以转化为几个平面力系的平衡问题。轴的强度校核参见“模块二　强度与刚度”。

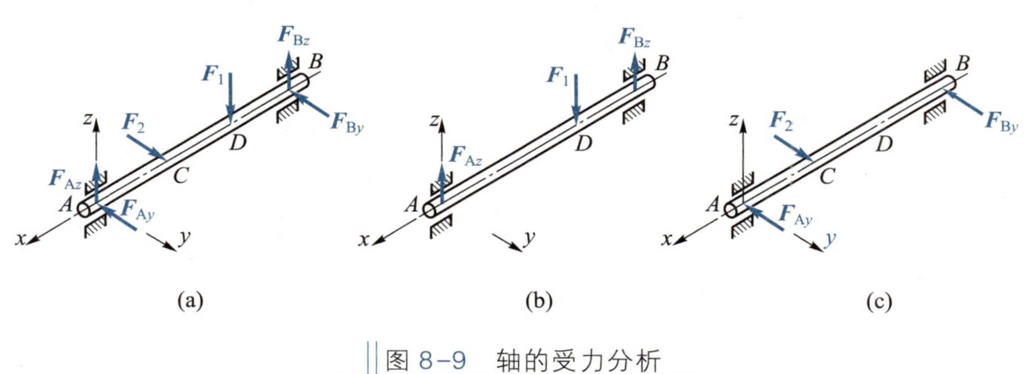

图 8-9　轴的受力分析

四、影响轴结构的因素

轴的结构取决于下面几个因素：

① 轴的毛坯种类。

② 轴上作用力的大小及分布情况。

③ 轴上零件的位置、配合性质及连接固定的方法。

④ 轴的加工方法、装配方法及其他特殊要求。

轴的强度与工作应力的大小和性质有关。选择轴的结构时，应使轴的形状接近于等强度条件；尽量避免各轴段横截面突然改变以降低局部应力集中；改变轴上零件的布置，可以减小轴上的载荷；改进轴上零件的结构也可以减小轴上的载荷。轴的结构应便于加工和装配，形状力求简单，阶梯轴的级数尽可能少，各段直径不能相差太大。

轴上需车制螺纹的轴段应有退刀槽（图 8-10a），需磨削的轴段应设置砂轮越程槽（图 8-10b）。为便于加工，各圆角、倒角、砂轮越程槽及退刀槽等结构尺寸尽可能统一，同一轴上的各键槽应开在同一母线位置上（图 8-10c）。为便于装配，轴端应有倒角。轴肩高度不能妨碍零件的拆卸。阶梯轴一般设计成两端小中间大的形状，便于零件从两端装拆。

笔记

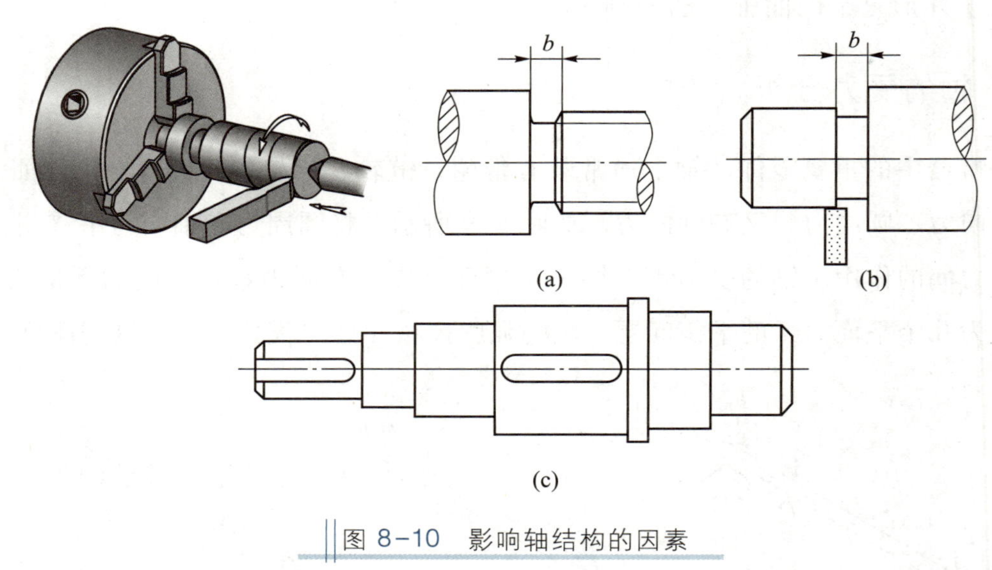

图 8-10 影响轴结构的因素

观察与思考

试指出图 8-11 所示轴的结构不合理的地方，并予以改正。

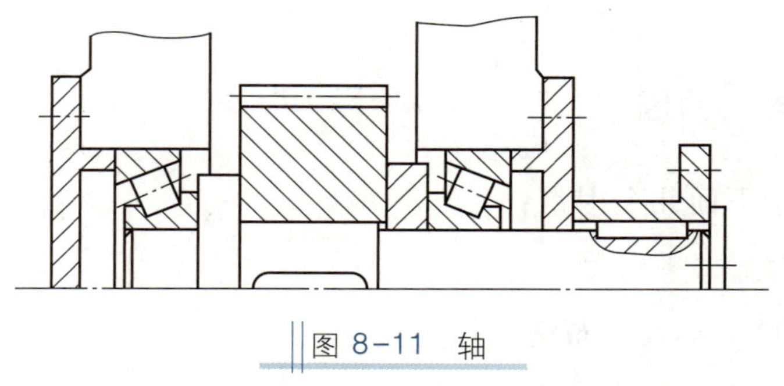

图 8-11 轴

8.2 滑动轴承

轴承是用来支承轴及轴上回转零件的部件。根据工作时摩擦性质的不同，轴承分为滑动轴承和滚动轴承两大类。滚动轴承一般由专业的轴承厂家制造，广泛应用于各种机械中。但对要求不高或有特殊要求（如高速、重载、冲击较大等）的场合，或不能、不便使用滚动轴承时，则需要使用滑动轴承。

笔记

一、滑动轴承的分类、结构与特点

滑动轴承是工作时轴承和轴颈的支承面间形成直接或间接滑动摩擦的轴承。

1. 滑动轴承的分类

根据所承受载荷的方向，滑动轴承可分为径向滑动轴承、止推滑动轴承两大类。根据轴系和拆装的需要，滑动轴承可分为整体式和剖分式两类。

2. 滑动轴承的结构与特点

（1）径向滑动轴承

① 整体式滑动轴承（图 8-12） 结构简单、价格低，但轴的拆装不方便，磨损后轴承的径向间隙无法调整，适用于轻载、低速或间歇工作的场合。

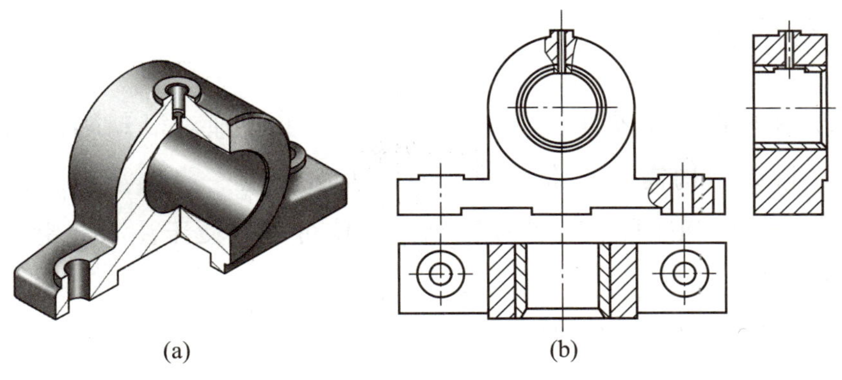

图 8-12 整体式滑动轴承

整体式
滑动轴承

② 剖分式滑动轴承（图 8-13） 结构复杂，可以调整磨损造成的间隙，安装方便，适用于中高速、重载的场合。

（2）止推滑动轴承

止推滑动轴承由轴承座和止推轴颈组成。常用的轴颈结构形式如图 8-14 所示。

剖分式
滑动轴承

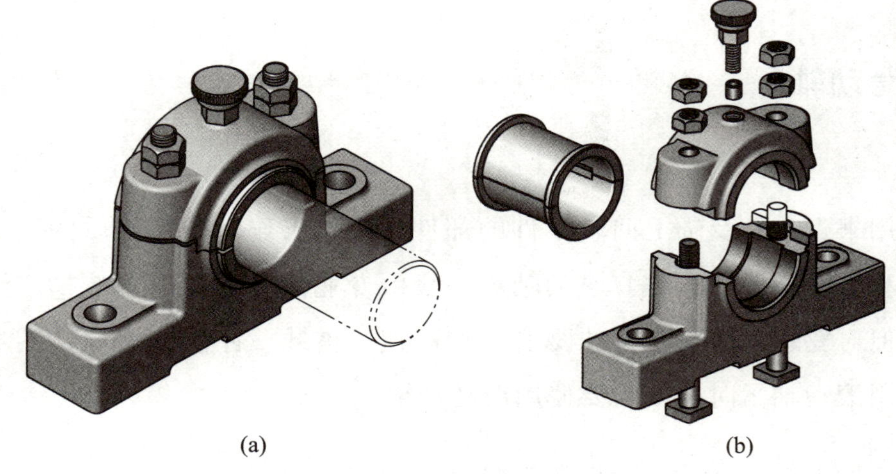

图 8-13 剖分式滑动轴承

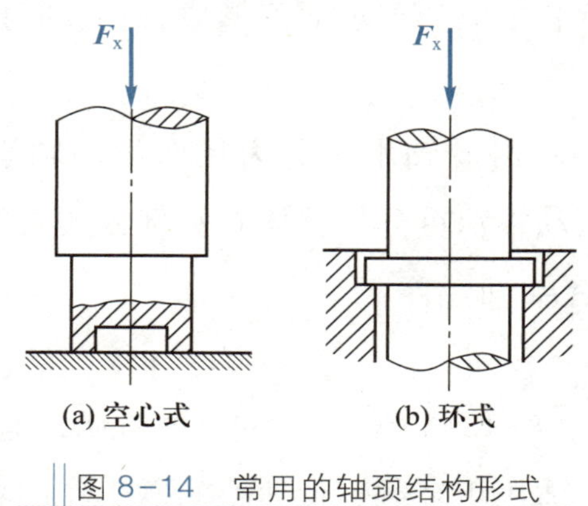

图 8-14 常用的轴颈结构形式

笔记

二、轴瓦的结构

轴瓦是滑动轴承的重要零件，它的结构设计是否合理对滑动轴承性能影响很大。为了节省贵重材料或结构需要，常在轴瓦的内表面浇注一层轴承合金，称为轴承衬。轴瓦应具有一定的强度和刚度，在滑动轴承中定位可靠，便于注入润滑剂，容易散热，并且装拆、调整方便。

常用的轴瓦有整体式和剖分式两种结构。

（1）整体式轴瓦（轴套）

整体式轴瓦一般在轴套上开有油孔和油沟以便润滑，如图 8-15a 所示。粉末冶金制成的轴套一般不带油沟，如图 8-15b 所示。

（2）剖分式轴瓦

剖分式轴瓦由上、下两半瓦组成，如图 8-16 所示，上轴瓦开有油孔和油沟。轴瓦上的油孔用来供给润滑油，油沟的作用是使润滑油均匀分布，应开在非承载区。

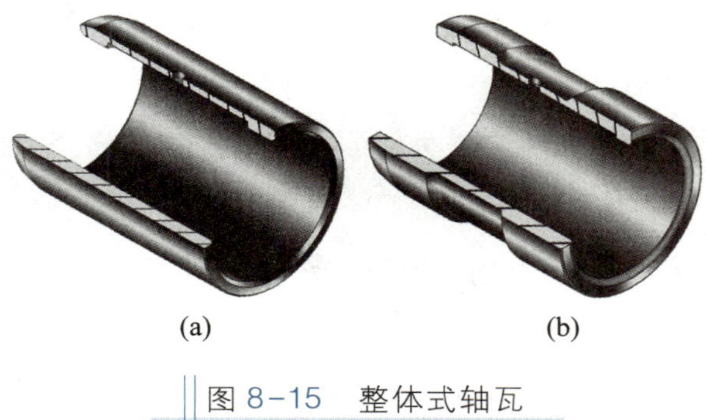

图 8-15　整体式轴瓦

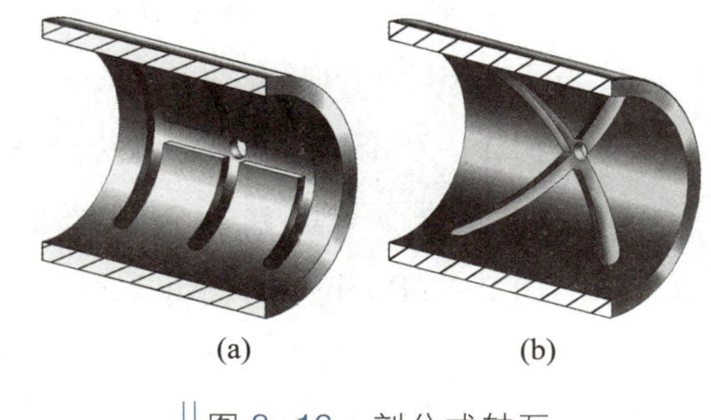

图 8-16　剖分式轴瓦

三、滑动轴承材料

轴瓦和轴承衬的材料统称为滑动轴承材料。

1. 滑动轴承的失效形式及对材料的要求

滑动轴承的失效形式主要有磨粒磨损、刮伤、胶合、疲劳剥落及腐蚀等。针对上述失效形式，滑动轴承材料应满足以下要求：

① 减摩性　材料副具有较低的摩擦系数。

② 耐磨性　材料具有较好的耐磨损性能。

③ 磨合性　轴瓦与轴颈表面经短期轻载运行后，形成相互吻合的摩擦表面形状的能力。

④ 顺应性　材料通过表层弹塑性变形来适应配合表面的能力。

⑤ 嵌入性　材料能容纳硬质颗粒嵌入，从而减轻刮伤或磨粒磨损的能力。

⑥ 抗咬黏性　材料具有较好的抗黏着能力。

此外，足够的强度和抗疲劳性，耐腐蚀和温度稳定性，以及工艺性和经济性也是必不可少的。

2. 常用的滑动轴承材料

常用的滑动轴承材料一是轴承合金、铜合金（青铜和黄铜两类）及铸铁等金属材料，二是用不同金属粉末经压制、烧结而成的多孔质金属材料，三是具有自润性和抗腐蚀能力的工程塑料、具有自润性和减摩性的碳-石墨、以水为润滑剂的橡胶等非金属材料。这里简要介绍五种铸造轴承合金。

笔记

认牌号　知成分

铸造轴承合金有铸造锡基轴承合金、铸造铅基轴承合金、铸造铜基轴承合金、铸造锌基轴承合金、铸造铝基轴承合金等五种。铸造轴承合金牌号由“Z”和基体金属的元素符号（如锡基“Sn”、铅基“Pb”、铜基“Cu”、锌基“Zn”、铝基“Al”等）、主要合金元素符号及表明合金元素名义含量的数字组成。基体金属元素的名义含量不标注，其余合金元素符号按其名义含量递减的次序排列，合金元素含量小于1%时一般不标注。

例1：ZSnSb11Cu6表示铸造锡基轴承合金，基体元素为Sn，主要合金元素Sb、Cu的名义含量分别为11%、6%。

例2：ZPbSb16Sn16Cu2表示铸造铅基轴承合金，基体元素为Pb，主要合金元素Sb、Sn、Cu的名义含量分别为16%、16%、2%。

例3：ZCuSn5Pb5Zn5表示铸造铜基轴承合金，基体元素为Cu，主要合金元素Sn、Pb、Zn的名义含量分别为5%、5%、5%。

例4：ZZnAl9Cu2Mg表示铸造锌基轴承合金，基体元素为Zn，主要合金元素Al、Cu、Mg的名义含量分别为9%、2%及小于1%。

例5：ZAlSn6Cu1Ni1表示铸造铝基轴承合金，基体元素为Al，主要合金元素Sn、Cu、Ni的名义含量分别为6%、1%、1%。

笔记

（1）铸造锡基轴承合金（锡基巴氏合金）

铸造锡基轴承合金是以锡为基础，加入锑、铜等元素形成的合金，有ZSnSb11Cu6等7种牌号，硬度为20~34HBW。这种轴承合金硬度适中、减摩性好，具有足够的塑性、韧性，良好的耐蚀性、导热性，膨胀系数较小，在汽车、拖拉机、汽轮机等机械的高速轴上应用较广。这种轴承合金的疲劳强度低，由于锡的熔点较低，所以其工作温度不宜高于150 ℃。

（2）铸造铅基轴承合金（铅基巴氏合金）

铸造铅基轴承合金是以铅、锑为基础，加入锡、铜等元素形成的合金，有ZPbSb16Sn16Cu2等6种牌号，硬度为18~32HBW。这种轴承合金的硬度、强度、韧性及减摩性均低于铸造锡基轴承合金，故用于中低速、中等载荷的轴承。由于这种轴承合金价格低，所以应优先采用。

（3）铸造铜基轴承合金

铸造铜基轴承合金是以铜为基体，加入锡、铅、锌等元素形成的合金，有ZCuSn5Pb5Zn5等13种牌号，抗拉强度R_m为150~670 MPa，硬度为25~170HBW。这种轴承合金强度高、承载能力大，具有良好的耐磨性、导热性、耐蚀性和抗疲劳性，广泛应用于汽车、铁路、船舶、飞机等交通工具和各种工业设备中，如汽车发动机连杆和曲轴轴承、飞机发动机的高速轴承等。

（4）铸造锌基轴承合金

铸造锌基轴承合金是以锌为基体，加入铝、铜、镁等元素形成的合金，有ZZnAl9Cu2Mg等4种牌号，抗拉强度R_m为275~420 MPa，硬度为80~110HBW。这种轴承合金耐蚀性好，有良好的耐磨性、自润滑性，运行时噪声低，广泛用于发动机、变速器、转向机等汽车零部件，各类电动机，插秧机、收割机等农业机械，以及挖掘机、推土机等工程机械。

（5）铸造铝基轴承合金

铸造铝基轴承合金是以铝为基础，加入锡、铜、镍等元素所形成的合金，有 ZAlSn6Cu1Ni1 等 6 种牌号，抗拉强度 R_m 为 110~200 MPa，硬度为 30~90HBW。

这种轴承合金的特点是原料丰富、价格低、导热性好、疲劳强度高、耐热、耐磨和耐腐蚀，能承受较大压力与速度，用于汽车、拖拉机、内燃机车的轴承。

搜索 铸造轴承合金的牌号、化学成分、力学性能可见国家标准 GB/T 1174—2022《铸造轴承合金》。

四、滑动轴承的安装与维护

① 滑动轴承安装时要保证轴颈在轴承孔内转动灵活、平稳。

② 轴瓦与轴承座孔要贴实，轴瓦剖分面要高出轴承座接合面 0.05~0.1 mm，以便压紧。整体式轴瓦压入时要防止偏斜，并用紧定螺钉固定。

笔记

③ 注意油路畅通，油路与油槽接通。刮研时油槽两边点子要软，以便形成油膜，两端点子均匀，以防漏油。

④ 滑动轴承使用过程中要经常检查润滑状况，防止轴瓦过度发热。遇有发热超过 60 ℃、冒烟及异常振动、声响等要及时检查并采取措施。

拓展

表面磨损强度

滑动轴承等以面接触做相对运动的零件，在载荷作用下，接触表面因摩擦而产生磨损，若磨损量超过许用值，零件即失效。因此，零件的磨损强度条件为

滑动速度低、载荷大时 $p \leqslant [p]$ (8-1)

滑动速度较高时 $pv \leqslant [pv]$ (8-2)

高速时 $v \leqslant [v]$ (8-3)

式中：p——零件接触表面的压强，MPa；

$[p]$——零件的许用压强，MPa；

v——零件相对滑动速度，m/s；

$[pv]$——零件的许用 pv 值，MPa · m/s；

$[v]$——零件的许用速度，m/s。

8.3 滚动轴承

一、滚动轴承的结构与材料

滚动轴承一般由内圈（轴圈）、外圈（座圈）、滚动体和保持架组成（图 8-17）。通常内圈（轴圈）随轴颈转动，外圈（座圈）装在机座或轴承孔内固定不动。内圈（轴圈）、外圈（座圈）都制有滚道，当内圈（轴圈）、外圈（座圈）相对旋转时，滚动体将沿滚道滚动。保持架的作用是将滚动体沿滚道均匀地隔开。

滚动轴承的结构

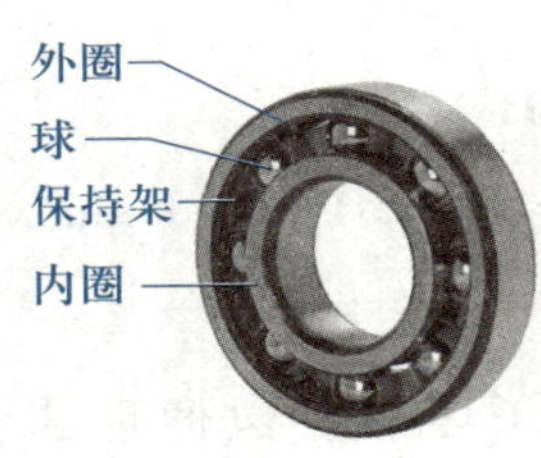

(a) 深沟球轴承

(b) 推力球轴承

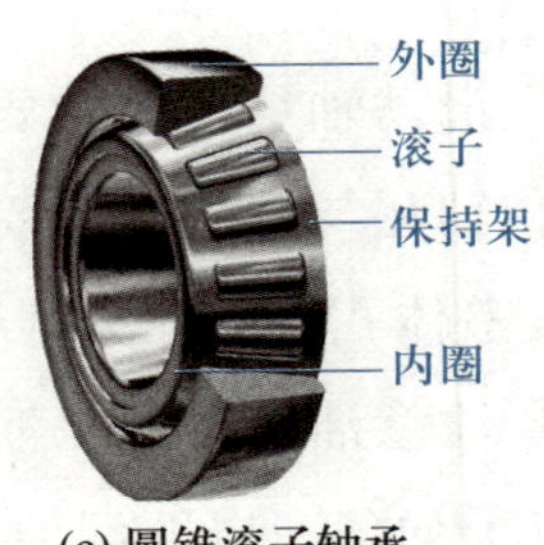

(c) 圆锥滚子轴承

图 8-17 滚动轴承的结构

滚动体和内圈（轴圈）、外圈（座圈）一方面承受很高的接触应力，另一方面还有滑动，因此要求材料具有高的硬度和接触疲劳强度、良好的耐磨性和冲击韧性，主要采用 GCr9、GCr15 等高碳铬轴承钢制造，20CrNiMoA 等渗碳轴承钢、06Cr18Ni11Ti 等不锈轴承钢、Cr4Mo4V 等高温轴承钢也有应用，经热处理后，硬度可达到 61～65HRC，工作表面需经磨削和抛光。保持架一般用低碳钢板冲压制成，高速轴承多采用非铁金属或塑料保持架。

笔记

与滑动轴承相比，滚动轴承具有摩擦阻力小、启动灵敏、效率高、润滑简便和易于互换等优点，因此获得广泛应用。它的缺点是抗冲击能力较差，高速时出现噪声，工作寿命不及液体摩擦的滑动轴承。由于滚动轴承已经标准化，并由轴承厂大批生产，所以较滑动轴承应用更广泛。

二、滚动轴承的类型与特性

滚动轴承的类型很多，常用滚动轴承的类型及主要特性见表 8-1。

表 8-1 常用滚动轴承的类型及主要特性

轴承名称	类型代号	简图	实物图	承载方向	主要特性
调心球轴承	1	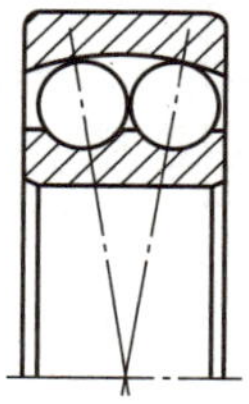	 GB/T 281		主要承受径向载荷。外圈滚道为球面，具有自动调心性能，适用于弯曲刚度小的轴
圆锥滚子轴承	3	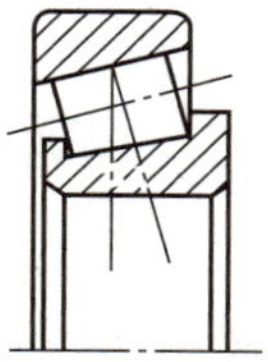	 GB/T 297		能承受较大的径向载荷和轴向载荷。内、外圈可分离，通常成对使用，对称安装
推力球轴承	5	单向推力球轴承	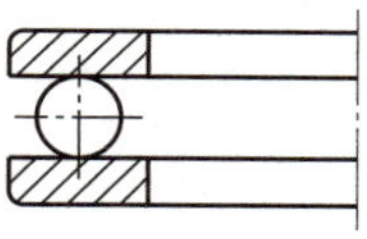  GB/T 301		只能承受单向的轴向载荷。高速时离心力大，适用于轴向力大而转速低的场合
		双向推力球轴承	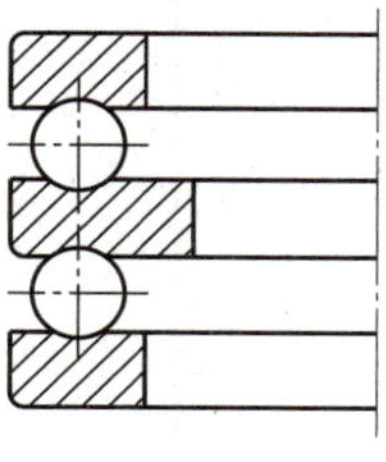  GB/T 301		能够承受双向的轴向载荷。中间内径小且与轴配合的为中圈。适用于轴向力大而转速低的场合
深沟球轴承	6	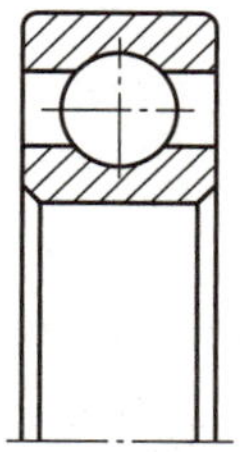	 GB/T 276		主要承受径向载荷，也可同时承受少量轴向载荷。极限转速高，结构简单，价格低，应用最广泛

笔记

续表

轴承名称	类型代号	简图	实物图	承载方向	主要特性
角接触球轴承	7		GB/T 292		能同时承受径向载荷与轴向载荷，适用于转速较高、同时承受径向和轴向载荷的场合

1. 按滚动体的形状分类

滚动轴承通过滚动体形成滚动摩擦，承受载荷。按滚动体的形状可以将滚动轴承分为两类：

① 球轴承　滚动体为球，极限转速较高，摩擦系数较小，承载能力较弱，制造精度便于控制。

笔记

② 滚子轴承　滚动体为滚子，极限转速较低，摩擦系数较大，承载能力较强，制造精度难以控制。滚子分为圆柱滚子（滚子长度与直径之比≤3）、圆锥滚子、球面滚子和滚针（滚针长度与直径之比>3 且直径≤5 mm）。

2. 按接触角 α 分类

滚动体与滚道接触点或接触线中点的公法线与滚动轴承径向平面之间的夹角称为滚动轴承的接触角，用 α 表示，如图 8-18 所示。

根据接触角 α 的大小可以将滚动轴承分为：

① 径向接触轴承（$\alpha=0°$）　只能承受径向载荷，不能承受轴向载荷。

② 角接触向心轴承（$0°<\alpha<45°$）　以承受径向载荷为主，承受轴向载荷为辅。

③ 角接触推力轴承（$45°\leqslant\alpha<90°$）　以承受轴向载荷为主，承受径向载荷为辅。

④ 轴向接触轴承（$\alpha=90°$）　只能承受轴向载荷，不能承受径向载荷。

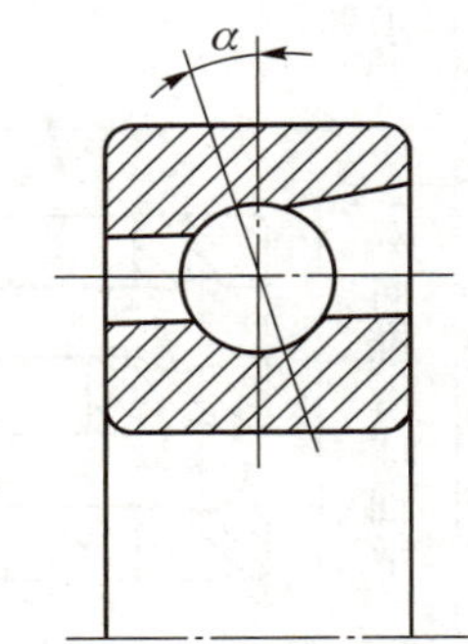

图 8-18　滚动轴承的接触角 α

3. 按是否可以调心分类

根据滚动轴承工作时是否能够适应轴线的微小变形可以将滚动轴承分为：

① 调心轴承　外圈滚道是球面形的，能够适应两滚道轴线间的角偏移。

② 非调心轴承　又称刚性轴承，阻抗滚道间轴线的角偏移。

认标记　识参数

滚动轴承的类型和尺寸很多，为了便于设计、生产和选用，我国在 GB/T 272—2017《滚动轴承 代号方法》中对一般用途滚动轴承及其分部件代号的编制方法做出规定。

滚动轴承的代号是识别滚动轴承类型、结构、尺寸、公差等级与技术性能等特征的产品标记，出厂时一般压印在滚动轴承内圈的端面上。滚动轴承代号完全相同时具有互换性。

滚动轴承代号由基本代号、前置代号和后置代号构成，见表 8-2。

表 8-2　滚动轴承代号的构成

<table>
<tr><th colspan="6">滚动轴承代号</th></tr>
<tr><td rowspan="4">前置代号</td><td colspan="4">基本代号</td><td rowspan="4">后置代号</td></tr>
<tr><td colspan="3">轴承系列</td><td rowspan="3">内径代号</td></tr>
<tr><td rowspan="2">类型代号</td><td colspan="2">尺寸系列代号</td></tr>
<tr><td>宽度（或高度）系列代号</td><td>直径系列代号</td></tr>
</table>

笔记

1. 基本代号

基本代号表示滚动轴承的基本类型、结构和尺寸，是滚动轴承代号的基础。滚动轴承基本代号由滚动轴承类型代号、尺寸系列代号和内径代号构成。

（1）类型代号

滚动轴承类型代号用数字或大写拉丁字母表示，部分滚动轴承的类型代号见表 8-3。

表 8-3　部分滚动轴承的类型代号

代号	轴承类型	代号	轴承类型
0	双列角接触球轴承	5	推力球轴承
1	调心球轴承	6	深沟球轴承
2	调心滚子轴承和推力调心滚子轴承	7	角接触球轴承
3	圆锥滚子轴承	8	推力圆柱滚子轴承
4	双列深沟球轴承	N	圆柱滚子轴承

注：在代号后或前加字母或数字表示该类轴承中的不同结构。滚针轴承代号另有规定。

（2）尺寸系列代号

滚动轴承尺寸系列代号由滚动轴承的宽度系列代号（对向心轴承）或高度系列代号（对推力轴承）和直径系列代号组合而成。

宽度（或高度）系列代号在左，指直径系列相同的轴承有各种不同的宽度（或高度），一位数字按 8、0、1、2、3、4、5、6 的顺序，对应的宽度尺寸依次增大。直径系列代号在右，指相同内径的滚动轴承有各种不同的外径，一位数字按 7、8、9、0、1、2、3、4、5 的顺序，对应的外径尺寸依次增大。

（3）内径代号

滚动轴承内径为 10～480 mm，其内径代号见表 8-4。

例如，调心滚子轴承，宽度系列代号为 3，直径系列代号为 2，内径为 40 mm，普通公差等级，其代号为 23208。

表 8-4　滚动轴承的内径代号

内径代号	04～99	00	01	02	03
内径/mm	代号数字乘以 5 等于内径，如 25×5＝125	10	12	15	17

2. 前置代号、后置代号

笔记

前置代号、后置代号是轴承在结构、尺寸、公差及技术要求等有改变时，在其基本代号左右添加的补充代号，其排列及含义见表 8-5。

表 8-5　滚动轴承前置代号、后置代号的排列及含义

轴承代号										
前置代号	基本代号	后置代号（组）								
		1	2	3	4	5	6	7	8	9
成套轴承分部件		内部结构	密封、防尘与外部形状	保持架及其材料	轴承零件材料	公差等级（普通级可省略）	游隙（N 组可省略）	配置	振动及噪声	其他

搜索　遇到陌生的滚动轴承代号，请查阅 GB/T 272—2017《滚动轴承 代号方法》进行对照和识别。

三、滚动轴承的安装与维护

安装滚动轴承时，勿直接锤击轴承端面和非受力面，应以压块、套筒或其他安装工具（工装）使轴承均匀受力，切勿通过滚动体传力安装。如果在安装表面涂上润滑油，将使安装更顺利。如配合过盈量较大，则应把轴承放入矿物油中加热至 80～90 ℃后尽快安装，严格控制油温不超过 100 ℃，以防止回火降低硬度。拆卸遇到困难时，建议使用拆卸工具。

特别应当注意的是，类型代号为 5 的推力球轴承，座圈的内径比标准内径大 0.2 mm 左右，与轴之间有间隙，安装在固定的机座或轴承孔上，也称为“松圈”；而轴圈的内径小，装在轴上，也称为“紧圈”。

四、滚动轴承常见的失效形式

1. 疲劳点蚀

实践证明，有适当的润滑和密封，安装和维护条件正常时，由于滚动体沿着套圈滚动，在相互接触的表层内产生变化的循环接触应力，经过一定次数循环后，导致表层下不深处形成微观裂纹。微观裂纹被渗入其中的润滑油挤裂而引起点蚀。

2. 塑性变形

在过大的静载荷和冲击载荷作用下，滚动体或套圈滚道上出现不均匀的塑性变形凹坑。这种情况多发生在转速极低或摆动的滚动轴承中。

3. 磨粒磨损、黏着磨损

滚动轴承在密封不可靠及在多尘的运转条件下工作时，易发生磨粒磨损。通常在滚动体与套圈之间，特别是滚动体与保持架之间有滑动摩擦，如果润滑不好，发热严重时，可能使滚动体回火，甚至产生黏着磨损。转速越高，磨损越严重。

[机械史话]
轴承的
演化

另外，不正常的安装、拆卸及操作也会引起滚动轴承元件破裂，应该注意避免。

小　结

笔记

轴按受载情况分为心轴、转轴和传动轴；按轴线形状分为直轴、曲轴和挠性钢丝轴；直轴又可分为光轴和阶梯轴。在轴的材料中，优质碳素结构钢成本低、性能好，应用最广泛；合金结构钢用于高强度、结构要求紧凑的场合。轴的结构应该满足安装、制造工艺性要求，定位、固定要求，与标准零件的配合尺寸要求及疲劳强度要求。

滑动轴承按照承载方向分为径向滑动轴承和止推滑动轴承。滑动轴承的材料应具有减摩性、耐磨性、磨合性、顺应性、嵌入性及抗咬黏性等性能。最佳材料是各种铸造轴承合金。滚动轴承已经标准化，其基本代号由类型代号、尺寸系列代号、内径代号组成。滚动轴承常见的失效形式是疲劳点蚀、塑性变形及磨粒磨损等，应当正确安装和维护。

思考与实践

1. 为什么阶梯轴最常用？阶梯轴为什么不能做成中间小、两头大？
2. 常用的轴的材料为 45 钢和 40Cr 钢，选用 40Cr 钢作为轴的材料时为什么必须进行热处理？

3. 轴的应力集中现象一般发生在轴的什么位置？

4. 滑动轴承的优点有哪些？为什么滑动轴承没有滚动轴承应用广泛？

5. 剖分式滑动轴承与整体式滑动轴承相比有何优点？轴承衬与轴瓦有何不同？

6. 滚动轴承的优点是什么？滚动轴承的内径一般如何根据代号来计算？内径在 20 mm 以内的代号分别为多少？

7. 滚动轴承的失效形式主要有哪些？

笔记

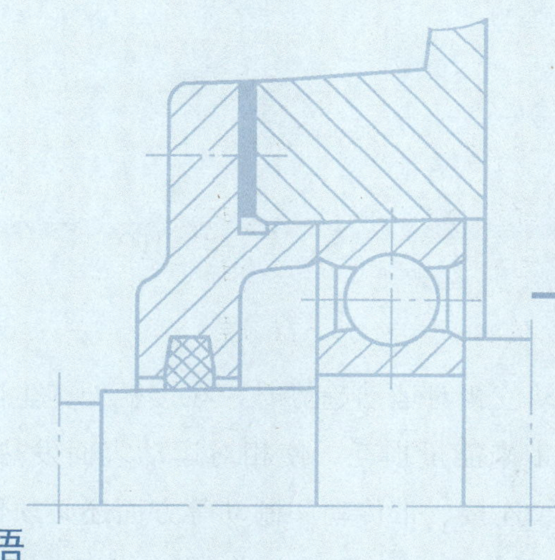

模块九　润滑与密封

导　语

统计资料表明，摩擦消耗掉全世界约 1/3 的天然能源，磨损致使约 60% 的机械零部件失效，约 50% 以上的机械生产事故都起源于润滑失效或过度磨损。

现代机械正在向超大型化、高速运行、高度自动化、高生产率、高精度保持性、长寿命等方向发展。让机械处于良好的润滑与密封状态，控制摩擦，降低磨损，防止腐蚀，减少机械运转中消耗的能量，减少因机械磨损和泄漏导致的污染与故障，延长机械的运转周期和使用寿命，树立环境保护意识，减轻机械振动和噪声及“三废”对环境的影响和危害，采取必要的安全防护措施，防止机械伤害发生，应该成为人们的共识和自觉行动。

本模块介绍了机械的摩擦、磨损与润滑，以及泄漏与密封等内容，进而讨论与机械密切相关的绿色设计理念与思路、安全设计理念与基本原则、机械振动与噪声的抑制、机械安全防护的措施等，以增强社会责任意识。

思维导图

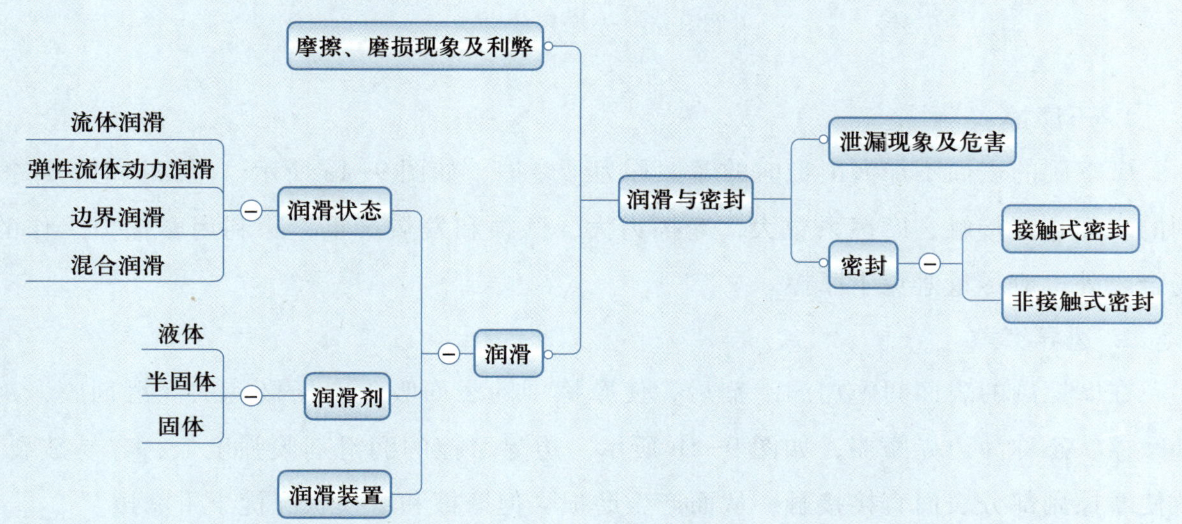

9.1 摩擦与磨损

摩擦是两相互接触的物体有相对运动或相对运动趋势时，在接触处产生阻力的现象。机械运动中普遍存在摩擦现象。摩擦会带来能量损耗，使相对运动表面发热，机械效率降低，还会引起振动和噪声等，但在螺纹连接、带传动和制动等方面还必须依赖摩擦。

磨损是摩擦体接触表面的材料在相对运动中由于机械作用或伴有化学作用而产生的不断损耗的现象。磨损会降低机械运动的精度和可靠性，是机械零件报废的主要原因，而对机械零件进行磨削、研磨和抛光等减小表面粗糙度值的精加工，以及对刀具的刃磨等也利用了磨损的原理。

一、机械中的摩擦

笔记

机械中常见的摩擦有两大类：一类是发生在物质内部，阻碍分子间相对运动的内摩擦；另一类是在物体接触表面上产生的阻碍其相对运动的外摩擦。相互摩擦的两个物体称为摩擦副。对于外摩擦，根据摩擦副的运动状态可分为静摩擦和动摩擦，根据摩擦副的运动形式可分为滑动摩擦和滚动摩擦，根据摩擦副的表面润滑状态又可分为干摩擦、边界摩擦、液体摩擦和混合摩擦，如图 9-1 所示。

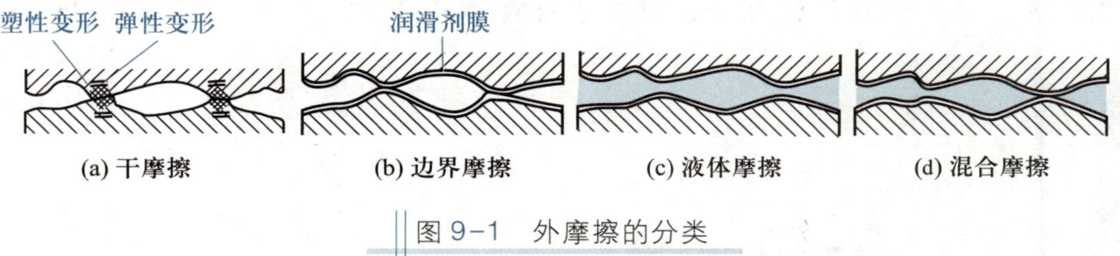

图 9-1　外摩擦的分类

1. 干摩擦

摩擦副的表面不加润滑剂时的摩擦称为干摩擦，如图 9-1a 所示。干摩擦时，摩擦副的表面直接接触，摩擦系数大，摩擦力大，磨损和发热严重，除利用摩擦力工作的场合之外，应尽量避免干摩擦。

2. 边界摩擦

在摩擦副的表面间施加润滑剂后，使摩擦副的表面吸附一层极薄的润滑剂膜，这种摩擦状态称为边界摩擦，如图 9-1b 所示。边界摩擦的润滑剂膜强度低，容易破裂，致使摩擦副部分表面直接接触，从而产生磨损，但摩擦和磨损状况优于干摩擦。

3. 液体摩擦

在摩擦副的表面间施加润滑剂后，摩擦副的表面被一层具有一定压力和厚度的润滑剂膜完全隔开时的摩擦称为液体摩擦，如图 9-1c 所示。液体摩擦中摩擦副的表面不直接接触，摩擦系数很小，理论上不产生磨损，是一种理想的摩擦状态。

4. 混合摩擦

兼有干摩擦、边界摩擦和液体摩擦中两种摩擦状态以上的一种摩擦状态称为混合摩擦，如图 9-1d 所示。混合摩擦的摩擦表面仍有少量直接接触，大部分处于液体摩擦，故摩擦和磨损状况优于边界摩擦，但比液体摩擦差。

边界摩擦、液体摩擦和混合摩擦的实现与载荷、速度、润滑剂的黏度等工作参数有关。随着工作参数的改变，这三种摩擦状态可以相互转化。

二、机械中的磨损

磨损一般来源于摩擦，但在具体工作条件下影响磨损的因素很多。一般来说，磨损随着载荷和工作时间的增加而增加，软的材料比硬的材料磨损严重。

笔记

1. 磨损的类型

按磨损的损伤机理和破坏特点，可将磨损分为四种：

① 黏着磨损　两相对运动的表面，由于黏着作用，使材料由一表面转移到另一表面所引起的磨损。黏着磨损可表现为轻微磨损、涂抹、划伤、咬黏等破坏形式，如活塞与气缸壁的磨损。

② 磨粒磨损　在摩擦过程中，由硬颗粒或硬凸起的材料破坏分离出磨屑或形成划伤的磨损。发生磨粒磨损时，磨粒对摩擦表面进行微观切削，表面有犁沟或划痕，如犁铧和挖掘机铲齿的磨损。

③ 表面疲劳磨损　摩擦表面材料的微观体积受循环应力作用，产生重复变形而导致表面形成疲劳裂纹，并分离出微片或颗粒的磨损。表面疲劳磨损的破坏特点是在摩擦表面出现“麻坑”，又称之为“点蚀”。润滑良好的齿轮传动和滚动轴承都可能产生点蚀。

④ 腐蚀磨损　在摩擦过程中，金属与周围介质发生化学或电化学反应而引起的磨损。腐蚀磨损表现为表面腐蚀破坏，如化工设备中与腐蚀性介质接触的零部件的磨损。

2. 磨损过程

除了液体摩擦状态外，其余的摩擦状态总要伴随着磨损。在规定的年限内，只要磨损量不超过许用值，都可以认为是正常磨损。磨损量可以用体积、质量、厚度来衡量。单位时间（或单位行程、每转、每次摆动）内材料的磨损量称为磨损率。

机械零件典型的磨损过程分为磨合、稳定磨损和剧烈磨损三个阶段，如图 9-2 所示。

笔记

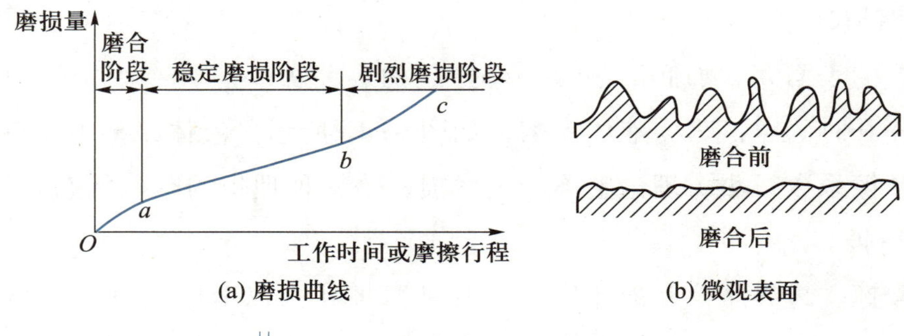

图 9-2 磨损曲线与微观表面

① 磨合阶段（图 9-2a 中 *Oa* 段） 新的摩擦副的表面粗糙度值较大，实际接触面积小，接触面积上的压力较大，该阶段的磨损较快。经短时间磨合后，摩擦副表面的表面粗糙度值变小（图 9-2b），实际接触面积增大，磨损较稳定，为进入稳定磨损创造了条件。因此，磨合是一种有益磨损。例如，装配好的新减速器要先加入足量且合适的润滑油进行磨合，磨合结束后要放掉脏油，清洗减速器并更换新润滑油，才可交付正式使用。

② 稳定磨损阶段（图 9-2a 中 *ab* 段） 经磨合后的摩擦副表面粗糙度值减小，在稳定磨损阶段，磨损率趋于稳定和缓和，经历的时间也较长，标志着零件的使用寿命。

③ 剧烈磨损阶段（图 9-2a 中 *bc* 段） 经过稳定磨损阶段的累积，零件丧失表面精度。在剧烈磨损阶段，磨损量急剧增高，表现为机械效率下降，可能产生异常噪声和振动，摩擦副温度迅速升高，表面发生严重损坏。因此，必须在摩擦副进入剧烈磨损阶段之前及时进行检修。

正确选用摩擦副的材料组合，使摩擦系数小、磨损率低，是减少磨损的先决条件。进行有效润滑，使摩擦副尽可能在液体摩擦或混合摩擦状态下工作，是减少磨损的重要措施。对摩擦副的表面进行适当处理，如提高耐磨性，可以降低磨粒磨损；提高加工和装配精度，使压力尽可能均匀分布，结构上有利于散热和磨屑排出等，可以减轻磨损；将滑动摩擦改为滚动摩擦，其减小摩擦和减轻磨损的效果显著。正确使用和维护对于减少磨损十分重要，新机械使用之前应进行由轻至重、缓慢加载的正确磨合，经常检查润滑系统的油压、油面和密封情况，对轴承等部位定期润滑，定期更换润滑油和滤油器芯以阻止外来磨粒的进入等，都是不可忽视的。

9.2 机械的润滑

润滑是向承载的两摩擦表面之间注入润滑剂，以降低摩擦阻力和减缓磨损的技术措施。良好的润滑能显著提高机械的使用性能和寿命并减少能量消耗。

通过润滑还可以达到降低温升、防止锈蚀、缓和冲击、减小振动、清除磨屑及形成密封等目的。

一、润滑状态

向摩擦副供给润滑剂后，随运动参数、动力参数、几何尺寸、工况条件、接触状况、润滑剂性能指标等的不同，将呈现流体润滑、弹性流体动力润滑、边界润滑和混合润滑四种润滑状态。为避免干摩擦，摩擦副至少应保证处于边界润滑或混合润滑状态，实现流体润滑是最佳状态。

1. 流体润滑

“面接触”的两摩擦表面被一层有足够厚度、足够压力的连续油膜完全隔开的润滑状态称为流体润滑。如果油的压力由油泵提供，则称为流体静力润滑；如果油的压力是在满足若干条件后由润滑油自身产生，则称为流体动力润滑。

 拓展

流体静力润滑与流体动力润滑

笔记

（1）流体静力润滑

如图 9-3 所示，油泵将润滑油加压，通过节流阀送入油腔，润滑油再通过运动面与另一摩擦表面构成的间隙流出，压力也降至环境压力。这样摩擦表面间强迫产生具有压力的油膜，将两表面分开并承受一定的载荷。流体静力润滑的建立与运动件和承导件的相对速度无关，仅取决于润滑油的压力和结构尺寸。其摩擦系数小，承载能力强，但需专门的供油装置，成本高，故用于重要的润滑场合。

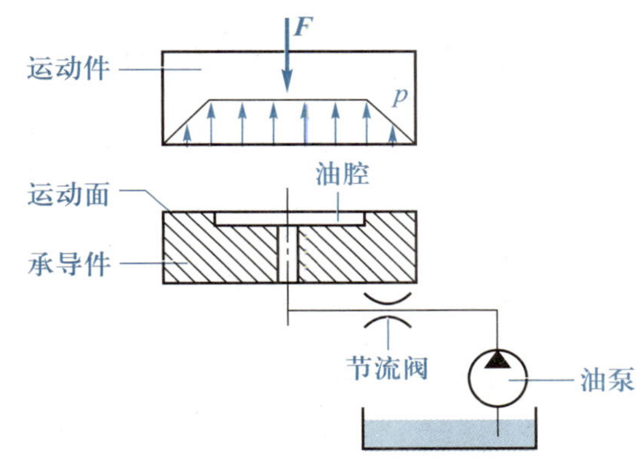

图 9-3　流体静力润滑系统示意图

（2）流体动力润滑

如图 9-4 所示，移动件 AB 与静止件 CD 相互倾斜，形成楔形，两件之间充满润滑油。当 AB 以速度 v 自右向左移动时，它将带动润滑油从楔形大口流向小口。由于油的吸附作用，紧贴 AB 的油层流速接近 v，而紧贴 CD 的油层流速接近于零。若各流动油层的速度分布规律为直线（如图中的虚线所示），由于进口间隙大于出口间隙，所以其进口流量必大于出口流量，但液体是不可压缩的，因而在楔形间隙内必将产生“拥挤”而形成油压。油压的形成迫使大口流速减小、小口流速增大（如图中的实线所示），从而使流经各横截面的流量相等，同时楔形油膜形成的内压将产生承载能力。

在图 9-5 中，转轴相当于移动件 AB，滑动轴承相当于静止件 CD，因为轴径小于

轴承孔径，所以能形成楔形间隙。当轴以足够高的转速转动时，其间隙中的润滑油也能形成一层压力相当大的油膜，将承受载荷 F 的轴抬起，使其处于流体润滑状态。在这种状态下工作的轴承称为流体动力润滑滑动轴承。

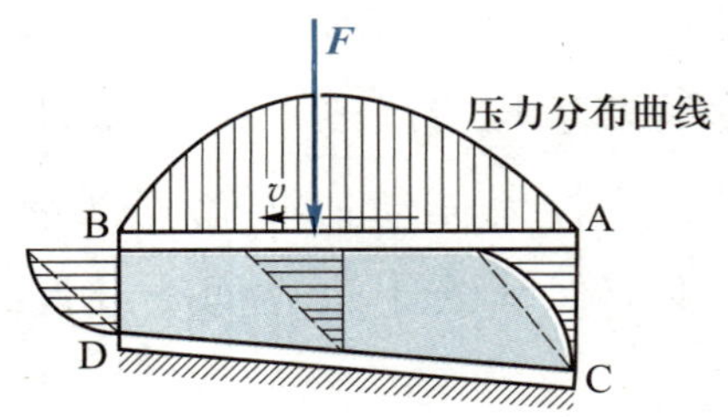

图 9-4　油楔中油层流速和压力分布

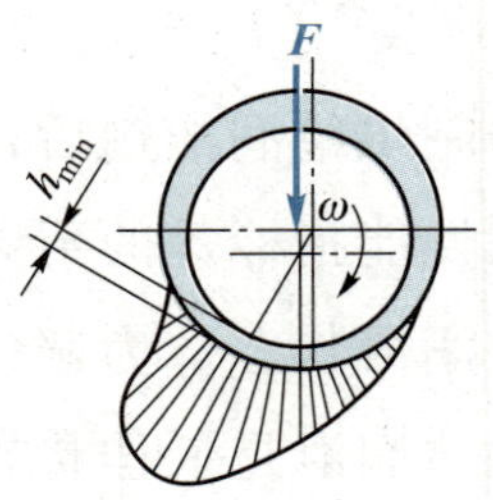

图 9-5　轴承中的油压形成

笔记

2. 弹性流体动力润滑

对于“点接触”或“线接触”的摩擦副，如齿轮副、凸轮副、滚动轴承等，接触部位面积小，单位压力很高，必须考虑流体动力效应、润滑油的压力、黏度特性和接触体弹性变形的联合作用，此时的润滑油膜厚度通常为 10^{-7} ~ 10^{-6} m，能够将点、线接触的高应力摩擦副的表面完全分隔开来，形成弹性流体动力润滑。

3. 边界润滑

两个接触体的表面并未处处被润滑油膜隔开，存在着明显的微凸体接触的润滑状态称为边界润滑，此时的润滑油膜厚度为 5×(10^{-9} ~ 10^{-8}) m，摩擦系数与润滑油的黏度无关。

4. 混合润滑

混合润滑是介于边界润滑和弹性流体动力润滑之间的状态，润滑油膜厚度小于 10^{-6} m 而大于 10^{-8} m。

二、润滑剂

1. 润滑剂的分类及选用

用于润滑、冷却和密封机械摩擦部分的物质称为润滑剂。

润滑剂分矿物性润滑剂（如机械油）、植物性润滑剂（如蓖麻油）和动物性润滑剂（如牛脂）。此外，还有合成润滑剂，如硅油、脂肪酸酰胺、油酸、聚酯、合成酯及羧酸等。

根据外形，润滑剂分为油状液体润滑油、油脂状半固体润滑脂和固体润滑剂。

工业润滑剂的主要作用是降低摩擦表面的摩擦损伤。在一般机械中，通常采用润滑油或润滑脂来润滑。

2. 工业润滑油

工业润滑油按用途分为机械油（高速润滑油）、织布机油、道轨油、轧钢油、汽轮机油、压缩机油、冷冻机油、气缸油、船用油、机压齿轮油、车轴油、仪表油及真空泵油。工业闭式齿轮油是工业润滑油的一种，主要用于各种机械齿轮传动及蜗杆传动的润滑。部分工业常用润滑油的主要性能和用途见表 9-1。

表 9-1 部分工业常用润滑油的主要性能和用途

品种代号	黏度等级	运动黏度 (40 ℃)/ (mm^3/h)	黏度指数 不小于	闪点 (开口)/ ℃ 不低于	倾点/ ℃ 不高于	主要性能和用途
L-CKB 抗氧防锈工业齿轮油 (GB 5903—2011)	100	90~110	90	180	-8	具有良好的抗氧化性、耐蚀性、抗浮化性等性能，适用于齿面应力在 500 MPa 以下的一般工业闭式齿轮传动的润滑
	150	135~165		200		
	220	198~242				
	320	288~352				
L-CKC 中载荷工业齿轮油 (GB 5903—2011)	32	28.8~35.2	90	180	-12	具有良好的极压抗磨性和热氧化安定性，适用于冶金、矿山、机械、水泥等工业的中载荷（500~1 100 MPa）闭式齿轮传动的润滑
	46	41.4~50.6				
	68	61.2~74.8				
	100	90~110		200		
	150	135~165			-9	
	220	198~242				
	320	288~352				
	460	414~506				
	680	612~748	85		-5	
	1 000	900~1 100				
	1 500	1 350~1 650				
L-CKD 重载荷工业齿轮油 (GB 5903—2011)	68	61.2~74.8	90	180	-12	具有更好的极压抗磨性和抗氧化性，适用于矿山、冶金、机械、化工等行业的重载荷齿轮传动装置的润滑
	100	90~110		200		
	150	135~165			-9	
	220	198~242				
	320	288~352				
	460	414~506				
	680	612~748			-5	
	1 000	900~1 100				
L-CKE 复合型蜗轮蜗杆油	略，可见石油化工行业标准 SH/T 0094—1991（1998 年确认）					主要用于铜-钢配对的轻载荷蜗杆传动
L-CKE/P 极压型蜗轮蜗杆油						主要用于铜-钢配对的重载荷蜗杆传动

笔记

认标记　识参数

工业闭式齿轮油的主要参数之一是黏度等级，产品的标记顺序为品种代号、黏度等级、产品名称、标准号。

例如：L-CKC 100 工业闭式齿轮油 GB 5903

（1）润滑油的主要性能指标

① 黏度　是润滑油抵抗剪切变形的能力。黏度是润滑油最重要的性能指标。国家标准规定，把 40 ℃时润滑油运动黏度数字的整数值作为其牌号。牌号数字越大，油的黏度越高，即油越稠。

② 黏度指数　温度升高，黏度会明显降低。黏度指数是衡量润滑油黏度随温度变化程度的指标。黏度指数越大，黏度受温度变化的影响越小，性能越好。

③ 油性　即润滑性，指润滑油湿润或吸附于干摩擦表面的性能。吸附能力越强，油性越好。

笔记

④ 极压性能　指润滑油中的活性分子与摩擦表面形成耐磨、耐高压化学反应膜的能力。重载机械设备，如大功率齿轮传动、蜗杆传动等，要采用极压性能好的润滑油。

⑤ 闪点　润滑油在规定条件下加热，油蒸气和空气的混合气与火焰接触发生瞬时闪火时的最低温度。闪点为使用安全指标，应高于工作温度 20~30 ℃。润滑油的闪点范围为 120~340 ℃。

⑥ 凝点　润滑油在规定条件下冷却，失去流动性时的最高温度。它反映了油品可使用的最低温度。润滑油的凝点应比工作环境的最低温度低 5~7 ℃。

（2）润滑油的添加剂

为了更好地满足不同使用场合的各种需求，改善润滑油的使用性能，常在润滑油中加入一定量的其他物质，这些物质称为润滑油的添加剂。添加剂的种类很多，按作用分为清净分散剂、极压抗磨剂、抗氧抗腐剂、油性剂、防锈剂和降凝剂等。

（3）润滑油的选用

选用润滑油主要是确定油品的种类和牌号（黏度）。一般根据机械设备的工作条件、载荷和速度，先确定合适的黏度范围，再选择适当的润滑油品种。工作于高温重载、低速，工作中有冲击、振动、运转不平稳并经常启动、停车、反转、变载变速，轴与轴承的间隙较大，加工表面粗糙等情况下应选用黏度高的润滑油；在高速、轻载、低温、采用压力循环润滑、滴油润滑等情况下，可选用黏度低的润滑油。

3. 润滑脂

润滑脂是润滑油（占 70%~90%）与稠化剂、添加剂等的膏状混合物。

润滑脂按所用润滑油可分为矿物油润滑脂与合成油润滑脂。矿物油润滑脂通常按稠化剂来分类和命名。

（1）润滑脂的主要性能指标

① 锥入度　将质量为 150 g 的标准圆锥体放入 25 ℃ 的润滑脂试样中，经 5 s 后沉入的深度，以 1/10 mm 为单位。润滑脂按锥入度由大至小分为 0～9 号共 10 个牌号。号数越大，锥入度越小，润滑脂越稠。常用的为 0～4 号。

② 滴点　在规定的加热条件下，润滑脂从标准量杯的孔口滴下第一滴油时的温度。滴点决定润滑脂的最高使用温度，一般应高于工作温度 20～30 ℃。

常用润滑脂的性能及用途见表 9-2。

表 9-2　常用润滑脂的性能及用途

润滑脂			锥入度/(1/10 mm)	滴点/℃	性能	主要用途
	名称	牌号				
	钠基润滑脂 GB/T 492—1989	ZN-2 ZN-3	265～295 220～250	160 160	耐热性很好，黏附性强，但不耐水	适用于不与水接触的工农业机械轴承的润滑，使用温度不超过 110 ℃
锂基	通用锂基润滑脂 GB/T 7324—2010	1 2 3	310～340 265～295 220～250	170 175 180	具有良好的润滑性能，抗水性、机械安定性、耐热性和耐蚀性好	为多用途、长寿命润滑脂，适用于温度为-20～120 ℃的各种机械的轴承及其他摩擦部位的润滑
锂基	极压锂基润滑脂 GB/T 7323—2019	00 0 1 2 3	400～430 355～385 310～340 265～295 220～250	165 170 180 180 180	具有良好的机械安定性、抗水性、极压抗磨性、防磨性和泵送性	为多效、长寿命润滑脂，适用于温度为-20～120 ℃的重载齿轮轴承的润滑
铝基	复合铝基润滑脂 SH/T 0378—1992(2003)	0 1 2	355～385 310～340 265～295	235	耐热性、抗水性、液流性、泵送性、机械安定性等均好	称为“万能润滑脂”，适用于高温设备的润滑，0 号、1 号脂泵送性好，适用于集中润滑，2 号脂适用于轻中载荷轴承
钙钠基	钙钠基润滑脂 SH/T 0368—1992(2003)	ZGN-1 ZGN-2	250～290 200～240	120 135	耐热性、抗水性均较好	适用于在 80～100 ℃有水分或潮湿环境中工作的机械轴承的润滑

笔记

认标记 识参数

通用锂基润滑脂的标记顺序：产品型号、产品名称、标准号。

例如：2 号通用锂基润滑脂 GB/T 7324

极压锂基润滑脂的标记顺序：产品名称、产品型号、标准号。

例如：极压锂基润滑脂 2 号 GB/T 7323

（2）润滑脂的特点

黏度随温度变化小，使用温度范围较广；黏附能力强，油膜强度高，且有耐高压和极压性，故承载能力较强，在冲击、振动、间歇运转、变速等条件下应用；黏性大，不易流失，故密封装置和使用维护都较简单；使用寿命长，消耗量少；摩擦阻力较大，散热能力差，不宜用于高速高温场合。

润滑脂在一般转速、温度和载荷条件下应用较多，特别是滚动轴承的润滑。

（3）润滑脂的选用

笔记

① 在高速重载或有严重冲击振动时，选用锥入度较小的润滑脂；对于中载荷和低载荷，一般选用 2 号润滑脂。

② 在较高温度、速度下工作时，应选用抗氧化性能好、蒸发损失小、滴点高的润滑脂。

③ 对于滚动轴承，当 $dn>75\ 000$ mm · r/min 时，一般使用 3 号润滑脂为宜；当 $dn<75\ 000$ mm · r/min 时，用 1 号或 2 号润滑脂。

④ 对于潮湿和有水环境，选用抗水性好的润滑脂。

三、润滑方法与润滑装置

选择润滑剂后，还必须用合适的方法将润滑剂输送到各摩擦部位，并对摩擦部位的润滑情况进行监控、调节和维护，以确保机械设备处于良好的润滑状态。

1. 油润滑的方法和润滑装置

① 手工加油润滑　操作人员用油壶或油枪将润滑油注入设备的油孔、油嘴或油杯中，使润滑油流至需要润滑的部位。加油量凭操作人员感觉和经验控制。这种方法供油不均匀、不连续，主要用于低速、轻载、间歇工作的开式齿轮、链条及其他摩擦副的润滑。

② 滴油润滑　滴油润滑用油杯供油，利用润滑油的自重流至摩擦表面。油杯多用铝或铜制成，杯壁和检查孔用透明塑料制造，以便观察杯中油位。常用油杯有针阀式油杯、均匀滴油杯和油绳式油杯，如图 9-6 所示。

③ 油环润滑　如图 9-7 所示，油环挂在水平轴上，下部浸入油中，依靠摩擦力被轴带动旋转，将油带至轴颈上，适用于润滑低速旋转轴承。

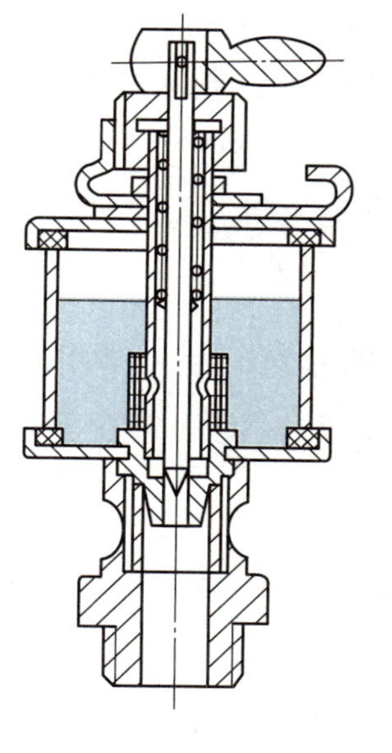
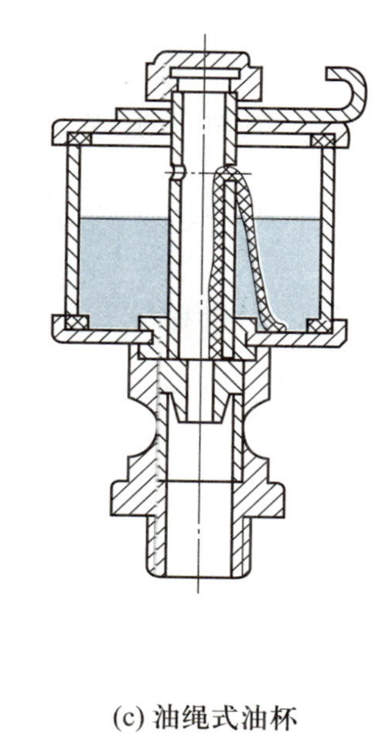

(a) 针阀式油杯　(b) 均匀滴油杯　(c) 油绳式油杯

图 9-6　常用油杯

笔记

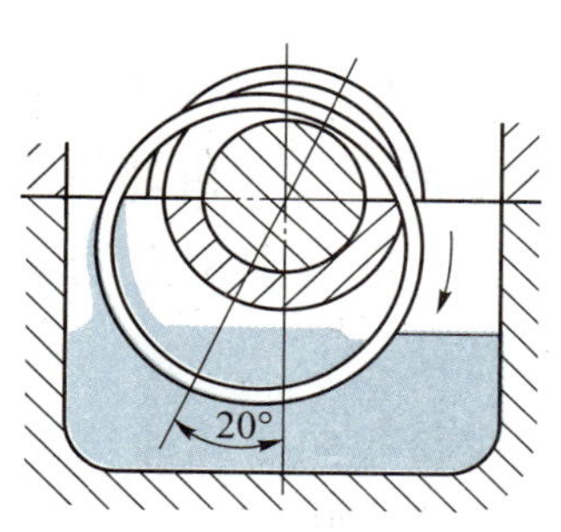

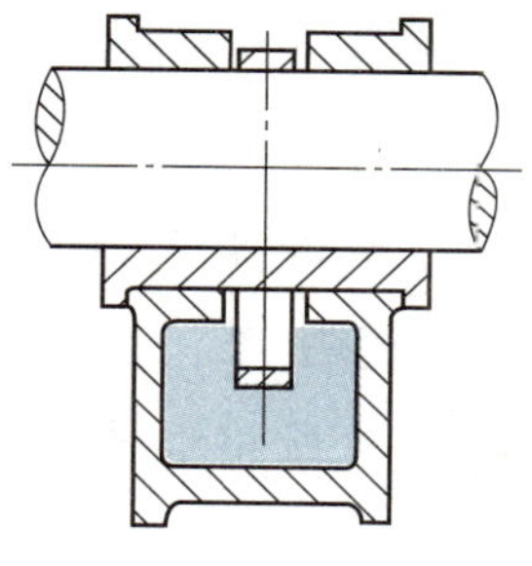

图 9-7　油环润滑

④ 油浴润滑和飞溅润滑　利用旋转构件（如齿轮、蜗杆或蜗轮等）将油池中的油带至摩擦部位进行的润滑称为油浴润滑。旋转构件浸入油中一定深度，将油飞溅起散落到其他零件上进行的润滑称为飞溅润滑。油浴润滑和飞溅润滑简单可靠，主要用于闭式齿轮传动、蜗杆传动和内燃机等。

⑤ 喷油润滑　将压力油通过喷嘴喷至摩擦表面，既润滑又冷却。对于 $v>10$ m/s 的齿轮传动，应采用喷油润滑，将油喷到啮合处的齿隙中。

⑥ 压力强制润滑　利用油泵、阀和管路等装置将油箱中的油以一定压力输送到多个摩擦部位进行润滑，即为压力强制循环润滑。润滑点多而集中、载荷较大、转速较高的重要机械，如内燃机、机床主轴箱等，常采用这种润滑方法。

另外，还有油雾润滑，主要用于高速轴承、高速齿轮传动及导轨等的润滑。

2. 脂润滑的方法和润滑装置

润滑脂的加脂方式有人工加脂、脂杯加脂和集中润滑系统供脂等。对于单机设备

笔记

上的轴承、链条等部位，润滑点不多时大多采用人工加脂和脂杯加脂。对于润滑点很多的大型设备、成套设备，如矿山机械、船舶机械和生产线等，则采用集中润滑系统。集中供脂装置一般由储脂罐、给脂泵、给脂管和分配器等部分组成。

四、润滑系统的管理

润滑系统是为机械或机组的多个摩擦点供给润滑剂的系统，包括润滑剂贮集、净化、冷却，以一定压力输送和分配到各润滑点进行润滑，并对润滑情况进行监测、调节、报警等。

润滑系统的科学管理和正确维护对促进企业生产发展、提高经济效益有重要的意义。

1. 设备润滑系统管理的任务

完善各项润滑管理制度，编制各种润滑技术资料和用油计划，严格按照润滑技术要求做好设备润滑、监测及维护等工作，以保证设备润滑系统正常工作。

2. 润滑系统管理的“五定”

“五定”是做好润滑系统管理的有效措施，主要内容包括：

① 定点　根据设备润滑卡片上指定的润滑部位、润滑点和检查点（如油标、窥视孔等），实施定点加油、添油和换油，并检查油面高度和供油情况。

② 定质　各润滑部位所加油或脂的牌号和质量必须符合润滑卡片上的要求，不得随便采用代用材料和掺配使用。

③ 定量　按照规定的数量将油或脂添加到润滑部位和油箱、油杯。

④ 定期　按照规定的时间间隔添加油和换油。一般来说，设备的油杯、手泵、手按油阀和机床导轨、光杠等处每班加油 1 或 2 次；脂杯、脂孔每星期加脂 1 次或每班拧进1~2 转；油箱每月检查加油 2 次，或定期抽样化验，按质换油。

⑤ 定人　按润滑卡片上的分工规定，各司其职。

9.3 机械的密封

一、泄漏及其危害

泄漏是机械设备常见的故障之一。造成泄漏的原因，一是机械连接面存在尺寸偏差、几何偏差及各种缺陷，不可避免地形成间隙；二是密封两侧存在压力差，工作介质或润滑剂就会通过间隙而泄漏。消除或减少任一因素都可以阻止或减少泄漏。就一般机械而言，减小或消除间隙是阻止泄漏的主要途径。

机械中的介质或润滑剂的泄漏会造成浪费或环境污染；易燃、易爆、剧毒、腐蚀性、放射性介质的泄漏会危及人身及设备的安全。环境中的气体、灰尘、水等进入机械设备会导致齿轮、轴承等过早磨损而报废，漏入化工设备内会影响化工产品的纯度。泵、压缩机等流体机械内部泄漏会影响容积效率等。据统计，连续生产的化工企业，60%的非计划停车事故与密封故障有关。因此，泄漏的危害极大。

二、密封及其类型

密封的目的在于阻止工作介质和润滑剂泄漏，防止灰尘、水分等侵入机械。

密封分为静密封和动密封两大类。两零件接合面间没有相对运动的密封称为静密封，如减速器箱盖及箱座凸缘处的密封、轴承闷盖与轴承座端面的密封等。实现静密封的方法有：接合面加工平整并有一定宽度，加金属或非金属垫圈、密封胶等。动密封可分为往复动密封、旋转动密封和螺旋动密封。旋转动密封有接触式和非接触式。这里仅介绍旋转动密封。

笔记

1. 接触式密封

（1）毡圈密封

如图 9-8 所示，毡圈为标准化密封元件，毡圈内径略小于轴的直径。将毡圈装入轴承盖的梯形槽中，一起套在轴上，利用其弹性变形后对轴表面的压力，封住轴与轴承盖的间隙。装配前，毡圈应先放在黏度稍高的油中充分浸渍。毡圈密封结构简单，易于更换，成本较低，适用于线速度 $v<10$ m/s、工作温度低于 125 ℃的轴。毡圈密封常用于脂润滑轴承的密封，轴颈表面粗糙度 Ra 值不大于 0.8 μm。

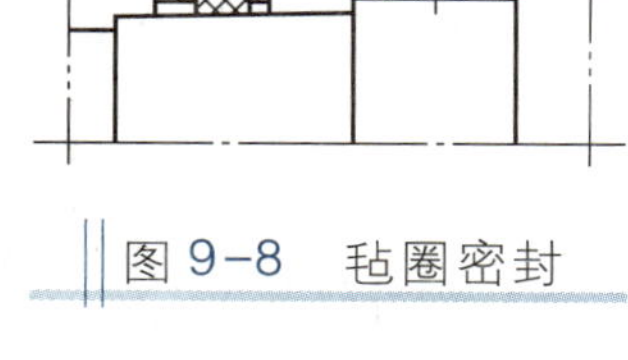

图 9-8　毡圈密封

（2）唇形密封圈密封

唇形密封圈（图 9-9a）一般由橡胶、金属骨架和弹簧圈等组成。依靠唇部自身的弹性和弹簧的压力压紧在轴上实现密封。唇口对着轴承安装的方向（图 9-9b）主要用于防止漏油，反向安装两个密封圈（图 9-9c）既可防止漏油又可防尘。

唇形密封圈密封效果好，易装拆，主要用于线速度 $v<20$ m/s、工作温度<100 ℃的油润滑的转轴密封。

拆装唇形密封圈时应注意：① 唇口的朝向应正确；② 将密封圈装入座内时，最好用压力机压入，或用锤子轻轻均匀敲打，使密封圈平行进入密封圈座中；③ 把轴擦干净，涂润滑脂，再进行装配；④ 确保清洁和唇口无损。

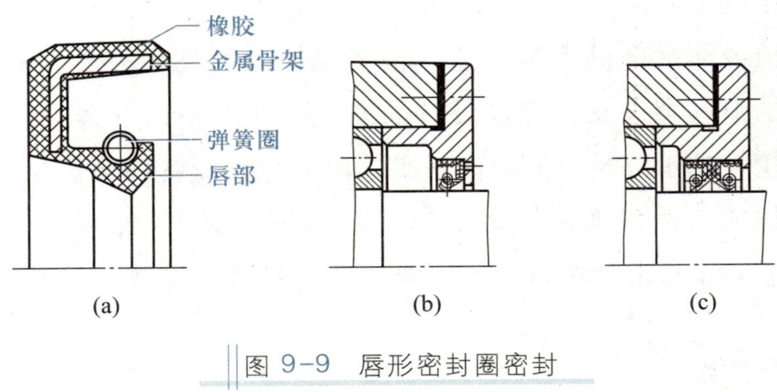

图 9-9　唇形密封圈密封

（3）机械密封

如图 9-10 所示，动环固定在轴上，随轴转动；静环固定于轴承盖内。在液体压力和弹簧压力作用下，动环与静环的端面紧密贴合，构成良好密封，故又称端面密封。

机械密封已标准化，具有密封性好、摩擦损耗小、工作寿命长和使用范围广等优点，用于高速、高压、高温、低温或强腐蚀条件下的转轴密封。

笔记

2. 非接触式密封

（1）缝隙沟槽密封

图 9-11 所示为缝隙沟槽密封。间隙 δ=0.1~0.3 mm。为了提高密封效果，常在轴承盖孔内制几个环形槽，并充满润滑脂。这种密封适用于干燥、清洁环境中脂润滑轴承的外密封。

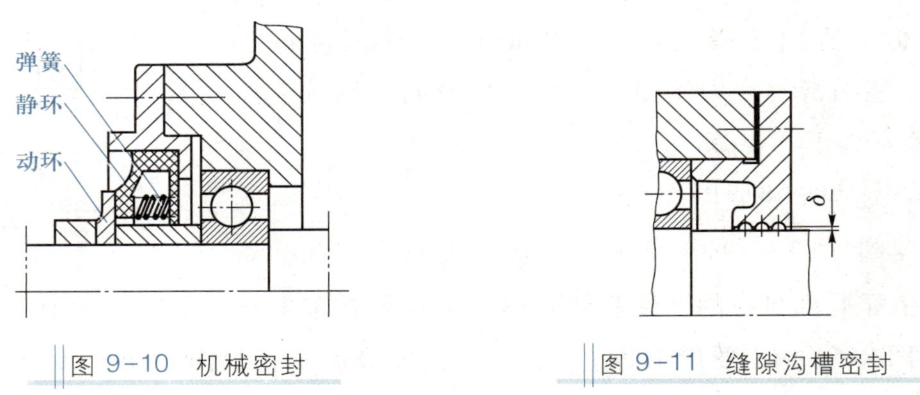

图 9-10　机械密封

图 9-11　缝隙沟槽密封

（2）曲路密封

如图 9-12 所示，在轴承盖与轴套间形成曲折的缝隙，并在缝隙中充填润滑脂，形成曲路密封。这种密封无论是对油润滑还是对脂润滑都十分可靠，且转速越高，密封效果越好。

密封方式可组合使用（图 9-13），以提高密封效果。

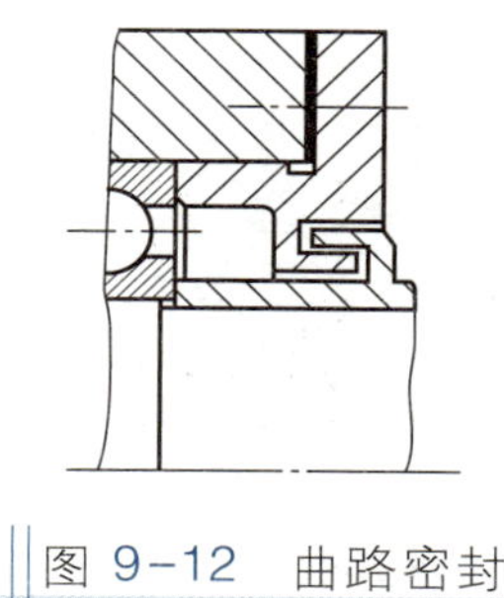

图 9-12 曲路密封

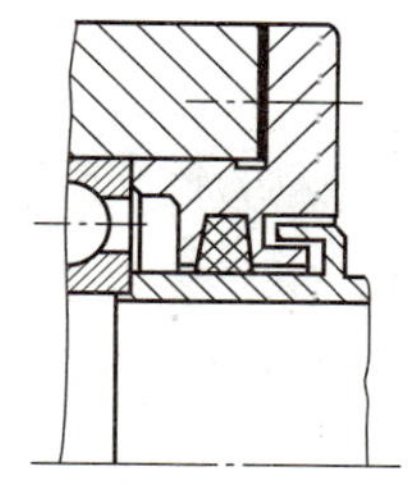

图 9-13 密封方式的组合使用

9.4 绿色设计与安全设计

一、绿色设计理念

笔记

绿色设计是在产品整个生命周期内，着重考虑产品环境属性（如可拆卸性、可回收性、可维护性、可重复利用性等）并将其作为设计目标，在满足环境目标要求的同时，保证产品应有的功能、使用寿命及质量等要求，又称环境意识设计。

绿色设计的原则被公认为“3R”的原则，即：

reduce——少量化设计原则　通过减小材料的质量、面积和数量来实现生产与流通、消费过程中的节能化，达到节约资源、减少垃圾生成数量的目的。

reuse——再利用设计原则　回收、再利用，使本来已脱离产品消费轨道的零部件返回到合适的结构中，让其继续发挥作用。

recycle——资源再生设计原则　可再生、再循环，即构成产品或零部件的材料回收之后经过再加工，形成新的材料资源重复使用。

1. 绿色设计的材料选择

一般情况下，选择的材料要满足使用要求、工艺性要求及经济性要求。贯彻绿色设计理念，就要优选对资源和能源消耗少的材料，表 9-3 为常见材料制造过程消耗的能量；材料要容易回收和处理，可以再利用，容易降解，表 9-4 为常见材料可回收的难易程度；材料种类不宜多，以便回收处理；尽量选用不需要涂层、镀层的材料；尽量不用有毒有害材料，必须选用时制成容易分离处理的零件结构。

表 9-3　常见材料制造过程消耗的能量　　MJ/kg

常见材料	钢	铸铁	铜	铝	聚碳酸酯（PC）	ABS	聚氯乙烯（PVC）
消耗能量	30.0	23.4	90.1	198.2	118.7	90.3	70.5

表 9-4 常见材料可回收的难易程度

回收性能	金属材料	非金属材料	其他材料
较好	金、银、锡、铜、铝合金、钢	热塑性塑料、纸制品、玻璃	
中等	黄铜、镍	热固性塑料、陶瓷、橡胶	
较差	铅、锌		两种不同材料黏接、铆接或有镀层、涂层的材料

2. 考虑拆卸回收的设计

一是采用可拆卸的结构设计，尽量采用螺纹连接、键连接、销连接等可拆卸连接形式，除非性能与成本需要，避免采用铆接、焊接、黏接等不可拆卸连接形式。二是连接件的类型、尺寸、材料尽可能相同或种类少，以减少同一台机械拆卸的工作量和拆卸工具的种类，避免采用大直径过盈配合连接。三是拆卸处结构的可达性好，操作者能够看到被拆卸的零件，有足够的操作空间，避免连接件由于积水生锈导致拆卸困难，如图 9-14 所示。尽可能采用模块化的结构设计，便于安装、拆卸和回收。

笔记

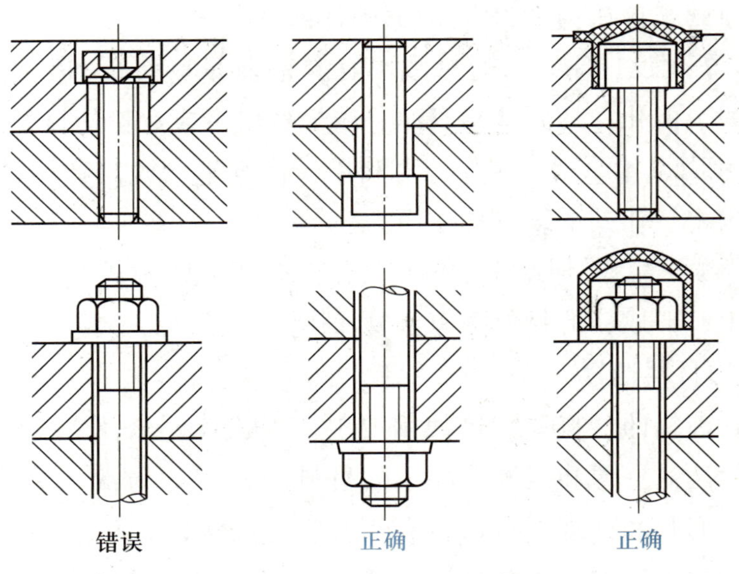

图 9-14 室外连接件避免雨水积存

3. 考虑产品包装的设计

对于小型精密机械产品、百分表、游标卡尺等，需要精心设计包装盒，使产品长期保持其性能且不易遗失附件；有些仪表和连接件需要安装在其他设备上配套使用时，只需要采取一次性包装；对于一般精度的机械设备，如电动机、水泵等，为避免运输过程中的撞击，常采用木箱包装；对于大中型精密机械，如高精度数控机床、万能工具显微镜等，其包装要考虑防振、防潮及防磁等特殊要求。

二、安全设计理念

机械安全是指在使用说明书规定的预定使用条件下执行其功能和在产品运输、安装、调整、维修、拆卸和处理等整个寿命周期内，不产生损伤和危害健康的能力。

机械安全设计是采用先进的机械安全技术，从系统内部对机械可能发生的危险行为进行识别、分析和评价，根据其评价结果进行结构、防护装置和使用信息的设计，使系统可能发生的事故得到控制，使机械在整个寿命周期内都是安全的。

1. 机械事故的故障树

对机械事故进行分析预测，常用故障树分析法。图 9-15 所示为机械事故的因果图，其中设计缺陷是导致机械事故的最原始诱因，必须高度重视。

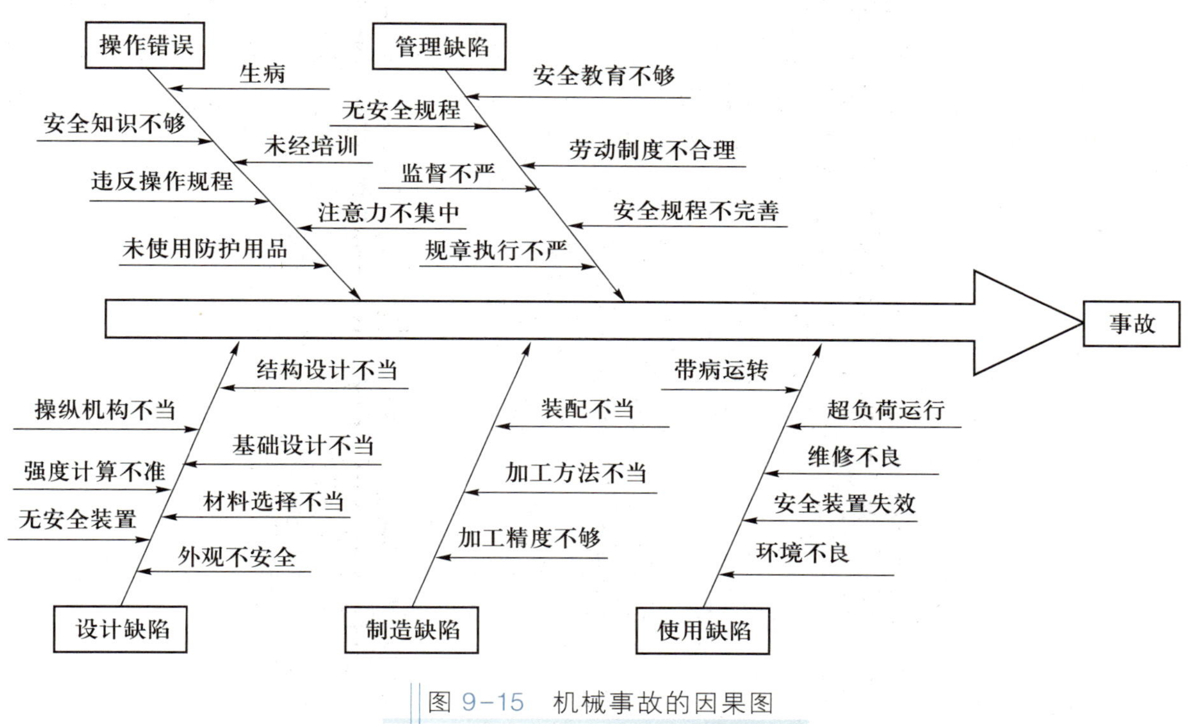

图 9-15 机械事故的因果图

2. 安全设计的基本原则

（1）结构的安全设计

结构的安全设计应考虑的主要因素如下：

① 使机械外观及整体系统达到本质安全的结构设计。

② 使机械有关运动参数达到安全的设计。

③ 合理计算零部件的强度和规定材料的许用应力。

笔记

④ 合理选用材料。

⑤ 选用本质安全技术和动力源。

⑥ 应用强制机械作用原则。

⑦ 应用人机工程学原则。

⑧ 应用人类工效学原则。

⑨ 提高机械及零部件的可靠性。

⑩ 使机械的调整、维修点位于危险区之外。

（2）安全防护措施的选用与设计

对通过合理的结构设计仍然不能避免或充分减小的危险或风险，应合理设计或选用安全装置和防护装置。

（3）提供充分的安全使用信息

对通过合理的结构设计和采用安全防护措施后都无法消除或充分减小的遗留风险，应通过提供安全使用信息的方式通知和警告使用者，使他们在使用机械时采取相应的安全补救措施。

笔记

搜索 查阅国家标准 GB/T 15706—2012《机械安全 设计通则 风险评估与风险减小》，该标准规定了机械设计过程中用于实现机械安全的基本术语、原则和方法，以及风险评估与风险减小的原则，可以帮助设计者实现机械安全的目标。

三、环境保护与安全防护措施

机械的环境保护与安全防护措施是多方面的，这里仅介绍最常见的。

1. 机械振动与噪声的抑制

① 减振　采用减振措施可以有效地抑制与消除振动。在机械装置中，在振动源与机座间设置弹簧、弹簧片可以有效抑制噪声。例如，电冰箱压缩机、洗衣机甩干桶采用弹簧悬挂于机座上来减少振动，汽车采用板弹簧（图 9-16）减少振动等。

② 减振沟　磨床、空气锤采用减振沟来相互隔离，减少振动，消除相互影响。

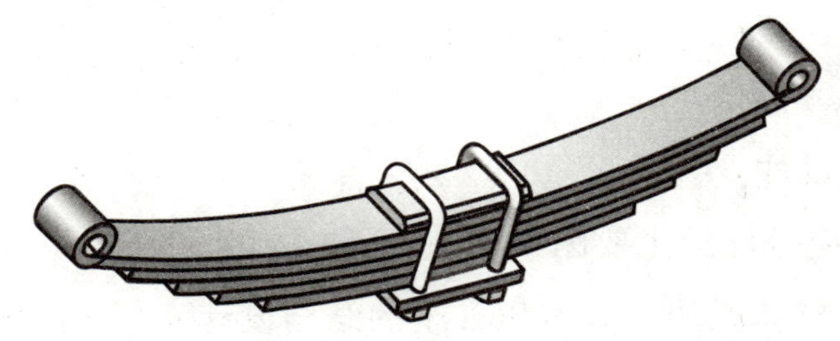

图 9-16　板弹簧

③ 消声器　发动机在工作时会产生很大的噪声，加装消声器可以有效减少噪声干扰。常见发动机消声器的结构如图 9-17 所示。

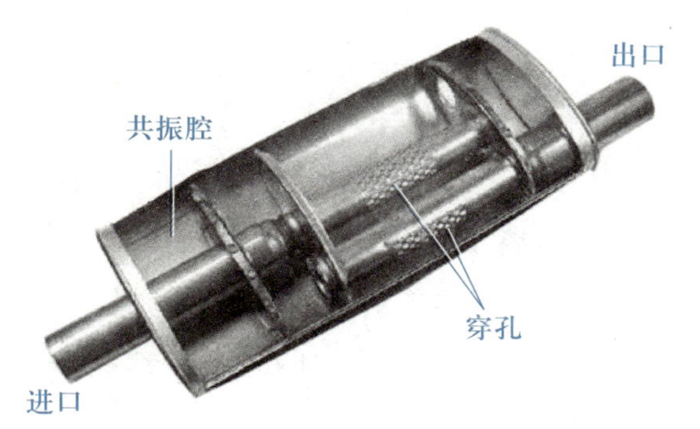

图 9-17　常见发动机消声器的结构

④ 消除噪声源　采用电动机代替内燃机，采用液压传动代替机械或气压传动，都可以从源头消除噪声。例如，电动自行车比摩托车噪声低很多。

⑤ 减少噪声干扰　大型空压机等噪声源单独设立在空气站机房中，与工作区间用管道相连，分体式空调器将噪声源设置于室外，都是减少噪声干扰的有效办法。

2. 机械“三废”的减少及回收

在机械生产中，难免会产生废气、废液与固体废弃物，合称“三废”。要采取有效的环保措施减少“三废”。

笔记

① 在生产过程中注意防止泄漏，切削液循环利用，铁屑有效回收，在机床上设置油盘（图 9-18）。

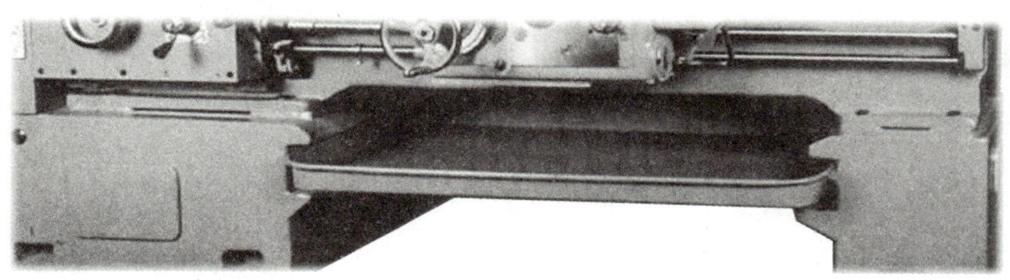

图 9-18　车床油盘

② 采用高效发动机，提高燃料利用率；不轻易使用丙酮、氯仿、氟利昂、汽油等挥发性清洗剂；不在生产区焚烧废弃物等。

③ 不能再使用的切削液、更换下来的机油、机械设备用过的电池应集中保存，送专业机构集中处理，不可随意倒入下水道和随意丢弃。

“三废”又称为“放在错误地点的原料”，可以将其回收利用，变废为宝。

3. 机械安全防护措施

在加工和使用机械产品的过程中，要采取相应的防护措施防止人身伤害事故和机械产品非正常损坏事故。

以保证人身安全为前提条件，合理使用机械设备，可以从以下方面入手：

（1）建立安全制度

根据行业特点和企业实际建立相符合的安全制度。如机械加工厂规定：必须穿工作服上班，不穿高跟鞋，不戴手套操作旋转机床，车间配置安全检查员，遵守交接班制度等。

（2）采取安全措施

为防止人身伤害，机械产品在制造和使用过程中应采取相应安全措施。

① 隔离　将运动的机械部件及高温、高压的机械部件用防护罩隔离，如机床设置防护罩；也可将工作场地用围栏围起来，防止无关人员靠近。

② 警告　在危险部位设置警告牌、语音提示等，如车间内的“起重臂下严禁站人”等提示。

③ 保护　设置联锁保护机构，在可能发生安全事故时停止机器工作，保护人身安全，如冲床的联锁保护装置，在操作人员失误时冲床可以自动停止工作，起到保护操作人员安全的作用。

④ 降低伤害程度　采取措施降低伤害程度，如在噪声巨大的加工车间佩戴耳罩，在灰尘严重的铸造车间戴口罩，在焊接时使用护目镜等。

笔记

⑤ 机械零件的表面处理　抛光、电镀、化学镀、发蓝等方法都能有效地起到防锈作用。常用的防锈方法，如涂抹防锈油、油漆等也能起到防护作用。

⑥ 防护　机械在生产、运输、工作中也会受到环境中的腐蚀性气体、液体损伤，受到意外磕碰等伤害，应该采取防护措施。密封表面处理、加装防护罩、合理包装是常用的防护措施。为防止铁屑等进入传动系统，机床上广泛采用防护罩。图 9-19a 所示为常见的机床用防护罩，图 9-19b 所示为装好防护罩的机床。

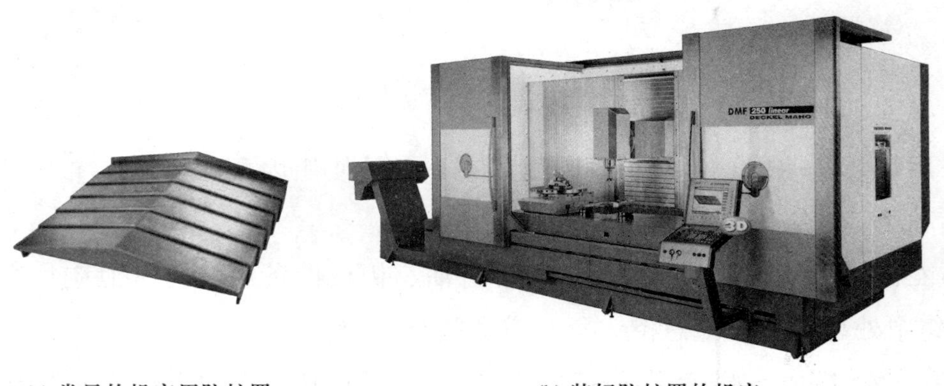

(a) 常见的机床用防护罩　(b) 装好防护罩的机床

图 9-19　机床防护装置

（3）合理包装

① 要求不高、不易损坏的机械产品可以采取简易包装；体积小、质量小的机械产品或机械零件可采用纸盒、瓦楞纸箱包装或用塑料袋、塑料盒包装，如小螺钉、螺母及单个轴承等。

② 要求较高的机械产品采用木箱包装，包装箱要求防水防潮，内部敷设油毡或塑料膜，机械产品先用塑料罩包装，放入干燥剂后再装入包装箱；较重的机械产品还要考虑包装箱的强度，保证在吊装和运输过程中不会损坏。包装箱要有明显标识，标明产品名称、质量、生产单位及放置要求等内容。

小　结

摩擦（干摩擦、边界摩擦、液体摩擦和混合摩擦）是两相互接触的物体有相对运动或相对运动趋势时，在接触处产生阻力的现象。磨损是摩擦的结果，润滑是降低摩擦阻力、减缓磨损的技术措施。良好的润滑能够显著提高机械的使用性能和寿命并减少能量消耗。

润滑剂用于润滑、冷却和密封机械的摩擦部分，润滑油和润滑脂是最常用的润滑剂。要根据机械的工作条件、载荷性质和润滑部位的速度等确定润滑剂的主要性能指标，从而选择合适的润滑剂品种、润滑方法及润滑装置，落实润滑系统管理的“五定”。

笔记

密封的目的在于阻止工作介质和润滑剂泄漏，防止灰尘、水分等侵入机械。密封分为静密封和动密封两大类。旋转动密封有接触式和非接触式。

要贯彻绿色设计和安全设计的理念，抑制机械的振动与噪声，减少并回收机械“三废”，采取有效的机械安全防护措施。

思考与实践

1. 什么是摩擦？如何降低摩擦阻力？
2. 根据摩擦副的表面润滑状态，摩擦分为哪些类型？
3. 什么是磨损？如何减缓磨损？
4. 按照磨损的损伤机理和破坏特点，磨损分为哪些类型？
5. 画出磨损曲线，分析磨损过程三个阶段的特点。
6. 什么是润滑？润滑的目的是什么？
7. 在供给润滑剂后，摩擦副之间可能呈现的润滑状态有哪几种？
8. 工业润滑油的主要作用是什么？
9. 润滑油的主要性能指标有哪些？
10. 选用润滑油的原则有哪些？
11. 润滑脂的主要性能指标有哪些？
12. 选用润滑脂的原则有哪些？
13. 简述油润滑的方法与润滑装置。

14. 简述脂润滑的方法与润滑装置。

15. 润滑系统管理的“五定”是什么？

16. 泄漏的原因及危害有哪些？

17. 密封的目的及类型有哪些？

18. 毡圈密封和唇形密封圈密封的使用条件有何不同？

19. 缝隙沟槽密封是怎样实现密封作用的？

20. 绿色设计的“3R”原则是什么？

21. 绿色设计的材料选择有哪些要求？

22. 考虑拆卸回收的设计有哪些要求？

23. 阅读机械事故的因果图（图 9-15），熟悉导致事故发生的五个方面的原因。

24. 结构的安全设计应考虑哪些主要因素？

25. 抑制机械振动与噪声的措施有哪些？

26. 减少及回收机械“三废”的措施有哪些？

27. 机械的安全防护措施有哪些？

笔记

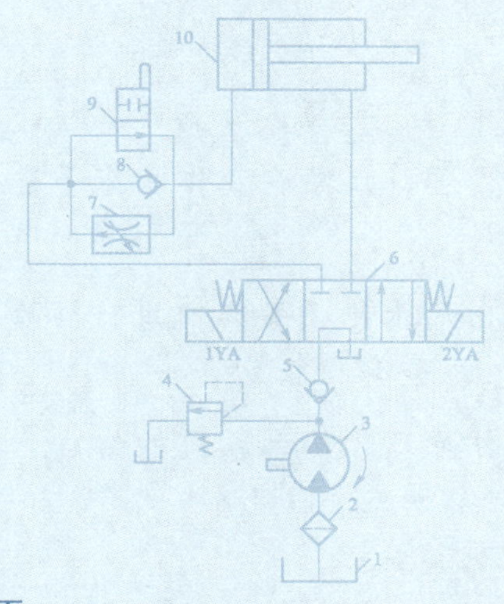

模块十　液压与气动

导　语

液压传动与气压传动分别是以有压液体与气体作为工作介质，进行能量传递与控制的传动技术。由于以流体作为工作介质，相对于机械传动、电气传动等传动与控制方式，液压传动与气压传动具有独特的物理性能和优势，所以在工程机械、起重运输机械、矿山机械、建筑机械、农业机械、轻工机械、自动控制和智能机械等领域都得到了广泛应用。

自动卸货车卸货时，在油缸的作用下，车斗自动翻起卸货，如图 10-1 所示。挖掘机在油缸的作用下，用挖斗挖起泥土。自动卸货车和挖掘机都采用了液压传动。

公交车的车门和刹车装置都采用了气压传动技术，如图 10-2 所示。

图 10-1　自动卸货车上的液压传动装置

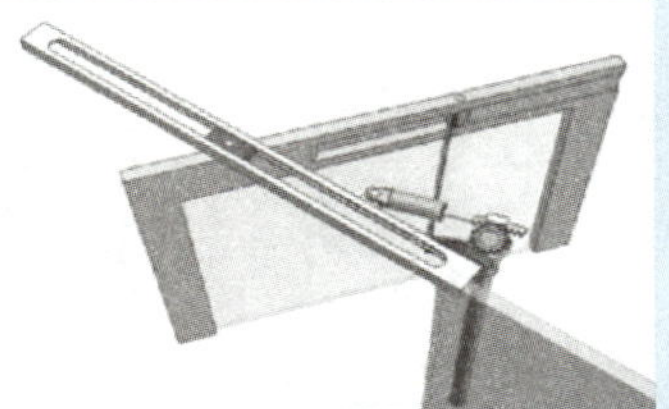

图 10-2　公交车车门上的气压传动装置

液压与气压传动系统各部分的连接必须密封、可靠，无流体渗漏，联锁装置必须校准。在发生故障或者事故时，必须卸荷处理，严禁在工作状态下进行检查、拆卸和调整。

液压与气压传动系统工作时有噪声产生，应采取必要的消声、隔声、吸声、隔振等措施，减轻噪声对环境的污染。

本模块将学习液压传动与气压传动的工作原理、传动系统的组成、主要元件及液压传动基本回路。

思维导图

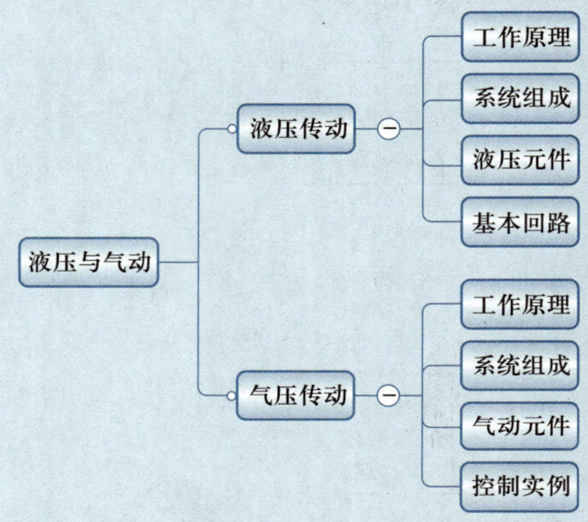

10.1 液压传动

液压传动是利用机械能与压力能互相转换来工作的。液压传动以液压泵为动力，常以液压油为工作介质，在控制元件的控制下，将液体的压力能转换为机械能，控制执行元件完成直线运动或旋转运动。

一、液压传动的工作原理

液压传动系统的工作过程如图 10-3 所示。

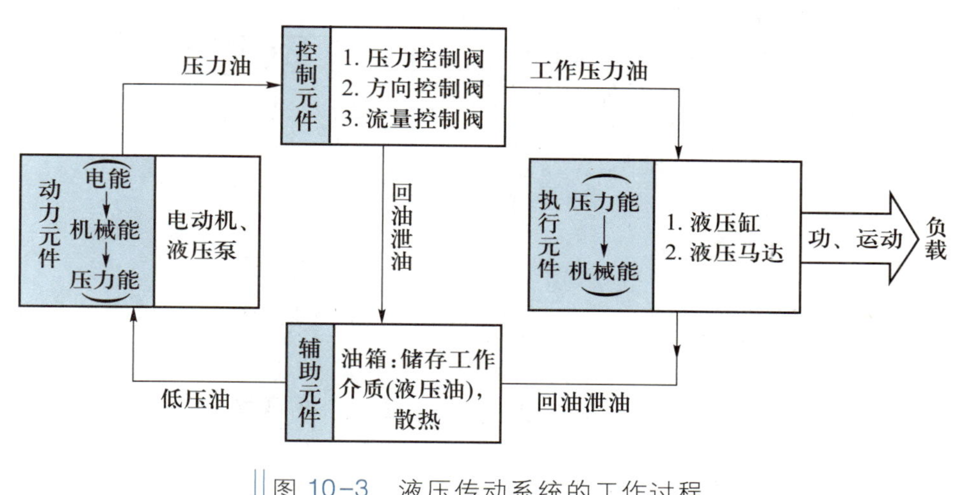

图 10-3 液压传动系统的工作过程

下面以驱动机床工作台的液压传动系统为例分析液压传动系统的工作原理，图 10-4a 所示为机床工作台液压传动系统结构式工作原理图。

具体工作过程如下：

① 电动机带动液压泵工作，液压泵从油箱吸油，经过滤器输入到压力油管中，再经节流阀、手动换向阀流入液压缸。当手动换向阀处于中间位置时，阀孔 *P*、*A*、*B*、*O* 均关闭，工作台停止。此时，油液经溢流阀流回油箱。

② 若将手动换向阀向左拉，则阀孔 *P* 与 *B* 相通，阀孔 *A* 与 *O* 相通，如图 10-4b 所示。油液经阀孔 *P*、*B* 流入液压缸右腔，液压缸活塞左移，工作台左移，同时液压缸左腔油液经阀孔 *A*、*O* 流回油箱。

③ 当将手动换向阀推向右端时，阀芯处于图 10-4c 所示位置，阀孔 *A*、*P* 相通，阀孔 *B*、*T* 相通，压力油经阀孔 *P*、*A* 流入液压缸左腔，推动液压缸活塞右移，从而带动工作台右移，液压缸右腔油液经阀孔 *B*、*T* 流回油箱。

笔记

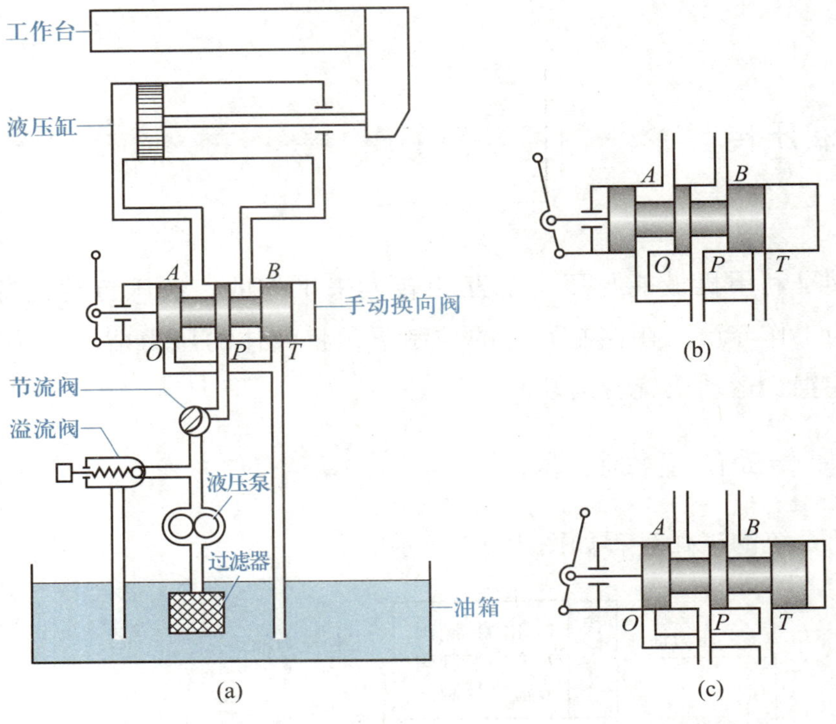

笔记

图 10-4 机床工作台液压传动系统工作原理

拓展

液压传动术语

（1）压力

在液压传动中，液体传递的静压力是指在单位面积的液体表面上所受的作用力，即

$$p=\frac{F}{A} \tag{10-1}$$

式中：p——液体的压力，Pa；

F——作用在液体表面的外力，N；

A——液体表面的承压面积，m^2。

以液压千斤顶为例：如图 10-5 所示，通过作用在小活塞上的力 $\boldsymbol{F}_1$，顶起大活塞上的重物 G，左侧管道流通面积为 A_2，外载荷为 $\boldsymbol{G}$，右侧管道流通面积为 A_1，作用在小活塞上的力为 $\boldsymbol{F}_1$。由帕斯卡定律，连通器中的液体压力处处相等可知：在大活塞上将受一个力 $\boldsymbol{F}_2$，并有

$$\frac{F_1}{A_1}=\frac{F_2}{A_2}=p \tag{10-2}$$

不计活塞质量，则 $G=F_2=pA_2$，如 $G=0$，则 p 一定为零：如 G 无穷大，则 p 无穷大。由此可知，液压传动系统中的工作压力取决于外载荷的大小。

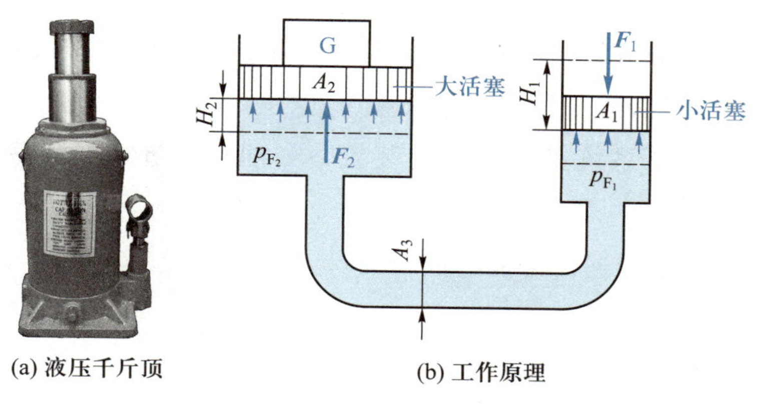

(a) 液压千斤顶　　(b) 工作原理

图 10-5　液压千斤顶及其工作原理

液压千斤顶的工作原理

笔记

（2）流量与平均速度

流量是指单位时间内流过某一横截面的液体体积（体积流量），如图 10-5 中 A_3 处，在时间 t 内流过的液体体积为 V，则流量 $q_V(\mathrm{m^3/s})$ 为

$$q_V=\frac{V}{t} \tag{10-3}$$

平均流速 v 是液体在单位时间内平均移动的距离，即

$$v=\frac{q_V}{A} \tag{10-4}$$

由上式可知，活塞的运动速度与流量成正比，与横截面积成反比。

（3）功率

功率是指单位时间所做的功，用 P 表示，单位为 W 或 kW。液压缸的输出功率是外载荷 F 与液压缸活塞运动速度的乘积，即

$$P_{缸}=Fv \tag{10-5}$$

也可以写成液压缸的工作压力与流量的乘积，即

$$P_{缸}=p_{缸}\ q_{V缸} \tag{10-6}$$

液压泵的输出功率为泵出口的实际压力与输出实际流量的乘积，即

$$P_{泵}=p_{泵}\ q_{V泵} \tag{10-7}$$

二、液压传动系统的组成及特点

1. 液压传动系统的组成

液压传动系统由以下五个部分组成。

① 动力元件　把机械能转换为压力能的装置。液压传动系统中的动力元件为液压泵。

② 执行元件　把油液的液压能转换成机械能的装置。常见的执行元件为液压缸。

③ 控制元件　控制调节系统中的油液压力、流量或流向。控制元件有各种阀，如换向阀、压力阀和流量阀等。

④ 辅助元件　保证系统正常工作的装置，如油箱、过滤器、蓄能器及各种管接头等。

⑤ 工作介质　用于传递压力能的液压油。

2. 液压传动系统的特点

液压传动与机械传动相比具有以下优点：

① 可以无级调节。速度、扭矩、功率，能迅速换向和改变速度，调速范围宽，特别适用于做直线运动的执行元件。

② 传递功率大。在传递相同功率的情况下，液压传动装置的体积小、质量小、结构紧凑。

③ 液压元件已标准化、系列化、通用化，有利于缩短液压传动系统的设计、制造周期。

笔记

④ 易于控制和调节。便于构成“机—电—液—光”一体化，且易实现复杂的顺序动作、远程控制和过载保护，使用寿命长。

液压传动的缺点：

① 液压油存在泄漏及液体的可压缩性，影响执行元件运动的准确性，无法保证准确的传动比。

② 液压油的黏度随油温变化，不宜在温度很高或很低的条件下工作。

③ 液压元件结构精密，造价较高，液压油污染控制较难，使用和维修有一定困难。

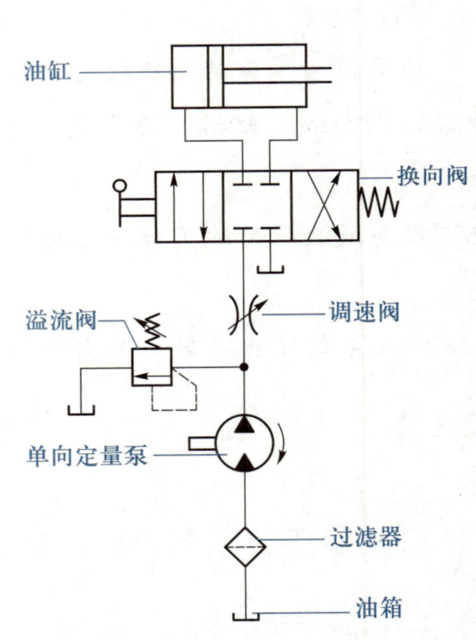

图 10-6　用液压图形符号表达的机床工作台液压传动系统

三、常用液压元件

液压传动系统也采用图形符号表示，利用国家标准 GB/T 786.1—2021 规定的液压图形符号可方便而清晰地表达各种液压传动系统。

图 10-6 所示为用液压图形符号表达的机床工作台液压传动系统。

1. 动力元件——液压泵

液压泵是将电动机输出的机械能转换为液压油

压力能的能量转换装置。

在液压传动系统中，一般将电动机、液压泵、油箱、安全阀等组成液压传动系统泵站，为系统提供压力油。液压传动系统泵站如图 10-7 所示。

液压泵按单位时间内输出的油液体积是否可调分为变量泵和定量泵，可调节的为变量泵，不可调节的为定量泵。按结构形式分，常见的液压泵有齿轮泵、叶片泵和柱塞泵。

液压泵的图形符号见表 10-1。

图 10-7 液压传动系统泵站

笔记

表 10-1 液压泵的图形符号

变量泵（顺时针单向旋转）	变量泵（双向流动、带有外泄油路、顺时针单向旋转）	变量泵/马达（双向流动、带有外泄油路、双向旋转）	定量泵/马达（顺时针单向旋转）

以单向旋转定量泵和单向旋转变量泵应用较为广泛。

① 齿轮泵 分为外啮合齿轮泵（图 10-8）和内啮合齿轮泵两种类型。低压齿轮泵的压力为 2.5 MPa。

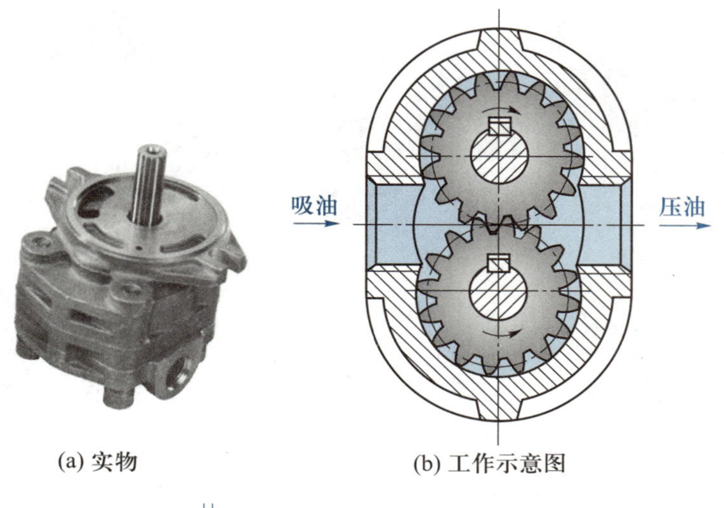

(a) 实物 (b) 工作示意图

图 10-8 外啮合齿轮泵

外啮合齿轮泵

外啮合齿轮泵结构简单、尺寸小、质量小、制造方便、价格低、工作可靠、自吸能力强、对污染不敏感、维护容易，但齿轮轴承受不平衡径向力、磨损严重、泄漏大、工作压力的提高受限制、压力脉动和噪声比较大。

内啮合齿轮泵结构紧凑、尺寸小、质量小、使用寿命长、流量脉动远小于外啮合齿轮泵，但加工精度要求高、造价较高。

② 叶片泵　如图 10-9 所示，叶片泵的转子旋转时，嵌入转子槽内的叶片沿着定子内廓曲线伸缩，使两叶片间的容积发生变化。容积增大，形成局部真空，吸入油液；容积减小，油液压出。叶片泵的最高压力达到 6.3 MPa。

叶片泵

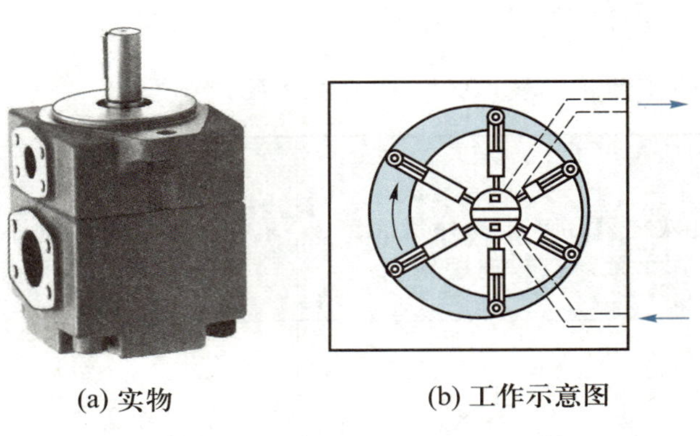

(a) 实物　(b) 工作示意图

图 10-9　叶片泵

叶片泵工作压力高、流量脉动小、工作平稳、噪声小、寿命较长、易于实现变量，但结构复杂，吸油能力不太好，对油液污染比较敏感。

③ 柱塞泵　分为轴向柱塞泵和径向柱塞泵，如图 10-10 所示。柱塞泵为高压泵，压力达 10 MPa 以上。

(a) 轴向柱塞泵　(b) 径向柱塞泵

图 10-10　柱塞泵

轴向柱塞泵

轴向柱塞泵可实现变量、结构紧凑、径向尺寸小、惯性小、容积效率高、工作压力高，一般用于高压系统，但轴向尺寸大、轴向作用力大、结构复杂。

径向柱塞泵流量大、工作压力高、轴向尺寸小、可实现变量，但径向尺寸大、结构复杂、自吸能力差、配流轴受径向不平衡力、易磨损，限制了转速和压力的提高。

2. 执行元件——液压缸

液压缸（图 10-11）是液压传动系统的执行元件，它完成液体压力能与机械能的转换，实现执行元件的直线往复运动。液压缸可分为活塞式、柱塞式和摆动式三种。下面以活塞式液压缸为例介绍液压缸的组成及工作情况。

活塞式液压缸分为双出杆活塞式液压缸和单出杆活塞式液压缸两种类型，其图形符号如图 10-12。

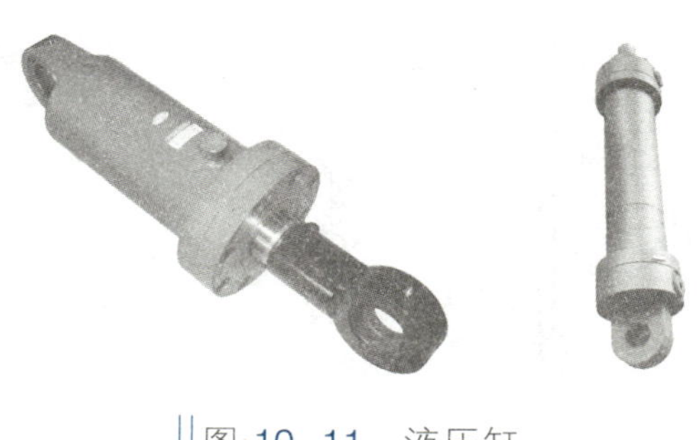

图 10-11　液压缸

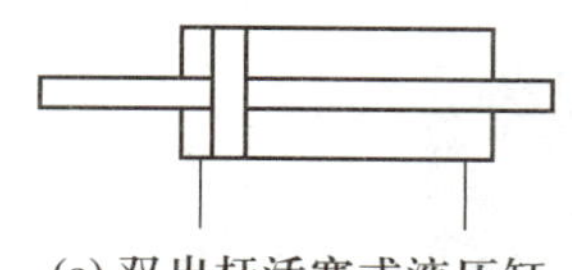

(a) 双出杆活塞式液压缸

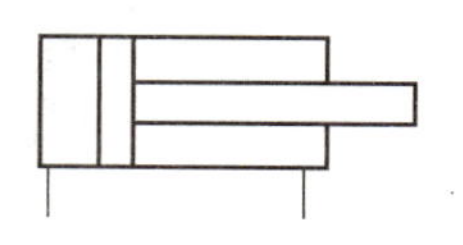

(b) 单出杆活塞式液压缸

图 10-12　活塞式液压缸图形符号

笔记

双出杆活塞式液压缸中被活塞分隔开的液压缸两腔中都有活塞杆伸出，且两活塞杆直径相等。当流入两腔中的液压油流量相等时，活塞的往复运动速度和推力相等。单出杆活塞式液压缸仅一端有活塞杆，因此两腔工作面积不相等。

活塞式液压缸在安装时可以固定活塞杆，也可以固定缸体。

液压缸由缸筒和缸盖、活塞和活塞杆、密封装置、缓冲装置及排气装置五个部分组成。

缸筒与缸盖之间常采用法兰式、螺纹式和拉杆式连接。活塞与活塞杆之间多采用圆锥销连接（双出杆液压缸）、螺纹连接（单出杆液压缸）。常见的液压缸密封装置如图 10-13 所示，图 10-13a 所示为间隙密封，在活塞的表面制出几条细小的环槽，以增大油液通过间隙时的阻力。图 10-13b 所示为密封圈密封，利用密封圈（橡胶或塑料）的弹性作用，使各截面环贴紧，在动、静配合面之间阻止泄漏。大型、高压液压设备采用缓冲装置是为了防止活塞运动到极限位置时和缸盖相撞。对于稳定性要求较高的大型液压缸，还需要设置排气装置。

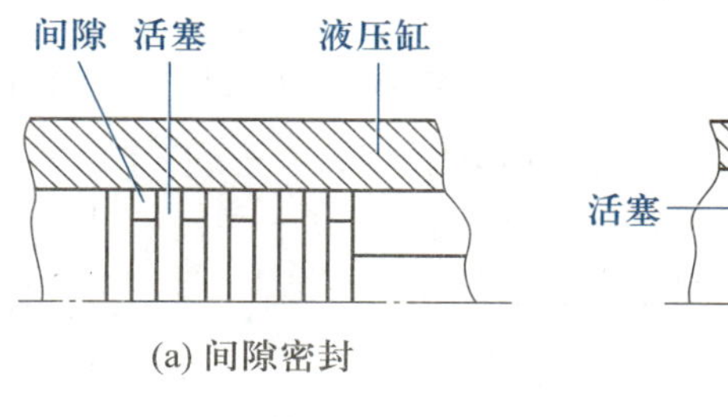

(a) 间隙密封

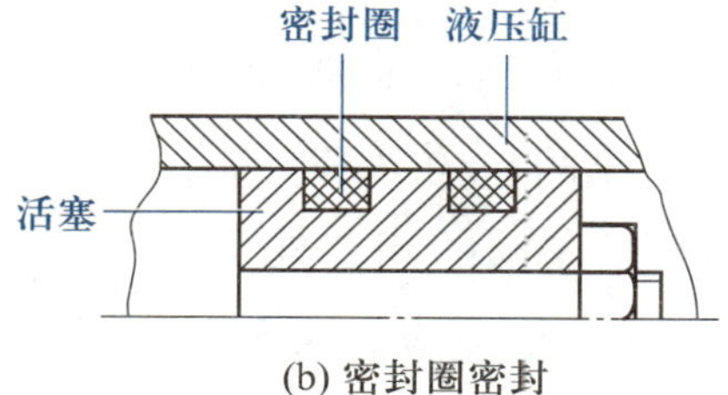

(b) 密封圈密封

图 10-13　常见的液压缸密封装置

3. 控制元件——液压控制阀

液压控制阀用来控制液压传动系统中油液的流动方向并调节压力和流量，可分为方向控制阀、压力控制阀和流量控制阀三大类。

（1）方向控制阀

方向控制阀是控制油液流动方向的阀，包括单向阀和换向阀两种。

单向阀如图 10-14 所示，它又分为普通单向阀和液控单向阀两种。普通单向阀只允许油液从 P_1 到 P_2 单向流动，如图 10-14a 所示。液控单向阀可以与普通单向阀一样工作，也可以在远程控制口 K 作用下，允许油液从 P_1、P_2 口双向流通。

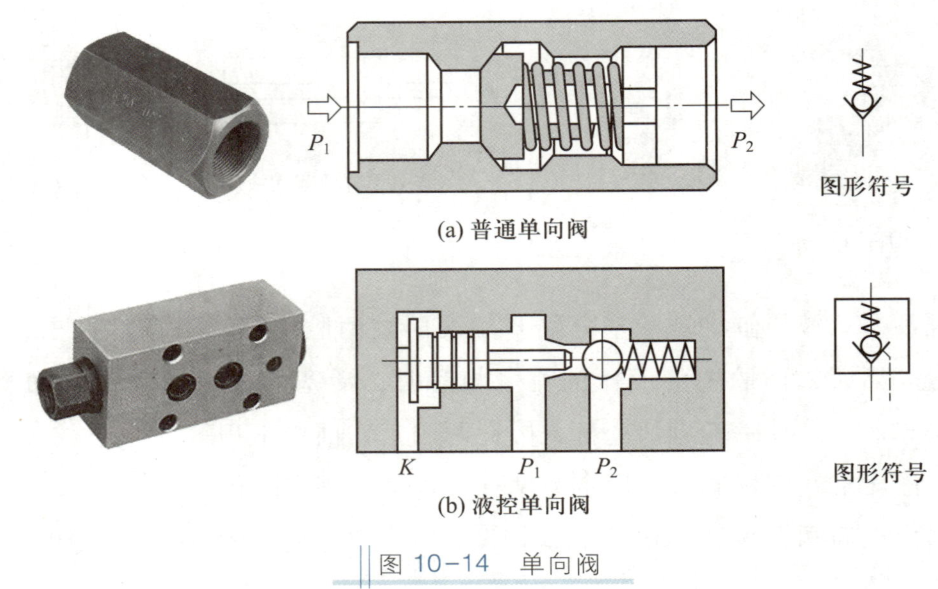

图 10-14　单向阀

笔记

换向阀利用阀芯相对阀体位置的变化实现油路接通或关断，使液压执行元件启动、停止或变换运动方向。换向阀有多种形式，按阀芯的运动方式分为滑阀和转阀，常见的是滑阀；按阀的工作位置数和通路数可以分为“几位几通阀”，如二位三通阀、三位四通阀等；按操纵控制方式不同可分为手动控制阀、电磁控制阀、液动控制阀、电液控制阀和机动控制阀。常见换向阀及其图形符号如图 10-15 所示。

① 换向原理　图 10-16a 所示为二位三通阀的结构，由图示可以看出：阀体上开有多个通口，而阀芯只有两个位置，因此称该阀为“二位”；油液流通孔口有三个，称“三通”。因此，该换向阀称为“二位三通阀”。当滑动阀芯时，可以使阀芯处于两种位置：阀芯在左位时，油液经阀口 P 流入，从阀口 B 流出；阀芯在右位时，油液经阀口 A 流入，经阀口 P 流回。图 10-16b 所示为二位三通阀的图形符号。

② 滑阀机能　换向阀的阀芯处于中位时，油口 P、A、B、O 有不同的连接方式，从而表现出不同的性质，把适应各种不同工作要求的连通方式称为滑阀机能。如图 10-17 所示，P、A、B、O 互不相通为 O 型，P、A、B、O 全通为 H 型。

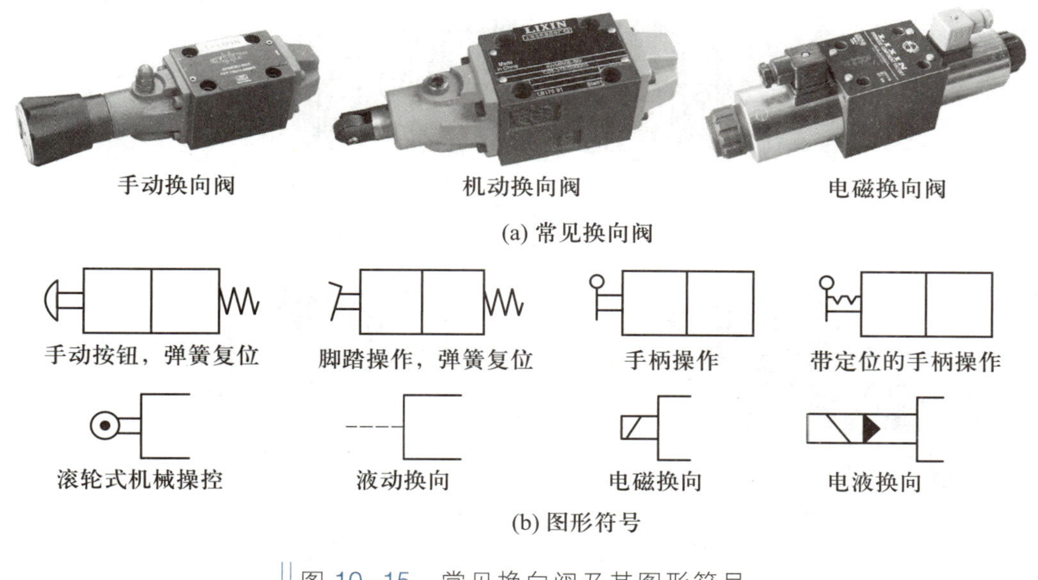

图 10-15 常见换向阀及其图形符号

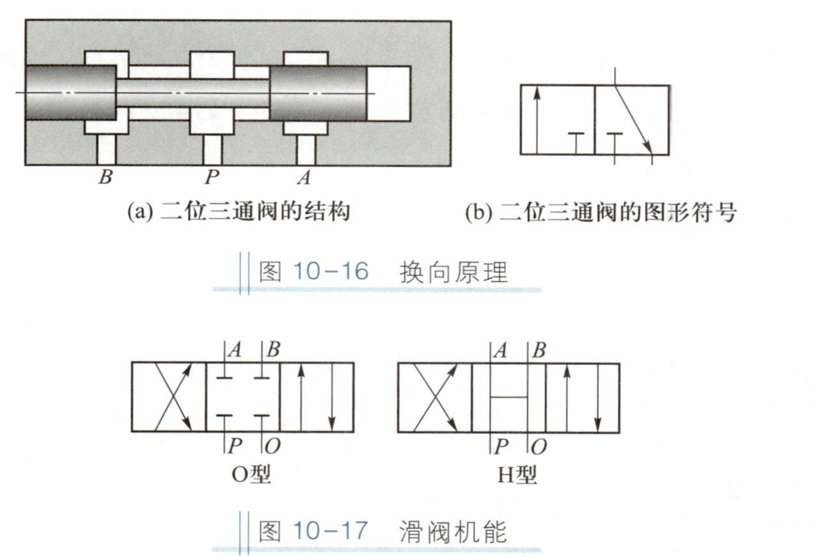

图 10-16 换向原理

图 10-17 滑阀机能

笔记

（2）压力控制阀

压力控制阀用于控制系统压力。常见的压力控制阀有溢流阀、顺序阀和减压阀。

进入液压缸多余的油液经溢流阀流回油箱，保持系统油压基本稳定，此时溢流阀起维持系统压力恒定的作用。溢流阀还可以用来限定系统的最高压力，溢流阀的调定压力通常比系统的最高工作压力高 10%～20%。平时溢流阀阀口关闭，只有当油液压力超过溢流阀调定压力时，溢流阀开启并溢流，起安全保护作用（图 10-18a）。

① 直动式溢流阀及其图形符号如图 10-18b 所示，系统中的压力油直接作用在阀芯上与弹簧力相平衡，以控制阀芯的启闭。通过旋松或旋紧溢流阀的调节螺钉可调节溢流阀的开启压力。

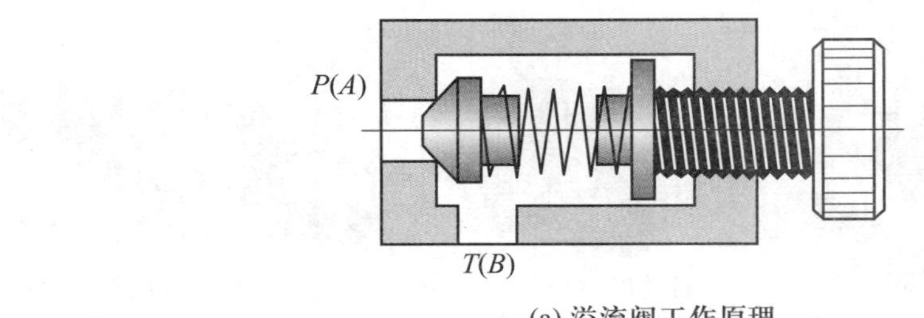

(a) 溢流阀工作原理

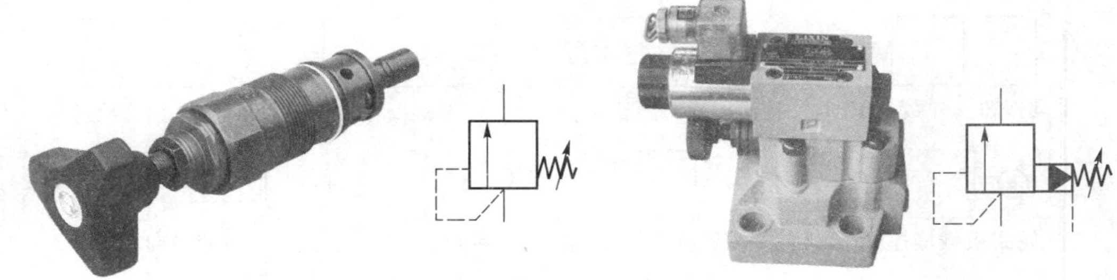

(b) 直动式溢流阀及其图形符号　　(c) 先导式溢流阀及其图形符号

图 10-18　溢流阀

笔记

② 先导式溢流阀（图 10-18c）由先导阀和主阀两部分组成，先导式溢流阀有一个远程控制口，当它与另一远程调压阀相连时，就可以通过调节溢流阀主阀上端的压力实现溢流阀的远程调压。

③ 顺序阀可以使两个以上执行元件按压力大小实现顺序动作，如图 10-19 所示。顺序阀按结构不同分为直动式和先导式两种类型。

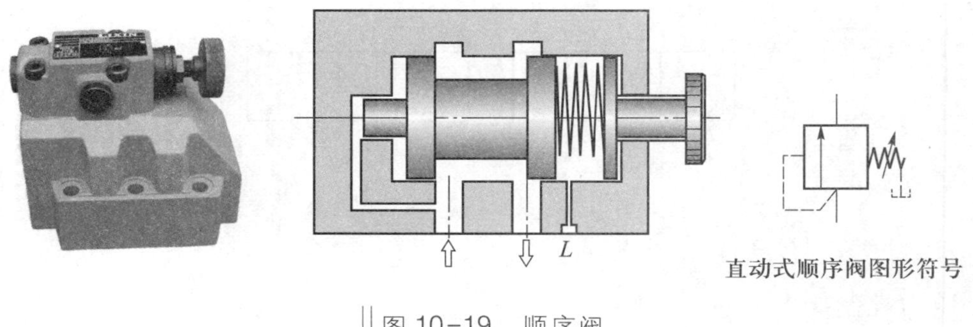

直动式顺序阀图形符号

图 10-19　顺序阀

④ 减压阀的出口压力低于进口压力，其作用是降低液压传动系统中某一局部的油液压力，还有稳压的作用。根据所控制的压力不同可分为定值减压阀、定差减压阀和定比减压阀。定值减压阀出口压力维持在一个定值，定差减压阀是使进、出口之间的压力差不变或接近不变，定比减压阀则是使进、出口压力的比值维持恒定。定值减压阀在液压传动系统中应用最广泛，简称为减压阀，常用的有直动式减压阀和先导式减压阀。图 10-20 所示为直动式减压阀，与弹簧力相平衡的控制压力来自出口一侧，且阀口（入口）为常开式。当减压阀的出口压力未达到设定值时，阀芯处于左侧，阀口

A 全开。当出口压力逐渐上升并达到设定值时，阀芯右移，开口量减小，压力损失增加，使出口压力低于设定压力，达到减压的目的。

减压阀有板式安装和管式安装之分，使用时要分清楚。

相同规格的减压阀，型号不同，安装尺寸就可能不同，多数不能直接互换。

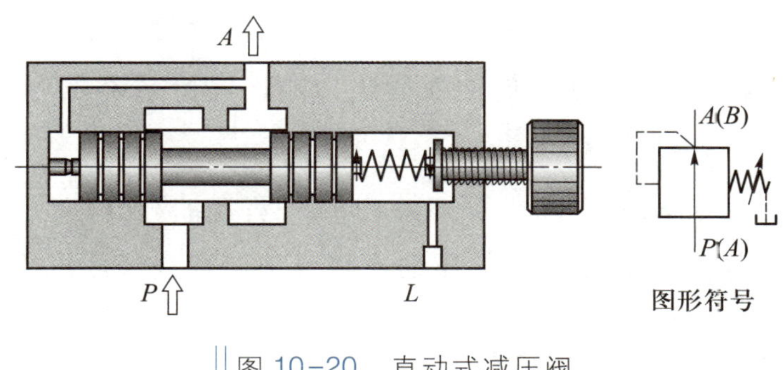

图 10-20　直动式减压阀

从外观上看，各种压力控制阀的形状完全一致，是溢流阀、顺序阀还是减压阀，要看阀的铭牌，不能只从形状判断。

笔记

（3）流量控制阀

流量控制阀依靠改变阀口通流面积来调节通过阀口的流量，达到调节执行元件的运动速度的目的，常用的有普通节流阀和调速阀等。

① 普通节流阀是液压传动系统中结构最简单的流量控制阀，依靠改变节流口的大小调节执行元件的运动速度。常见的节流口形式如图 10-21 所示。

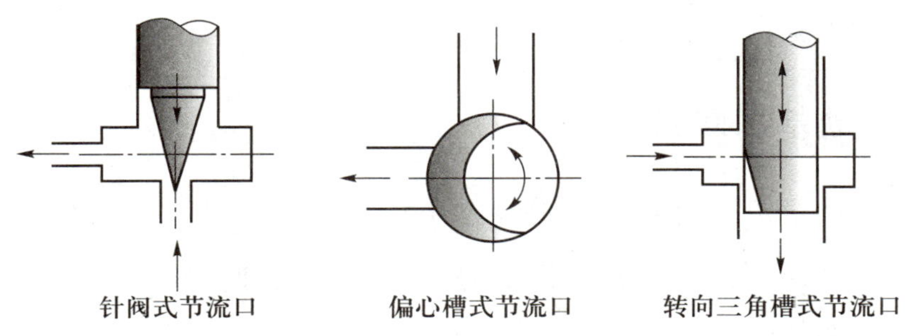

图 10-21　常见的节流口形式

必须注意的是，在液压传动系统中，如果采用定量泵供油，其排量是恒定的，在回路中调节节流阀节流口的大小只是改变液阻，从而改变液流流经节流元件的压力降，但总的流量无法改变，因此执行元件的运动速度不变。只有当系统中有用于分流的溢流阀时，调节节流阀节流口的大小，影响溢流阀阀口的压力，改变溢流阀溢流量，才能改变通过节流阀的流量，从而达到调节执行元件运动速度的目的。因此，节流阀常与定量泵、溢流阀共同组成节流调速系统。节流阀受温度和负载影响较大，常用于温度和载荷不大的场合。

② 调速阀（图 10-22）是将节流阀和定差减压阀串接而成的。当调速阀的进口压力或出口压力发生波动时，定差减压阀可以维持节流阀前后的压差基本保持不变，克服载荷波动对节流阀的影响，保证执行元件的运动速度不因载荷变化而变化。

4. 辅助元件

辅助元件主要有蓄能器、过滤器、油箱、热交换器及管件等。

① 蓄能器　主要用来储存或释放油液的压力能，保持系统压力恒定，减小系统压力的脉动冲击。

图 10-23 所示为活塞式蓄能器。蓄能器内的活塞将油和气体分开，气体从阀门充入，油液经油孔连通系统，利用气体的压缩或膨胀来储存或释放压力能。

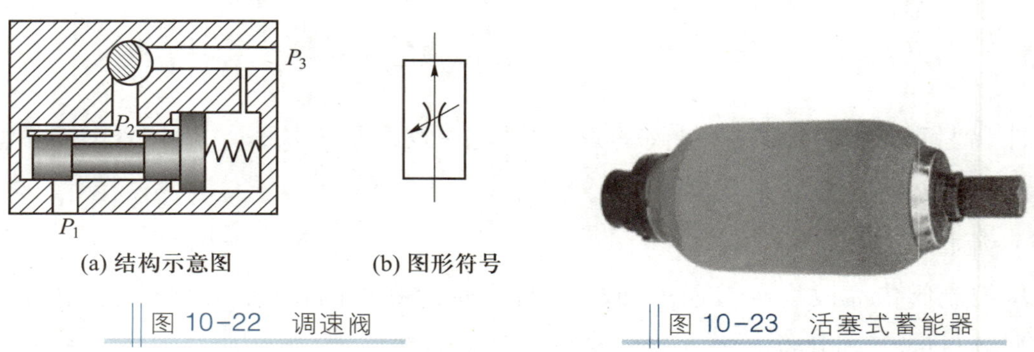

图 10-22　调速阀

图 10-23　活塞式蓄能器

笔记

② 过滤器　用于滤清油液中的杂质，保证系统管路畅通，使系统正常工作。

③ 油箱　主要用于储油、散发油液中的热量、释放混在油液中的气体及沉淀油液中的杂质等。油箱不是标准件，需根据系统要求自行设计。

四、液压传动基本回路

复杂的液压传动系统是由一些基本回路组成的。这些基本回路根据功用不同可分为压力控制回路（调压回路）、方向控制回路和速度控制回路等。

1. 压力控制回路

压力控制回路是利用压力控制阀来控制或调节液压传动系统整个或局部油路的工作压力，满足液压传动系统各执行元件对工作压力的不同要求。

调压回路用来调定或限制液压传动系统的最高工作压力，或者使执行元件在工作过程的不同阶段实现多种不同的压力变换，一般由溢流阀组成。当液压传动系统工作时，如果溢流阀始终能够处于溢流状态，保持溢流阀进口的压力基本不变，将此溢流阀并接在液压泵的出口，可达到使液压泵出口压力基本保持不变的目的。

如图 10-24 所示，采用先导式溢流阀和节流阀等组成了单级调压回路。在转速一定的情况下，定量泵输出的流量基本不变，当改变节流阀的节流口大小来调节液压缸运动速度时，由于要排掉定量泵输出的多余流量，先导式溢流阀始终处于开启溢流状态，使系统工作压力稳定在先导式溢流阀调定的压力值附近。

若图 10-24 所示回路中没有节流阀，则定量泵出口压力将直接随载荷压力变化而变化，先导式溢流阀作安全阀使用对系统起安全保护作用。

如果在先导式溢流阀的远程控制口处接一个远程调压阀，则回路压力可由远程调压阀远程调节，实现对回路压力的远程控制，但此时要求主溢流阀必须是先导式溢流阀，且其调定压力必须大于远程调压阀的调定压力，否则远程调压阀将不起远程调压作用。

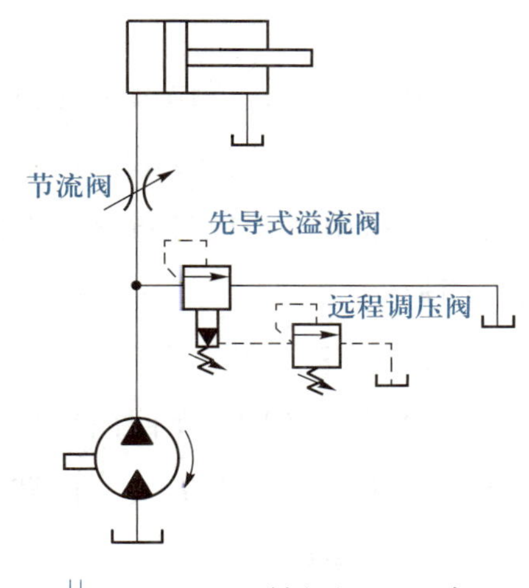

图 10-24　单级调压回路

压力控制回路除调压回路外，还有减压回路、卸荷回路、平衡回路及保压回路等。

2. 方向控制回路

笔记

液压执行元件除了在输出速度、输出力方面有要求外，对其运动方向、停止及停止后的定位性能也有不同的要求。通过控制进入执行元件液流的通、断或方向来实现液压传动系统执行元件的启动、停止或改变运动方向的回路称为方向控制回路。

采用换向阀的换向回路如图 10-25 所示，对于利用重力或弹簧力回程的单作用液压缸，用二位三通阀就可使其换向。采用电磁阀换向最为方便，但电磁阀动作快，换向有冲击，换向定位精度低，且交流电磁铁不宜频繁切换，以免线圈烧坏；采用电液换向阀，可通过调节单向节流阀来控制换向时间，换向冲击较小，换向控制力较大，但换向定位精度低、换向时间长、不宜频繁切换；采用机动换向阀，可以通过工作机构的挡块和杠杆直接控制换向阀换向，既省去了电磁阀换向的行程开关、继电器等中间环节，换向频率也不会受电磁铁的限制，换向过程平稳、准确、可靠，但机动换向阀必须安装在工作机构附近。由此可见，采用任何单一换向阀控制的换向回路都很难实现高性能、高精度、准确的换向控制。

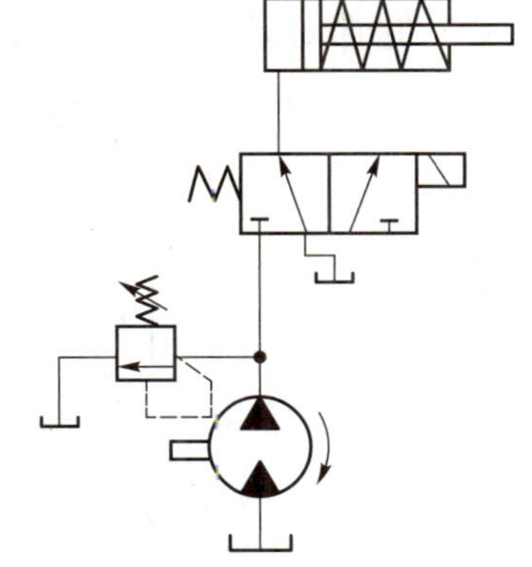
图 10-25　采用换向阀的换向回路

除换向回路外，常用的方向控制回路还有锁紧回路和制动回路等。

3. 速度控制回路

调速回路的执行元件主要是液压缸，它的工作速度与输入液压缸的流量及其几何参数

有关。在不考虑管路变形、油液压缩性和回路各种泄漏的情况下，液压缸的工作速度 v 为

$$v=\frac{q_V}{A} \tag{10-8}$$

由上式可知，要调节液压缸的工作速度，可以改变输入执行元件的流量，也可以改变执行元件的几何参数。对于几何参数已经确定的液压缸和定量马达来说，要想改变其有效作用面积或排量是困难的，一般只能用改变输入液压缸或定量马达的流量来进行调速。

调速回路包括节流调速回路、容积调速回路和速度切换回路等。定量泵节流调速回路根据流量控制阀在回路中安放位置的不同分为进油节流调速、回油节流调速、旁路节流调速三种基本形式。回路中的流量控制阀可以采用节流阀或调速阀，因此这种调速回路有多种形式。

将节流阀串联在液压泵和液压缸之间，用来控制进入液压缸的流量以达到调速目的的回路为进油节流调速回路，如图 10-26a 所示；将节流阀串联在液压缸的回油路上，借助节流阀控制液压缸的排油流量来实现速度调节的回路为回油节流调速回路，如图 10-26b 所示。定量泵多余油液通过溢流阀流回油箱。由于溢流阀处在溢流状态，定量泵出口的压力为溢流阀的调定压力，且基本保持定值，与液压缸载荷的变化无关，所以这种调速回路也称为定压节流调速回路。

采用节流阀的进油、回油节流调速回路结构简单、价格低，但载荷变化对速度的影响较大，低速、小载荷时的回路效率较低，因此该调速回路适用于载荷变化不大、低速、小功率的调速场合，如机床的进给系统中。

笔记

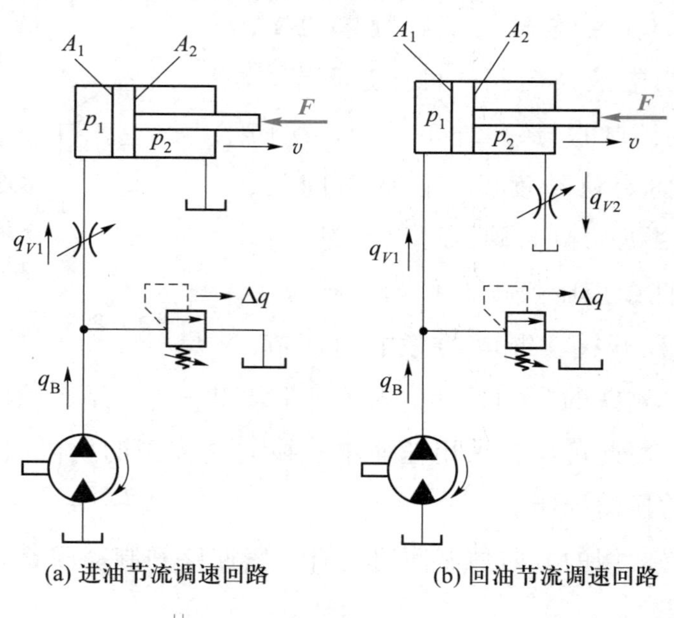

图 10-26 节流调速回路

例 10-1 图 10-27 所示为液压自动车床的进给系统。该液压传动系统包括压力控制回路、方向控制回路和速度控制回路。分析各控制回路的作用及工作过程。

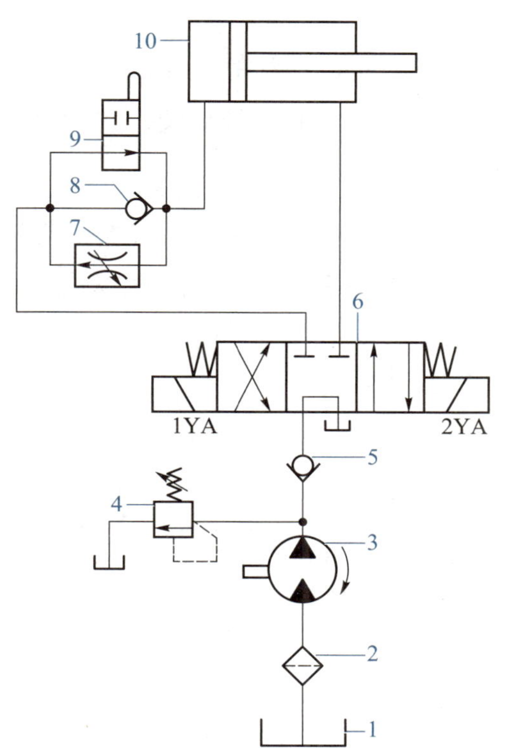

图 10-27 液压自动车床的进给系统

(1) 压力控制回路

如图 10-27 所示，定量泵 3 通过滤油器 2 从油箱 1 中吸取液压油，建立压力能，出口压力由溢流阀 4 调定为 1.2 MPa。当三位四通电磁换向阀 6 处于中位且压力油经换向阀中位形成卸荷回路时，油泵的出口压力接近于零，从而减少功率损耗。

(2) 方向控制回路

① 利用方向控制阀的换向回路：方向控制由三位四通电磁换向阀 6 完成，当 1YA 通电、2YA 断电时，换向阀左位接入系统，液压缸 10 的活塞左移，反之活塞右移。

② 利用换向阀中位机能的锁紧回路：当 1YA、2YA 都断电时，换向阀处于中位，利用中位机能，此时液压缸进、出油路均被截断，活塞可被锁止在缸体的任何位置。

(3) 速度控制回路

由行程阀 9 和调速阀 7 共同组成速度控制回路。图 10-27 所示为活塞快速运动。当行程阀 9 被压下时，活塞则由快进转换成慢速进给，实现速度转换。

(4) 液压传动系统的工作过程分析

① 快速进给阶段（快进）：1YA 断电、2YA 通电，三位四通电磁换向阀 6 右位接入系统，活塞实现向右快进。进油路为过滤器 2—定量泵 3—单向阀 5—换向阀 6—行程阀 9—液压缸 10 左腔，回油路为液压缸 10 右腔—换向阀 6—油箱 1。

② 工作进给阶段（工进）：当快速进给阶段终了，挡块压下行程阀 9 时，活塞进入工作进给阶段。进油路为过滤器 2—定量泵 3—单向阀 5—换向阀 6—调速阀 7—液压缸 10 左腔，回油路为液压缸 10 右腔—换向阀 6—油箱 1。

③ 快退阶段：1YA 通电、2YA 断电，此时活塞实现快退。进油路为过滤器 2—定量泵 3—单向阀 5—换向阀 6—液压缸 10 右腔，回油路为液压缸 10 左腔—单向阀 8—换向阀 6—油箱 1。

④ 卸荷阶段：1YA、2YA 都断电，换向阀 6 处于中位，液压缸两腔被封闭，活

笔记

笔记

塞停止运动，此时泵卸荷。卸荷油路为过滤器 2—定量泵 3—单向阀 5—换向阀 6—油箱 1。

电磁铁和行程阀的动作顺序可参照表 10-2，其中电磁阀通电、行程阀压下用“+”表示，电磁阀断电、行程阀抬起用“-”表示。

表 10-2 电磁铁和行程阀的动作顺序

工作过程	电磁铁		行程阀
	1YA	2YA	
快进	-	+	-
工进	-	+	+
快退	+	-	-
原位停止（卸荷）	-	-	-

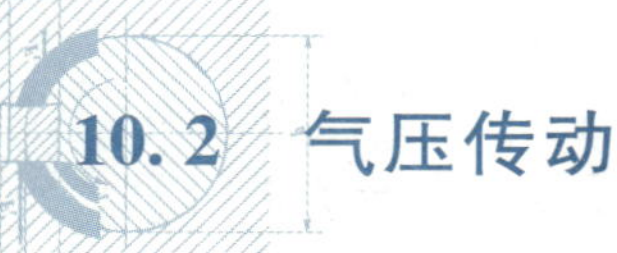

10.2 气压传动

一、气压传动的工作原理

气压传动是将由空气压缩机产生的压力能，在控制元件（阀）的控制下转换为机械能，控制执行元件（气缸）完成直线运动。

下面以气动剪切机为例分析气压传动的工作原理。气动剪切机的结构及工作原理如图 10-28 所示。图示位置为剪切前的情况。空气压缩机 1 产生的压缩空气经后冷却器 2、分水排水器 3、储气罐 4、分水滤气器 5、减压阀 6、油雾器 7 到达换向阀 9，部分气体经节流通路进入换向阀 9 的下腔，使上腔弹簧压缩，换向阀 9 的阀芯位于上端；大部分压缩空气经换向阀 9 进入气缸 10 的上腔，而气缸的下腔经换向阀与大气相通，故气缸活塞处于最下端位置。当上料装置把工料 11 送入气动剪切机并到达规定位置时，工料撞下行程阀 8，换向阀 9 的阀芯下腔压缩空气经行程阀 8 排入大气，在弹簧的推动下，换向阀 9 的阀芯向下运动至下端；压缩空气则经换向阀 9 进入气缸 10 的下腔，上腔经换向阀 9 与大气相通，气缸活塞向上运动，带动剪刀上行剪断工料。剪断工料后，行程阀 8 的阀芯在弹簧作用下复位，出路封闭，换向阀 9 的阀芯上移，气缸活塞向下运动，又恢复到剪断前的状态。

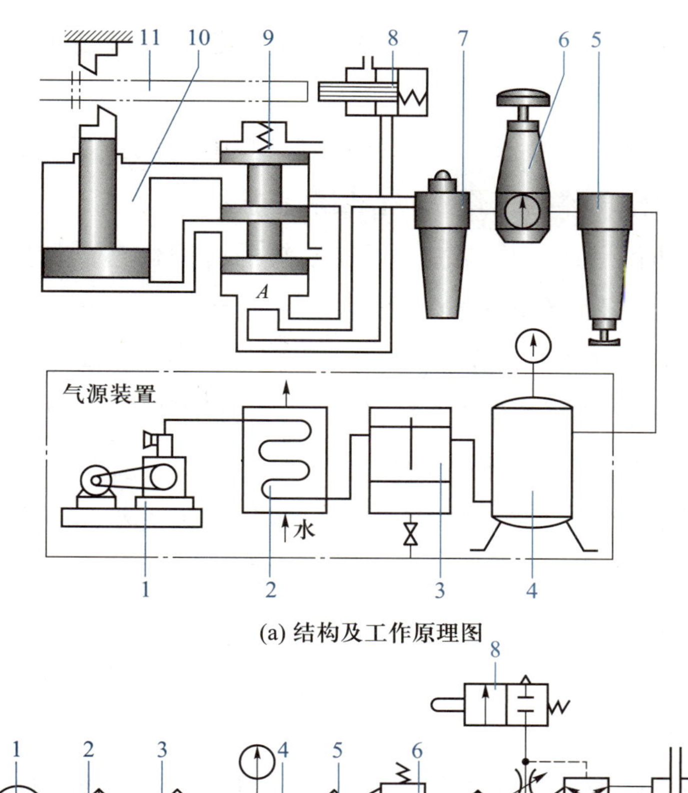

(a) 结构及工作原理图

(b) 用图形符号表示的工作原理图

1—空气压缩机；2—后冷却器；3—分水排水器；4—储气罐；5—分水滤气器；

6—减压阀；7—油雾器；8—行程阀；9—换向阀；10—气缸；11—工料。

图 10-28　气动剪切机的结构及工作原理

笔记

二、气压传动系统的组成及特点

1. 气压传动系统的组成

根据气动元件和装置的不同功能可将气压传动系统分成以下四个部分：

① 动力元件（气源装置）　将原动机提供的机械能转变为气体的压力能，为系统提供压缩空气。它由空气压缩机、储气罐、气源净化处理装置等组成。

② 执行元件　起能量转换作用，把压缩空气的压力能转换成机械能，使活塞输出直线运动。

③ 控制元件　对压缩空气的压力、流量和流动方向进行调节和控制，使系统执行机构按功能要求的程序工作。控制元件有压力控制元件、流量控制元件、方向控制元件和逻辑控制元件四大类。

④ 辅助元件　用于元件内部润滑、排气降噪、元件连接及信号转换、显示、放

大、检测等的各种气动元件，如油雾器、消声器、管件及管接头、转换器、显示器及传感器等。

2. 气压传动的优点

① 使用方便　以空气作为工作介质，用后直接排入大气，不会污染环境。

② 快速性好　动作迅速、反应快，可在较短的时间内达到所需的压力和速度。在有限的超载运行时也能保证系统安全工作。

③ 安全可靠　可用于易燃、易爆、多尘、辐射、强磁、振动、冲击等恶劣的环境中。

④ 储存方便　压缩空气可储存在储气罐内，随时取用。即使空气压缩机停止运行，气压传动系统仍可维持一个稳定的压力。

⑤ 可远距离传输　空气的流动阻力小，沿程压力损失小。

⑥ 清洁　基本无污染，可用于高净化、无污染的场合，如食品、印刷和纺织工业。

3. 气压传动的缺点

笔记

① 速度稳定性差　空气可压缩性大，气缸的运动速度易随载荷的变化而变化，给位置控制和速度控制精度带来较大影响。

② 输出压力小　一般低于 1.5 MPa。因此，气压传动系统输出力小，限制为20~30 kN。

③ 噪声大　排放空气的声音很大，需要加装消声器。

三、常用气动元件

1. 动力元件

空气压缩站（简称空压站）是气压传动的动力源，又称气源装置。压缩空气由空气压缩机产生，具有一定的压力和流量，也含有一定的水分、油分和灰尘，因此必须对压缩空气进行降温、净化和稳压等一系列处理后，才能供给控制元件及执行元件使用。

空气压缩站（气源装置）由以下三个部分组成，如图 10-29 所示。

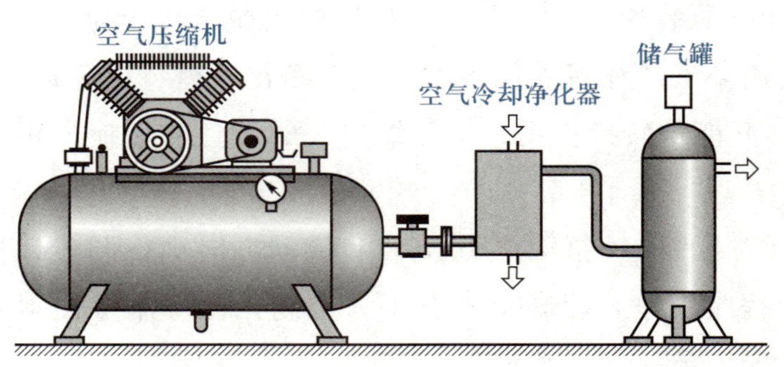

图 10-29　空气压缩站

① 产生压缩空气的装置，如空气压缩机。

② 净化压缩空气的辅助装置和设备，如空气冷却净化器、油水分离器及干燥器等。

③ 输送压缩空气的供气管道系统及储气罐。

（1）空气压缩机

空气压缩机是产生压缩空气的装置，它将机械能转换为气体的压力能。使用最广泛的是活塞式压缩机。活塞式压缩机的外形如图 10-29 所示，工作原理如图 10-30 所示。

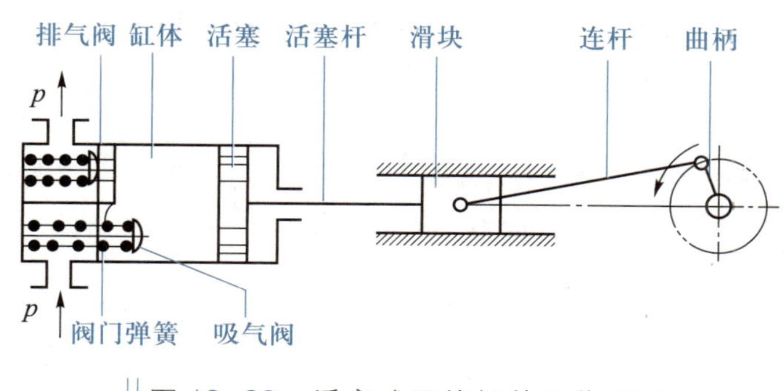

图 10-30 活塞式压缩机的工作原理

笔记

活塞式压缩机通过曲柄滑块机构使活塞做往复运动而实现吸气、压气，达到提高气体压力的目的。单级活塞式压缩机主要由缸体、活塞、活塞杆、曲柄、滑块、连杆、吸气阀和排气阀等组成。工作时，曲柄由电动机带动旋转，通过连杆和滑块驱动活塞在缸体内做往复运动。当活塞向右运动时，气缸内容积增大形成真空，外界空气在大气压力作用下推开吸气阀进入气缸中，称为吸气过程。当活塞反向运动时，随着活塞的左移，气缸内空气受到压缩而压力升高，吸气阀关闭，称为压缩过程。当气缸内压力升高到略高于输气管路中的压力时，排气阀打开，气体被排入输气管路内，称为排气过程。曲柄旋转一周，活塞往复运动一次，即完成一个工作循环。

（2）空气冷却净化器

空气冷却净化器安装在空气压缩机的出口，其作用是将空气压缩机产生的压缩空气的温度由 120~170 ℃降低到 40~50 ℃，使压缩空气中的油雾和水汽达到饱和，凝结成油滴和水滴分离出来，以便将其清除，达到初步净化压缩空气的目的。空气冷却净化器有风冷式和水冷式两大类。

（3）储气罐

储气罐的主要作用是消除气源输出气体的压力脉动，并储存一定数量的压缩空气，解决短时间内用气量大于空气压缩机输出气量的矛盾，保证供气的连续性和平稳性，并进一步分离压缩空气中的水分和油分。

储气罐分为直立式（图 10-29）和卧式（图 10-31）。储气罐上配置安全阀、压力计、排水阀。容积较大的储气罐应有入口和清洗孔，以便检查和清洗。

2. 执行元件

气缸是气压传动中的执行元件，用于实现往复直线运动。按压缩空气作用在活塞端面的方向不同，气缸可分为单作用式、双作用式。

单作用式气缸在工作时，压缩空气仅在气缸一端进气，推动活塞移动，活塞借助弹簧、膜片、外力作用回位，如图 10-32a 所示，常用于短行程及活塞杆推力、运动速度均要求不高的场合，如定位和夹紧装置等。双作用式气缸工作时，压缩空气交替地从气缸两端进入并排出，推动活塞往复运动，如图 10-32b 所示，主要用于加工机械及包装机械。

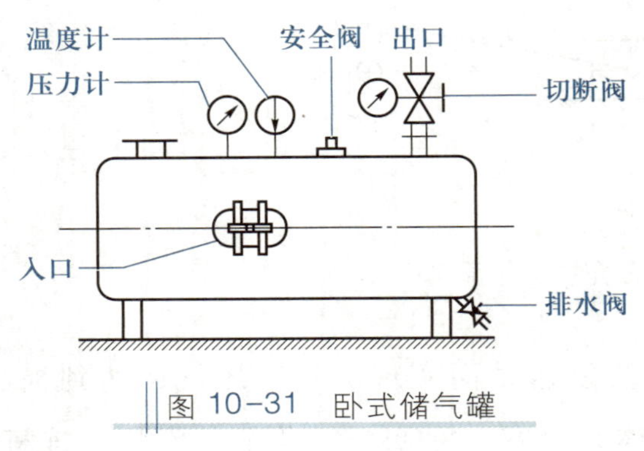

图 10-31 卧式储气罐

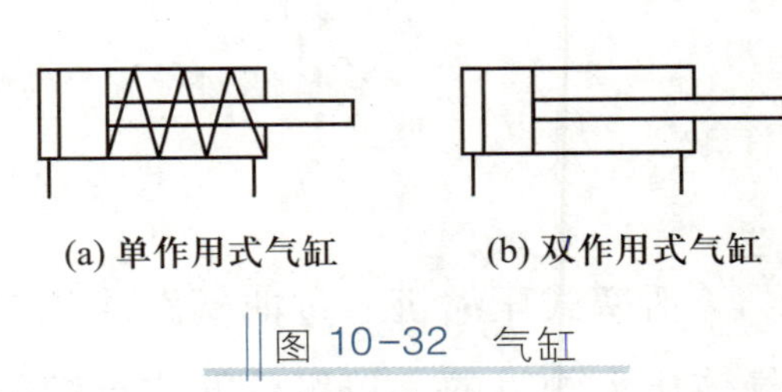

图 10-32 气缸

笔记

3. 控制元件

气压控制阀是控制压缩空气的流向、压力和流量的控制元件，可分为方向控制阀、压力控制阀和流量控制阀。

（1）方向控制阀

方向控制阀是用于控制气体流动方向和气流通断的气动控制元件，按其作用特点分为单向阀和换向阀。

① 单向阀是用来控制气流只能单向通过的方向控制阀。如图 10-33 所示，可以看出，气体只能从左向右流动，反向时单向阀内的通路则会被阀芯封闭。

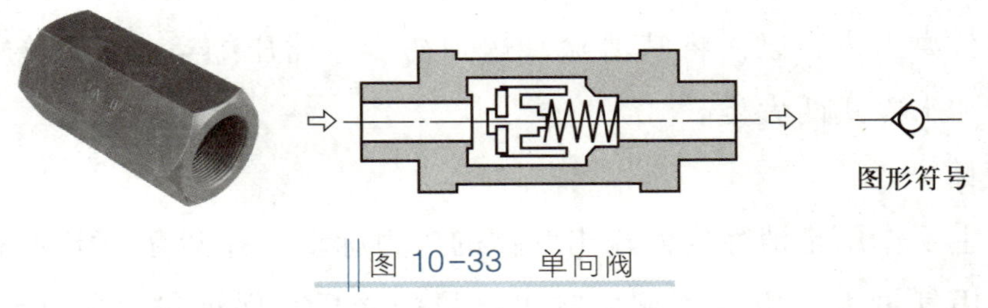

图 10-33 单向阀

② 换向阀的功能主要是改变气体流动方向，从而改变气动执行元件的运动方向，它是气压传动系统中最主要的控制元件。按控制方式分主要有人力控制、机械控制、

气压控制和电磁控制四类。

常用换向阀的图形符号如图 10-34 所示。

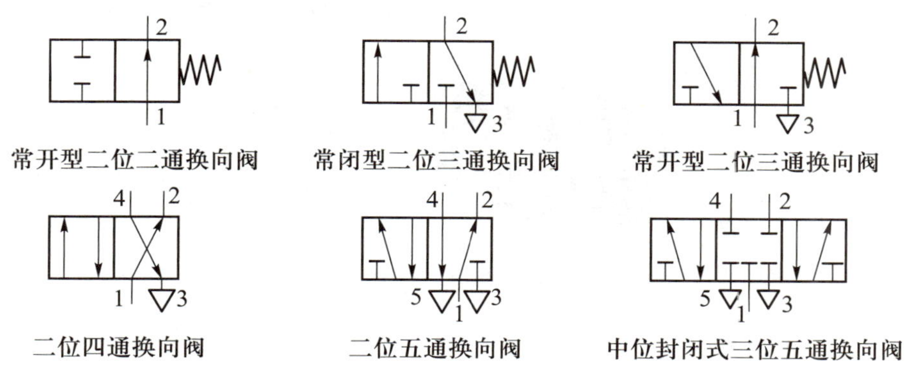

图 10-34　常用换向阀的图形符号

对于换向阀，“位”是指改变流体方向时，阀芯相对于阀体所具有的不同工作位置；“通”是指换向阀与系统相连的接口数目。

（2） 压力控制阀

压力控制阀分为调压阀、顺序阀和安全阀，如图 10-35 所示。

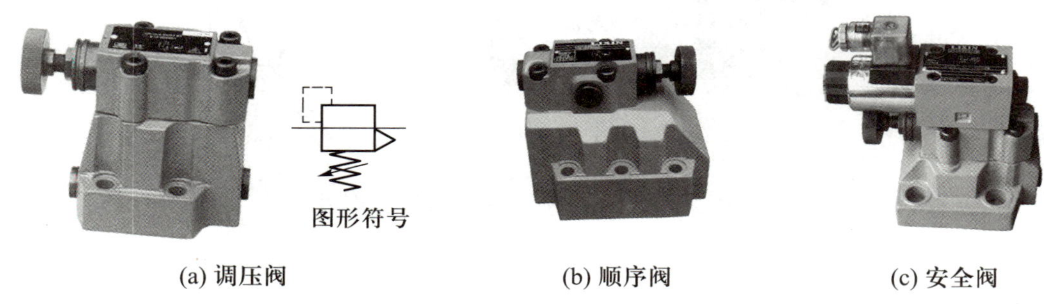

图 10-35　压力控制阀

① 调压阀　在气压传动系统中，一个空压站输出的压缩空气往往要供给多台气动设备使用，所提供的压缩空气的压力应高于每台设备所需的最高压力。调压阀的作用是将较高的输入压力调整到符合设备使用要求的压力，并保持输出压力稳定。由于输出压力必然小于输入压力，所以调压阀也常被称为减压阀。

② 顺序阀　依靠回路中压力的变化来控制执行机构按顺序动作的压力阀。顺序阀常与单向阀组合在一起使用，称为单向顺序阀。单向顺序阀常用于控制气缸自动顺序或不便安装机控阀的场合。

③ 安全阀　在气压传动系统中起过载保护作用，当储气罐或气动回路压力超过安全阀调定值时，安全阀打开向外排气。

笔记

笔记

(3) 流量控制阀

流量控制阀是通过改变阀的流通面积来实现流量控制的元件，以达到改变执行机构运动速度的目的。图 10-36 所示为节流阀的结构与图形符号。

图形符号

图 10-36　节流阀的结构与图形符号

四、气动控制实例

图 10-37 所示为铣床夹具气动控制部分，采用单作用式气缸、二位三通电磁阀。电磁阀通电时，气缸接通气源，气压使活塞杆伸出，夹紧工件；电磁阀断电时，气缸接通大气，靠弹簧作用使活塞杆缩回，松开工件。

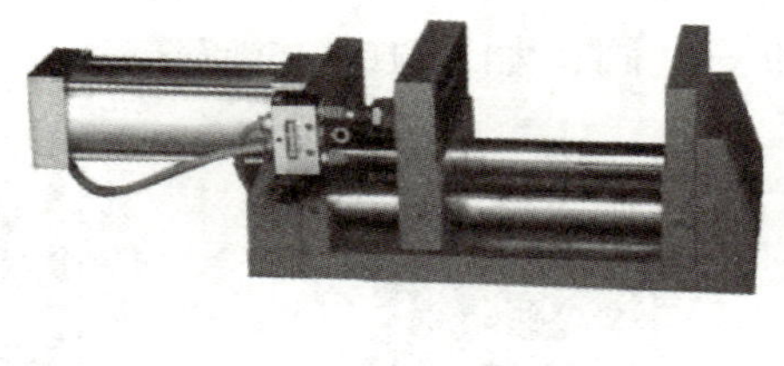

(a)

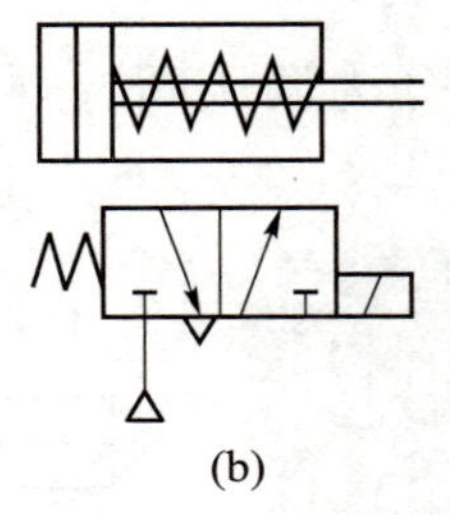

(b)

图 10-37　铣床夹具气动控制部分

小　结

Abook教学资源

[机械史话] 流体传动的兴起

液压传动和气压传动都是利用动力元件（液压泵和空气压缩机）所产生的流体压力能，在控制元件（阀）的控制下，将流体压力能转换为机械能，控制执行元件（液压缸或液压马达、气缸或气马达）完成直线运动或旋转运动。

液压传动的工作介质是液压油，气压传动的工作介质是压缩空气。

思考与实践

1. 液压传动系统由哪几个部分组成？各种油泵的最高压力分别为多少？
2. 为什么液压缸必须安装排气装置？液压控制阀有几种？各有什么作用？
3. 溢流阀、顺序阀和减压阀的图形符号有什么不同？其功用有何区别？
4. 三位四通阀的含义是什么？

5. 液压传动基本回路可以分为哪几种？各适用于什么场合？

6. 在例 10-1 中，试问：

① 油泵出口压力有几种？各为多少？

② 液压缸 10 是单作用液压缸还是双作用液压缸？是单出杆液压缸还是双出杆液压缸？

③ 液压缸 10 的最高压力为多少？什么时候出现？最低压力为多少？什么时候出现？

④ 换向阀 6 是几位几通阀？其中位机能有哪些作用？

⑤ 溢流阀 4 的作用是什么？

⑥ 如果液压缸 10 的活塞直径为 70 mm，活塞杆直径为 50 mm，活塞快进和快退的速度比为多少？

7. 概括气压传动的优缺点。

8. 气压控制阀分几种类型？二位三通阀的“位”与“通”是什么含义？

笔记

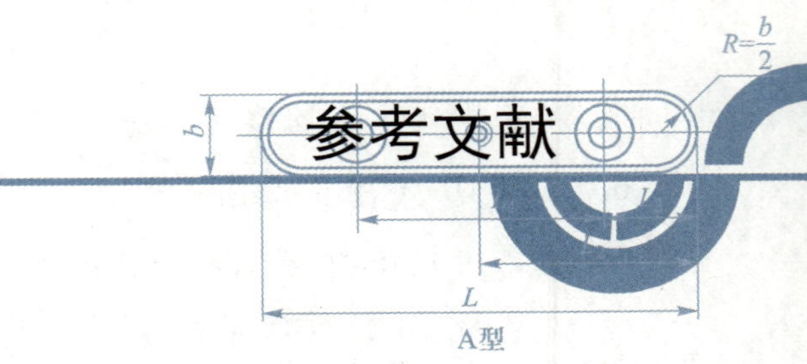

参考文献

[1] 姜大源. 职业教育要义 [M]. 北京：北京师范大学出版社，2017.
[2] 赵志群. 职业教育学习新概念 [M]. 2 版. 北京：北京师范大学出版社，2021.
[3] 孙桓，葛文杰. 机械原理 [M]. 9 版. 北京：高等教育出版社，2021.
[4] 邹慧君，梁庆华. 机械原理课程设计手册 [M]. 3 版. 北京：高等教育出版社，2022.
[5] 濮良贵，陈国定，吴立言. 机械设计 [M]. 10 版. 北京：高等教育出版社，2019.
[6] 谭庆昌，贾艳辉. 机械设计 [M]. 4 版. 北京：高等教育出版社，2019.
[7] 杨可桢，等. 机械设计基础 [M]. 7 版. 北京：高等教育出版社，2020.
[8] 陈秀宁. 机械设计基础 [M]. 4 版. 北京：高等教育出版社，2017.
[9] 栾学钢，韩芸芳. 机械设计基础 [M]. 4 版. 北京：高等教育出版社，2019.
[10] 栾学钢，朱立达. 机械设计基础课程设计 [M]. 2 版. 北京：高等教育出版社，2019.
[11] 敖宏瑞，丁刚. 机械设计课程设计指导书 [M]. 3 版. 北京：高等教育出版社，2022.
[12] 中国机械工程学会. 中国机械工程技术路线图 2021 版 [M]. 北京：机械工业出版社，2022.
[13] 徐自立，夏露. 工程材料 [M]. 2 版. 武汉：华中科技大学出版社，2020.
[14] 任家隆，丁建宁. 工程材料及成形技术基础 [M]. 2 版. 北京：高等教育出版社，2019.
[15] 周宏根，李国超，刘勇. 互换性与测量技术基础 [M]. 北京：高等教育出版社，2023.
[16] 汪建业，王明智. 机械润滑设计手册与图集 [M]. 北京：机械工业出版社，2016.
[17] 黎少辉，李建松. 液压与气动技术 [M]. 北京：化学工业出版社，2021.

郑重声明

读者意见反馈

为收集对教材的意见建议，进一步完善教材编写并做好服务工作，读者可将对本教材的意见建议通过如下渠道反馈至我社。

咨询电话　400-810-0598

反馈邮箱　zz_dzyj@pub.hep.cn

通信地址　北京市朝阳区惠新东街 4 号富盛大厦 1 座
高等教育出版社总编辑办公室

邮政编码　100029

防伪查询说明

用户购书后刮开封底防伪涂层，使用手机微信等软件扫描二维码，会跳转至防伪查询网页，获得所购图书详细信息。

防伪客服电话　（010）58582300

学习卡账号使用说明

一、注册/登录

访问 https://abooks.hep.com.cn，点击“注册/登录”，在注册页面可以通过邮箱注册或者短信验证码两种方式进行注册。已注册的用户直接输入用户名加密码或者手机号加验证码的方式登录。

二、课程绑定

登录之后，点击页面右上角的个人头像展开子菜单，进入“个人中心”，点击“绑定防伪码”按钮，输入图书封底防伪码（20 位密码，刮开涂层可见），完成课程绑定。

三、访问课程

在“个人中心”→“我的图书”中选择本书，开始学习。

如有账号问题，请发邮件至：4a_admin_zz@pub.hep.cn。